"十三五"国家重点出版物出版规划项目
国家高等教育智慧教育平台课程
中国计算机教学资源优秀案例特别奖
上海市普通高等院校优秀教材奖
上海市普通高校精品课程特色教材
高等教育网络空间安全规划教材

网络安全技术及应用

第5版
（慕课-微课版　立体化·新形态教材）

主　编　贾铁军　何道敬　罗宜元
副主编　古乐声　王　威　张书台
参　编　王　坚　陈国秦

机械工业出版社

本书主要内容包括：网络安全基础、网络安全技术基础、网络安全体系及管理、黑客攻防与检测防御、密码及加密技术、身份认证与访问控制、计算机及手机病毒防范、防火墙常用技术、操作系统安全、数据库及数据安全、电子商务安全、网络安全新技术及解决方案。涉及“攻（攻击）、防（防范）、测（检测）、控（控制）、管（管理）、评（评估）”等常用技术和应用，并配有同步实验。

本书体现“教、学、练、做、用一体化”，突出“实用、特色、新颖、操作性”。由国家高等教育智慧教育平台课程网站提供课程及操作视频、多媒体课件、教学大纲及教案、同步实验和课程设计指导及习题集、试卷库等资源。读者可通过扫描书中二维码，观看对应的微课视频。

本书可作为高等院校计算机类、信息类、电子商务类、工程和管理类各专业网络安全相关课程的教材，也可作为培训及参考用书。

本书配有授课电子课件，需要的教师可登录 www.cmpedu.com 免费注册，审核通过后下载，或联系编辑索取（微信：13146070618，电话：010-88379739）。

图书在版编目（CIP）数据

网络安全技术及应用 / 贾铁军，何道敬，罗宜元主编．—5 版．—北京：机械工业出版社，2023.7（2025.1 重印）

“十三五”国家重点出版物出版规划项目 高等教育网络空间安全规划教材

ISBN 978-7-111-73305-8

Ⅰ．①网…　Ⅱ．①贾…　②何…　③罗…　Ⅲ．①计算机网络－网络安全－安全技术－高等学校－教材　Ⅳ．①TP393.08

中国国家版本馆 CIP 数据核字（2023）第 102548 号

机械工业出版社（北京市百万庄大街 22 号　邮政编码 100037）

策划编辑：郝建伟　　责任编辑：郝建伟　韩　静

责任校对：郑　婕　张　薇　　责任印制：任维东

唐山三艺印务有限公司印刷

2025 年 1 月第 5 版 • 第 5 次印刷

184mm×260mm • 21.25 印张 • 526 千字

标准书号：ISBN 978-7-111-73305-8

定价：79.90 元

电话服务　　网络服务

客服电话：010-88361066　　机　工　官　网：www.cmpbook.com

010-88379833　　机　工　官　博：weibo.com/cmp1952

010-68326294　　金　书　网：www.golden-book.com

封底无防伪标均为盗版　　机工教育服务网：www.cmpedu.com

高等教育网络空间安全规划教材
编委会成员名单

前　言

党的二十大报告中强调，要健全国家安全体系，强化网络在内的一系列安全保障体系建设。国家高度重视网络安全，并将其纳入国家安全重要安全战略和体系。

进入 21 世纪，随着各种信息技术的快速发展和广泛应用，出现了很多网络安全问题，致使网络安全技术的重要性更加突出，网络安全已经成为各国关注的焦点，不仅关系到机构和个人用户的信息资源和资产安全，也关系到国家安全和社会稳定，社会对网络安全人才的需求量正在高速增长。因此，需要在法律、管理、技术、教育各方面采取切实可行的有效措施，确保网络建设与应用“又好又快”地发展。

网络空间已经逐步发展成为继陆、海、空、天之后的第五大战略空间，是影响国家安全、社会稳定、经济发展和文化传播的核心、关键和基础。网络空间具有开放、异构、移动、动态、安全等特性，不断涌现出新一代互联网、5G 移动通信网络、物联网等新型网络形式，以及云计算、大数据、社交网络等众多新型的服务模式。

网络安全已经成为世界热门研究课题之一，并引起社会广泛关注。网络安全是个系统工程，已经成为信息化建设和应用的首要任务。网络安全技术和管理涉及法律法规、政策、策略、规范、标准、机制、措施、对策等方面，是网络安全的重要保障。

信息、物资、能源已经成为人类社会赖以生存与发展的三大支柱和重要保障，信息技术的快速发展为人类社会带来了深刻的变革，电子商务、网银和电子政务的广泛应用，使网络已经深入到国家的政治、经济、文化和国防建设等各个领域，遍布现代信息化社会的工作和生活的每个层面，“数字化经济”和全球电子交易一体化正在形成。网络安全不仅关系到国计民生，涉及政治、军事和经济各个方面，而且影响到国家的安全和主权。随着现代信息化和网络技术的广泛应用，网络安全的重要性更为突出。

网络安全是一门涉及计算机科学、网络技术、信息安全技术、通信技术、计算数学、密码技术和信息论等多学科的综合性交叉学科，是计算机与信息科学的重要组成部分，也是近些年发展起来的新兴学科。需要综合信息安全、网络技术与管理、分布式计算、人工智能等多个领域的知识和研究成果，其概念、理论和技术正在不断发展完善之中。

随着信息技术的快速发展与广泛应用，网络安全的内涵也在不断地扩展，从最初的信息保密性发展到信息的完整性、可用性、可控性和可审查性，进而又发展为“攻（攻击）、防（防范）、测（检测）、控（控制）、管（管理）、评（评估）”等涵盖多方面的基本理论和实施技术。

为满足高校网络空间安全、信息安全、计算机、信息、电子商务、工程及管理类本科生、研究生等高级人才培养的需要，我们策划编写了本书。本书在获得“上海市普通高校精品课程特色教材”和“上海市普通高等院校优秀教材奖”的基础上，入选“‘十三五’国家重点出版物出版规划项目”和“国家高等教育智慧教育平台课程”，并获教育部研究项目和“上海市高校优质在线课程”建设项目。编著者多年来在公安系统及高校从事网络安全等领域的教学、科研及学科专业建设和管理工作，特别是多次应邀为“网络空间安全专业核心课程”专任教师或高校做报告，并为“全国网络安全高级研修班”讲学，主持过网络安全方面的科研项目研究，积累了大量宝贵的实践经验，谨以本书奉献给广大师生和其他读者。

本书共 12 章，包括：网络安全基础、网络安全技术基础、网络安全体系及管理、黑客攻防与检测防御、密码及加密技术、身份认证与访问控制、计算机及手机病毒防范、防火墙常用技术、操作系统安全、数据库及数据安全、电子商务安全、网络安全新技术及解决方案。主要涉及“攻（攻击）、防（防范）、测（检测）、控（控制）、管（管理）、评（评估）”等常用网络安全技术和应用，并配有同步实验。

本书的体系结构：教学目标、引导案例、知识要点、技术方法、典型应用、讨论思考、本章小结、同步实验指导、练习与实践等，通过扫描二维码可以观看课程视频及操作视频、特别理解、知识拓展、讨论思考等，便于实践教学、课外延伸学习和网络安全综合应用与实践练习等。书中带“*”部分为选学内容，可根据专业选用。

本书重点介绍最新网络安全技术、成果、方法和实际应用，其特点如下：

1）内容先进，结构新颖。吸收了国内外大量的新知识、新技术、新方法和国际通用准则。“教、学、练、做、用一体化”，注重科学性、先进性、操作性，图文并茂，有利于读者学以致用。

2）注重实用性和特色。坚持“实用、特色、规范”的原则，突出实用性及素质能力培养，便于启发式教学、案例交互式教学和同步实验教学，将理论知识与实际应用有机结合。

3）资源丰富，便于教学。通过国家智慧教育平台网站暨上海市普通高校精品课程网站，提供课程视频及操作视频、多媒体课件、教学大纲和计划、电子教案、习题集、同步实验及复习与试卷库、拓展与深造等教学资源和师生问答，便于实践教学、课外延伸和综合应用等。

本次修订做了知识体系结构和案例的更新，如标题调整、案例优化，更新了密码学、相关法律法规、Windows Server 2022 安全等内容，并对相关的知识、技术、方法和应用进行更新，比如新教学大纲、新教学内容、新技术、新应用、新成果。

本书获国家自然科学基金项目 62072207 和上海市高校优质在线课程建设项目资助。

本书由“十三五”国家重点出版物出版规划项目及上海市普通高校精品课程暨上海市高校优质在线课程负责人、中国网络空间安全协会专家、工业和信息化部领域专家、上海市教育评估专家贾铁军教授任主编、统稿并编著第 1、4、12 章，何道敬教授（哈尔滨工业大学（深圳）、教育部青年长江学者）任主编并编著第 3 章，罗宜元教授（国家自然科学基金项目 62072207 负责人，惠州学院）任主编并编著第 5 章和第 8 章，古乐声教授（河南科技学院）任副主编并编著第 10 章，王威副教授（中国人民警察大学）任副主编并编著第 6 章和第 9 章，张书台（上海海洋大学）任副主编并编著第 11 章。王坚副教授（辽宁对外经贸学院）参编并编著第7章，陈国秦（腾讯科技有限公司）参编并编著第2章，多位同仁和研究生对全书的文字、图表进行了校对、编排及资料查阅，并完成了部分资源的制作。

非常感谢机械工业出版社的大力支持和帮助，为本书的编著提供了许多重要帮助、指导意见和参考资料，并提出了很多重要的修改意见和建议，同时，非常感谢对本书编著过程中给予大力支持和帮助的院校及各界同仁。由于对本书编著过程中参阅的大量重要文献资料难以完全准确注明，在此对作者深表诚挚谢意！

由于网络安全技术涉及的内容比较庞杂，而且有关技术方法及应用发展快、知识更新迅速，另外，由于编著者水平及时间有限，书中难免存在不妥之处，敬请海涵见谅，欢迎广大读者提出宝贵意见和建议，并指正交流，主编邮箱：jiatj@163.com。

编　者

目　录

第1章　网络安全基础

网络安全是现代信息化建设发展和应用的重要前提和保障。随着各种网络技术的快速发展和广泛应用，网络安全问题也变得更加严峻，已受到世界各国的高度重视并成为关注的热点。网络安全不仅关系到国家安全和社会稳定，也关系到企事业机构现代信息化与数字化建设的安全与发展、用户资产和信息资源的安全，已成为热门研究和人才需求的重要领域。

教学目标

- 理解网络安全面临的威胁、种类及途径
- 掌握网络安全的基本概念、目标和内容
- 掌握网络安全技术相关概念、种类和模型
- 理解构建虚拟局域网 VLAN 的过程及方法

1.1　网络安全威胁及途径

【引导案例】 全球网络安全事件频发，网络冲突加剧。据 2022 年《人民日报》报道，意大利信息安全协会发布的研究报告显示，2021 年全球网络犯罪造成的相关损失超过 6 万亿美元，对比前一年增加 6 倍多。美国联邦调查局最新发布的《互联网犯罪报告》显示，网络钓鱼攻击成为最常报告的网络犯罪类型，2021 年为 32 万多起，其中仅商务电子邮件攻击就造成近 24 亿美元损失。网络用户迫切需要掌握相关网络安全防范知识、技术和方法。

1.1.1　网络安全威胁及现状分析

教学视频
课程视频 1.1–1

特别理解
网络空间安全基本概念

网络空间是继陆、海、空、天之后的第五大战略空间，其安全性成为影响国家安全、社会稳定、经济发展、文化传播、人民生活和信息化建设的首要任务和关键，网络空间安全问题急需尽快解决。出现网络空间安全威胁的原因，主要体现在以下 6 个方面：

1）缺乏相关的网络安全法律法规，管理缺失和安全意识薄弱。世界各国在网络空间安全保障方面，制定的各种法律法规和管理政策等相对滞后、不完善且更新不及时，而且很多机构或个人用户对网络安全管理不重视。

2）政府机构与企业对网络安全方面的出发点、思路和侧重点各异。政府机构注重对网络资源及网络安全的管理控制，即注重可管性和可控性，企业则注重其可用性、可靠性和经济效益。

3）国内外或不同企事业机构及行业等的网络安全相关标准和规范不统一。网络安全是一项系统工程，需要制定和完善统一的标准和规范，以便于进行需求分析、设计、实现

和测评等。

【案例 1-1】 我国网络遭受攻击篡改、植入后门、数据窃取等事件呈现快速增长趋势。据 CNCERT 抽样监测发现，2019 年前 4 个月我国境内被篡改的网站有 8213 个，同比增长 48.8%；被植入后门的网站有 10010 个，同比增长 22.5%。2022 年 3 月，境内被篡改网站数量为 9080 个，其中被篡改政府网站数量为 50 个。同时，近期发现由于运营者安全配置不当，很多数据库直接暴露在互联网上，导致大量用户个人信息泄露。造成这些事件的原因是一些互联网网站运营者网络安全意识不强，特别是中小网站安全管理和防护能力较低，缺乏有效的安全保障措施，成为网络攻击的重点目标和主要入口。

4）网络安全漏洞及隐患多。计算机和手机等各种网络资源的开放性、共享性、交互性和分散性等特点，以及网络系统从设计到实现过程中自身的缺陷、安全漏洞和隐患，致使网络存在巨大的威胁和风险，时常受到攻击、侵扰，使威胁加剧，严重影响了正常的网络运行和服务。

5）网络安全防御技术和手段滞后。网络安全防御技术的研发及更新，通常滞后于实际出现的急需解决的网络安全事件，对问题的处理也不及时、不完善。

6）国际竞争加剧，网络威胁出现新变化，黑客产业链惊人。移动网络、大数据、云服务、社交网络、物联网等成为新的攻击点。国际竞争和攻击大量增加，同时存在黑客产业链诱惑，使针对性攻击范围广且力度大。📖

📖知识拓展
网络安全重要性及意义

【案例 1-2】 美国总统曾下令加大对一些国家的网络进行攻击。据央视 2020 年报道，美国多家媒体报道称，美国时任总统特朗普曾下达密令，授权中央情报局加大网络攻击，目标国家包括中国、伊朗、俄罗斯和朝鲜等。美国总统签署的一项“总统令”，给予中情局“全面授权”。一名前美国政府官员称，这一总统令“相当具有进攻性”。

1.1.2 网络安全威胁的种类及途径

1）网络安全威胁的主要类型。网络安全面临的威胁和隐患种类繁多，主要包括人为因素、网络系统及数据资源和运行环境等影响。网络安全威胁主要表现为：黑客入侵、非授权访问、窃听、假冒合法用户、病毒影响或破坏、干扰系统运行、篡改或破坏数据等。网络安全攻击威胁有多种分类方法，按照对网络的威胁攻击方式可以分为主动攻击和被动攻击两大类。📖

📖知识拓展
主动攻击和被动攻击

【案例 1-3】 全球网络安全威胁种类急剧增加。网络安全咨询公司 Momentum Cyber 的调查数据显示，各种网络安全威胁类型的数量已经超过 100 万个，全球网络安全市场价值已经超过了 1200 亿美元。网络安全风险投资公司 Cybersecurity Ventures 发布的 2022 年官方网络犯罪报告，基于历史网络犯罪数据，预测未来五年全球网络犯罪造成的损失将以每年 15%的速度增长，到 2025 年将达到 10.5 万亿美元。

常见网络安全威胁的主要种类，如表 1-1 所示。

表 1-1　常见网络安全威胁的主要种类

威胁类型	主要威胁
非授权访问	通过口令、密码和系统漏洞等手段获取系统访问权
网络窃听	窃听网络传输或设备中的各种信息
篡改信息	攻击者对合法用户之间的通信信息篡改后，发送给他人
伪造文件	将伪造的文件信息发送给他人
窃取资源	盗取系统重要的软件或硬件、信息和资料
截获/修改	数据在网络系统传输中被截获、删除、修改、替换或破坏
病毒木马	利用木马病毒及恶意软件进行破坏或恶意控制他人系统
行为否认	通信实体否认已经发生的行为
拒绝服务攻击	黑客以某种方式使系统响应减慢或瘫痪，阻止用户获得服务
人为疏忽	已授权人为了利益或由于疏忽将信息泄露给未授权人
信息泄露	信息被泄露或暴露给非授权用户
物理破坏	对终端、部件或网络进行破坏，或绕过物理控制非法入侵
网络诈骗	攻击者获得某些非正常信息后，发送给他人
旁路控制	利用系统的缺陷或安全脆弱性的非正常控制
服务欺骗	欺骗合法用户或系统，骗取他人信任以谋取私利
冒名顶替	假冒他人或系统用户进行网络欺诈活动
资源耗尽	故意超负荷使用某一资源，导致其他用户服务中断
消息重发	重发某次截获的备份合法数据，达到信任并非法侵权目的
设置陷阱	设置“陷阱”插件或邮件，骗取特定数据以违反安全策略
偷寻信息	利用媒体废弃物得到可利用信息，以便非法使用
网络战	为国家或集团利益，通过网络进行攻击和干扰破坏

2）网络安全威胁的主要途径。全球各种计算机网络、手机网络或物联网等网络被入侵攻击的事件频发，各种网络攻击的途径及方式各异且变化多端，大量网络系统的功能、数据资源和应用服务等已经成为黑客攻击的主要目标。目前，网络的主要应用包括：电子商务、网上银行、股票、证券、期货交易、即时通信、邮件、网游、下载文件或点击链接等，这些应用都存在大量的安全威胁和隐患。

【案例 1-4】 中国遭受的网络攻击主要来自美国，且是网络攻击的最大受害国。据国家互联网应急中心监测：中国遭受境外网络攻击情况日趋严重，包括国家机关和关键基础设施等。2020 年 1 月 1 日至 2 月 28 日，境外 6747 台木马或僵尸网络服务器控制了中国境内 190 多万台主机；其中位于美国的 2194 台控制服务器控制了中国境内 128.7 万台主机，无论是按照控制服务器数量还是按照控制中国主机数量排名，来自美国的网络攻击都名列第一。

网络安全威胁的主要途径可以用如图 1-1 所示的方式很直观地表示出来。

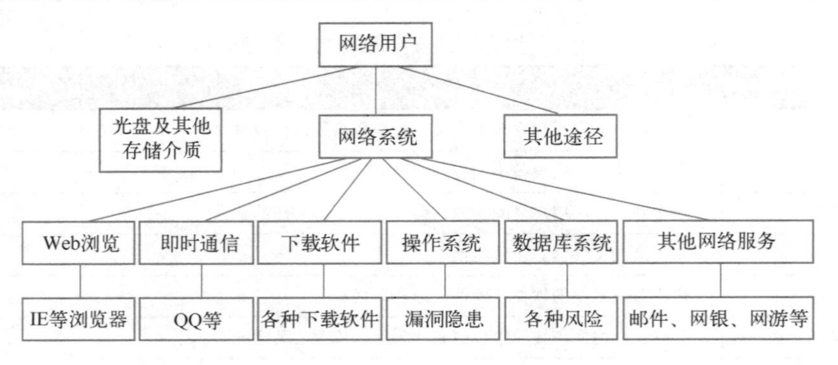

图1-1　网络安全威胁的主要途径

1.1.3　网络安全的威胁及风险分析

网络安全的威胁和风险主要涉及网络系统研发、结构、层次、范畴、应用和管理等，要做好网络安全防范，必须进行认真深入的调研、分析和研究，以解决网络系统的安全风险及隐患。

教学视频
课程视频 1.1–2

1．网络系统安全威胁及风险

1）网络系统面临的主要威胁和风险。互联网在创建研发初期，只用于计算和科研，根本没有考虑安全问题。现代互联网的快速发展和广泛应用，使其具有国际性、开放性、共享性和自由性等特点，导致网络系统出现了很多安全风险和隐患，主要因素包括8个方面：网络开放性隐患多、网络共享风险大、系统结构复杂有漏洞、身份认证难、边界难确定、传输路径与节点隐患多、信息高度聚集易受攻击、国际竞争加剧。

知识拓展
网络安全威胁风险加剧

【案例1–5】　美国对中俄展开网络攻击。2022年6月28日，国家计算机病毒应急处理中心和360公司分别发布专题报告：美国国家安全局（NSA）所属又一款网络攻击武器“酸狐狸”漏洞攻击武器平台，使中国上百个重要信息系统被美国植入的木马程序攻击。“酸狐狸”平台是NSA下属计算机网络入侵行动队的主战装备，攻击范围覆盖全球，重点攻击目标指向中国和俄罗斯。美国正在积极为发动更大规模的网络战做准备。

2）网络服务协议面临的安全威胁。常用的互联网服务安全包括：Web站点及浏览服务安全、文件传输（FTP）服务安全、E-mail服务安全、远程登录（Telnet）安全、DNS域名安全和设备设施的实体安全等。网络运行机制依赖网络协议，不同节点间以约定机制通过网络协议实现连接和数据交换。TCP/IP在设计初期只注重异构网互联，并没有考虑安全问题，Internet的广泛应用使网络系统安全威胁和风险增大。互联网基础协议TCP/IP、FTP、E-mail、（RPC）远程过程调用协议、DNS（域名解析服务协议）和ARP（地址解析协议）等开放、共享的同时也存在安全漏洞。

2．操作系统的漏洞及隐患

操作系统安全（Operation System Secure）是指各种操作系统本身及其运行的安全，通过其对网络系统软硬件资源的整体有效控制，并对所管理的资源提供安全保护。操作系统是网络系统中最基本、最重要的系统软件，在设计与开发过程中难免遗留系统漏洞和隐患。主要包括：操作系统体系结构和研发漏洞、创建进程的隐患、服务及设置的风险、配置和初始化问题等。📖

📖知识拓展
操作系统的安全问题

3．防火墙的局限性及风险

网络防火墙可以有效地阻止对内网基于 IP 数据报头的攻击和非信任地址的访问，却无法阻止基于数据内容等的攻击和病毒入侵，也无法控制内网的侵扰破坏等。安全防范的局限性还需要入侵检测系统、防御系统或统一威胁资源管理（Unified Threat Management，UTM）等进行弥补，应对各种复杂的网络攻击，以增强和扩展系统管理员的防范能力，包括安全检测、异常辨识、响应、防范和审计等。

4．网络数据库及数据的安全风险

网络数据库安全不仅包括应用系统本身的安全，还包括网络系统最核心、最关键的数据安全，需要确保业务数据资源的安全可靠和正确有效，确保数据的安全性、完整性和并发控制。数据库及数据的不安全因素包括：非授权访问、使用、更改、破坏或窃取数据资源等。📖

📖知识拓展
网络数据及数据库安全

5．网络安全管理及其他问题

网络安全是一项重要的系统工程，需要各方面协同管控才能更有效地防范。网络安全管理中出现的漏洞和疏忽都属于人为因素，网络安全中最突出的问题是缺乏完善的法律法规、管理准则规范和制度、网络安全组织机构及人员，不够重视或缺少安全检测及实时有效的监控、维护和审计。

1）网络安全相关法律法规和管理政策问题。包括网络安全相关的法律法规或组织机构不健全，如管理体制、保障体系、策略、标准、规范、权限、监控机制、措施、审计和方式方法等不健全。

2）管理漏洞和操作人员问题。主要包括管理疏忽、失误、误操作及水平能力不足等。如系统安全配置不当所造成的安全漏洞、用户安全意识不强与疏忽、密码使用不当等都会对网络安全构成威胁。疏于管理与防范，甚至个别内部人员的贪心邪念往往成为最大威胁。

3）网络系统安全、运行环境及传输安全是网络安全的重要基础。常见的系统问题或各种网络传输方式，容易出现黑客侵入、电磁干扰及泄漏或系统故障等各种安全隐患。

1.1.4　网络空间安全威胁的发展态势

【案例 1-6】网络安全未来十大趋势展望。在 2022 年的全国网络安全大会“网络安全趋势分论坛”上，中国工程院院士沈昌祥等揭晓了“网络安全未来十大趋势展望”的评选结果：网络安全顶层设计、主动免疫可信计算、隐私计算、数据安全治理、新技术新应用安全、关键信息基础设施安全保护、网络安全保险、软件供应链安全、数字货币安全，以及网络安全教育、技术与产业融合。

国内外很多权威的网络安全研究机构，对近几年各种网络安全威胁，特别是新出现的各种类型的网络攻击等进行过深入调研和分析，发现各种网络攻击工具更加智能化、自动化、简单化，攻击手段更加复杂多变，攻击目标针对网络基础协议、操作系统或数据库，对网络安全监管部门、研发机构，以及网络信息化建设、管理、开发、设计和用户，都提出了

新课题与新挑战。📖

📖知识拓展
美国“棱镜事件”曝光

综合多个权威机构对网络安全的未来趋势预测如下：

1）国际网络空间的掌控权争夺更激烈。

2）全球网络空间军备竞赛进一步加剧。

3）有组织的大规模网络攻击及威胁大增。

4）移动互联网各种安全问题持续剧增。

5）智能互联设备等成为网络攻击新目标。

6）各种网络控制等应用系统安全风险加大。

7）网络安全突发事件将造成更大损失。

8）网络安全产业快速发展且人才需求加大。

9）跨区域大规模网络信息泄露事件频发。

☺ 讨论思考

1）为什么说网络存在着安全漏洞和隐患？

2）网络安全面临的威胁类型和途径有哪些？

3）网络安全的隐患及风险具体有哪些？

4）网络安全威胁的发展态势是什么？

☺ 讨论思考
本部分小结
及答案

1.2 网络安全的概念、特点和内容

教学视频
课程视频 1.2

1.2.1 网络安全相关概念、目标和特点

【案例 1-7】 北京警方 2020 年破获电信网络诈骗案件 8600 余起，为群众止损约 37 亿元，共抓获犯罪嫌疑人 8300 余名，同比上升近 80%。北京警方以重点类案为主攻，全链条开展打击防范，将冒充公检法机关诈骗、“杀猪盘”、贷款、冒充客服、刷单等突出类案作为主攻方向，通过 96110 反诈专用号码发送提示短信、拨打电话等方式开展劝阻工作，最典型的一起案件使群众避免经济损失 1400 余万元。之前，曾经出现多位大学生被骗学费导致自杀或猝死等案件，使电信网络诈骗案件成为最受瞩目的社会热点之一，全国公安等机构为破解多年顽疾进行重点整治。

随着现代信息化社会和信息技术的快速发展，各种网络应用更加广泛深入，网络安全问题更为复杂多变，其新知识、新技术、新方法和新应用更新很快，很多概念和内容也在发展变化过程中。

1）信息安全及网络安全的概念。中国工程院沈昌祥院士将信息安全（Information Security）定义为：保护信息和信息系统不被非授权访问、使用、泄露、修改和破坏，为信息和信息系统提供保密性、完整性、可用性、可控性和不可否认性（可审查性）。信息安全的实质是保护信息系统和信息资源免受各种威胁、干扰和破坏，即保证信息的安全性。主要目标是防止信息被非授权泄露、更改、破坏或被非法的系统辨识与控制，确保信息的保密性、完整性、可用性、可控性和可审查性（网络信息安全 5 大特征）。📖

📖知识拓展
网络信息安全 5 大特征

国际标准化组织（ISO）对于信息安全给出的定义是：为数据处理系统建立和采取的技术及管理保护，保护计算机硬件、软件、数据不因偶然及恶意的原因而遭到破坏、更改和泄露。

我国《计算机信息系统安全保护条例》中指出，计算机信息系统的安全保护，应当保障计算机及其相关的配套设备、设施（含网络）的安全，运行环境的安全，保障信息的安全，保障计算机功能的正常发挥，以维护计算机信息系统安全运行。

网络安全（Network Security）指利用各种网络技术、管理和控制等措施，保证网络系统和信息（数据）的保密性、完整性、可用性、可控性和可审查性受到保护。即保证网络系统的硬件、软件及系统中的数据资源得到完整、准确、连续运行与服务不受干扰破坏和非授权使用。ISO/IEC 27032 的网络安全定义则是指对网络的设计、实施和运营等过程中的信息及其相关系统的安全保护。🕮

🕮知识拓展
网络安全所涉及的内容

注意：网络安全不仅限于计算机网络安全，还包括手机网络、陆海空天或物联网等网络的安全。实际上，网络安全是一个相对性概念，世界上并不存在绝对的安全，过分提高网络的安全性可能会降低网络传输速度等方面的性能，而且容易造成资源浪费和付出成本代价。

网络空间安全（Cyberspace Security）研究网络空间中的信息在产生、传输、存储、处理等环节中所面临的威胁和防御措施，以及网络和系统本身的威胁和防护机制。不仅包括传统信息安全所研究的信息的保密性、完整性和可用性，还包括构成网络空间的基础设施的安全。需要明确信息安全、网络安全、网络空间安全概念之间的异同，三者均属于非传统安全，均聚焦于信息安全问题。网络安全及网络空间安全的核心是信息安全，只是出发点和侧重点有所差别。

2）网络安全的目标及特点。网络安全的目标是指网络系统的信息（数据）在采集、整理、传输、存储与处理的整个过程中，提高物理上及逻辑上的安全防护、监控、反应恢复和对抗的要求。网络安全的主要目标是通过各种技术与管理等手段，实现网络信息（数据）的保密性、完整性、可用性、可控性和可审查性（网络信息安全 5 大特征）。其中保密性、完整性、可用性是网络安全的基本要求。

网络安全主要包括两方面，一是网络系统的安全，二是网络信息（数据）的安全，网络安全的最终目标和关键是保护网络信息的安全。网络信息安全的特征反映了网络安全的具体目标要求。

网络安全的主要特点包括：网络安全的整体性、动态性、开放性、相对性、共同性。🕮

🕮知识拓展
网络安全的主要特点

1.2.2　网络安全的主要内容及侧重点

通常，在技术层面，网络安全的主要内容包括：从最初的网络信息保密性发展到信息的完整性、可用性、可控性和可审查性，进而又发展为“攻（攻击）、防（防范）、测（检测）、控（控制）、管（管理）、评（评估）”等相关内容。从层次结构上，将网络安全所涉及的主要内容概括为 5 个方面：实体安全、系统安全、运行安全、管理安全和应用安全。网络空间安全内容及体系的具体内容见 3.1 节。

广义的网络安全主要内容如图 1-2 所示，依据网络信息安全法律法规，以实体安全为基础，利用管理和运行安全，融合操作系统安全、网络系统安全和应用安全。网络安全相关内容及其相互关系如图 1-3 所示。

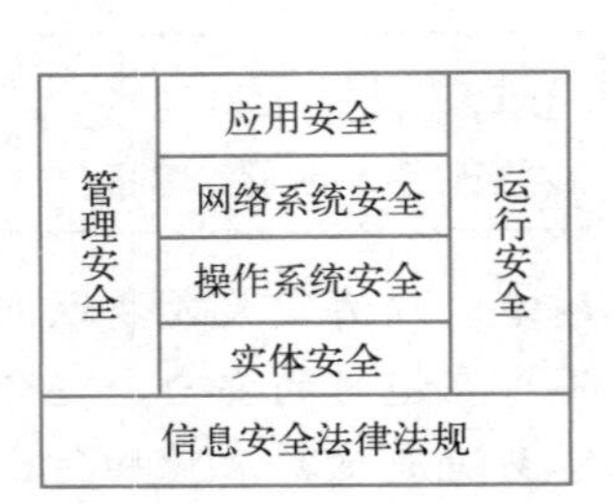

图 1-2　广义的网络安全的主要内容

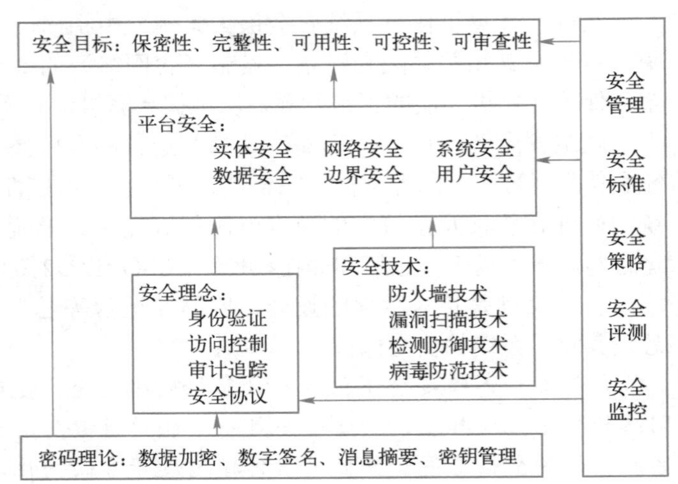

图 1-3　网络安全相关内容及其相互关系

【案例 1-8】全球各种网络用户的数量和隐患急剧增加。据权威机构估计，到 2025 年，全球网络用户将上升至约 60 亿户，其中，中国大陆地区互联网用户数量急剧增加，网络用户将上升至约 13 亿户，网民规模、宽带网民数、顶级域名注册量三项指标仍居世界第一，各种网络操作系统及应用程序的漏洞隐患不断出现，相比发达国家在网络安全技术、网络用户安全意识和防范能力上都比较薄弱，更容易带来更多的网络安全威胁、隐患和风险。

网络安全涉及的内容主要包括网络安全技术、管理、运行和策略等方面，需要综合协同、整体防范。技术方面主要侧重于防范外部非法攻击，管理方面则侧重于内部人为因素的管理。如何更有效地保护重要数据、提高网络系统的安全性，已经成为网络安全防范的重点。

凡涉及网络信息的保密性、完整性、可用性、可控性和可审查性的理论、技术与管理都属于网络安全的研究范畴，不同人员或部门对网络安全内容的侧重点有所不同。

1）网络安全工程人员。注重有效的网络安全解决方案和新型网络安全产品，注重网络安全工程建设开发与管理、安全防范工具、操作系统防护技术和安全应急处理措施等。

2）网络安全研究人员。注重从理论上采用数学等方法精确分析描述安全问题的特征，然后通过网络安全模型等解决具体的网络安全问题。

3）网络安全评估人员。主要侧重网络安全评价标准与准则、安全等级划分、安全产品测评方法与工具、网络异常信息采集、网络攻击及防御手段和采取的有效措施等。

4）网络管理员或安全管理员。主要侧重网络安全相关的法律法规、政策、制度、策略、机制、标准、规范、运行及应用管理、系统加固、安全审计、应急响应、计算机病毒防范等措施。主要职责是配置与维护网络，确保授权用户便捷地使用网络资源，同时防范非授权访问、病毒感染、黑客攻击、服务中断和垃圾邮件等各种威胁，系统或文件一旦遭到破坏，能够及时采取应急响应和恢复等措施。

5）国家安全保密人员。注重网络信息泄露、窃听和过滤等各种技术手段，以避免涉及国家政治、军事、经济等重要机密信息的泄露；及时掌控、抑制和过滤威胁国家安全的信息传播与扩散，以免影响国家或社会的安全与稳定。

6）国防军事相关人员。主要侧重网络攻防、网络信息对抗、信息加密、安全通信协议、无线网络安全、应急处理和网络病毒传播等网络安全综合技术，快速夺取并控制网络信息优势、扰乱敌方指挥系统、摧毁敌方网络基础设施，打赢网络信息战争。

🔔 注意：所有网络用户都应关心网络安全问题，注意保护个人隐私和商业信息不被窃取、篡改、破坏和非法存取，确保网络信息的保密性、完整性、有效性和可审查性。

☺ 讨论思考

1）什么是信息安全？网络安全的概念是什么？

2）网络安全的主要目标和主要特点有哪些？

3）网络安全管理人员对网络安全的侧重点是什么？

☺讨论思考
本部分小结
及答案

1.3 网络安全常用技术

教学视频
课程视频 1.3

1.3.1 网络安全技术相关概念

网络安全技术（Network Security Technology）是指对网络安全问题进行有效防范、监控和管理，保障网络系统及数据安全的各种技术手段、策略和机制。主要包括实体（物理）安全、黑客攻防与检测防御、密码及加密技术、身份认证、访问控制、病毒防范、防火墙、网络系统安全、数据库及数据安全、管理与运行安全技术等，以及确保网络安全的各种服务、策略和机制等。📖

📖知识拓展
网络安全技术的内涵

通常企事业机构很重视对网络系统的测评，及时发现网络漏洞、系统隐患及各种威胁和风险，并及时进行全面深入的分析，评估具体存在的安全风险的部位、程度和等级，对照安全标准采取具体有效的措施、对策并及时解决。如政府、金融、电力、经贸、交通等非常重要的网络系统，其网络安全性的级别要求最高，必须做好各种安全防范，以及必要的监控、防范、审计和应急处理等。

1.3.2 常用的网络安全技术

在实际应用中，常用的网络安全技术主要包括 3 大类：

1）预防保护类。包括常用的身份认证、访问管理、加密、防恶意代码、入侵防御和加固等。

2）检测跟踪类。对网络系统的访问行为需要严格监控、检测和审核跟踪，采取各种有效措施防止在网络用户的访问过程中可能产生的安全问题，并保留电子证据。

3）响应恢复类。网络系统或数据一旦突发重大安全故障，必须采取应急预案和有效措施，确保尽快进行应急响应和备份恢复，将其损失和影响降至最低。

【案例1-9】 某银行以网络安全业务价值链的概念，将网络安全的技术手段分为预防保护类、检测跟踪类和响应恢复类，如图1-4所示。

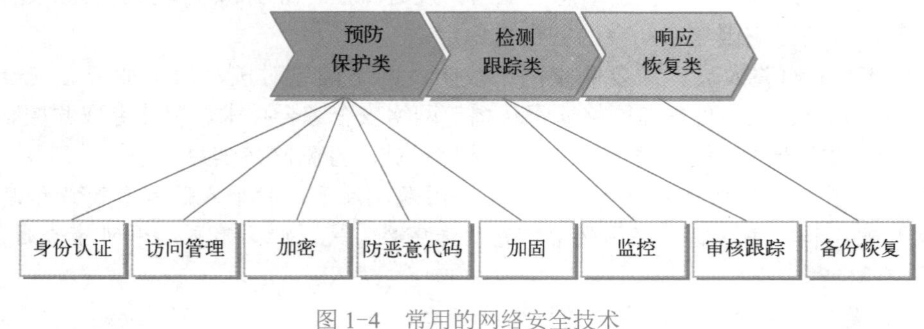

图1-4 常用的网络安全技术

主要常用的网络安全技术有8种，包括：

1）身份认证（Identity and Authentication）。通过对网络用户身份、所用设备及操作的一致性确认，保护网络授权用户的正确存储、同步、使用、管理和控制，防止别人冒用或盗用的技术手段。

2）访问管理（Access Management）。访问管理也称访问控制，主要保障授权用户在其权限内对授权资源进行正当访问和使用，防止非授权或越权使用的技术措施。

3）加密（Cryptography）。加密是最基本、最常用的网络安全技术。主要包括：密码及数据加密、确定密钥长度、密钥生命周期（生成、分发、存储、输入输出、更新、恢复、销毁等）等措施。

4）防恶意代码（Anti-Malicious Code）。建立健全恶意代码（网络病毒及流氓软件等）的预防、检测、隔离、清除的策略、机制和有效的技术方法等。

5）加固（Hardening）。以网络安全预防为主，对系统漏洞及隐患采取必要的安全防范措施。主要包括：安全性配置、关闭不必要的服务端口、系统漏洞扫描、渗透性测试、安装或更新安全补丁及增设防御功能和对特定攻击的预防手段等，提高系统自身安全。

6）监控（Monitoring）。通过监控系统和用户的各种行为，确保网络运行和使用安全的技术手段。

7）审核跟踪（Audit Trail）。对网络系统异常访问、探测及操作等事件及时进行核查、记录和追踪。利用多项审计手段跟踪异常活动，并通过电子证据等对非授权者起到威慑作用。

8）备份恢复（Backup and Recovery）。为了在网络系统出现重大异常或故障、入侵等意外情况时，及时恢复系统和数据而进行的预先备份和预案等技术方法。备份恢复技术主要包括4个方面：备份技术、容错技术、冗余技术和不间断电源保护技术。

1.3.3 网络安全常用模型

网络安全模型可以用于构建网络安全体系和结构，进行网络安全解决方案的制定、规划、分析、设计和实施等，也可以用于网络安全实际应用过程的描述和研究等。

1）网络安全 PDRR 模型。常用的描述网络安全整个过程和环节的网络安全模型为 PDRR 模型：防护（Protection）、检测（Detection）、响应（Reaction）和恢复（Recovery），如图 1-5 所示。

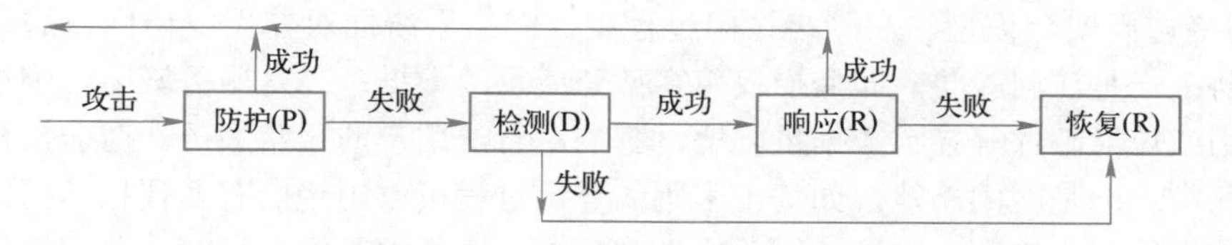

图 1-5　网络安全 PDRR 模型

在 PDRR 模型的基础上，以“检查准备（Inspection）、防护加固（Protection）、检测发现（Detection）、快速反应（Reaction）、确保恢复（Recovery）、反省改进（Reflection）”方式，经过改进可以得到另一个网络系统安全生命周期模型——IPDRRR（Inspection、Protection、Detection、Reaction、Recovery、Reflection）模型，如图 1-6 所示。

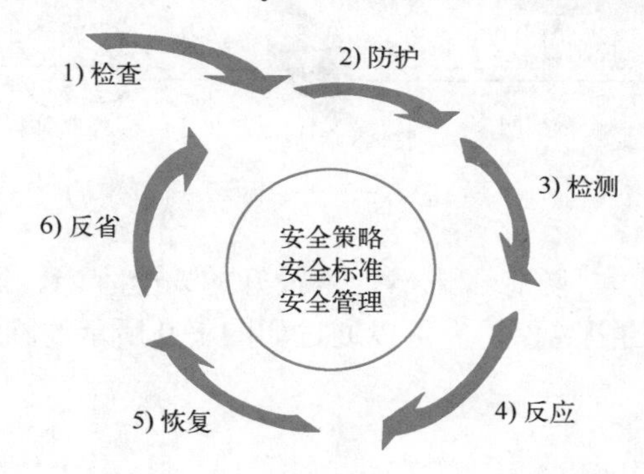

图 1-6　网络安全 IPDRRR 模型

2）网络安全通用模型。利用互联网将数据报文从源站主机传输到目的站主机，需要经过信道传输与交换。通过建立逻辑信道，可以确定从源站经过网络到目的站的路由及双方主体使用 TCP/IP 通信协议。其网络安全通用模型如图 1-7 所示，优点是应用相对广泛，缺点是并非所有情况都适用。

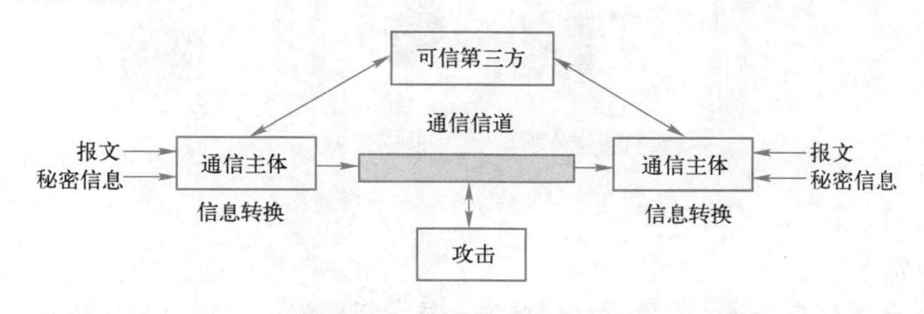

图 1-7　网络安全通用模型

通常，通过网络发送/接收报文或秘密信息需要加解密处理（转换），并需要可信第三方

（认证中心）进行两个主体在报文传输中的身份认证。构建网络安全系统时，网络安全模型的基本任务主要有 4 个：选取一个报文或秘密信息、设计一个实现安全的转换算法、开发一个分发和共享秘密信息的方法、确定两个主体使用的网络协议，以便利用秘密算法与信息，实现特定的安全服务。

3）网络访问安全模型。在网络访问过程中，网络系统面对非授权访问或病毒影响，具有两类威胁：一是访问威胁，即非授权黑客截获或篡改数据；二是服务威胁，因过多的服务请求、应用或垃圾邮件等导致数据量剧增，影响对合法用户的正常服务。对非授权访问的安全机制有两类：一是网闸功能，如基于密码的登录过程可以拒绝所有非授权访问，防火墙或病毒防范软件等可以检测、过滤、查杀病毒和攻击；二是内部安全控制，若非授权用户越权访问，第二道防线将会对其进行防御，包括各种内部监控、审计和分析，并检测追踪，如图 1-8 所示。

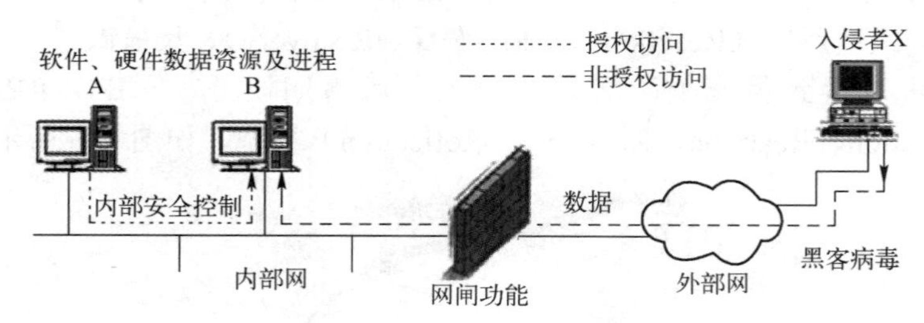

图 1-8　网络访问安全模型

4）网络安全防御模型。“防患于未然”是最好的安全保障，网络安全的关键是预防，同时也要做好内网与外网的隔离保护。可以通过如图 1-9 所示的网络安全防御模型构建系统保护内网。

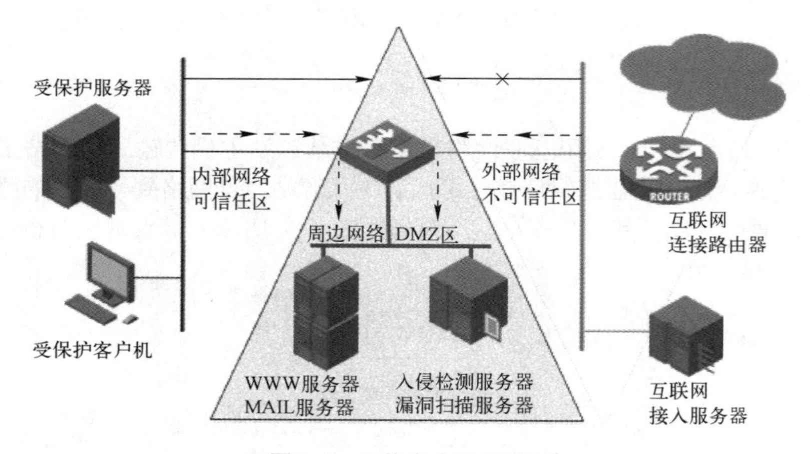

图 1-9　网络安全防御模型

☺ 讨论思考

1）什么是网络安全技术？常用的网络安全技术有哪些？

2）网络安全模型有何作用？主要介绍了哪几个模型？

3）概述网络安全通用模型的特点，并举例说明其应用。

☺讨论思考
本部分小结
及答案

1.4　网络安全建设发展状况及趋势

1.4.1　国外网络安全建设发展状况

“知己知彼百战不殆”，国外网络安全建设和发展状况体现在以下 7 个方面：

1）完善法律法规和制度建设。很多发达国家从网络安全的立法、管理、监督和教育等方面都采取了相应完善的有效措施，加强对网络安全的制度建设和规范管理。很多国家通过网络实名制进行具体的网络管理，为网络安全法制化建设奠定了重要基础，同时也起到了很大的威慑作用。

2）网络信息安全保障体系和机构。面对网络安全威胁和隐患等各种问题，很多发达国家开始完善各种以深度防御为重点的网络信息安全保障体系、组织机构和网络安全整体防御平台。

3）网络系统安全测评。主要包括国际先进的网络基础设施安全性测评和安全产品测评标准、技术、方法和应用，便于及时发现、及时解决并研发出更先进的网络安全产品。

4）网络安全防护技术。在对各种传统网络安全技术进行深入探究的同时，创新和改进新技术、新方法、新应用，研发新型的智能入侵防御系统、统一威胁资源管理与加固等多种新技术。

5）故障应急响应处理。对于突发灾难事件，应急响应技术极为重要。主要包括 3 个方面：突发事件处理（包括备份恢复）、追踪取证、事件或攻击分析。

【案例 1-10】 俄罗斯遭到大范围网络攻击。俄塔社援引俄网络安防公司 Storm Wall 的数据称，自 2022 年 2 月 24 日以来，俄罗斯能源、金融、制造、电信等行业的一系列大型企业遭到黑客攻击，其中包括俄天然气工业股份公司、卢克石油公司、诺里尔斯克镍业集团、Yandex、俄联邦储蓄银行等。网络攻击主要来自美国（28.9%）和欧盟（46.7%）。

6）网络系统各种可靠性、生存及应急恢复机制和措施等。

7）网络安全信息关联分析。发达国家在捕获攻击信息和新型扫描技术等方面处于领先地位。通过对多个系统进行入侵监测和漏洞扫描，能够有效检测各种庞杂多变的网络攻击和威胁，及时对不同安全设备和区域的信息进行关联分析，并及时准确地掌握攻击动态信息等，便于快速采取对策。

1.4.2　我国网络安全建设发展现状

我国高度重视网络安全建设和研究，并采取了一系列重大举措，主要包括以下几方面：

1）强化网络安全法制化管理与保障。国家成立了“中共中央网络安全和信息化委员会”，并以“新时代网络安全观”多次强调“没有网络安全，就没有国家安全”，还首次单独颁布实施《网络安全法》和《数据安全法》等，大力加强并完善相关法律法规、保障体系、规划与策略、制度建设、管理机制与措施，加快队伍的素质能力建设和急需人才的培养等。

2）大力加强自主知识产权新技术研究。我国对网络安全工作高度重视，在《国家安全战略纲要》中将网络空间安全纳入国家安全战略，并在国家重大高新技术研究项目等方面给予大量投入，在量子通信、6G 网络、密码技术、可信计算和操作系统等自主知识产权新技术研发等方面取得重大成果。

3）强化网络安全标准准则及规范。2019 年，我国网络安全等级保护制度 2.0 标准正式颁布实施，包括《信息安全技术网络安全等级保护基本要求》《信息安全技术网络安全等级保护测评要求》《信息安全技术网络安全等级保护安全设计技术要求》等，进一步强化了网络安全等级保护制度和标准化。

4）提升网络安全测试与评估。测试评估标准的提高与完善，促进了测试评估及其手段和工具的不断提高，渗透性测试的技术方法得到增强，网络整体安全性评估进一步提高。

5）应急响应与系统恢复。应急响应能力是衡量网络系统生存性的重要指标。对智能动态精准检测系统漏洞、入侵、突发事件和应急处理的能力等研究进一步加强，在跟踪定位、现场取证、隔离等方面的研究和产品，以及新型远程备份数据的一致性、完整性、访问控制等关键技术也取得一定进展。

6）网络安全检测防御技术。在网络安全动态智能检测防御新技术、云安全及大数据安全等研究领域取得重大进展，可以及时发现系统漏洞和隐患，进行预警、加固和修复，防止发生重大安全事故。

7）密码新技术研究。在对传统密码技术深入研究的同时，重点进行量子密码等新技术研究，主要包括两个方面：一是利用量子计算机对传统密码体制进行分析；二是利用量子密码学实现信息加密和密钥管理。我国在密码新技术研究方面取得了很多国际领先的新技术新成果。

☺ 讨论思考

1）国外网络安全的先进性主要体现在哪些方面？

2）我国在网络安全方面的发展现状主要体现在哪些方面？

☺讨论思考
本部分小结
及答案

*1.5 实体安全与隔离技术

1.5.1 实体安全的概念及内容

（1）实体安全的概念及目标

实体安全（Physical Security）也称物理安全，指保护网络系统（含软硬件）及其他媒体免遭地震、水灾、火灾、有害气体和其他环境事故破坏的措施及过程。主要是对网络系统及其他媒体的使用环境、场地和人员等方面采取各种安全措施。

实体安全是整个网络系统安全的重要基础和保障。主要侧重系统、环境、场地和设备的安全，以及实体保管使用及应急处理方案和计划等。各种网络系统受到的威胁和隐患，很多是与不同网络系统的环境、场地、设备和人员等方面有关的实体安全问题。

实体安全的目标是保护网络系统、终端、网络服务器、其他网络及通信设备和设施免受自然灾害、人为失误等的破坏，确保系统有一个优良的电磁兼容运行环境，同威胁和风险进行有效隔离。

（2）实体安全的内容及措施

实体安全的内容主要包括系统安全及运行环境安全、设备安全和媒体安全 3 个方面，通常包括 5 项防护（简称 5 防）：防盗、防火、防静电、防雷击、防电磁泄漏。特别是应当加强对重点数据中心、机房、服务器、网络及其相关设备和媒体等实体安全的防护。

1）防盗。由于网络核心部件是偷窃者的主要目标，而且这些设备中存放着大量重要数据或文件，被偷窃所造成的损失可能远远超过计算机及网络设备本身的价值，因此，必须采取严格的防范措施，以确保服务器、计算机及网络等相关设备不丢失。

2）防火。通常网络中心的机房发生火灾是由于电气原因、人为事故或外部火灾蔓延等引起的。电气设备和线路因短路、过载接触不良、绝缘层破坏或静电等原因，引起电打火而导致火灾。人为事故是指由于操作人员不慎，如吸烟、乱扔烟头等，使存在易燃物质（如纸片、磁带、胶片等）的机房起火，也不排除人为故意行为。外部火灾蔓延是因建筑物起火而蔓延到机房而引起火灾。

3）防静电。静电主要是由物体间的相互摩擦、接触而产生的，计算机显示器也会产生很强的静电。静电产生后，由于未能释放而保留在物体内会有很高的电位，其能量不断增加，从而产生静电放电火花，造成火灾，可能导致大规模集成电器损坏。

4）防雷击。采用传统避雷针防雷，不仅增大了雷击的可能性，还会产生感应雷，可能使电子信息设备遭到损坏，也是易燃易爆物品被引燃起爆的主要原因。

5）防电磁泄漏。计算机、服务器及网络等设备工作时会产生电磁发射，主要包括辐射发射和传导发射，可能被高灵敏度的接收设备进行接收、分析、还原，造成信息泄露。

1.5.2　媒体安全与物理隔离技术

（1）媒体及其数据的安全保护

媒体及其数据的安全保护主要包括对媒体（磁盘等存储介质）本身和存储数据的安全保护。

1）媒体安全。主要指对媒体及其数据的安全保管，目的是保护存储在媒体上的重要资料。保护媒体的安全措施主要有两个方面：媒体的防盗与防毁，其中防毁指防霉和防砸，以及其他可能的破坏或影响。

2）存储数据安全。主要指对存储数据的保护。为了防止已删除或已销毁的敏感数据被他人恢复，必须对媒体机密数据进行安全删除或安全销毁。

保护存储数据安全的措施主要有 3 个方面：

1）存储数据的防盗，如防止存储数据被非法窃取、复制或滥用。

2）存储数据的销毁，包括媒体的物理销毁（如媒体粉碎等）和存储数据的彻底销毁（如消磁等），防止存储数据删除或销毁后被他人恢复而泄露信息。

3）存储数据的防毁，防止存储数据的损坏或丢失等。

（2）物理隔离技术

物理隔离技术是一种以隔离方式进行防护的手段。目的是在现有网络安全技术的基础上，将威胁隔离在可信保护之外，保证内部网络安全，并完成内外网络数据的安全交换。

📖知识拓展
物理隔离技术的实施

1）物理隔离的安全要求。主要包括以下3点：📖

① 隔断内外网络传导。在物理传导上使内外网络隔断，确保外部网不能通过网络连接侵入内部网；并防止内部网信息通过网络连接泄露到外部网。

② 隔断内外网络辐射。在物理辐射上隔断内部网与外部网，确保内部网信息不会通过电磁辐射或耦合方式泄露到外部网。

③ 隔断不同存储环境。在物理存储上隔断两个网络环境，对于断电后会遗失信息的部件，如内存等，应在网络转换时做清除处理，防止残留信息出网。对于断电非遗失性设备，如硬盘等存储设备，内部网与外部网信息要分开存储。

2）物理隔离技术包括以下3个阶段。

第一阶段：彻底物理隔离。利用物理隔离卡、安全隔离计算机和交换机使网络隔离，两个网络之间无信息交流，所以也就可以抵御所有的网络攻击，它们适用于一台终端（或一个用户）需要分时访问两个不同的、物理隔离的网络的应用环境。

第二阶段：协议隔离。协议隔离是采用专用协议（非公共协议）来对两个网络进行隔离，并在此基础上实现两个网络之间的信息交换。协议隔离技术由于存在直接的物理和逻辑连接，仍然是数据包的转发，因此一些攻击依然会出现。

第三阶段：网闸隔离技术。主要通过网闸等隔离技术对高速网络进行物理隔离，使高效的内外网数据仍然可以正常进行交换，而且可以控制网络的安全服务及应用。

3）物理隔离的性能要求。采取安全措施可能对性能产生一定影响，物理隔离将导致网络性能和内外数据交换不便。

☺讨论思考

1）实体安全的内容主要包括哪些？

2）物理隔离的安全要求主要有哪些？

☺讨论思考
本部分小结
及答案

1.6 本章小结

“没有网络安全就没有国家安全”已经成为共识，网络安全已经成为世界各国关注的焦点和热点问题，也成为急需专业人才的重要领域。本章主要结合典型案例概述了网络安全的威胁及发展态势、网络安全存在的问题、网络安全威胁途径及种类，并对造成网络安全风险及隐患的系统问题、操作系统漏洞、网络数据库问题、防火墙局限性、管理和其他各种因素进行了概要分析。着重介绍了信息安全的概念和属性特征，以及网络安全的概念、目标、内容和侧重点。

本章重点概述了网络安全技术的概念、常用的网络安全技术（身份认证、访问管理、加密、防恶意代码、加固、监控、审核跟踪和备份恢复）和网络安全模型。介绍了国内外网络安全建设与发展的概况，概要分析了国际领先技术、国内存在的主要差距和网络安全技术的主要现状。最后，概述了实体安全的概念、内容、媒体安全与物理隔离技术，以及网络安全实验前期准备所需的构建虚拟网的过程和主要方法等。

网络安全的最终目标和关键是保护网络系统的信息资源安全，做好预防。“防患于未然”是确保网络安全的最好举措。世界上并没有绝对的安全，网络安全是个系统工程，需要多方面互相密切配合、综合防范才能收到实效。

*1.7　实验 1　构建虚拟局域网

虚拟局域网（Virtual Local Area Network，VLAN）是一种将局域网设备从逻辑上划分成多个网段，从而实现虚拟工作组的数据交换网络，主要应用于交换机和路由器。虚拟机（Virtual Machine，VM）是运行于主机系统中的虚拟系统。可以模拟物理主机硬件控制模式，具有系统运行的大部分功能和部分扩展功能。虚拟技术不仅经济实用，并可用于模拟具有风险性的网络安全相关的各种实验或测试。

实验视频
实验视频 1

1.7.1　选做 1　VMware 虚拟局域网的构建

1．实验目标

通过安装和配置虚拟机，建立一个虚拟局域网，主要有以下 3 个目的：

1）为网络安全试验做准备。利用虚拟机软件可以构建虚拟网，模拟复杂的网络环境，可以让用户在单机上实现多机协同作业，进行网络协议分析等。

2）网络安全实验可能对系统具有一定破坏性，虚拟局域网可以保护物理主机和网络的安全。而且一旦虚拟系统瘫痪后，也可以在数秒内得到恢复。

3）利用 VMware Workstation Pro 16 虚拟机安装 Windows 10 或 Windows 11，可以实现在一台机器上同时运行多个操作系统，以及实现一些其他操作功能，例如屏幕捕捉、历史重现等。

2．实验要求和方法

（1）预习准备

由于本实验内容是为了后续的网络安全实验做准备，因此，最好提前做好虚拟局域网“预习”或对有关内容进行一些了解。

1）Windows 10 原版光盘镜像：下载 Windows 10 开发者预览版（微软官方原版）。

2）VMware 虚拟机软件下载：下载 VMware Workstation Pro 16 正式版（支持 Windows 主机）。

（2）注意事项及特别提醒

安装 VMware 时，需要将设置中的软盘移除，以免其可能影响 Windows 10 的声音或网络。

由于网络安全技术更新快，技术、方法和软硬件产品种类繁多，可能在具体版本和界面等方面不一致或有所差异。特别是在具体实验步骤中更应当多注重关键的技术方法，做到“举一反三、触类旁通”，不要死钻“牛角尖”过分抠细节。

安装完虚拟软件并进行相应的设置后，需要重新启动系统才可正常使用。

实验用时：2 学时（90～120min）。

（3）实验方法

构建虚拟局域网 VLAN 的方法很多。可用 Windows 自带的连接设置方式，通过“网上邻居”建立；也可在 Windows Server 2022 运行环境下，安装虚拟机软件。主要是利用虚拟存储空间和操作系统提供的技术支持，使虚拟机上的操作系统通过网卡和实际操作系统进行通信。真实机和虚拟机可以通过以太网通信，形成小型的局域网环境。

1）利用虚拟机软件在一台计算机中安装多台虚拟主机，构建虚拟局域网，可以模拟复杂的真实网络环境，让用户在单机上实现多机协同作业。

2）由于虚拟局域网是个“虚拟系统”，因此在遇到网络攻击甚至造成系统瘫痪时，实际的物理网络系统并没有受到影响和破坏，所以，虚拟局域网可在较短时间内得到恢复。

3）在虚拟局域网上，可以实现在一台机器上同时运行多个操作系统。

3. 实验内容和步骤

VMware Workstation 是一款功能强大的桌面虚拟软件，可在安全、可移植的虚拟机中运行多种操作系统和应用软件，是为用户提供同时运行不同的操作系统和进行开发、测试、部署新的应用程序的最佳解决方案。每台虚拟机相当于包含网络地址的 PC（Personal Computer，个人计算机）建立的 VLAN。

VMware 基于 VLAN，可为分布在不同范围、不同物理位置的计算机组建虚拟局域网，形成一个具有资源共享、数据传送、远程访问等功能的局域网。

利用 VMware 16 虚拟机安装 Windows 10，并建立虚拟局域网 VLAN。

1）安装 VMware 16。安装及选择虚拟机向导界面，如图 1-10 和图 1-11 所示。

图 1-10 VMware 16 安装界面

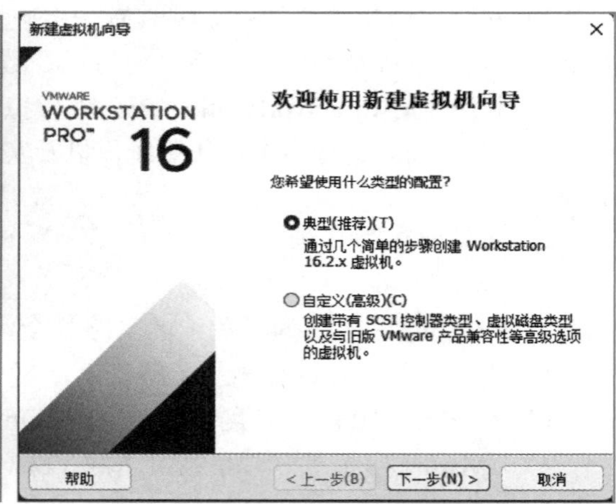

图 1-11 选择新建虚拟机向导界面

2）用 Workstation“新建虚拟机向导”，通过磁盘或 ISO 映像在虚拟机中安装 Windows 10，如图 1-12 所示。

3）借助 Workstation Pro，可以充分利用 Windows 10 的最新功能（如私人数字助理 Cortana、新的 Edge 网络浏览器中的墨迹书写功能），还可以开始为 Windows 10 设备构建通用应用，甚至可以要求 Cortana 直接从 Windows 10 启动 VMware Workstation，如图 1-13 所示。

4）设置虚拟机名称及虚拟机放置位置，具体如图 1-14 所示。

5）配置虚拟机大小，确定创建（磁盘空间需留有余地），如图 1-15 所示。

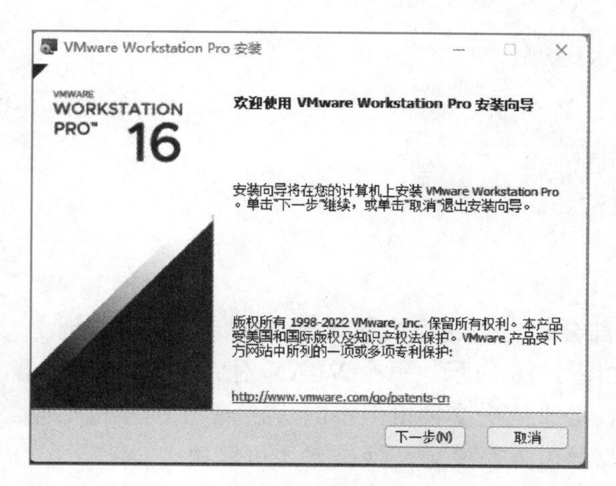

图 1-12　使用新建虚拟机向导界面

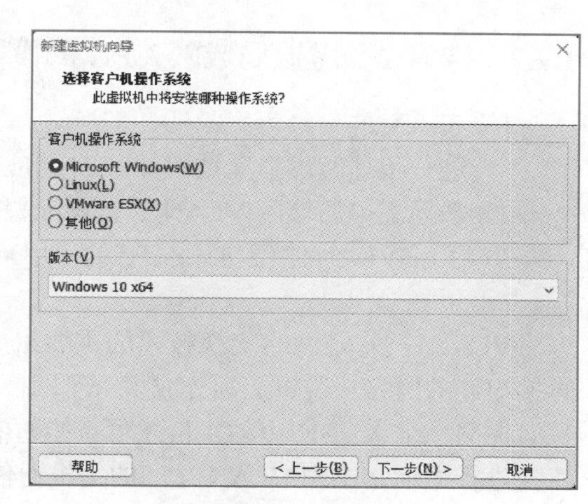

图 1-13　选择 Windows 界面

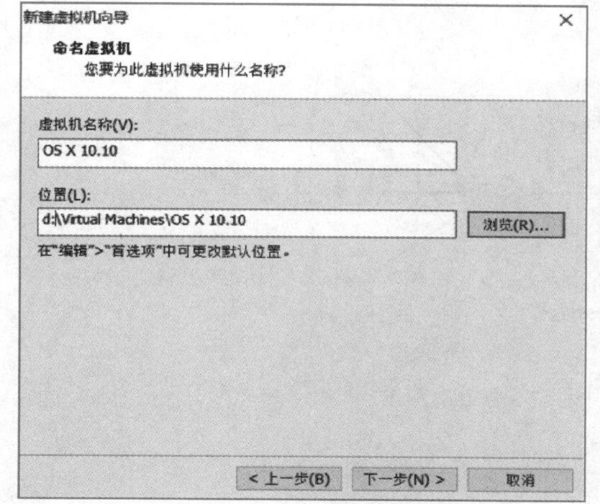

图 1-14　设置虚拟机名称及放置位置

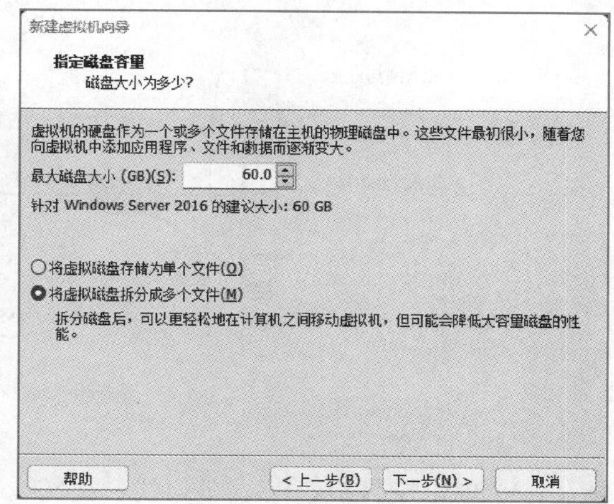

图 1-15　配置虚拟机大小界面

6）完成虚拟机创建，启动虚拟机，如图 1-16 所示，可查看有关信息，并解决出现的问题：进入放置虚拟机的文件夹，找到扩展名为.vmx 的文件，用记事本打开，如图 1-17 所示，然后保存并重新启动。

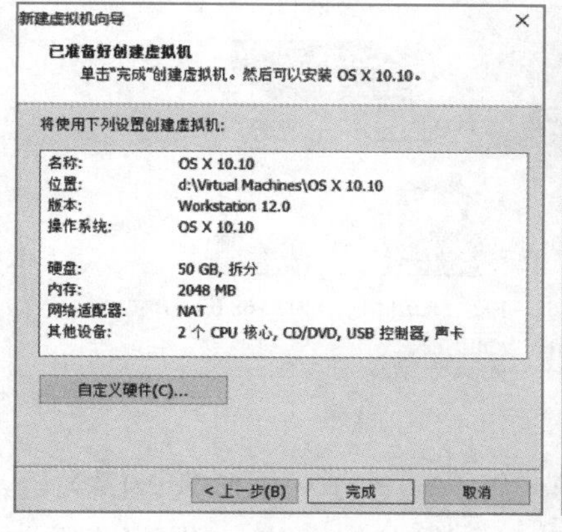

图 1-16　完成虚拟机配置界面

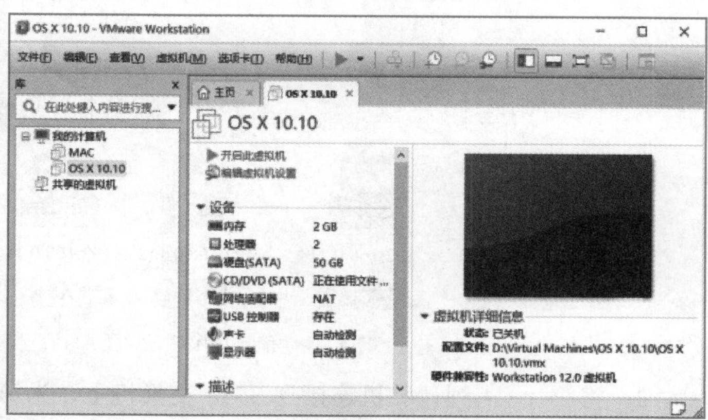

图 1-17　查看有关信息并处理有关问题

1.7.2 选做2 虚拟局域网VPN的设置和应用

1. 实验目的

1）进一步理解虚拟局域网VLAN的应用。

2）掌握虚拟局域网VLAN的基本配置方法。

3）了解VLAN中继协议VTP的应用。

2. 预备知识

VLAN 技术是网络交换技术的重要组成部分，也是交换机的重要技术部分。将物理上直接相连的网络从逻辑上划分成多个子网，如图1-18所示。每个VLAN对应一个广播域，只有在同一个VLAN中的主机才可直接通信，处于同一交换机但不同VLAN上的主机不能直接进行通信，不同VLAN之间的主机通信需要引入第三层交换技术才可解决。

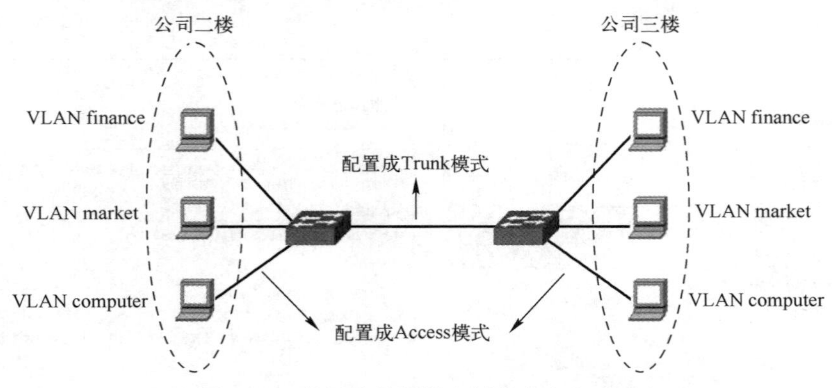

图1-18 将网络从逻辑上划分成多个子网

3. 实验要求及配置

Cisco 3750交换机、PC、串口线、交叉线等。

（1）单一交换机上VLAN的配置

说明：

1）单一交换机上VLAN配置实现拓扑图如图1-19所示。

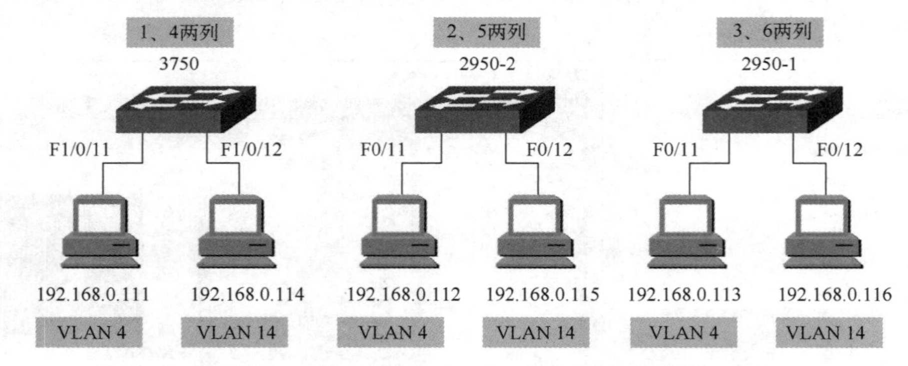

图1-19 单一交换机上VLAN配置实现拓扑图

2）将第1、4列计算机连接到3750交换机上，为第一组，建立的VLAN为VLAN4、VLAN14；将第2、5列计算机连接到2950-2交换机上，为第二组，建立的VLAN为

VLAN4、VLAN14；将第 3、6 列计算机连接到 2950-1 交换机上，为第三组，建立的 VLAN 为 VLAN4、VLAN14。

3）每组在建立 VLAN 前先行测试连通性，然后建立 VLAN，把计算机相连的端口分别划入不同的 VLAN，再测试连通性，分别记录测试结果。

4）删除建立的 VLAN 和 VLAN 划分，恢复设备配置原状。

（2）跨交换机 VLAN 的配置

1）跨交换机 VLAN 配置实现的拓扑图如图 1-20 所示，三组交换机使用交叉线互联后，配置 Trunk 链路。

2）测试相同 VLAN 主机间的连通性，并测试不同 VLAN 间的主机的连通性，分别记录测试结果。

3）删除建立的 VLAN 和端口 VLAN 划分，恢复设备配置原状。

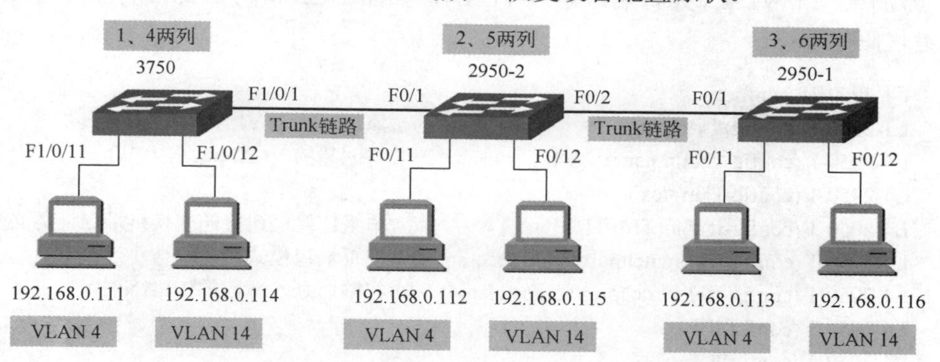

图 1-20　跨交换机 VLAN 配置实现拓扑图

4. 实验步骤

下面主要介绍单一交换机上 VLAN 的配置操作。

（1）测试两台计算机的连通性

在 Windows 系统桌面单击“开始”菜单，输入“cmd”后按〈Enter〉键，进入命令提示符界面，如图 1-21 所示。

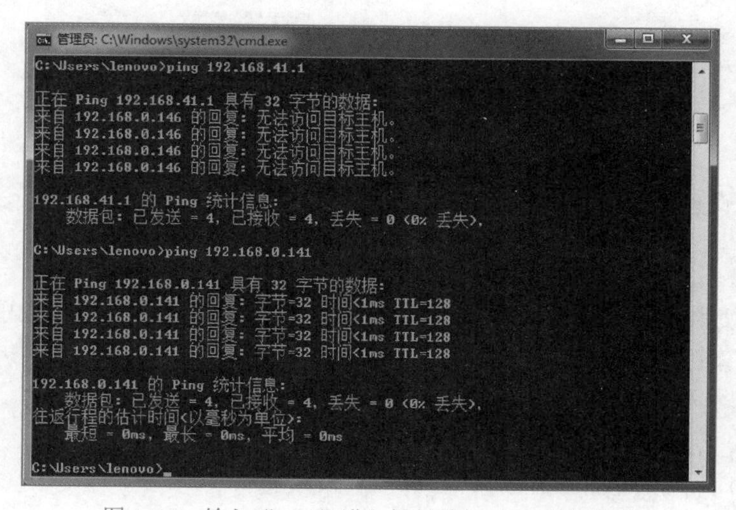

图 1-21　输入“cmd”进入提示符的 ping 命令界面

1）组内两台计算机在命令提示符下互相 ping，观察结果。

2）如果显示如下信息：

```
Reply from 192.168.*.*: bytes=32 time<1ms TTL=128
```

说明与同组组员计算机间的网络层通。若都显示：

```
Request timed out.
```

通常表明与同组成员计算机在网络层不通。在实验前，组员间应该能互相 ping 通，若不通需要检查计算机的 IP 地址配置是否正确。

（2）配置 VLAN 的具体方法

下面以第一组、第一行操作为例来介绍配置 VLAN 的方法。

1）添加第一个 VLAN 并将端口划入 VLAN，如图 1-22 和图 1-23 所示。

参考代码如下：

```
L4-2950-1# conf  t
L4-2950-1 (config)# vlan 4                       //添加第一个 VLAN
L4-2950-1 (config-vlan)# name  V4                //将创建的 VLAN 命名为 V4
L4-2950-1 (config-vlan)#exit
L4-2950-1 (config-if)# int f1/0/11               //本组计算机连接的交换机端口，务必查看清楚
L4-2950-1 (config-if)# switchport mode access    //设置端口模式为 access
L4-2950-1 (config-if)# switchport access vlan 4  //将端口划入新建的 VLAN 中
L4-2950-1 (config-if)#exit
L4-2950-1 (config)#
```

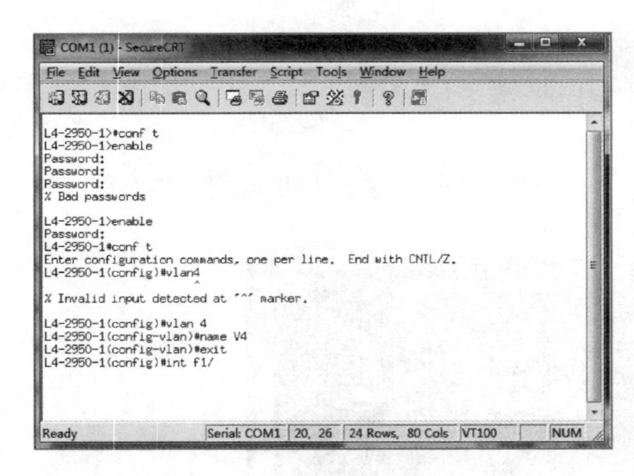

图 1-22　添加第一个 VLAN 显示界面

图 1-23　将端口划入 VLAN 显示界面

在 DOS 下使用 ping 命令测试两台计算机的连通性，并且记录结果，如图 1-24 所示。

2）添加第二个 VLAN，并把端口划入 VLAN。

参考代码如下：

```
L4-2950-1 (config)# vlan 14
L4-2950-1 (config-vlan)# name  v14
L4-2950-1 (config-vlan)# exit
```

```
L4-2950-1 (config-if)# int f1/0/12
L4-2950-1 (config-if)# switchport mode access
L4-2950-1 (config-if)# switchport access vlan 14
L4-2950-1 (config-if)# end
```

在 DOS 下使用 ping 命令测试两台计算机的连通性，并且记录结果，如图 1-25 所示。

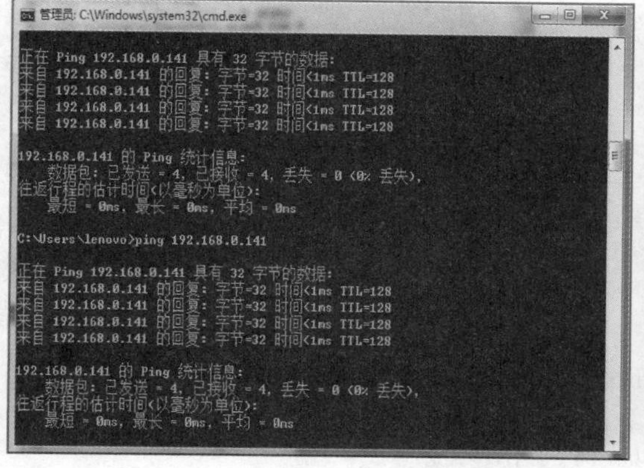

图 1-24　添加第一个 VLAN 后测试两台计算机的连通性

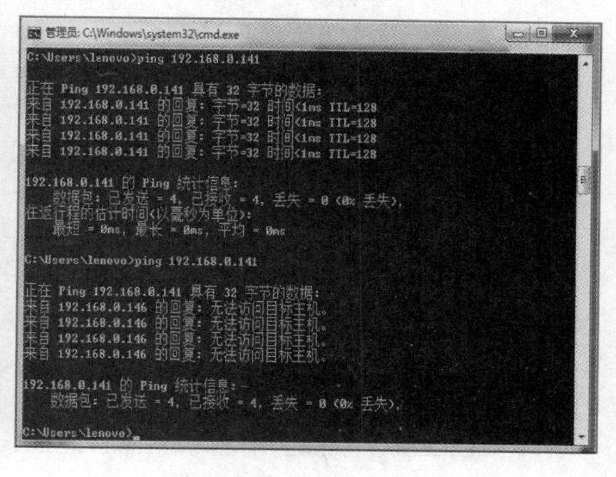

图 1-25　添加第二个 VLAN 后测试两台计算机的连通性

3）检查配置。查看当前交换机上已配置的端口，如图 1-26 所示。

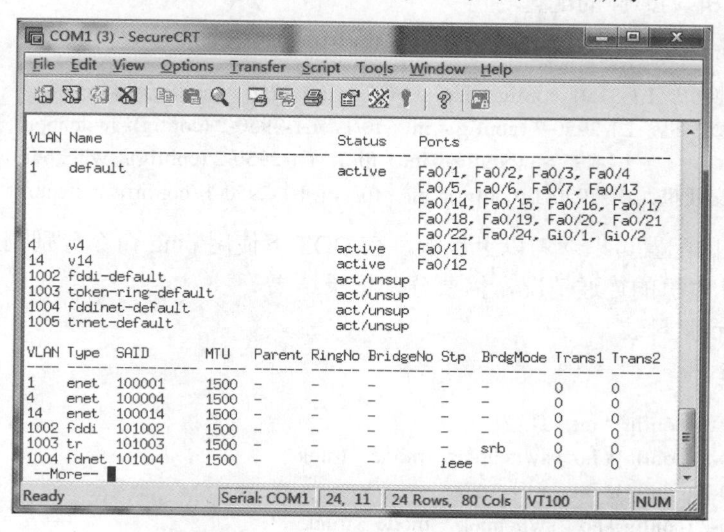

图 1-26　查看当前交换机上已配置的端口

参考代码如下：

```
L4-2950-1# show vlan        //查看当前交换机上是否有已配置的端口
VLAN    Name            Status      Ports
-----------------------------------------------------------------------
1       default         active      Fa0/1, Fa0/2, Fa0/3, Fa0/4
```

```
                                             Fa0/5, Fa0/6, Fa0/7, Fa0/13
                                             Fa0/14, Fa0/15, Fa0/16, Fa0/17
                                             Fa0/18, Fa0/19, Fa0/20, Fa0/21
                                             Fa0/22, Fa0/24,Gi1/0/1, Gi1/0/2
4       v14                   active         Fa1/0/11
14      v14                   active         Fa1/0/12
1002    fddi-default          act/unsup
1003    token-ring-default    act/unsup
1004    fddinet-default       act/unsup
1005    trnet-default         act/unsup
```

（3）删除 VLAN 的过程和方法。

参考代码如下：

```
L4-2950-1 # config t
L4-2950-1 (config) # int f1/0/11
L4-2950-1 (config-if)# no switchport access vlan 4        //端口重新划入 VLAN 1
L4-2950-1 (config-if)# int   f1/0/12
L4-2950-1 (config-if)# no switchport access vlan 14
L4-2950-1 (config)# no    vlan 4
L4-2950-1 (config)# no    vlan 14
```

在 DOS 下测试两台计算机的连通性，并且记录结果。

（4）跨交换机 VLAN 的配置

注意：两个交换机相连的端口分别配置 trunk 封装。

```
3750 交换机：L1-3750 (config)# int   f1/0/1  ，L1-3750   (config)#switchport   mode   trunk
2950-2 交换机：L1-2950-2 (config)# int   f0/1，L1-2950-2 (config)#switchport   mode   trunk
               L1-2950-2 (config)# int   f0/2，L1-2950-2 (config)#switchport   mode   trunk
2950-1 交换机：L1-2950-1 (config)# int   f0/1，  L1-2950-1 (config)#switchport   mode   trunk
```

单台交换机的配置可以参考以上步骤，在 DOS 下使用 ping 命令分别测试相同 VLAN，对于不同 VLAN 主机的连通情况，需要分别记录结果。

（5）删除 trunk 封装

参考代码如下：

```
L4-2950-1 (config)# int   f1/0/1
L4-2950-1 (config)# no   switchport   mode   trunk
L1-2950-2 (config)# int   f0/1
L1-2950-2 (config)#no   switchport   mode   trunk
L1-2950-2 (config)# int   f0/2
L1-2950-2 (config)# no   switchport   mode   trunk
2950-1 交换机：L1-2950-1 (config)# int   f0/1，  L1-2950-1 (config)# no   switchport   mode   trunk
```

说明：项目实施方式方法：同步实验和课程设计的综合实践练习，采取理论教学以演示为主、实践教学先演示后实际操作练习的方式，“边讲边练，演练结合”，更好地提高教学效果和学生的素质能力。

1.8　练习与实践 1

1．选择题

（1）计算机网络安全是指利用计算机网络管理控制和技术措施，保证在网络环境中数据的（　　）、完整性、网络服务可用性和可审查性受到保护。

A．保密性　　　　　　B．抗攻击性
C．网络服务管理性　　D．控制安全性

（2）网络安全的实质和关键是保护网络的（　　）安全。

A．系统　　B．软件
C．信息　　D．网站

（3）实际上，网络的安全包括两大方面的内容，一是（　　），二是网络的信息安全。

A．网络服务安全　　B．网络设备安全
C．网络环境安全　　D．网络的系统安全

（4）在短时间内向网络中的某台服务器发送大量无效连接请求，导致合法用户暂时无法访问服务器的攻击行为是破坏了（　　）。

A．保密性　　B．完整性
C．可用性　　D．可控性

（5）如果某访问者有意避开网络系统的访问控制机制，则该访问者对网络设备及资源进行的非正常使用操作属于（　　）。

A．破坏数据完整性　　B．非授权访问
C．信息泄露　　　　　D．拒绝服务攻击

（6）计算机网络安全是一门涉及计算机科学、网络技术、信息安全技术、通信技术、应用数学、密码技术和信息论等多学科的综合性学科，是（　　）的重要组成部分。

A．信息安全学科　　B．计算机网络学科
C．计算机学科　　　D．其他学科

（7）实体安全包括（　　）。

A．环境安全和设备安全　　B．环境安全、设备安全和媒体安全
C．物理安全和环境安全　　D．其他方面

（8）在网络安全中，常用的关键技术可以归纳为（　　）3 大类。

A．计划、检测、防范　　B．规划、监督、组织
C．检测、防范、监督　　D．预防保护、检测跟踪、响应恢复

2．填空题

（1）计算机网络安全是一门涉及________、________、________、通信技术、应用数学、密码技术、信息论等多学科的综合性学科。

（2）网络信息安全的 5 大要素和技术特征分别是________、________、________、________、________。

（3）从层次结构上，计算机网络安全所涉及的内容包括________、________、________、________、________5 个方面。

（4）网络安全的目标是在计算机网络的信息传输、存储与处理的整个过程中，提高________的防护、监控、反应恢复和________的能力。

（5）常用的网络安全技术分别为________、________、________、________、________、________、________和________8大类。

（6）实体安全的主要内容包括________、________和________3个方面。

（7）国际标准化组织（ISO）提出信息安全的定义是：为数据处理系统建立和采取的________保护，保护计算机硬件、软件、数据不因________的原因而遭到破坏、更改和泄露。

（8）利用网络安全模型可以构建________，进行具体的网络安全方案的制定、规划、设计和实施等，也可以用于实际应用过程的________。

3．简答题

（1）威胁网络安全的因素有哪些？

（2）网络安全的概念是什么？

（3）网络安全的主要目标是什么？

（4）网络安全的主要内容包括哪些方面？

（5）简述网络安全的主要特点。

（6）网络安全的主要侧重点是什么？

（7）什么是网络安全技术？什么是网络安全管理技术？

（8）常用的网络安全技术有哪些？

（9）画出网络安全通用模型，并进行说明。

（10）网络安全的实质和关键是网络信息安全吗？

4．实践题

（1）安装、配置并构建虚拟局域网（上机完成）：

下载并安装一种虚拟机软件，配置虚拟机并构建虚拟局域网。

（2）下载并安装一种网络安全检测软件，对校园网进行安全检测并简要分析。

（3）通过调研及查阅参考资料，撰写一份网络安全威胁的具体分析报告。

第2章　网络安全技术基础

网络安全技术基础是网络安全至关重要的基本保障机制和措施。用户在各种网络应用中，需要了解常用的网络协议漏洞及网络端口存在的安全风险和隐患，掌握网络协议安全体系和虚拟专用网（VPN）安全技术等，以及无线局域网（WLAN）和常用网络安全管理工具的应用，以便进行更有效的网络安全防范。

教学目标

- 了解网络协议安全风险及 IPv6 的安全性
- 掌握虚拟专用网 VPN 技术的特点及应用
- 掌握无线局域网的安全技术及安全设置
- 掌握常用的网络安全管理工具及其应用

2.1　网络协议安全概述

【引导案例】 国内外多位专家指出网络攻击的破坏力堪比核武器。2022 年 6 月，美国承认在俄乌冲突期间多次对俄罗斯进行网络攻击，造成很多机构或设施瘫痪，其中主要是利用网络协议等漏洞实施的攻击。美国之前还曾以伊拉克拥有大规模生化武器为由与英国组成联军对其进行进攻，率先侵入伊拉克的军事系统窃取情报并进行破坏，以期快速攻占伊拉克。

2.1.1　网络协议的安全风险

教学视频
课程视频 2.1

网络协议（Protocol）是进行网络通信和数据交换的规则、标准或约定的集合，是一种特殊的软件。

特别理解
网络协议的含义及作用

网络体系层次结构参考模型主要有两种：开放系统互连参考模型 OSI（Open System Interconnection）模型和 TCP/IP 模型。国际标准化组织 ISO 规定的网络协议 OSI 模型共有 7 层，其设计之初旨在为网络体系与协议发展提供一种国际标准，此后由于其过于庞杂且难以实现，致使 TCP/IP 成为 Internet 的基础协议和实际应用的“网络协议标准”。

TCP/IP 模型主要由 4 部分组成，由低到高分别为网络接口层、网络层、传输层和应用层。TCP/IP 模型的 4 层体系对应 OSI 参考模型的 7 层体系，常用的相关协议的对应关系如图 2-1 所示。

知识拓展
TCP/IP 及主要功能

网络协议用于实现各种网络的连接、通信、交互与数据交换，在其设计初期和实际应用中主要注重不同结构网络的互联互通问题，而忽略了其安全性问题。网络各层协议是一个开放体系且存在漏洞缺陷，致使整个网络系统存在着很多安全风险和隐患。网络协议的安全风险主要概括为 3 个方面：

OSI 7层网络模型	TCP/IP 4层模型	对应网络协议
应用层	应用层	TFTP、FTP、NFS、WAIS
表示层		Telent、Rlogin、SNMP、Gopher
会话层		SMTP、DNS
传输层	传输层	TCP、UDP
网络层	网络层	IP、ICMP、ARP、RARP、AKP、UUCP
数据链路层	网络接口层	FDDP、Ethernet、Arpanet、PDN、SLIP、PPP
物理层		IEEE 802.1A、IEEE 802.2~IEEE 802.11

图 2-1　OSI 模型和 TCP/IP 模型及协议对应关系

1）网络协议（软件）自身的设计缺陷和实现中存在的一些安全漏洞缺陷，很容易被黑客利用来侵入网络系统并实施攻击和破坏。

2）网络协议本身没有认证机制，不能验证通信双方的真实性。

3）网络协议没有保密机制，不能对网上数据的保密性进行保护。

2.1.2　TCP/IP 层次安全性

TCP/IP 安全的有效防护通常采取多层保护的方式，主要通过在多个层次增加不同的具体的网络安全策略和安全措施实现。例如常用的网银或网购中，在传输层提供安全套接层（Secure Sockets Layer，SSL）和其升级后的传输层安全（Transport Layer Security，TLS）服务，是为网络传输提供安全和数据完整性的一种安全协议，又如在网络层提供虚拟专用网（Virtual Private Network，VPN）技术（详见 2.2 节）等。以下分别介绍提高 TCP/IP 各层安全性的技术和方法，TCP/IP 网络安全技术层次体系如图 2-2 所示。

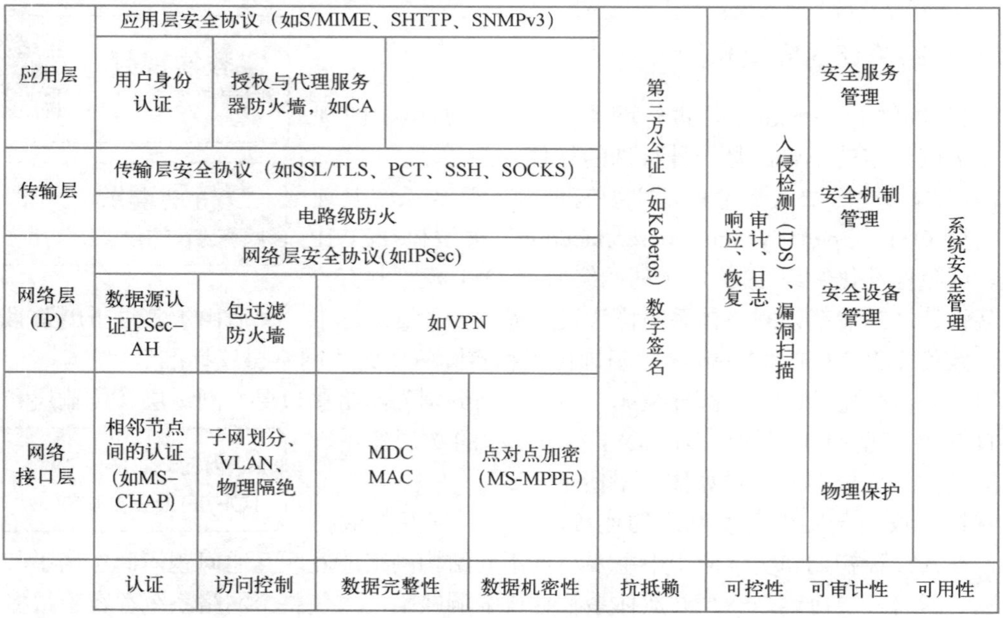

<table>
<tr><td rowspan="2">应用层</td><td colspan="4">应用层安全协议（如S/MIME、SHTTP、SNMPv3）</td><td rowspan="7">第三方公证（如Keberos）数字签名</td><td rowspan="7">入侵检测（IDS）、漏洞扫描
审计、日志
响应、恢复</td><td rowspan="7">安全服务管理
安全机制管理
安全设备管理
物理保护</td><td rowspan="7">系统安全管理</td></tr>
<tr><td>用户身份认证</td><td>授权与代理服务器防火墙，如CA</td><td colspan="2"></td></tr>
<tr><td rowspan="2">传输层</td><td colspan="4">传输层安全协议（如SSL/TLS、PCT、SSH、SOCKS）</td></tr>
<tr><td colspan="4">电路级防火</td></tr>
<tr><td rowspan="2">网络层(IP)</td><td colspan="4">网络层安全协议(如IPSec)</td></tr>
<tr><td>数据源认证IPSec–AH</td><td>包过滤防火墙</td><td colspan="2">如VPN</td></tr>
<tr><td>网络接口层</td><td>相邻节点间的认证(如MS–CHAP)</td><td>子网划分、VLAN、物理隔绝</td><td>MDC MAC</td><td>点对点加密(MS-MPPE)</td></tr>
<tr><td></td><td>认证</td><td>访问控制</td><td>数据完整性</td><td>数据机密性</td><td>抗抵赖</td><td>可控性</td><td>可审计性</td><td>可用性</td></tr>
</table>

图 2-2　TCP/IP 网络安全技术层次体系

1．TCP/IP 网络接口层的安全性

TCP/IP 模型的网络接口层对应着 OSI 模型的物理层和数据链路层。网络接口层安全包括网络设备、设施、网络线路及周边环境或物理特性引起的安全问题，如设备设施被盗、损坏或老化、意外故障、信息泄露等。当采用广播方式时，网络信息容易被侦听、窃取或分析。因此，保护链路安全极为重要，加密、流量填充等是有效措施。在实际中常用“隔离技术”使网络在逻辑上保持连通，同时在物理上保持隔离，并加强实体安全管理与维护。网络分段也是保证安全的一项基本措施，将非法用户与网络资源互相隔离，从而可以限制非法用户访问。

> 📖知识拓展
> 网络层安全协议标准化

2．TCP/IP 网络层的安全性

网络层主要用于网络连接和数据包传输，其中 IP 是整个 TCP/IP 体系结构的重要基础，TCP/IP 中所有协议的数据都以 IP 数据包的形式进行传输。

TCP/IP 协议簇常用的两种 IP 版本是 IPv4 和 IPv6。IPv4 在设计之初根本没有考虑网络安全问题，IP 包本身不具有任何保护特性，导致在网络上传输的数据包很容易泄露或受到攻击。针对 IP 层的攻击手段有 IP 欺骗和 ICMP 攻击等，如伪造 IP 包地址、拦截、窃取、篡改、重播等，所以，通信双方无法保证收到 IP 数据包的真实性。IPv6 简化了 IPv4 中的 IP 头结构，并增加了安全性的设计。📖

3．TCP/IP 传输层的安全性

TCP/IP 传输层主要包括传输控制协议 TCP 和用户数据报协议 UDP，主要安全措施取决于具体的协议。传输层的安全主要包括：传输与控制安全、数据交换与认证安全、数据保密性与完整性等。TCP 是一个面向连接的协议，用于多数的互联网服务，如 HTTP、FTP 和 SMTP。为了保证传输层的安全，主要采用安全套接层协议 SSL 和升级的传输层协议 TLS。SSL 协议主要包括 SSL 握手协议和 SSL 记录协议两个协议。

SSL 握手协议具有数据认证和加密功能，利用多种有效密钥交换算法和机制。SSL 记录协议对应用程序提供信息分段、压缩、认证和加密。SSL 协议提供了身份验证、完整性检验和保密性服务，密钥管理的安全服务可被各种传输协议重复使用。📖

> 📖知识拓展
> 拓展数据通道的安全性

4．TCP/IP 应用层的安全性

在 TCP/IP 应用层中，运行和管理的应用程序较多。网络安全性问题主要是需要重点防范的应用协议，包括 HTTP、FTP、SMTP、DNS、Telnet 等。

（1）超文本传输协议（HTTP）安全

HTTP 是互联网上应用最广泛的协议，常用 80 端口建立连接，并进行应用程序浏览、数据传输和对外服务，其客户端使用浏览器访问并接收从服务器返回的 Web 网页。如果下载了具有破坏性的 Active X 控件或 Java Applets 插件，这些控件或插件将在用户终端运行并可能含有病毒、木马程序或恶意代码，注意不要下载或打开未确认的文件与链接。

（2）文件传输协议（FTP）安全

FTP 是建立在 TCP/IP 连接上的文件发送与接收协议。它由服务器和客户端组成，每个 TCP/IP 主机都有内置 FTP 客户端，而且多数服务器都有 FTP 程序。FTP 常用 20 和 21 两个端口，由 21 端口建立连接，使连接端口在整个 FTP 会话中保持开放，用于在客户端和服务器之间发送控制信息和客户端命令。在 FTP 的主动模式下，常用 20 端口进行数据传输，在客户端和服务器之间每传输一个文件都要建立一个数据连接。📖

📖知识拓展
FTP 服务器的安全威胁

（3）简单邮件传输协议（SMTP）安全

需要防范黑客利用 SMTP 对 E-mail 服务器进行干扰和破坏。如通过 SMTP 对 E-mail 服务器发送大量垃圾邮件和数据包或请求，致使服务器不能提供正常服务，导致拒绝服务。此外，很多网络病毒基本都是通过邮件或其附件进行传播。所以，对 SMTP 服务器增加过滤、扫描及设置拒绝指定邮件等功能很有必要。

（4）域名系统（DNS）安全

DNS 是互联网的最基本服务，其安全性极为重要。黑客可以进行区域传输或通过攻击 DNS 服务器窃取区域文件，以及区域中所有系统的 IP 地址和主机名。采取的防范措施主要是采用防火墙保护 DNS 服务器并阻止各种区域传输，还可通过配置系统限制接收特定主机的区域传输。

（5）远程登录协议（Telnet）安全

Telnet 的功能是进行远程终端登录访问，曾用于管理 UNIX 设备等。允许远程用户登录是产生 Telnet 安全风险的主要问题，此外，Telnet 以明文方式发送所有用户名和密码，给非法者提供了可乘之机，利用 Telnet 会话进行远程作案已经成为防范重点。

2.1.3 IPv6 的安全性概述

IPv6 是在 IPv4 的基础上升级改进的下一代互联网协议，对 IPv6 的网络安全性研究和应用已成为研究的一个热点。处于世界领先水平且具有我国知识产权的 IPv9，可以自主决定安全等级、系数和控制的权力分配和手段，是彻底摆脱受制于人的国家安全大计。📖

📖知识拓展
IPv9 是国家安全重大战略

1. IPv6 的优势及特点

1）扩展地址空间及功能。IPv6 主要用于解决因互联网快速发展而导致 IPv4 地址空间被耗尽的问题。IPv4 采用 32 位地址，只有大约 43 亿个地址，IPv6 采用 128 位地址长度，极大地扩展了 IP 地址空间。对 IPv6 的研发还解决了很多其他问题，如安全性、端到端 IP 连接、服务质量（QoS）、多播、移动性和即插即用等。IPv6 对报头重新进行了设计，由一个简化长度固定的基本报头和多个可选的扩展报头组成，既可加快路由速度，又能灵活支持多种应用，便于扩展新应用。

2）增加网络整体性能。IPv6 数据包可以超过原有限定，使应用程序利用最大传输单元 MTU 获得更快、更可靠的数据传输，并在设计上改进了选路结构，采用简化的报头定长结构和更合理的分段方法，使路由器加快数据包处理速度，从而提高了转发效率，并提高了网络的整体吞吐量等性能。

3）加强网络安全机制。IPv6 以内嵌安全机制要求强制实现 IP 安全协议 IPSec，提供支持数据源发认证、完整性和保密性的能力，同时可抗重放攻击。安全机制主要由两个扩展报头实现：认证头（Authentication Header，AH）和封装安全载荷（Encapsulation Security Payload，ESP）。📖

📖知识拓展
AH 的功能及其安全性

4）提高服务质量。IPv6 在分组的头部中定义了业务流类别字段和流标签字段两个重要参数，以提供对服务质量（Quality of Service，QoS）的支持。业务流类别字段将 IP 分组的优先级分为 16 个等级。对于需要特殊 QoS 的业务，可在 IP 数据包中设置相应的优先级，路由器根据 IP 数据包的优先级分别对此数据进行不同的处理。流标签用于定义任意一个传输的数据流，以便网络中各节点可对此数据进行识别和特殊处理。

5）提供更好的组播功能。组播类似群发，是一种将信息传递给已登记且计划接收该消息的主机功能，可同时给大量用户传递数据，传递过程只占用一些公共或专用带宽而不在整个网络广播。IPv6 还具有限制组播传递范围的特性，组播消息可被限于一特定区域，如公司、特定位置或其他约定范围，从而减少带宽的使用并提高安全性。

6）实现即插即用和移动性。当各种设备接入网络后，通过自动配置可自动获取 IP 地址和必要的参数，实现即插即用，可简化网络管理，便于支持移动节点。IPv6 不仅从 IPv4 中借鉴了很多概念和术语，还提供了移动 IPv6 所需的新功能。

7）支持资源预留协议（Resource Reservation Protocol，RSVP）功能，用户可在从源点到目的地的路由器上预留带宽，以便提供确保服务质量的图像和其他实时业务。

2．IPv4 与 IPv6 安全性比较

通过对比 IPv4 和 IPv6 的安全性，发现有些原理和特征基本无变化，主要包括 3 个方面：

1）网络层以上的安全问题。主要是各种应用层的攻击，其原理和特征无任何变化。

2）网络层数据保密性和完整性相关的安全问题。主要是窃听和中间人攻击，由于 IPSec（Internet Protocol Security）没有解决大规模密钥分配和管理的难点，缺乏广泛的部署，在 IPv6 网络中，仍然存在同样的安全问题。

3）仍然存在同网络层可用性相关的安全问题。主要是指网络系统的洪泛攻击，如 TCP SYN Flooding 攻击等。

升级为 IPv6 后，部分网络安全问题的原理和特征发生了很大变化，主要包括 4 个方面：

1）踩点探测。踩点探测是黑客攻击的一种初始步骤和基本方式。黑客攻击之前，需要先踩点获取被攻击目标的 IP 地址、服务、应用等信息。IPv4 协议的子网地址空间很小，容易被探测，相对而言 IPv6 的子网地址空间为天文数字，相对安全很多。📖

> 📖知识拓展
> IPv4 协议容易被探测

2）非授权访问。IPv6 的访问控制同 IPv4 类似，按照防火墙或路由器访问控制表（ACL）等控制策略，由地址、端口等信息进行控制。对地址转换型防火墙，外网的终端看不到被保护主机的 IP 地址，使防火墙内部免受攻击，但是地址转换技术（NAT）和 IPSec 功能不匹配，在 IPv6 下很难通过地址转换型防火墙同 IPSec 通信。对包过滤型防火墙，若用 IPSec 的 ESP，由于 3 层以上的信息不可见，所以更难控制。此外，由于 ICMPv6 对 IPv6 至关重要，对 ICMP 消息的控制更需谨慎，如 MTU 发现、自动配置、重复地址检测等。

3）篡改分组头部或分段信息。IPv4 网络中的设备和端系统都可对分组进行分片。常见的分片攻击有两种：一是利用分片躲避网络监控，如防火墙等；二是直接利用网络设备中协议栈实现中的漏洞，以错误的分片分组头部信息直接对网络设备发动攻击。IPv6 网络中的中间设备不再分片，由于存在多个 IPv6 扩展头，防火墙难以计算有效数据包的最小尺寸，传输层协议报头也可能不在第一个分片分组内，致使网络监控设备在不分片重组时，将无法实施基于端口信息的访问控制策略。

4）伪造源地址。IPv4 网络伪造源地址的攻击较多，而且防范和追踪难度也比较大。在 IPv6 网络中，由于地址汇聚，对于过滤类方法实现相对简单且负载更小，另外由于转换网络地址少，容易追踪。防止伪造源地址的分组穿越隧道已成为一个重要研究课题。

3．IPv6 的安全机制

1）协议安全。在协议安全层面，全面支持认证头 AH 认证和封装安全有效载荷 ESP 扩展头。支持数据源发认证、完整性和抗重放攻击等。

2）网络安全。IPv6 的网络安全主要体现在 4 个方面：

① 实现端到端安全。在两端主机上对报文 IPSec 封装，中间路由器实现对有 IPSec 扩展头的 IPv6 报文封装传输，可实现端到端安全。

② 保护内网安全。当内部主机与 Internet 其他主机通信时，可通过配置 IPSec 网关实现内网安全。由于 IPSec 作为 IPv6 的扩展报头只能被目的节点解析处理，因此，可利用 IPSec 隧道方式实现 IPSec 网关，也可通过 IPv6 扩展头中提供的路由头和逐跳选项头结合应用层网关技术实现。后者实现方式更灵活，有利于提供完善的内网安全。

③ 由安全隧道构建安全虚拟专用网 VPN。通过 IPv6 的 IPSec 隧道实现 VPN，最常用的安全组建 VPN 方式是在路由器之间建立 IPSec 安全隧道。IPSec 网关路由器实际上是 IPSec 隧道的终点和起点，为了满足转发性能，需要路由器专用加密加速方式。

④ 以隧道嵌套实现网络安全。通过隧道嵌套的方式可获得多重安全保护，当配置 IPSec 的主机通过安全隧道接入配置 IPSec 网关的路由器，且该路由器作为外部隧道的终结点将外部隧道封装剥除时，嵌套的内部安全隧道便构成对内网的安全隔离。

3）其他安全保障。由于网络的安全威胁为多层且分布于各层之间。对物理层的安全隐患，可通过配置冗余设备、冗余线路、安全供电、保障电磁兼容环境和加强安全管理进行防护。🕮

🕮知识拓展
物理层及上层安全措施

4．移动 IPv6 的安全性

移动 IPv6 是 IPv6 的一个重要组成部分，移动性是其最大的特点。移动 IP 协议会给网络带来新的安全隐患，需要采取特殊的具体有效的安全措施。

（1）移动 IPv6 的主要特性

IPv6 使移动 IP 技术发生了根本性变化，其很多新特性也为节点移动性提供了更好的支持，如“无状态地址自动配置”和“邻居发现”等。IPv6 组网技术极大地简化了网络重组，更有效地促进了因特网移动性。移动 IPv6 的高层协议可辨识移动节点（Move Node，MN）唯一标识的归属地址。当 MN 移动到外网获得一个转交地址（Care-of Address，CoA）时，CoA 和归属地址的映射关系称为一个绑定。MN 通过绑定注册过程将 CoA 通知给位于归属网络的归属代理（Home Agent，HA）后。对端通信节点（Correspondent Node，CN）发往 MN 的数据包先被路由送到 HA，HA 根据 MN 的绑定关系，将数据包封装后发送给 MN。为了优化迂回路由的转发效率，移动 IPv6 也允许 MN 直接将绑定消息发送到对端节点 CN，无须经过 HA 的转发，即可实现 MN 和对端通信主机的直接通信。

（2）移动 IPv6 面临的安全风险

移动 IPv6 基本工作流程只针对互联网理想状态，并未考虑网络安全问题。此外，移动性的引入也将带来新的安全威胁，如窃听报文、篡改和拒绝服务攻击等。所以，在移动

IPv6 的具体实施中须谨慎处理其安全委托，以免降低网络安全级别。

移动 IP 不仅要解决无线网络所有的安全威胁，还要处理由移动性带来的新安全问题，所以，移动 IP 相对有线网络更脆弱和复杂。另外，移动 IPv6 协议通过定义移动节点、HA 和通信节点之间的信令机制，较好地解决了移动 IPv4 的三角路由问题，但在进行优化的同时也出现了新的安全问题。目前，移动 IPv6 受到的主要威胁包括拒绝服务攻击、重放攻击和信息窃取等。📖

📖知识拓展
移动 IPv6 的安全保护

5．移动 IPv6 的安全机制

移动 IPv6 针对上述安全威胁，通过在注册消息中添加序列号以防范重放攻击，并在协议报文中引入时间随机数。对 HA 和通信节点可比较前后两个注册消息序列号，并结合随机数的散列值，检测注册消息是否为重放攻击。若消息序列号不匹配或随机数散列值不正确，则可作为过期注册消息，不予处理。

对其他形式的攻击，可利用<移动节点，通信节点> 和 <移动节点，归属代理> 之间的信令消息传递进行有效防范。移动节点和归属代理之间可通过建立 IPSec 安全联盟，以保护信令消息和业务流量。由于移动节点归属地址和归属代理为已知，所以可以预先为移动节点和归属代理配置安全联盟，并使用 IPSec AH 和 ESP 建立安全隧道，提供数据源认证、完整性检查、数据加密和重放攻击防护。

☺讨论思考

1）网络协议的安全风险主要有哪些？

2）概述 TCP/IP 应用层的主要安全性。

3）移动 IPv6 面临的安全威胁有哪些？

☺讨论思考
本部分小结
及答案

2.2　虚拟专用网 VPN 技术

虚拟专用网（VPN）是利用 Internet 等公用物理网络，通过逻辑连接构建的专用网络，如同在广域网络中建立微信群的虚拟专用线路[常称隧道（虚拟信道）]，各种用户的数据信息可以通过 VPN 进行传输，既安全可靠又快捷方便。

教学视频
课程视频 2.2

2.2.1　VPN 的概念和结构

虚拟专用网（Virtual Private Network，VPN）是借助 Internet 等公共网络的基础设施，利用隧道技术向用户提供的同物理网络具有相同功能的专用网络。其中，“虚拟”是指用户不需要铺设专用的物理线路，而是利用 Internet 等公共网络资源和设备建立一条逻辑连接的专用数据通道，并实现与专用数据通道相同的通信功能。“专用网”是指此虚拟网络只有经过授权的用户才可使用。该信道内传输的数据经过加密和认证，可保证传输数据的机密性和完整性。Internet 工程任务组 IETF 对基于 IP 网络的 VPN 的定义为：利用 IP 机制模拟的一个专用网络。

VPN 可通过特殊加密通信协议为 Internet 上的异地企事业机构在内网之间建立一条专用通信线路，而无须铺设物理线路。VPN 系统结构如图 2-3 所示。

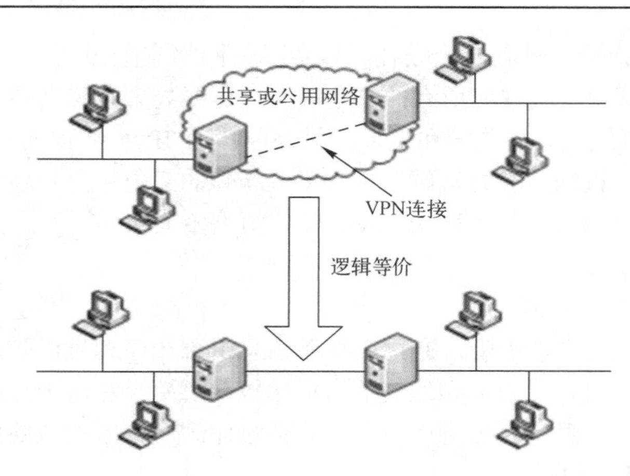

图 2-3　VPN 系统结构

2.2.2　VPN 的技术特点

VPN 具有以下技术特点：

1）安全性高。VPN 使用通信协议、身份验证和数据加密等技术保证其网络通信传输的安全性。客户机先向 VPN 服务器发出请求，服务器响应请求并要求客户机输入身份认证信息，之后客户机发送认证信息，服务器通过数据库检查认证该用户的远程访问权限，对通过认证的用户服务器会进行接收并连接，身份验证过程中所使用的公有密钥都需要加密。

2）费用低、应用广。远程用户或机构都可以利用 VPN 通过 Internet 访问网络，这比传统网络访问方式的费用少很多，可节省购买、管理和维护通信设备的费用且应用广泛。

3）管理便利。构建 VPN 只需很少的专用的网络设备及线路，且网络管理非常简便。对于远程访问的企事业机构或用户，只需要通过公用网络端口或 Internet 即可进入机构网络，网络管理如同使用微信群，其主要工作由公用网负责。

4）灵活性强。VPN 支持通过各种网络的任何类型的数据流，支持多种类型的传输媒介，并可以同时传输图像、语音和其他数据等需求。

5）服务质量好。可满足机构不同等级的服务质量（QoS）需求。不同用户和业务对 QoS 要求差别较大，如对于移动用户，提供广泛连接和覆盖性是保证 VPN 服务的一个主要因素；对于拥有众多分支机构的专线 VPN，交互式内网应用要求网络具有良好的稳定性；而视频传输等应用对网络提出了更具体的要求，如网络时延及误码率等。这些网络应用都要求按其需要提供不同等级的服务质量。🕮

> 🕮知识拓展
> VPN 可提供更好的安全服务

2.2.3　VPN 的实现技术

VPN 是在 Internet 公共网络基础上，通过综合利用隧道技术、密码加密技术和身份认证技术实现的。

1．隧道技术

隧道技术是 VPN 的核心技术，是一种隐式传输数据的方法。主要利用已有的 Internet 等公共网络数据通信方式，在虚拟信道（隧道）一端将数据封装，然后通过已建立的隧道进行传输。在隧道另一端，进行解封装并将还原的原始数据交给终端。在 VPN 连接中，可根据需要创建不同类型的 VPN 隧道，包括自愿隧道和强制隧道。🕮

🕮知识拓展
网络隧道主要建立过程

2．常用的加密技术

VPN 采用加密方式保护数据的网络传输安全。常用加密体系主要包括对称密钥加密体系和非对称密钥加密体系。

（1）对称密钥加密

对称密钥加密是指加密和解密都使用相同密钥的加密方式。发送方先将要传输的数据（文件）用密钥加密为密文，然后通过公共信道传输，接收方收到密文后用同样的密钥解密成明文，密钥的授权与管理成为安全性的关键。其加密方式的优点是算法相对简单、加密速度快，适合加密大量数据；缺点是密钥的管理复杂难度大。

（2）非对称密钥加密

非对称密钥加密是指加密和解密采用不同密钥的加密方式，数据的发送方和接收方拥有两个不同密钥，分别称为公钥和私钥。公钥可以在通信双方之间公开传递，或在公共网络上发布，但相关的私钥必须保密。利用公钥加密的数据需要用私钥解密，而利用私钥加密的数据需要用公钥认证。🕮

🕮知识拓展
非对称密钥加密优缺点

3．密钥管理技术

密钥管理极为重要，有两种方式：手工配置和密钥交换协议动态分发。前者适合简单网络且要求密钥更新不宜频繁，否则会增加大量管理工作量。后者采用软件方式动态生成密钥，适合复杂网络且密钥可快速更新，以保证密钥在公共网络上安全传输，极大地提高了 VPN 的应用安全。

4．身份认证技术

在 VPN 的实际应用中，身份认证技术包括信息认证和用户身份认证。信息认证用于检验用户信息的完整性和通信双方的不可抵赖性，用户身份认证用于鉴别用户身份的真实性。二者分别采用公钥基础设施 PKI 体系和非 PKI 体系。PKI 体系通过数字证书认证中心，采用数字签名和散列函数保证信息的可靠性和完整性。如 SSL VPN 是利用 PKI 支持的 SSL 协议实现应用层 VPN 安全通信。非 PKI 体系一般采用“用户名+口令”的模式。🕮

🕮知识拓展
VPN 采用的非 PKI 认证方式

2.2.4　VPN 技术的实际应用

在 VPN 技术的实际应用中，对不同网络用户应采用不同的解决方案。这些解决方案主要分为 3 种：远程访问虚拟网（Access VPN）、企事业内部虚拟网（Intranet VPN）和企事业扩展虚拟网（Extranet VPN）。🕮

🕮知识拓展
VPN 的广泛应用和优点

1．远程访问虚拟网

通过一个与专用网络具有相同策略的共享基础设施，可以提供方便企事业内网或外网的远程访问服务，使用户随时以所需要的方式访问企事业的各种信息资源，如模拟、宽带、数字用户线路（xDSL）、移动 IP 和电缆技术等，可以安全地连接移动用户、远程员工或分支机构。此种 VPN 适用于拥有移动用户或有远程办公需要的机构，以及需要提供与客户安全访问服务的企事业机构。远程验证用户服务（Remote Authentication Dial In User Service，RADIUS）服务器可以对异地的分支机构或出差到外地的员工进行认证和授权，保证连接及网络资源的安全且可以节省办公及电话费用等。

2．企事业内部虚拟网

利用 Intranet VPN 技术可以在 Internet 上构建全球的 Intranet VPN，企事业机构内部资源用户只需连入本地 ISP 的接入服务提供点（Point of Presence，PoP）即可相互通信和资源共享等，而实现传统 WAN 组建技术都需要有专线限制。利用该 VPN 技术不仅可以保证网络的互联性，而且可以利用隧道技术和加密等 VPN 特性保证在整个 VPN 上的信息安全传输和应用。这种 VPN 通过一个专用连接的共享基础设施，连接企事业机构和分支部门，企事业拥有与专用网络相同的政策和机制，包括网络安全、服务质量可管理性和可靠性，如总公司与分公司构建的企业内部 VPN。

3．企事业扩展虚拟网

企事业扩展虚拟网主要用于企事业之间的互联及网络安全访问服务，可通过专用连接的共享基础设施，将客户、供应商、合作伙伴或相关群体连接到企事业内网。企事业拥有与专用网络相同的安全、服务质量等政策，可简便地对外网进行部署和管理，外网的连接可使用与部署内网和远端访问 VPN 相同的架构和协议进行部署，主要是接入许可不同。

对于企业机构的一些国内外客户，涉及订单等业务时常需要访问企业的 ERP 系统查询其订单的处理进度等。客户可以使用 VPN 技术实现企业扩展虚拟局域网，让客户也能够访问公司内部的 ERP 服务器，但应注意数据过滤及访问权限的限制。

☺讨论思考

1）什么是虚拟专用网（VPN）？

2）VPN 的技术特点和实现技术有哪些？

3）VPN 技术的实际应用具体有哪些？

☺讨论思考
本部分小结
及答案

2.3　无线网络安全技术基础

【案例 2-1】 万豪国际集团官方发布声明称，其旗下喜达屋酒店的客房预订数据库被黑客入侵，曾在该酒店预订的最多约 5 亿名客人的机密信息或被泄露。专家称 2021 年全球网络安全对经济带来的损失高达 6 万亿美元，特别是手机网络的广泛应用，很多用户都在手机内储存各式各样的隐私信息，包括：密码、身份证号、家庭住址和联系方式，甚至涉密照片等，如果手机被盗或是中木马病毒等，就可能泄露个人信息并带来安全隐患。

2.3.1　无线网络的安全风险和隐患

教学视频
课程视频 2.3

随着各种无线网络技术的快速发展和广泛应用，很多安全问题已经引起人们的关注。无线网络的安全主要包括访问控制和数据加密两个方面，访问控制用于保护机密数据只能由授权用户访问，数据加密用于保护发送的信息只能被授权

用户所接收和使用。

各种无线网络主要利用微波方式传输信息，通常在无线接入点（Access Point，AP）覆盖的辐射范围内，所有无线终端都可能接收到无线信号。由于 AP 无法将无线信号具体定向到一个特定的接收设备，时常出现无线网络用户被别人侵入、盗号、泄密或远程控制等问题，因此，无线网络的安全威胁、风险和隐患更为突出。

国际上有关网络安全机构的最近一次调查表明，有 92%的企业网络经理认为无线网络安全防范意识和技术手段还需要进一步加强。由于无线网络系统及标准规范、安全协议等在研发、管理与维护方面的缺陷，以及无线网络更为开放等自身特性，致使无线网络存在着一些安全漏洞、隐患和风险，而且可被黑客利用进行侵入、攻击、盗取机密信息或进行破坏等。此外，随意增加路由器、更多开放 AP 或手机等随意打开不安全模式，或误接假冒的 AP 等，对无线网络设备滥用或安全设置不当都会造成更多安全隐患和风险，无线网络安全性问题已经引发新的研究和竞争。

2.3.2　无线网络 AP 及路由安全

1．无线接入点安全

无线接入点（AP）用于实现无线客户端之间的信号互联和中继，主要安全措施包括：

1）修改 admin 密码。无线网络 AP 与其他网络设备类似，也提供了初始的管理员用户名和密码，其默认用户名基本是 admin，密码大部分为空或仍是 admin，若不对默认的用户名和密码进行修改，将给不法之徒以可乘之机。

2）WEP 加密传输。数据加密是网络安全的一项重要技术，通过有线等效保密协议（Wired Equivalent Privacy，WEP）实现。WEP 是 IEEE 802.11b 协议中最基本的无线安全加密措施，是所有经过 WiFi™ 认证的无线局域网支持的一项标准功能，主要用途为：防止传输数据被恶意篡改或伪造，防止数据泄露，用接入控制防止非授权访问。🕮

> 🕮知识拓展
> WEP 加密方式及功能

3）禁用 DHCP 服务。黑客可用动态主机配置协议 DHCP 自动获取 IP 地址接入无线网络。禁用 DHCP 服务后，黑客只能通过猜测破译 IP 地址、子网掩码、默认网关等，可以极大地增加安全性。

4）修改 SNMP 字符串。禁用无线 AP 支持的简单网络管理协议 SNMP 功能，特别是无专用网络管理软件的小型网络。若确需 SNMP 进行远程管理，则应修改公开及专用的共用字符串，以免黑客利用 SNMP 获取有关的重要信息，或借助其漏洞进行攻击破坏。

5）禁止远程管理。对中小型网络，应直接登录到无线 AP 进行管理，无须开启 AP 的远程管理功能。

6）修改 SSID 标识。无线 AP 厂商可用初始化字符串 SSID 默认检验登录连接请求及连接。黑客容易通过非授权连接威胁无线网络安全，安装时应及时修改。

7）禁止 SSID 广播。应禁用 SSID 通知客户端采用的默认广播方式，使非授权客户端无法通过广播获得 SSID，即无法连接到无线网络。

8）过滤 MAC 地址。利用无线 AP 的访问列表可限制连接到节点终端。无线网卡都有各自的 MAC 地址，可在节点设备中创建一张“MAC 访问控制列表”，将合法网卡的 MAC 地址输入到列表中过滤。

9）合理放置无线 AP。可提高信号强弱、传输速度和安全。应先确定无线信号的覆盖范围，并依此将无线 AP 放置在外人难以接触的位置。

10）WPA 用户认证。无线网保护接入（WiFi Protected Access，WPA）可用密钥完整性协议（Temporal Key Integrity Protocol，TKIP）处理 WEP 无法解决的各设备共用同一密钥问题。TKIP 与 WEP 不同，可修改常用密钥及进行完整性检查，强化了由 WEP 提供的用户认证功能，还包含对 802.1x 和 EAP 的支持，既可通过外部 RADIUS 服务对无线用户进行认证，也可在大型网络中使用 RADIUS 协议自动更改和分配密钥。

2．无线路由器安全

无线路由器位于网络中心，具有提高无线 AP 和宽带路由功能，还要采取无线网络的安全策略，保护网络接入安全。

> 📖知识拓展
> 无线路由器的安全设置

1）安全设置无线路由器，做好必要的安全防范。📖

2）利用无线路由器内置防火墙功能，加强安全防护。

3）IP 地址过滤。启用 IP 地址过滤列表，进一步提高无线网络的安全性。

2.3.3　IEEE 802.1x 身份认证

IEEE 802.1x 是一种基于端口的网络接入认证控制技术，主要以网络设备物理接入对接入设备进行认证和控制。它需要和上层认证协议 EAP 配合实现用户认证和密钥发放方式，控制认证连接网络，并通过认证服务器进行远程验证服务。

IEEE 802.1x 认证过程如下：

1）无线客户端向 AP 发送请求，请求同 AP 进行通信。

2）AP 将加密数据发送给验证服务器进行用户身份认证。

3）验证服务器确认用户身份后，AP 允许该用户接入。

4）建立网络连接后授权用户通过 AP 访问网络资源。

IEEE 802.1x 和 EAP 作为身份认证的无线网络，主要包括如图 2-4 所示的 3 个要素。请求者为运行的无线客户端，认证者可用无线访问点 AP 认证识别接入权限，认证服务器存有认证数据库。

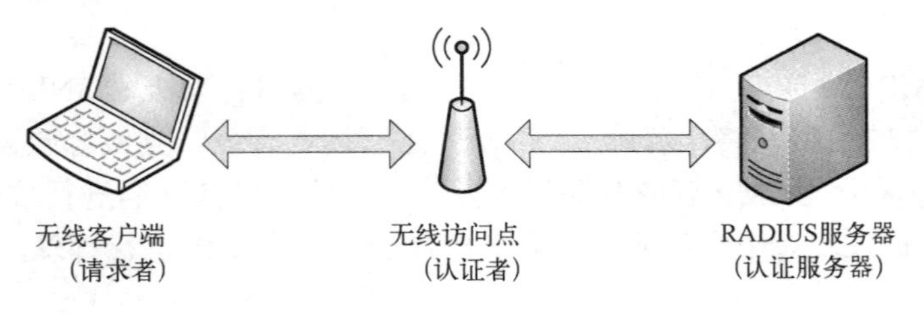

图 2-4　使用 IEEE 802.1x 及 EAP 身份认证的无线网络

2.3.4　无线网络安全技术应用

无线网络在实际应用中对安全需求不同。为了更好地发挥无线网络“有线速度、无限自由”的特性，可根据积累的经验，针对不同行业的需求，制定网络安全解决方案，快捷方便、低成本构建安全的无线网络。

1．小型企事业机构和家庭用户

小型企事业机构和家庭用户常用小型网络，其终端用户数量较少。为了满足其对网络安全有需求、投资成本低、配置方便的需要，建议使用传统的 WEP 认证与加密技术。各种型号的 AP 和无线路由都支持 64 位、128 位 WEP 认证和加密，以保证无线链路中的数据安全，防止数据被盗用。

2．仓库物流、医院、学校和餐饮娱乐行业

这些行业网络覆盖范围及终端用户的数量较大，AP 和无线网卡的数量多，同时网络安全风险及隐患增加，只靠单一的 WEP 无法满足安全需求。建议使用 IEEE 认证技术，并通过后台 RADIUS 服务器进行用户身份验证，可有效阻止非授权接入。

需要对多个无线网络 AP 加强管理，避免增加网络的安全隐患。要求网络支持认证机制，同时还支持 SNMP 网络管理协议，在此基础上以 AirPanel Pro AP 作为集群管理系统，便于对 AP 进行管理和监控。

3．公共场所及网络运营商、大中型企业和金融机构

在大型公共场所，用户常用手机等无线网络接入 Internet、浏览网页、接收文件等，其安全很重要，相关区域常由网络运营商提供网络设施及服务，对用户认证是关键，以免被盗用服务或信息等，这就需要用 IEEE 认证方式，并通过后台 RADIUS 服务器认证。

对于公共场所存在相近用户互访引起的数据泄露问题，可用专用的 AP——HotSpot AP。该 AP 将连接到所有无线终端的 MAC 地址自动记录，在转发报文的同时，判断该段报文是否发送给 MAC 列表的地址，若在列表中则中断发送，实现用户隔离。

网络安全对于大中型企业和金融机构极为重要。在使用 IEEE 认证机制的基础上，为了更好地满足跨区域远程办公用户安全访问公司内部网络的要求，可以利用现有的 VPN 技术，进一步完善网络的安全性能。

*2.3.5　WiFi 的安全性和措施

1．WiFi 的概念及应用

WiFi（Wireless Fidelity）又称 IEEE 802.11b 标准，是以无线网络方式互联的系统，可改善基于此标准的无线网络的互通性。WiFi 主要有 3 个标准：802.11a、中速 802.11b 和高速 802.11g。WiFi 有多种工作模式：AD-HOC、无线 AP、点对多点路由 P to MP、无线客户端 AP Client 和无线转发器 Repeater。

WiFi 广泛用于无线上网，支持智能手机、平板计算机和新型照相机等。它将有线网络信号转换成无线信号，通过无线路由器支持其技术及相关设备实现便捷上网并节省费用。对于 WiFi Phone 的应用，如查询或转发信息、下载、看新闻、拨 VOIP 电话（语音及视频）、收发邮件、实时定位、游戏等，很多机构都提供免费服务。

【案例 2-2】 比利时鲁汶大学研究人员 Mathy Vanhoef 在 2017 年公开了一项关于 WPA2/WPA 安全性的研究，指出 WiFi 保护协议存在密码重置攻击的重大漏洞，足以威胁全球所有 WiFi 用户。另外，用公共 WiFi 进行网银操作极为危险，王滔（化名）曾因此操作，导致银行卡被黑客盗刷 23.5 万元。另据美国审计总署报告称，多数商业航空公司可访问互联网，现代飞机拥有可被黑客侵入并控制的约 60 个外部天线，让黑客控制飞机成为可能。

2．WiFi 的组成及特点

WiFi 由无线 AP 和接收端网卡等组成，如图 2-5 所示。常以无线模式支持有线架构分享网络资源，如果是配备无线网卡的多台计算机对等网，也可不用 AP。AP 可作为“无线访问节点”或“桥接器”，作为传统有线局域网与无线局域网之间的桥梁，任一台装有无线网卡的 PC 均可通过 AP 分享有线网络资源，其工作原理类似内置无线发射器的路由或 HUB，而无线网卡可接收由 AP 发射信号的 Client 端设备的信息。AP 如同有线网络的 HUB，无线终端可快速连接网络。用户获得 AP 权限后，即可以共享方式上网。

图 2-5　WiFi 的原理及组成

WiFi 的主要特点包括：带宽、信号、功耗、便捷、节省、安全、融网、个人服务和移动特性。IEEE 启动项目计划通过 802.11n 标准将数据速率提高，以适应不同的功能和设备，通过 802.11s 标准连接高端节点，形成类似互联网的具有冗余能力的 WiFi。

3．增强 WiFi 的安全措施

无线路由器或无线网络系统密码破解的速度，主要取决于黑客的密码破解技术。对于机构或个人用户，主要采用以下 8 种安全措施：

1）采用最常用的 WPA/WPA2 加密方式，不使用有缺陷的加密方式。

2）不用初始口令和密码，要用长且复杂的密码，并定期更换，不用易猜密码。

3）无线路由器后台管理默认的用户名和密码，一定尽快更改并定期更换。

4）禁用 WPS（WiFi Protected Setup）功能。现有的 WPS 功能存在一定漏洞，有可能暴露路由器的接入密码和后台管理密码。

5）启用 MAC 地址过滤功能，绑定常用设备。经常登录路由器管理后台，查看并断开连入 WiFi 的可疑设备，封掉 MAC 地址并修改 WiFi 密码和路由器后台账号密码。

6）关闭远程管理端口和路由器的 DHCP 功能，启用固定 IP 地址，不能让路由器自动分配 IP 地址。

7）注意系统加固及升级。一定要及时升级修补漏洞或换成更安全的无线路由器。

8）手机端和计算机都应安装病毒检测安全软件，及时查杀木马等病毒。还应当注意黑客常用的钓鱼网站等攻击手段，确认安全网址和链接且关注拦截提醒。

注意：专家建议使用 WiFi 的安全防护措施。

知识拓展

用 WiFi 安全的防护措施

讨论思考

1）无线网络的安全风险和隐患有哪些？

2）概述无线网络 AP 及网络路由器的安全性。

3）无线网络安全技术应用方式有哪些？

讨论思考

本部分小结
及答案

2.4 常用网络安全管理工具

网络管理员或用户在网络安全检测与管理过程中，常在“开始”菜单的“运行/搜索程序或文件”栏内输入 cmd（运行 cmd.exe）命令，并在 DOS 环境下使用常用网络管理工具和命令方式。

2.4.1 网络连通性及端口扫描

1．ping 命令

ping 命令的主要功能是通过发送 Internet 控制报文协议 ICMP 包，检验与其他 TCP/IP 主机的 IP 级连通情况。网络管理员常用此命令检测网络的连通性和可到达性。

【案例 2-3】 ping 命令使用方法。如果输入命令后面不带任何参数，则操作界面的窗口将显示命令及其各种参数使用的所有帮助信息，如图 2-6 所示。

使用 ping 命令的具体语法格式是：ping <对方网站域名>或<IP 地址>。

如果网络已经连通，则返回具体的连通信息如图 2-7 所示。

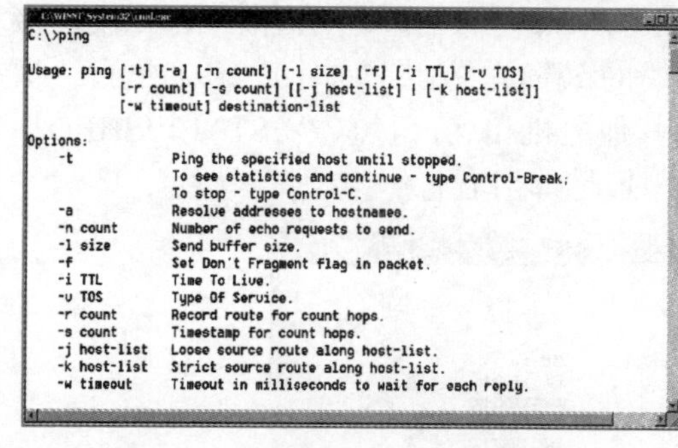

图 2-6　使用 ping 命令的帮助信息

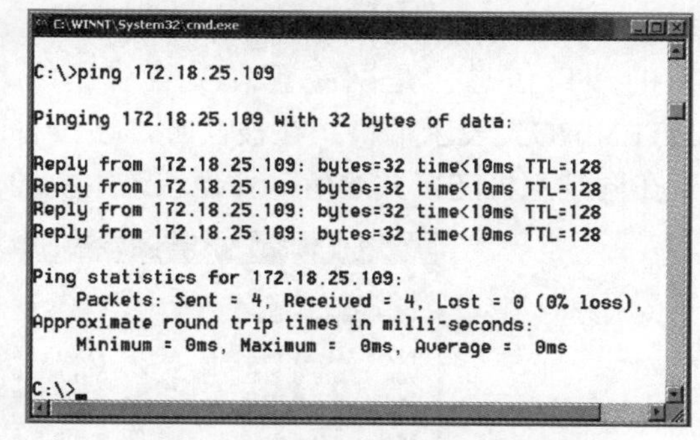

图 2-7　利用 ping 命令检测网络的连通性

2．Quickping 命令和其他命令

Quickping 命令的主要功能是快速查看网络中运行的所有主机或在线设备信息，或跟踪网络路由程序 Tracert 命令、TraceRoute 程序和 Whois 程序进行端口扫描检测与探测，还可利用网络扫描工具进行端口扫描检测等。

2.4.2 显示网络配置信息及设置

ipconfig 命令的主要功能是显示所有 TCP/IP 网络配置信息、刷新动态主机配置协议

（Dynamic Host Configuration Protocol，DHCP）和域名系统（Domain Name System，DNS）的设置信息。

【案例 2-4】 ipconfig 用法。在 DOS 命令行下输入 ipconfig 命令，使用不带参数的命令可显示所有适配器的 IP 地址、子网掩码和默认网关，如图 2-8 所示。

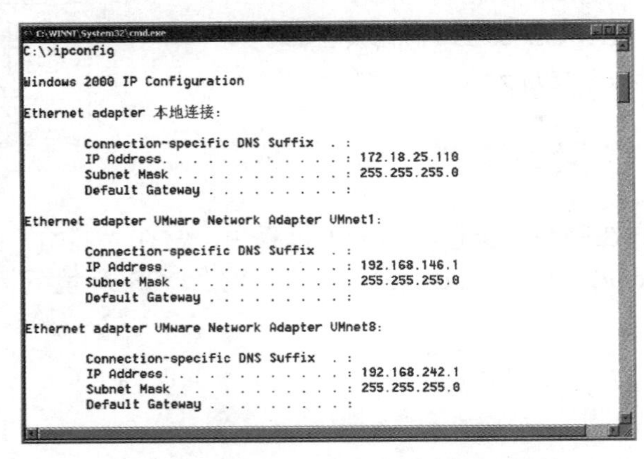

图 2-8 用 ipconfig 命令查看本机 IP 地址

利用“ipconfig /all 命令”可以查看所有完整的 TCP/IP 配置信息。对于具有自动获取 IP 地址的网卡，则可以利用“ipconfig /renew 命令”更新 DHCP 的配置。

2.4.3 显示连接监听端口命令

netstat 命令的主要功能是显示目标终端活动的连接、计算机监听的端口、以太网统计信息、IP 路由表、IPv4/IPv6 多协议统计信息等。用“netstat -an”命令可查看当前活动连接和开放的端口信息，是网络管理员查看网络入侵的最简单方法，如图 2-9 所示。状态“LISTENING”表示端口正在被监听，还没有同其他主机相连；状态“ESTABLISHED”表示正在同某主机连接并通信，并显示该主机的 IP 地址和端口号。

```
C:\WINNT\System32\cmd.exe
C:\>netstat -an

Active Connections

  Proto  Local Address          Foreign Address        State
  TCP    0.0.0.0:21             0.0.0.0:0              LISTENING
  TCP    0.0.0.0:25             0.0.0.0:0              LISTENING
  TCP    0.0.0.0:42             0.0.0.0:0              LISTENING
  TCP    0.0.0.0:53             0.0.0.0:0              LISTENING
  TCP    0.0.0.0:80             0.0.0.0:0              LISTENING
  TCP    0.0.0.0:119            0.0.0.0:0              LISTENING
  TCP    0.0.0.0:135            0.0.0.0:0              LISTENING
  TCP    0.0.0.0:443            0.0.0.0:0              LISTENING
  TCP    0.0.0.0:445            0.0.0.0:0              LISTENING
  TCP    0.0.0.0:563            0.0.0.0:0              LISTENING
  TCP    0.0.0.0:1025           0.0.0.0:0              LISTENING
  TCP    0.0.0.0:1026           0.0.0.0:0              LISTENING
  TCP    0.0.0.0:1029           0.0.0.0:0              LISTENING
  TCP    0.0.0.0:1030           0.0.0.0:0              LISTENING
  TCP    0.0.0.0:1032           0.0.0.0:0              LISTENING
  TCP    0.0.0.0:1036           0.0.0.0:0              LISTENING
  TCP    0.0.0.0:2791           0.0.0.0:0              LISTENING
  TCP    0.0.0.0:3372           0.0.0.0:0              LISTENING
  TCP    0.0.0.0:3389           0.0.0.0:0              LISTENING
  TCP    172.18.25.109:80       172.18.25.110:1050     ESTABLISHED
  TCP    172.18.25.109:139      0.0.0.0:0              LISTENING
  UDP    0.0.0.0:42             *:*
```

图 2-9 用“netstat -an”命令查看连接和开放的端口

2.4.4　查询删改用户信息命令

net 命令的主要功能是查看计算机上的用户列表、添加和删除用户、与对方计算机建立连接、启动或者停止某网络服务等。

【案例 2-5】 net user 命令的使用方法。利用 net user 命令可以查看计算机上的用户列表，通过“net user 用户名密码”命令，可以查看主机的用户列表的相关信息，如图 2-10 所示。还可以用“net user 用户名密码”命令为用户修改密码，如将管理员密码改为“123456”，如图 2-11 所示。

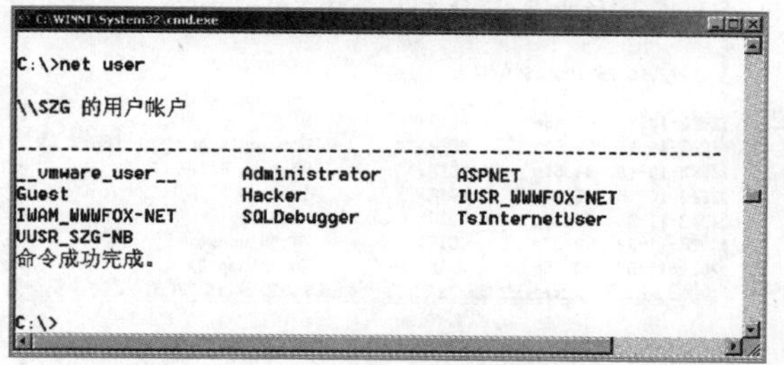

图 2-10　用 net user 命令查看主机的用户列表

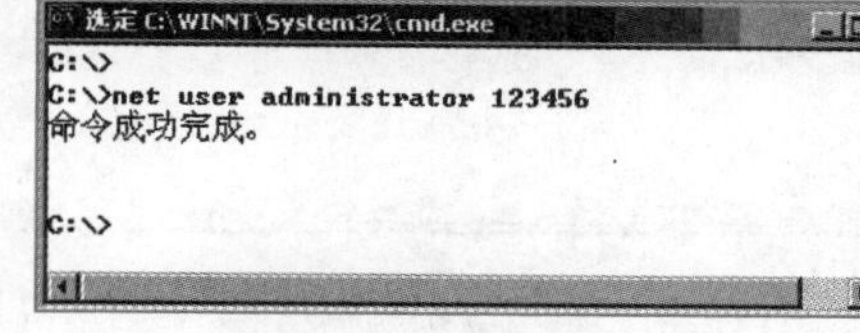

图 2-11　用 net user 命令修改用户密码

【案例 2-6】 建立用户并添加到管理员组。利用 net 命令可以新建一个指定用户名为 jack 的用户，然后，将此用户添加到密码为“123456”的管理员组（获取管理员权限），如图 2-12 所示。

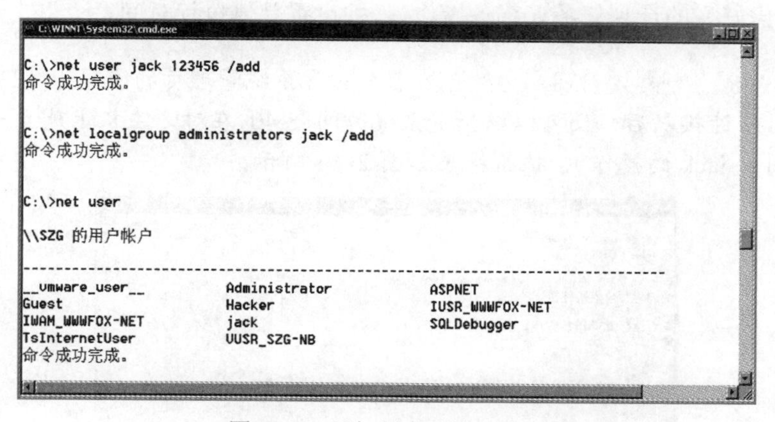

图 2-12　添加用户到管理员组

案例名称：添加用户到管理员组

文件名称：2-4-1.bat

```
net user jack 123456 /add
```

【案例 2-7】 与对方计算机建立信任连接。如果已获取某计算机的用户名和密码，就可利用命令 IPC$（Internet Protocol Control）与该计算机建立信任连接，之后便可在命令行下完全控制对方进行其他操作。

如果 IP 为 172.18.25.109 主机的管理员密码为 123456，可利用命令 net use \\172.18.25.109\ipc$ 123456 /user: administrator 建立信任连接，如图 2-13 所示。

建立信任连接以后，便可以通过网络操控对方的计算机，如查看对方计算机上的文件，如图 2-14 所示。

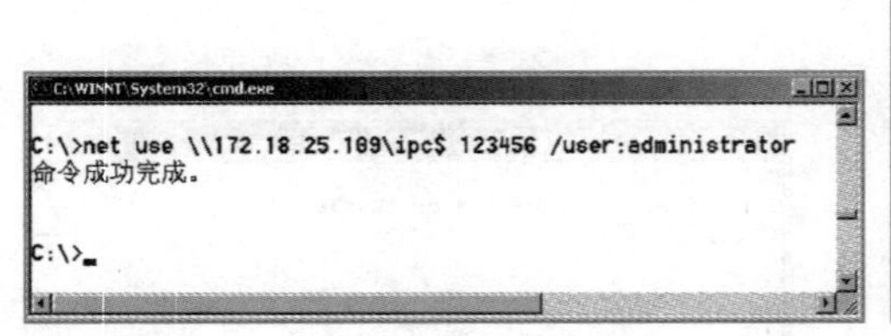

图 2-13　与对方计算机建立信任连接

```
C:\WINNT\System32\cmd.exe
C:\>dir \\172.18.25.109\c$
 驱动器 \\172.18.25.109\c$ 中的卷没有标签。
 卷的序列号是 B45F-6669

 \\172.18.25.109\c$ 的目录

2022-10-19  04:45a      <DIR>          WINNT
2022-10-19  04:50a      <DIR>          Documents and Settings
2022-10-19  04:51a      <DIR>          Program Files
2022-10-19  05:01a      <DIR>          Inetpub
2022-11-04  09:31p      <DIR>          passdump
2022-11-04  09:32p      <DIR>          得到Windows密码
2022-11-04  09:35p      <DIR>          HyperSnap-DX 4
```

图 2-14　查看对方计算机上的文件

net user jack 123456 /add

net localgroup administrators jack /add

2.4.5　创建计划任务命令

at 命令的主要功能是：可以利用 at 命令在与对方主机建立信任连接以后，创建一个所需要（事先考虑好）的计划任务（事务操作），并设置具体执行时间。

【案例 2-8】 创建定时器的方法。在获知对方系统管理员的密码为 123456，并与对方建立信任连接以后，便可以以指定系统时间 8:40 在对方主机上建立一个计划任务（添加用户 jack 的操作）。执行结果如图 2-15 所示。

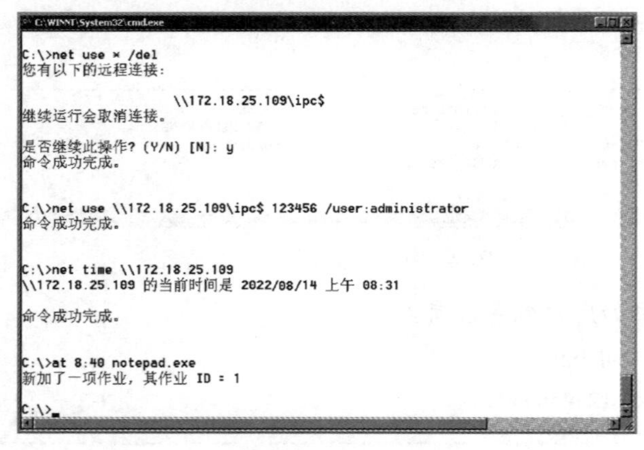

图 2-15　创建定时器

文件名称：2-4-2.bat

```
net use * /del
net use \\172.18.25.109\ipc$ 123456 /user:administrator
net time \\172.18.25.109
at 8:40 notepad.exe
net user jack 123456 /add
net localgroup administrators jack /add
net user
```

☺ 讨论思考

1）网络安全管理常用命令有哪几个？有何用途？

2）网络安全管理常用命令格式和功能是什么？

☺讨论思考
本部分小结
及答案

2.5　本章小结

本章重点概述网络安全技术相关的基础知识，主要通过具体的网络协议安全分析和网络体系层次结构的概述，介绍了 TCP/IP 层次安全；阐述了 IPv6 的主要特点及优势、IPv6 的安全性和移动 IPv6 的安全机制；介绍了虚拟专用网 VPN 的主要特点、VPN 的实现技术和 VPN 技术的实际应用；通过实例分析了无线网络设备的安全管理、IEEE 802.1x 身份认证、无线网络安全技术及应用和 WiFi 无线网络安全；简单介绍了常用网络安全工具，包括：判断主机是否连通的 ping 命令，查看 IP 地址配置情况的 ipconfig 命令，查看网络连接状态的 netstat 命令，进行网络操作的 net 命令和进行定时器操作的 at 命令等。最后，概述了无线网络安全设置的实验内容、步骤和方法。

2.6　实验 2　无线网络安全设置

无线网络安全设置很重要，对于相关知识的理解和应用也很有帮助。

2.6.1　实验目的

在前面 2.3 节介绍的无线网络安全基本知识、技术及应用的基础上，需要掌握常用无线网络安全的设置方法，便于进一步了解无线网络的安全机制，理解以 WEP 算法为基础的身份验证服务和加密服务。

2.6.2　实验要求

1．实验设备

本实验需要使用至少两台安装有无线网卡和 Windows 操作系统的联网计算机。

2．注意事项

1）预习准备。由于本实验内容是对 Windows 10 操作系统进行无线网络安全配置，需要提前熟悉 Windows 操作系统的相关操作。

2）注意理解具体实验内容、原理、方法和各步骤的含义。

对于操作步骤要着重理解其方法，对于无线网络安全机制要充分理解其作用和含义。

3）实验学时：2 学时（90～100min）。

2.6.3　实验内容及步骤

1．设置移动热点和 WiFi

1）在安装了无线网卡的主机上，从“设置/控制面板”中打开“网络和 Internet/网络连接”窗口（不同版本略有差异），在打开的窗口左边栏上找到“移动热点”选项，单击该选项可以看到如图 2-16 所示的界面。

2）如果不更改默认的个性化设置，可以直接找到“与其他设备共享我的 Internet 连接”开关按钮并单击。如果需要更改 WiFi 名称和密码，则单击“编辑”按钮，弹出“编辑网络信息”对话框，如图 2-17 所示，编辑更改完成后单击“保存”按钮。

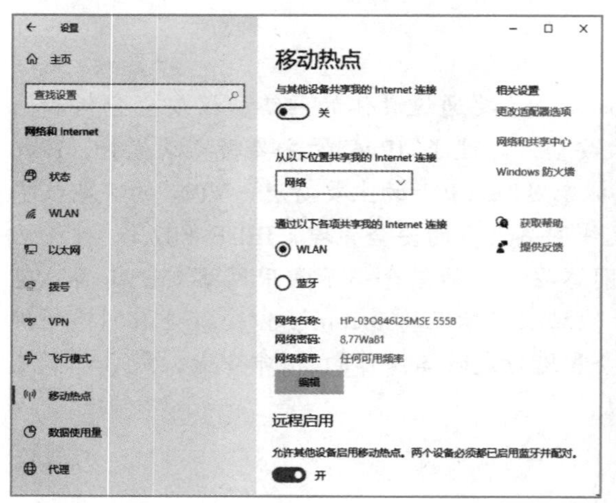

图 2-16 “移动热点”选项窗口

图 2-17 “编辑网络信息”对话框

3）如果需要连接网络设备，可以输入密码进行连接。注意：如果使用的设备是 5GHz 无线网络，则要求创建的分享网络也是 5GHz，一些老旧移动设备可能不支持 5GHz 的网络，Windows 10 将会出现提醒告知。

2．设置 WLAN 或以太网

在图 2-16 所示的网络设置界面左侧栏中，单击第二项“WLAN”，可以选择如图 2-18 所示界面中的“管理已知网络”选项进行 WLAN 或 WiFi 设置。若单击图 2-16 所示界面左侧栏中第三项“以太网”，将出现如图 2-19 所示的“以太网”界面，可以进行以太网连接。

3．设置防火墙和网络保护

在图 2-16～图 2-19 所示的界面中，单击“Windows 防火墙”选项，进入如图 2-20 所示的“防火墙和网络保护”界面，就可以对指定的域网络、专用网络或公用网络进行设置；还可单击“高级设置”进入如图 2-21 所示的“高级安全 Windows Defender 防火墙”设置界面。

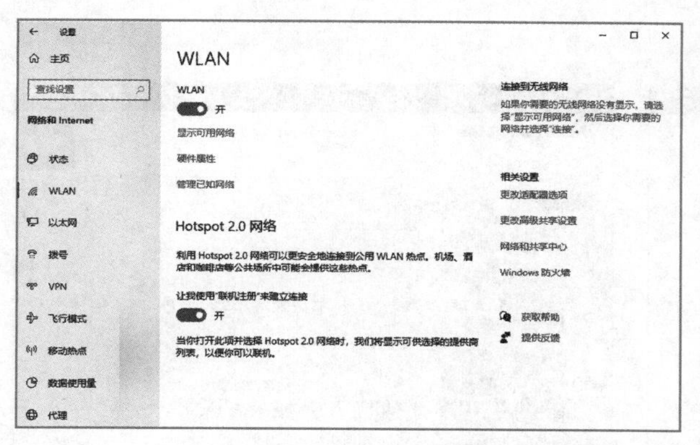

图 2-18 “WLAN”选项界面

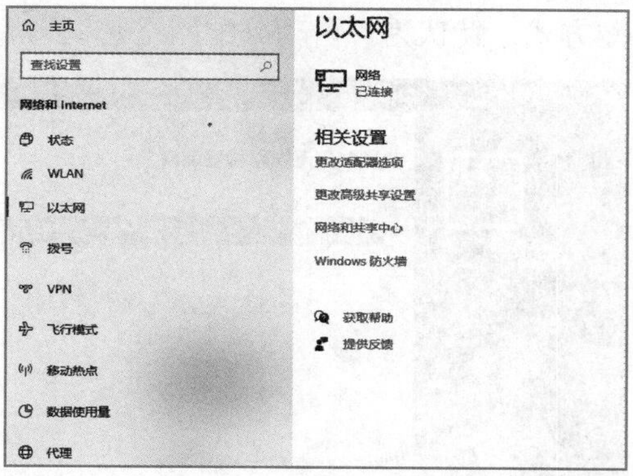

图 2-19 “以太网”选项窗口

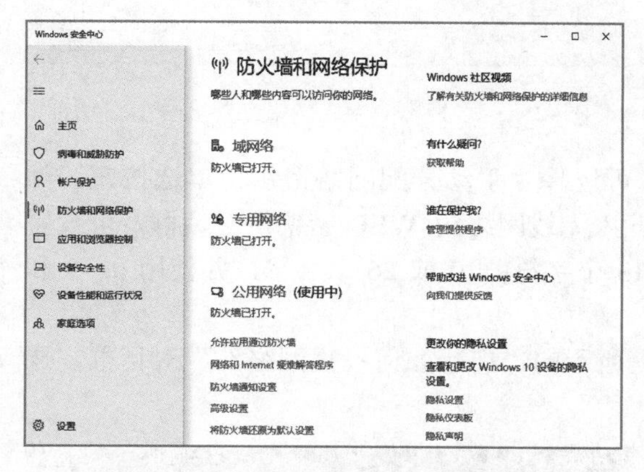

图 2-20 “防火墙和网络保护”对话框

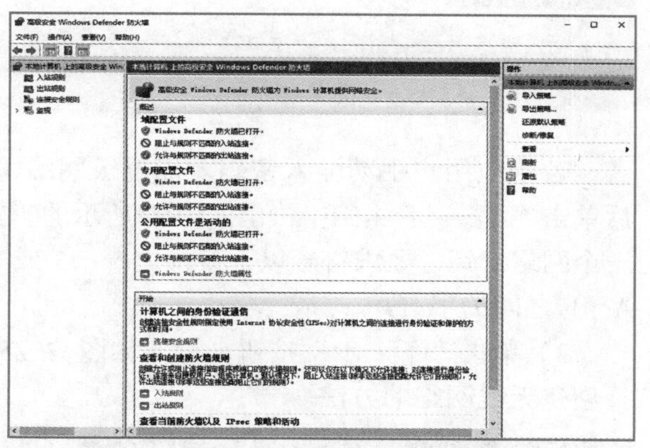

图 2-21 “高级安全 Windows Defender 防火墙”操作对话框

在图 2-16 所示的网络设置界面左侧栏中，选择“状态”，单击“网络和共享中心”，可以进入“查看基本网络信息并设置连接”界面，进行连接以太网、设置新的连接或网络、更改高级共享设置等相关连接或安全性操作。

利用路由设置无线网络的方法如下：

1）进入路由，选择“无线网络设置”。

2）开启无线网络，并开启常用的广播方式。

3）单击“无线安全设置”，选择“频段 WEP”、WAP、WAP2、WAP PSK 或 WAP2 PSK 任意一段中的频段进行加密方式设置。

4）输入密码保存，重启路由。

4. 利用无线网络安全向导

Windows 可用“无线网络安全向导”设置无线网络，可将其他主机加入该网络。

1）在“无线网络连接”窗口中单击“为家庭或小型办公室设置无线网络”，弹出“无线网络安装向导”对话框，如图 2-22 所示。

2）单击“下一步”按钮，显示“为您的无线网络创建名称”对话框，如图 2-23 所示。在“网络名（SSID）”文本框中为网络设置一个名称，如 lab。然后选择网络密钥的分配方式，默认为“自动分配网络密钥”。

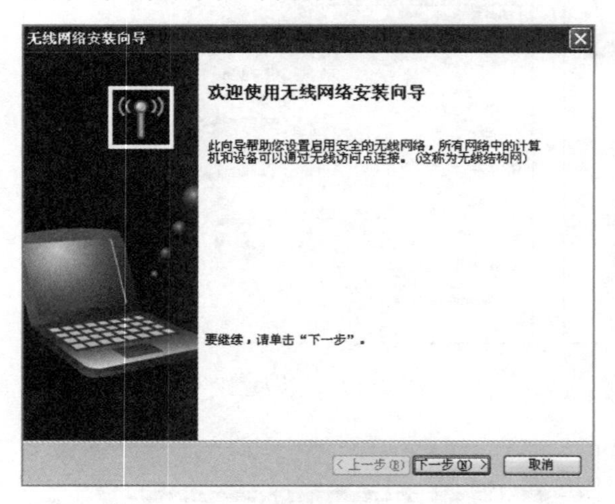

图 2-22 “无线网络安装向导”对话框

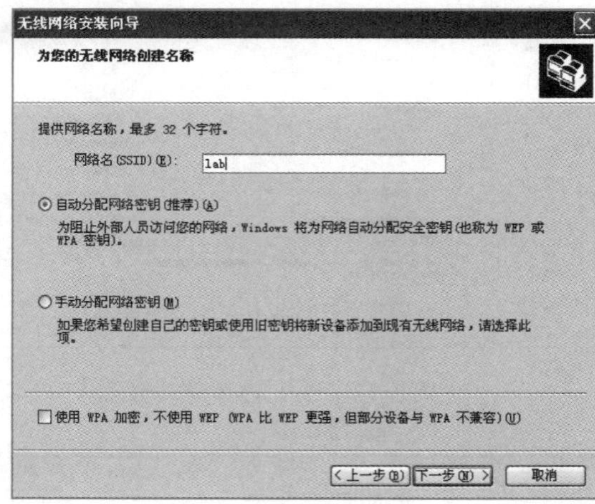

图 2-23 “为您的无线网络创建名称”对话框

若希望用户手动输入密码才能登录网络，可选择“手动分配网络密钥”单选按钮，然后单击“下一步”按钮，如图 2-24 所示的“输入无线网络的 WEP 密钥”对话框，可设置一个网络密钥。要求符合以下条件之一：5 或 13 个字符；10 或 26 个字符，并使用 0～9 和 A～F 之间的字符。

3）单击“下一步”按钮，进入如图 2-25 所示的“您想如何设置网络？”对话框，选择创建无线网络的方法。

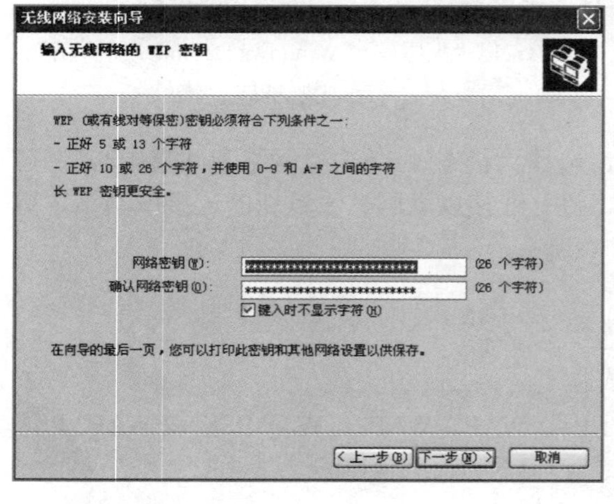

图 2-24 “输入无线网络的 WEP 密钥”对话框

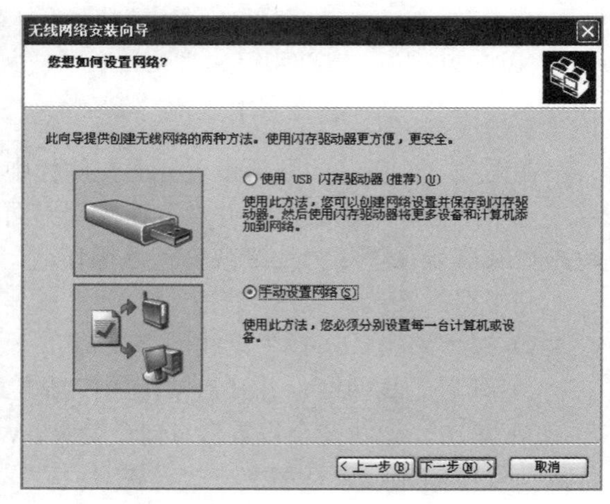

图 2-25 “您想如何设置网络？”对话框

4）可选择使用 USB 闪存驱动器和手动设置两种方式。使用闪存方式比较方便，但如果没有闪存盘，则可选择“手动设置网络”单选按钮，自己动手将每一台主机加入网络。单击“下一步”按钮，显示“向导成功地完成”对话框，如图 2-26 所示，单击“完成”按钮完成安装向导。

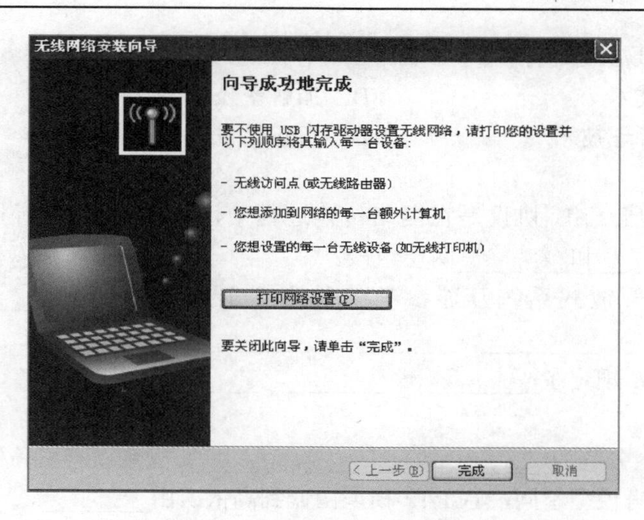

图 2-26 “向导成功地完成”对话框

按上述步骤在其他计算机中运行“无线网络安装向导”并将其加入 lab 网络。不用无线 AP 也可将其加入该网络，多台计算机可组成一个无线网络，可互相共享文件。

5）单击“关闭”和“确定”按钮。在其他计算机中进行同样的设置（须使用同一服务名），然后在“无线网络配置”选项卡中重复单击“刷新”按钮，建立计算机之间的无线连接，表示无线网连接已成功。

2.7　练习与实践 2

1. 选择题

（1）加密安全机制提供了数据的（　　）。

A．保密性和可控性　　B．可靠性和安全性

C．完整性和安全性　　D．保密性和完整性

（2）SSL 协议是（　　）之间实现加密传输的协议。

A．传输层和应用层　　B．物理层和数据层

C．物理层和系统层　　D．物理层和网络层

（3）实际应用时一般利用（　　）加密技术进行密钥的协商和交换，利用（　　）加密技术进行用户数据的加密。

A．非对称　非对称　　B．非对称　对称

C．对称　对称　　D．对称　非对称

（4）能在物理层、链路层、网络层、传输层和应用层提供的网络安全服务是（　　）。

A．认证服务　　B．数据保密性服务

C．数据完整性服务　　D．访问控制服务

（5）传输层由于可以提供真正的端到端的链接，最适宜提供（　　）安全服务。

A．数据完整性　　B．访问控制服务

C．认证服务　　D．数据保密性及以上各项

（6）VPN的实现技术包括（　　）。

A．隧道技术　　　　　　　　　　B．加解密技术

C．密钥管理技术　　　　　　　　D．身份认证及以上技术

2．填空题

（1）安全套接层SSL协议是在网络传输过程中，提供通信双方网络信息________和________，由________和________两层组成。

（2）OSI/RM开放式系统互连参考模型的7层协议分别是________、________、________、________、________、________、________。

（3）ISO对OSI规定了________、________、________、________、________5种级别的安全服务。

（4）应用层安全分解为________、________、________安全，利用各种协议运行和管理。

（5）与OSI参考模型不同，TCP/IP模型由低到高依次由________、________、________和________4部分组成。

（6）一个VPN连接由________、________和________3部分组成。

（7）VPN具有________、________、________、________、________5个特点。

3．简答题

（1）TCP/IP的4层协议与OSI参考模型的7层协议是如何对应的？

（2）IPv6协议的报头格式与IPv4有什么区别？

（3）简述传输控制协议TCP的结构及实现的协议功能。

（4）简述无线网络的安全问题及保证安全的基本技术。

（5）VPN技术有哪些主要特点？

4．实践题

（1）利用抓包工具，分析IP头的结构。

（2）利用抓包工具，分析TCP头的结构，并分析TCP的3次握手过程。

（3）假定同一子网的两台主机，其中一台运行了Sniffit。利用Sniffit捕获Telnet到对方7号端口echo服务的包。

（4）配置一台简单的VPN服务器，并写出操作步骤。

第3章　网络安全体系及管理

对于网络应用系统的运行，网络安全管理已成为首要任务。网络安全和信息化对很多领域都是牵一发而动全身的，网络威胁已成为危害国家政治安全、网络安全、社会安全、经济安全等的重要风险之一。而网络安全是一个包含多个层面的系统工程，既有层次上、结构上的划分，也有防范目标上的差别。所以网络安全技术必须同安全保障体系和安全管理有机结合，才能更好地发挥实效。

教学目标

- 掌握网络安全体系、法律、评估准则和方法
- 理解网络安全管理规范、过程、原则和制度
- 了解网络安全规划的主要内容和基本原则
- 掌握网络安全“统一威胁管理UTM”实验

3.1　网络安全的体系结构

【引导案例】 世界各国高度重视网络安全。习近平总书记在 2014 年的会议讲话中强调：没有网络安全就没有国家安全，就没有经济社会稳定运行，广大人民群众利益也难以得到保障。近几年来，各国不断加强网络安全顶层设计。欧盟在 2020 年年底发布《欧盟数字十年网络安全战略》，打响“数字主权”保卫战；美国在 2021 年发布了《改善国家网络安全行政令》，致力于加强网络空间安全能力；日本在2022年初发布了最新的《网络安全战略》，强化网络空间安全的战略指导。

3.1.1　网络空间安全学科知识体系

1．国际网络空间安全学科知识体系

教学视频
课程视频 3.1

在国际计算机协会计算机科学教育分会 ACM SIGCSE 2018 会议上正式发布的网络空间安全学科知识体系（CSEC）在国际上具有广泛代表性和权威性，如图 3-1 所示。

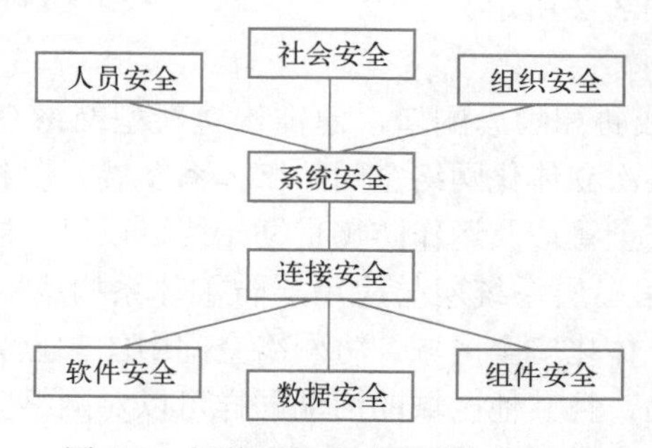

图 3-1　网络空间安全学科知识体系

国际网络空间安全学科知识体系可由低到高分为 4 个层面：第一层数据及软件安全是核心和关键，主要包括软件安全、数据安全和组件安全；第二层和第三层包括连接安全和系统安全（侧重运行安全）；第四层包括人员安全、社会安全和组织安全（侧重管理安全）。网络系统及管理安全是重要基础和保障，需要从分析、研发、测试和应用等方面建立系统的安全性，在技术、人员管理、数据信息等方面做好全方位的安全防范，利用法律、政策、伦理、人为因素和风险管理等手段保障系统安全运行。软件安全、组件安全和连接安全是系统安全的重要支撑。

1）人员安全。主要侧重人为因素对数据安全的影响，以及用户行为、知识和隐私对网络安全的影响，包括身份管理、社会工程、安全意识与常识、社交行为的隐私与安全、个人数据安全等。

2）社会安全。注重将社会作为一个整体范畴看待时，网络空间安全对其产生的广泛影响，主要包括法律法规、网络犯罪与监控、政策策略、伦理道德、隐私权、宣传教育等。

3）组织安全。指对组织机构的安全保护，主要包括风险管理、安全治理与策略、法律和伦理及合规性、安全战略与规划、规章制度等。

4）系统安全。注重系统整体的安全防范，主要包括整体方法论、安全策略、身份认证、访问控制、系统监测、系统恢复、系统测试、文档支持等。

5）连接安全。主要指组件之间连接（物理连接与逻辑连接）的安全，主要包括系统及体系结构、模型及标准、物理组件接口、软件组件接口、连接攻击、传输攻击等。

6）软件安全。是指从软件开发和应用两方面保护相关数据和系统安全，主要包括软件基本设计原则、软件安全需求及其在设计中的作用、实现问题、静态与动态分析、配置与加固，以及软件开发、测试、运维和漏洞发布等。

7）数据安全。主要侧重数据（信息资源）的安全保护，包括存储和传输中数据的安全，涉及数据保护相关的知识和技术，主要包括密码及加密技术、安全传输、数据库安全、数字取证、数据完整性与认证、数据存储安全等。

8）组件安全。注重集成到系统中的组件在分析、设计、制造、测试、管理与维护、采购等方面的安全，主要包括系统组件的漏洞、组件生命周期、安全组件设计原则、供应链管理、安全测试、逆向工程等。

2. 国内网络空间安全学科知识体系

教育部信息安全教学指导委员会副主任委员、上海交通大学网络空间安全学院院长李建华教授、博导，2018 年在“第十二届网络空间安全学科专业建设与人才培养研讨会”上所做的“新工科背景多元化网络空间安全人才培养及学科建设创新”报告中提出了网络空间安全的学科知识体系，如图 3-2 所示。

3. 网络空间安全防御体系

由于网络空间安全的威胁和隐患剧增，急需构建新型网络空间安全防御体系，并从传统线性防御体系向新型多层次立体化网络空间防御体系发展。以相关法律、准则、策略、机制和技术为基础，以网络安全管理及运作防御贯彻始终，以第一层物理层防御（子）体系、第二层网络层防御体系和第三层系统层与应用层防御体系构成新型网络空间防御（子）体系，可以实现多层防御的立体化安全区域，将网络空间中的节点分布到所有区域，其中所有活动支撑着其他区域的活动，且其他区域的活动同样可以对网络空间产生影响。构建的一种整体的网络空间安全立体防御体系如图 3-3 所示。

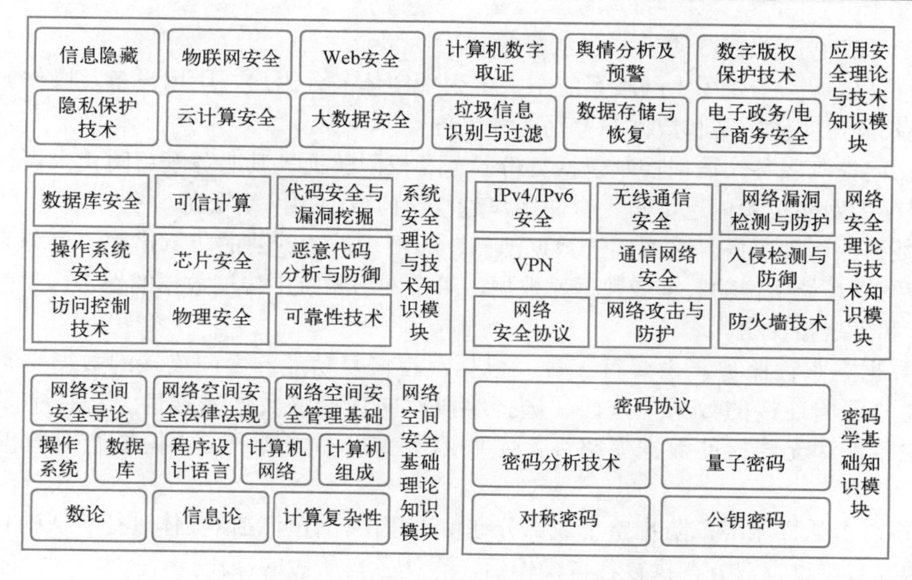

图 3-2　网络空间安全学科知识体系

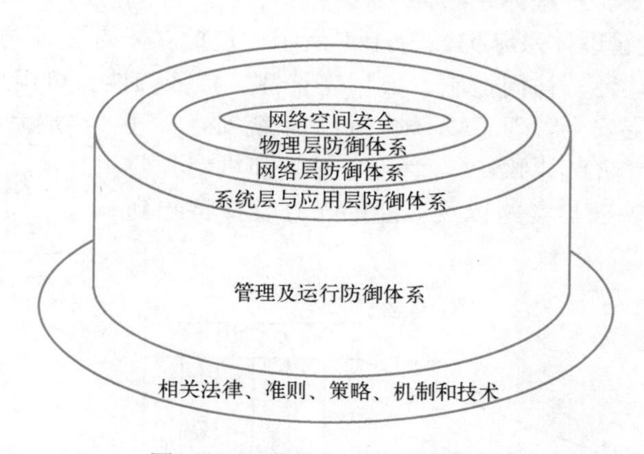

图 3-3　网络空间安全防御体系

3.1.2　OSI、TCP/IP 及攻防体系结构

1．OSI 网络安全体系结构

开放系统互连参考模型（Open System Interconnect，OSI）由国际标准化组织（ISO）提出，主要用于解决异构网络及设备互联互通的开放式层次结构的研究问题。

X.800 是一种安全体系架构，用于安全连接各种开放数字系统。X.800 建议书扩展了建议 X.200（OSI 模型）的应用领域，包括开放系统之间的安全通信，完成了两个任务：

1）OSI 参考模型可以提供的安全服务的一般描述。

2）定义参考模型中可以使用服务和机制的位置。

X.800 中的网络安全机制分为两类，特殊安全机制包括加密、数字签名、访问控制、数据完整性、身份认证、流量填充、路由控制和公证机制，通用安全机制包括可信功能、安全标签、事件检测、安全审计跟踪和安全恢复。

X.800 框架内定义了 5 类网络安全服务：

1）认证服务。主要用于网络系统中认定识别实体（含用户、所用设备及操作）和数据源等，包括同等实体鉴别和数据源鉴别两种服务。

2）访问控制服务。访问控制包括身份验证和权限验证。其服务既可防止未授权用户非法访问或使用网络资源，也可防止合法用户越权访问或使用网络资源。

3）数据保密性服务。主要用于数据泄露、窃听等被动威胁的防御措施，可分为数据保密、保护网络系统中传输数据或数据库数据。对于网络系统中传输数据的保密，又分为面向连接保密和无连接保密。

4）数据完整性服务。主要有 5 种，包括：有恢复功能的面向连接的数据完整性、无恢复功能的面向连接的数据完整性、选择字段面向连接的数据完整性、选择字段无连接的数据完整性和无连接的数据完整性，主要用于满足不同用户、不同场合对数据完整性的要求。

5）不可否认性服务。防止整个或部分通信过程中，任何通信实体进行否认的行为，即防止发送方与接收方双方在执行各自操作后，否认各自所做的操作。

2．TCP/IP 网络安全管理体系结构

TCP/IP 网络安全管理体系结构如图 3-4 所示。包括立体的 3 个方面：（X 轴方向）安全服务与安全机制（认证、访问控制、数据完整性、抗抵赖性、可用性及可控性、可审计性）、（Y 轴方向）分层安全管理、（Z 轴方向）系统安全管理（终端系统安全、网络系统安全、应用系统安全）。综合了网络安全管理、技术和机制各要素，对网络安全整体管理与实施以及效能的充分发挥将起到至关重要的作用。📖

> 📖**知识拓展**
> 网络安全是系统工程

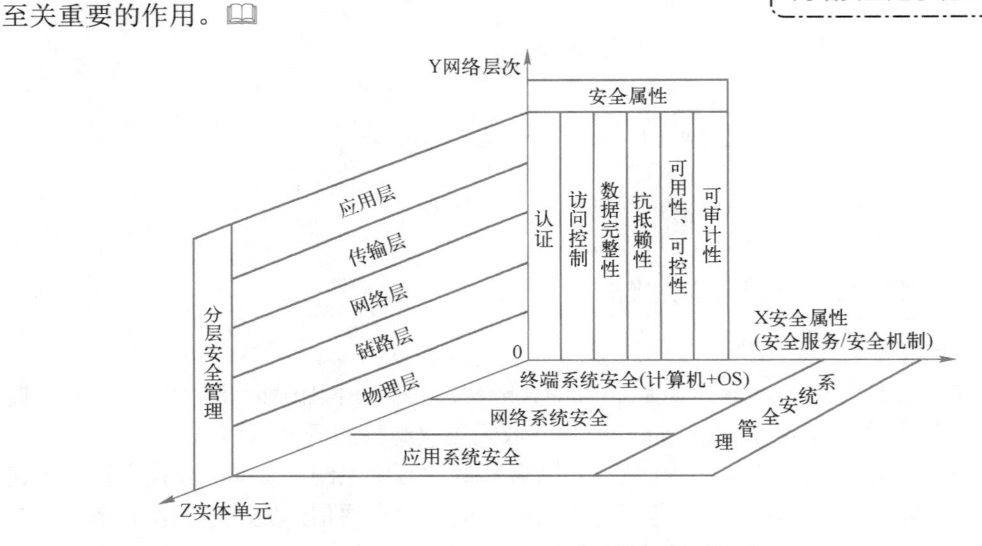

图 3-4　TCP/IP 网络安全管理体系结构

3．网络安全的攻防体系结构

网络安全的攻防体系结构主要包括两大方面：攻击技术和防御技术。知己知彼，百战不殆，有效防范需要知晓常见攻击技术，主要的攻防体系结构如图 3-5 所示。

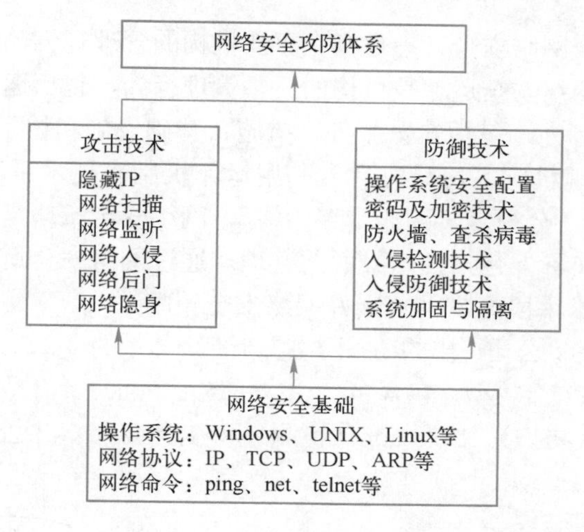

图 3-5　网络安全攻防体系结构

常见的主要网络攻击技术包括以下 6 种：隐藏 IP、网络扫描、网络监听、网络入侵、网络后门、网络隐身。主要网络安全防御技术包括：系统安全配置与加固、实体（物理）安全与隔离技术、密码及加密技术、防火墙、计算机病毒查杀、入侵检测与防御技术、统一威胁资源管理（UTM）等。后面将陆续进行介绍。

知识拓展
主要网络攻击/防御技术

3.1.3　网络安全保障体系

网络安全保障体系如图 3-6 所示。网络安全保障功能主要体现在对整个网络系统的风险及隐患进行及时评估、识别、控制和应急处理等，便于有效地预防、保护、响应和恢复，确保系统安全运行。

特别理解
网络安全的保障体系

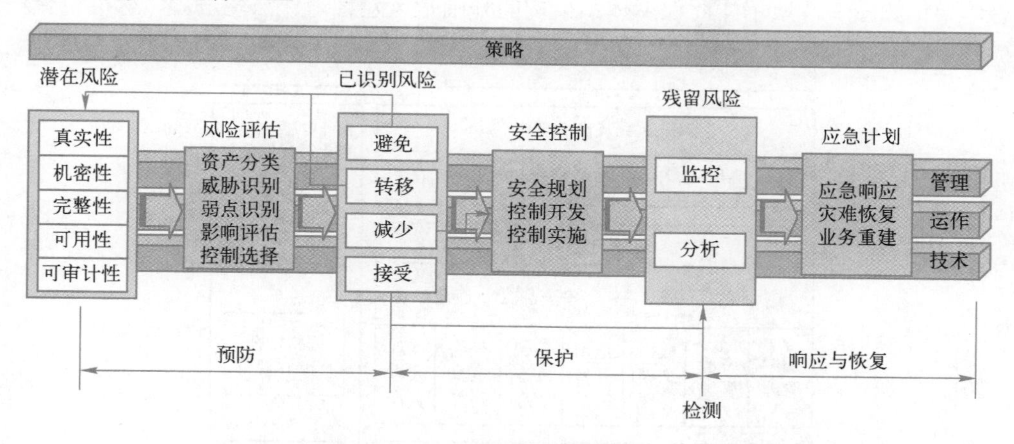

图 3-6　网络安全保障体系

1. 网络安全保障关键要素

网络安全保障关键要素包括 4 个方面：网络安全策略、网络安全管理、网络安全运作和网络安全技术，如图 3-7 所示。其中，网络安全策略是安全保障的核心，主要包括网络安全的战略、政策和标准。网络安全管理是指企事业机构的管理行为，主要包括安全意识、组织结构和审计监督等。网络安全运作是机构的日常管理行为，包括运作流程和对象管理。网络安全技术是网络系统行为，包括安全服务、措施、基础设施和技术手段。

在企事业机构的管理机制下，只有有效利用运作机制和技术手段，才能真正实现网络安全目标。“七分管理，三分技术，运作贯穿始终”，网络安全策略是核心，管理是关键，技术是保障，其中的管理实际上包括技术方面的管理。通过网络安全运作，在日常工作中认真执行网络安全管理和技术手段，贯彻落实好网络安全策略。

P2DR 模型是美国 ISS 公司提出的动态网络安全保障体系的代表模型，也是一种动态安全模型，包含 4 个主要部分：Policy（安全策略）、Protection（防护）、Detection（检测）和 Response（响应），如图 3-8 所示。📖

📖知识拓展
P2DR 模型基本概况

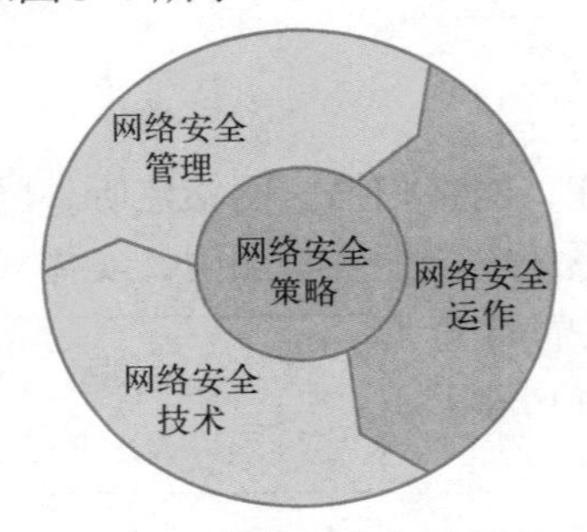

图 3-7　网络安全保障要素

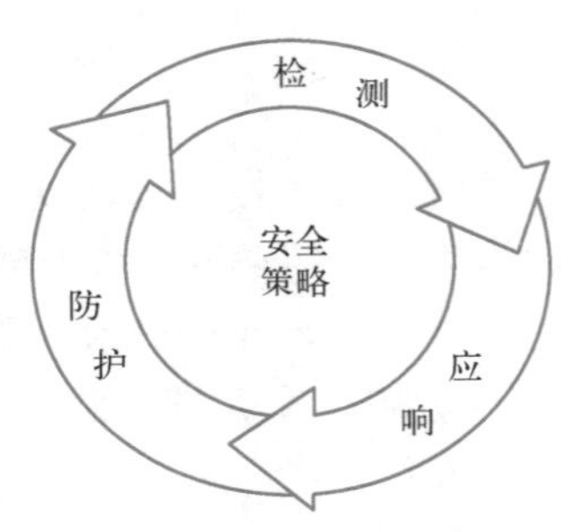

图 3-8　P2DR 模型示意图

2. 网络安全保障总体架构

对于网络系统面临的各种威胁、隐患和风险，部分机构以往总是针对单一某项安全问题的传统措施，所提出的具体解决方案通常都有一定局限性，防范策略也难免顾此失彼。面对新的网络环境和威胁，需要建立一种以深度防御为特点的网络安全保障体系。网络安全保障体系总体架构如图 3-9 所示。此保障体系架构的外围是风险管理、法律法规、标准符合性。

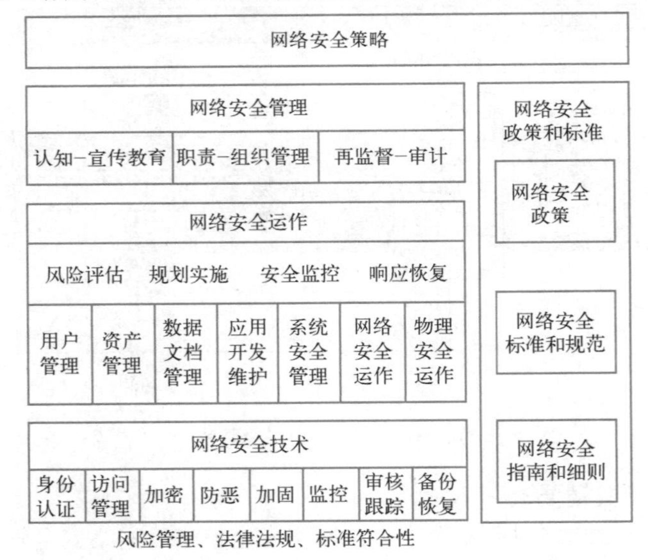

图 3-9　网络安全保障体系架构

网络安全管理的本质是对网络信息安全风险进行动态及有效地管理和控制。网络安全风险管理是网络运营管理的核心，其中的风险分为信用风险、市场风险和操作风险，包括网络信息安全风险。

特别理解
网络安全的风险管理

实际上，在网络安全保障体系架构中，充分体现了风险管理的理念。网络安全保障体系架构包括 5 个部分：

1）网络安全策略。是整个体系架构的顶层设计，具有总体宏观上的战略性和方向性指导作用。以风险管理为核心理念，从长远发展规划和战略角度整体策划网络安全建设。

2）网络安全政策和标准。是对网络安全策略的逐层细化和落实，包括网络安全管理、运作和技术 3 个层面，各层面都有相应具体的安全政策和标准，通过统一规范便于真正落实到位。当网络安全管理、运作和技术发生变化时，相应的安全政策和标准也需要及时调整并适应；反之，安全政策和标准也会影响网络安全管理、运作和技术。

3）网络安全运作。对于网络安全实施极为重要，贯穿网络安全始终，也是网络安全管理机制和技术在日常运作中的实现，涉及运作流程和运作管理，包括日常运作模式和流程（风险评估、安全控制规划和实施、安全监控及响应恢复）。

4）网络安全管理。对网络安全运作的保证，从人员、意识、职责等方面保证网络安全运作的顺利进行。网络安全通过运作体系实现，而网络安全管理体系是从人员组织的角度保证正常运作，网络安全技术体系是从技术角度保证运作。

5）网络安全技术。网络安全运作需要网络安全基础服务和基础设施的有力支持。先进完善的网络安全技术可极大地提高网络安全运作的有效性，从而达到网络安全保障体系的目标，实现整个生命周期（预防、保护、检测、响应与恢复）的风险防范和控制。

3.1.4　可信计算网络安全防护体系

【案例 3-1】 可信计算 3.0：可信计算与传统的防火墙等被动防御方式不同，所采取的是主动防御技术。可信计算 3.0 是我国在网络空间安全架构上的原始创新，是实现我国网络空间安全可信的有效手段。可信计算 3.0 的核心特征为“宿主+可信”双节点可信免疫架构，使宿主机（计算部件）与可信机（安全部件）分离，通过可信机对宿主机进行安全监控，实现对网络信息系统的主动免疫防护。

由中国工程院多名院士提议成立的中关村可信计算产业联盟于 2014 年 4 月 16 日正式成立，自运行以来发展迅速、成绩显著。工信部起草的《网络安全产业高质量发展三年行动计划（2021—2023 年）（征求意见稿）》在重点任务中 4 次提及了可信计算、主动免疫技术，体现了可信计算技术在未来网络安全产业发展中至关重要的位置及其技术的先进性。工信部印发的《“十四五”信息通信行业发展规划》中强调了“深化数据要素流动，支持信息通信企业和工业企业加快数字化改造升级和数据开放合作，共建安全可信的数据空间”；“全面加强网络和数据安全保障体系和能力建设，打造繁荣发展的网络安全产业和可信的网络生态环境；积极营造安全可信网络生态环境，建设电信大数据共享平台和信息通信行业网络可信服务平台”。

中国工程院沈昌祥院士强调：可信计算是网络空间战略最核心技术之一，应当坚持

“五可”“一有”的技术路线。“五可”包括以下几个方面：一是可知，指对全部的开源系统及代码完全掌握其细节；二是可编，指完全理解开源代码并可自主编写；三是可重构，面向具体的应用场景和安全需求，对基于开源技术的代码进行重构，形成定制化的新体系结构；四是可信，通过可信计算技术增强自主操作系统免疫性，防范自主系统中的漏洞影响系统安全性；五是可用，做好应用程序与操作系统的适配工作，确保自主操作系统能够替代国外产品。“一有”是对最终的自主操作系统拥有自主知识产权，并处理好所使用的开源技术的知识产权问题。🕮

🕮知识拓展
开源技术及纵深防御

☺讨论思考

1）请简述ISO的网络安全体系结构。

2）网络安全的攻防体系具体包括哪些？

3）网络安全保障体系架构包括哪些？

4）网络空间安全体系包括哪几个方面？

☺讨论思考
本部分小结
及答案

3.2 网络安全相关法律法规

网络安全法律法规是网络安全体系的重要保障和基石，也是国家网络安全保障体系的重要组成部分。维护网络安全，就需要充分发挥法律的强制性规范作用。由于国内外具体的法律法规较多，在此仅概述要点，具体内容和条款可查阅相关资料。

教学视频
课程视频 3.2

【案例 3-2】 网络空间关乎人类命运，网络空间未来应由世界各国共同开创。2022年7月12日，世界互联网大会国际组织总部设在中国北京。大会的宗旨是搭建全球互联网共商共建共享平台，推动国际社会顺应数字化、网络化、智能化趋势，共迎安全挑战，共谋发展福祉，携手构建网络空间命运共同体。

3.2.1 国外网络安全相关的法律法规

面对信息化变革带来的新机遇、新局面，特别是互联网新技术、新应用、新形势不断涌现，更多挑战、风险也相伴而生。国内外法律体系在较短时期内不可能制定得非常及时和完善，但相关法律法规正随着信息化社会不断发展、优化和完善。🕮

🕮知识拓展
国外其他相关立法

1. 国际合作立法打击网络犯罪

20世纪90年代后，世界多国都采用了法律手段，希望更好地打击各种利用网络系统的违法犯罪活动，其中欧盟已成为国际上在刑事领域做出规范的典型，其在2000年颁布并实施了《网络刑事公约（草案）》，现有43个国家借鉴了这一公约。在不同国家的刑事立法中，印度的做法具有一定代表性，其在2000年6月颁布了《信息技术法》，制定出一部规范网络安全的基本法。一些国家则修订了原有刑法，以适应保障网络安全的需要。如美国在2000年修订了原《计算机反欺诈与滥用法》，增加了法人责任，补充了类似的规定。

近几年来，世界各国都在不断完善相关法律法规。为保障网络安全，维护网络空间主权和国家安全、社会公共利益，保护公民、法人和其他组织的合法权益，促进经济社会信息化健康发展，我国在 2017 年实施了《中华人民共和国网络安全法》。欧洲议会在 2019 年通过了《网络安全法》，赋予欧盟网络安全机构 ENISA 永久授权并加强其作用，并且建立了欧盟网络安全认证框架，促进了欧洲数字产品和服务的网络安全。2022 年 3 月 1 日，美国参议院通过《加强美国网络安全法》，旨在加强美国的网络安全。

2. 数字化技术保护措施的法律

1996 年 12 月，世界知识产权组织作出了“禁止擅自破解他人数字化技术保护措施”的规定，以此作为保障网络安全的一项主要内容进行规范。欧盟、日本、美国等大多数国家和地区之后都将其作为一种网络安全保护规定，纳入本国的法律条款。

3. 同“入世”有关的网络法律

1996 年 12 月，联合国贸易法委员会在联合国第 51 次大会上通过了《电子商务示范法》，对网络交易市场中的数据电文、网上合同成立及生效的条件、传输等专项领域的电子商务等，都做了十分明确的规范，1998 年 7 月，新加坡出台了《电子交易法》。1999 年 12 月，在世贸组织西雅图外交会议上，将“制定电子商务规范”作为一个主要议题。

4. 其他相关立法

很多国家在制定保障网络健康发展的法规的同时，还专门制定了综合性的、原则性的网络基本法。如韩国 2000 年修订的《信息通信网络利用促进法》，其中，对“信息网络标准化”和实名制的规定、对成立“韩国信息通信振兴协会”等民间自律组织等方面做出规定。印度在政府机构成立了“网络事件裁判所”，以解决影响网络安全的民事纠纷。📖

📖知识拓展
国外网络安全法律的趋势和特点

5. 民间管理、行业自律及道德规范

世界各国在规范网络使用行为方面，都非常注重发挥民间组织的作用，特别是行业自律功能。德国、英国、澳大利亚等对学校中使用的网络“行业规范”十分严格。澳大利亚要求教师定期填写一份保证书，声明不从网上下载违法内容。德国的校园网用户一旦有校方规定禁止的行为，服务器会立即发出警告。慕尼黑大学、明斯特大学等院校都制定了《关于数据处理与信息技术设备使用管理办法》，且要求严格遵守。

3.2.2 国内网络安全相关的法律法规

【案例 3-3】 中国政府高度重视网络安全。自 2018 年以来全国公安机关连续 5 年开展“净网”专项行动，共侦破各类网络犯罪案件 25.5 万起，抓获犯罪嫌疑人 38.5 万名。同时，深化“一案双查”，对网络犯罪案件中涉及的企业，依法严查不履行网络安全管理义务的行为。自开展专项行动以来，共对 16.2 万家违法互联网企业、单位依法予以行政处罚，有力维护了网络空间安全和网上秩序稳定。

没有网络安全就没有国家安全。从网络安全管理的需求出发，我国中央和地方政府相关部门协同相关行业相继制定并实施了多项有关网络安全方面的法律法规，不断推进网络空间安全法治化。📖

📖知识拓展
国家网络法治化管理

中国网络安全法律体系，分为以下 3 个层面：

第一个层面：法律。是全国人民代表大会及其常委会通过的法律规范。我国同网络安全相关的法律有：《中华人民共和国宪法》《中华人民共和国刑法》《中华人民共和国治安管理处罚法》《中华人民共和国刑事诉讼法》《中华人民共和国国家安全法》《中华人民共和国保守国家秘密法》《中华人民共和国网络安全法》《中华人民共和国数据安全法》《个人信息保护法》《中华人民共和国行政处罚法》《中华人民共和国行政诉讼法》《中华人民共和国人民警察法》《中华人民共和国行政复议法》《中华人民共和国国家赔偿法》《中华人民共和国立法法》等。

知识拓展
我国的第一部《网络安全法》

第二个层面：行政法规和战略部署。主要是国务院为执行宪法和法律而制定的法律规范。与网络信息安全有关的行政法规包括：《中华人民共和国计算机信息系统安全保护条例》《中华人民共和国计算机信息网络国际联网管理暂行规定》《计算机信息网络国际联网安全保护管理办法》《商用密码管理条例》《中华人民共和国电信条例》《互联网信息服务管理办法》《计算机软件保护条例》等。战略部署方面有《国家网络空间安全战略》《关键信息基础设施安全保护条例》等，出台了《汽车数据安全管理若干规定（试行）》等政策文件。

第三个层面：地方性法规、规章、规范性文件。公安部制定了《计算机信息系统安全专用产品检测和销售许可证管理办法》《计算机病毒防治管理办法》《金融机构计算机信息系统安全保护工作暂行规定》和有关计算机安全员培训要求等。

工业和信息化部制定了《互联网电子公告服务管理规定》《软件产品管理办法》《计算机信息系统集成资质管理办法》《国际通信设施建设管理规定》《中国互联网络域名管理办法》等。

为强化网络安全风险防范能力，我国还实施《国家网络安全事件应急预案》，有效提升网络安全应急响应和事件处置能力；建立网络安全审查制度和云计算服务安全评估制度，发布《网络安全审查办法》《云计算服务安全评估办法》，有效防范化解供应链网络安全风险；出台《数据出境安全评估办法》，提升国家数据出境安全管理水平；健全网络安全国家标准体系，印发《关于加强国家网络安全标准化工作的若干意见》，制定发布 340 余项网络安全国家标准。

☺ 讨论思考

1）国外网络安全相关的法律法规有哪些？

2）概述中国网络安全相关的法律法规体系。

☺讨论思考
本部分小结
及答案

3.3 网络安全评估准则和方法

网络安全评估准则是评判网络安全技术和产品，从设计、研发到实施、使用和管理维护过程中，对一致性、可靠性、可控性、先进性和符合性的解决能力的技术规范和依据。深受各国政府重视，是各国国家安全工作中不可缺少的一项内容。

教学视频
课程视频 3.3

3.3.1 国外网络安全评估准则

国际性标准化组织主要包括：国际标准化组织（ISO）、国际电工委员会（IEC）及国际电信联盟（ITU）所属的电信标准化组织（ITU-TS）等。ISO 是制定全世界工商业国际标准的总体标准化组织，而 IEC 在电工与电子技术领域相当于 ISO 的地位。1987 年，成立了联合技术委员会（JTC1）。ITU-TS 则是一个联合缔约组织。这些组织在安全需求服务分析指导、安全技术研制开发、安全评估标准等方面制定了一些标准草案。📖

> 📖知识拓展
> 国际标准化组织其他安全标准

1．美国 TCSEC（橙皮书）

1983 年由美国国防部制定的可信计算系统评价准则（Trusted Computer Standards Evaluation Criteria，TCSEC），即网络安全橙皮书或桔皮书，主要利用计算机安全级别评价计算机系统的安全性。它将安全分为 4 个方面（类别）：安全政策、可说明性、安全保障和文档。从 1985 年开始，橙皮书成为美国国防部的标准以后基本没有更改，一直是评估多用户主机和小型操作系统的主要方法。

国际上，网络和应用系统一直用橙皮书进行评估。橙皮书将安全的级别从低到高分成 4 个类别：D 类、C 类、B 类和 A 类，并分为 7 个级别，如表 3-1 所示。

表 3-1　安全级别分类

类别	级 别	名 称	主 要 特 征
D	D	低级保护	没有安全保护
C	C1	自主安全保护	自主存储控制
	C2	受控存储控制	单独的可查性，安全标识
B	B1	标识的安全保护	强制存取控制，安全标识
	B2	结构化保护	面向安全的体系结构，较好的抗渗透能力
	B3	安全区域	存取监控、高抗渗透能力
A	A	验证设计	形式化的最高级描述和验证

通常，网络系统的安全级别设计需要从数学角度上进行验证，而且必须进行秘密通道分析和可信任分布分析。🗁

> 🗁特别理解
> 可信任分布的基本概念

2．美国联邦准则（FC）

美国联邦准则（FC）标准参照了加拿大的评价标准 CTCPEC 与橙皮书 TCSEC，目的是提供 TCSEC 的升级版本，同时保护已有建设和投资。FC 是一个过渡标准，之后结合 ITSEC 发展为联合公共准则。

3．欧洲 ITSEC（白皮书）

信息技术安全评估标准（Information Technology Security Evaluation Criteria，ITSEC），俗称欧洲的白皮书，将保密作为安全增强功能，仅限于阐述技术安全要求，并未将保密措施直接与计算机功能相结合。ITSEC 是欧洲的英国、法国、德国和荷兰在借鉴橙皮书的基础上，于 1989 年联合提出的。橙皮书将保密作为安全重点，而 ITSEC 则将首次提出的完整性、可用性与保密性作为同等重要的因素，并将可信计算机的概念提高到可信信息技术的高度。ITSEC 定义了从 E0 级（不满足品质）到 E6 级（形式化验证）的 7 个安全等级，对于每个系统安全功能可分别定义。ITSEC 预定义了 10 种功能，其中前 5 种与桔皮书中的 C1～B3 级基本类似。📖

> 📖知识拓展
> 欧洲网络威胁种类和管理

4．通用评估准则（CC）

通用评估准则（Common Criteria for IT Security Evaluation，CC）由美国等国家与国际标准化组织联合提出，并结合 FC 及 ITSEC 的主要特征，强调将网络信息安全的功能与保障分离，将功能需求分为 9 类 63 族（项），将保障分为 7 类 29 族。CC 的先进性体现在其结构的开放性、表达方式的通用性，以及结构及表达方式的内在完备性和实用性 4 个方面。CC 标准于 1996 年发布第一版，充分结合并替代了 ITSEC、TCSEC、CTCPEC、FC 等国际上重要的信息安全评估标准而成为通用评估准则，历经了诸多的更新和改进。

CC 标准主要确定评估信息技术产品和系统安全性的基本准则，提出国际上公认的表述信息技术安全性的结构，将安全要求分为规范产品和系统安全行为的功能要求，以及正确有效地实施这些功能的保证要求。中国测评中心主要采用 CC 进行测评，其具体内容可查阅相关网站。

5．ISO 安全体系结构标准

开放系统标准建立框架的依据是国际标准 ISO 7498-2-1989《信息处理系统・开放系统互连、基本模型・第 2 部分：安全体系结构》。此标准给出了网络安全服务与有关机制的基本描述，确定了在参考模型内部可提供的服务与机制。该标准从体系结构描述 ISO 基本参考模型之间的网络安全通信所提供的网络安全服务和安全机制，并表明网络安全服务及其相应机制在安全体系结构中的关系，建立了开放互连系统的安全体系结构框架。并在身份验证、访问控制、数据加密、数据完整性和防止抵赖方面，提供了 5 种可选择的网络安全服务，如表 3-2 所示。

> **知识拓展**
> 各国发展完善安全标准

表 3-2　ISO 提供的安全服务

服务	用途
身份验证	身份验证是证明用户及服务器身份的过程
访问控制	用户身份一经过验证就发生访问控制，这个过程决定用户可以使用、浏览或改变哪些系统资源
数据加密	这项服务通常使用加密技术保护数据免于未授权的泄露，可避免被动威胁
数据完整性	这项服务通过检验或维护信息的一致性，避免主动威胁
防止抵赖	抵赖是指否认曾参加全部或部分事务的能力，防抵赖服务提供关于服务、过程或部分信息的起源证明或发送证明

现在，国际上通行的同网络信息安全有关的标准主要可以分为 3 大类，如图 3-10 所示。

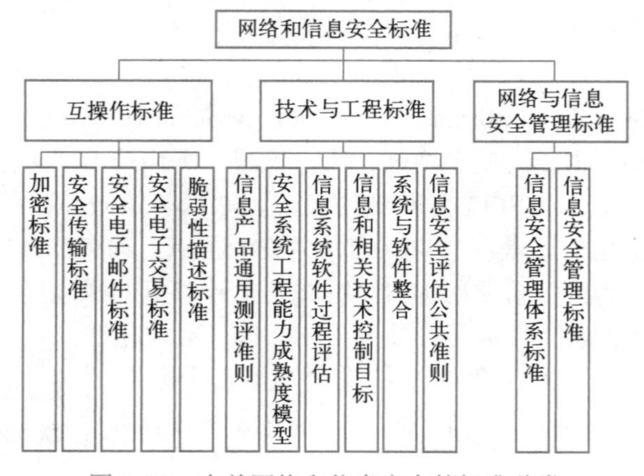

图 3-10　有关网络和信息安全的标准种类

3.3.2　国内网络安全评估准则

1．系统安全保护等级划分准则

1999 年 10 月，原国家质量技术监督局批准发布了“系统安全保护等级划分准则”，此准则主要依据 GB 17859—1999《计算机信息系统安全保护等级划分准则》和 GA 163—1997《计算机信息系统安全专用产品分类原则》等，将计算机系统安全保护划分为 5 个级别，如表 3-3 所示。

表 3-3　我国计算机系统安全保护等级划分

等级	名称	具体描述
第一级	用户自我保护级	安全保护机制可以使用户具备安全保护的能力，保护用户信息免受非法的读写破坏
第二级	系统审计保护级	除具备第一级所有的安全保护功能外，要求创建和维护访问的审计跟踪记录，使所有用户对自身行为的合法性负责
第三级	安全标记保护级	除具备前一级所有的安全保护功能外，还要求以访问对象标记的安全级别限制访问者的权限，实现对访问对象的强制访问
第四级	结构化保护级	除具备前一级所有的安全保护功能外，还将安全保护机制划分为关键部分和非关键部分，对关键部分可直接控制访问者对访问对象的存取，从而加强系统的抗渗透能力
第五级	访问验证保护级	除具备前一级所有的安全保护功能外，还特别增设了访问验证功能，负责仲裁访问者对访问对象的所有访问

我国提出的有关网络信息安全实施等级保护问题，经过专家多次反复论证研究，其相关制度得到不断细化和完善。🕮

🕮知识拓展

我国信息安全标准化概况

2．我国网络信息安全标准化现状

因网络安全逐渐纳入国家安全战略新高度，网络信息安全标准化事关国家信息化安全建设与实施，是网络信息安全保障体系的重要组成部分。各国通常借鉴国际标准，并结合本国实际情况制定并完善本国的信息安全标准化组织和标准。

中国的信息安全标准化建设，主要按照国务院授权，在国家市场监督管理总局管理下，由国家标准化管理委员会统一管理全国标准化工作，该委员会下设有 255 个专业技术委员会。中国标准化工作实行统一管理与分工负责相结合的管理体制，有 88 个国务院有关行政主管部门和国务院授权的有关行业协会分工管理本部门、本行业标准化工作，有 31 个省、自治区、直辖市政府有关行政主管部门分工管理本行政区域内、本行业的标准化工作。1983 年成立的全国信息技术标准化技术委员会（NITS），在国家标准化管理委员会及工业和信息化部的共同领导下负责全国 IT 领域和与 ISO/IEC JTC1 对应的标准化工作，下设 24 个分技术委员会和特别工作组，为国内最大的标准化技术委员会。工作范围是负责信息和通信安全的通用框架、方法、技术和机制的标准化，主要从事国内外对应的标准化工作。

2016 年 8 月，国家标准化管理委员会等部门制定了《关于加强国家网络安全标准化工作的若干意见》，对于网络安全标准化起到了极为重要的作用。我国信息安全标准化工作起步晚、发展快，积极借鉴国际标准原则，制定了一系列符合中国国情的信息安全标准和行业标准。

2019 年 5 月 13 日，网络安全等级保护 2.0（简称等保 2.0）核心标准（《信息安全技术 网络安全等级保护基本要求》《信息安全技术 网络安全等级保护测评要求》《信息安全技

术 网络安全等级保护安全设计技术要求》）正式发布，网络安全等级保护正式进入 2.0 时代。📖

📖知识拓展
完善我国信息安全保护等级

3.3.3 网络安全常用测评方法

网络安全测评也要讲究方式方法，只有使用恰当的方法进行全面、彻底、有效的安全测评，才能准确查找并分析网络安全漏洞、隐患和风险，根据评估结果与业务的安全需求及目标，及时采取有效措施提高安全防御能力。实际安全测评应按照网络安全相关的目的、要求、策略、技术、方法和标准等进行。

1. 网络安全测评目的和方法

（1）网络安全的测评目的

网络安全测评目的包括：

1）彻底搞清企事业机构具体信息资产的实际价值及状况。

2）明确企事业机构信息资源，及其在机密性、完整性、可用性、可控性和可审查性方面的具体威胁风险及实际程度。

3）通过深入调研分析搞清网络系统实际存在的具体漏洞隐患及风险的状况。

4）确定同本机构信息资产有关的风险和具体需要改进之处。

5）提出改变现状的具体建议和方案，将风险降低到可接受的程度。

6）做好构建合适的安全计划和策略的准备。

（2）网络安全常用测评类型

网络安全通用的测评类型分为 5 种：

1）系统级漏洞测评。主要测评企事业机构整个系统的漏洞、系统安全隐患与风险、基本安全策略及具体实施状况等。

2）网络级风险测评。主要测评企事业机构相关的所有网络系统及信息基础设施实际存在的隐患和风险范围方面的具体情况。

3）机构的风险测评。对机构进行整体风险测评分析，对其信息资产存在的具体威胁及隐患、问题和处理方式方法，包括对实体系统及运行环境的各种安全等进行测评。

4）实际入侵测试。对机构重要的网络系统及业务应用（服务）安全进行网络入侵的实际反应能力等方面的安全性测试检验，便于采取有效措施。

5）审计。深入实际检查具体的网络安全策略、记录和该组织具体执行情况。

（3）网络安全常用调研及测评方法

在实际调研和测评时，主要收集 3 种基本信息源：调研对象、文本查阅和物理检验。调研对象主要是指现有系统安全和组织实施相关人员，重点为熟悉情况和管理者。为了准确测评所保护的信息资源及资产，调研提纲应尽量简单易懂，且所提供的信息与调研人员无直接利害关系，同时审查现有的安全策略及关键的配置情况，包括已经完成和正在草拟或修改的文本。还应搜集对该机构的各种设施的审查信息。📖

📖知识拓展
网络安全测评常用方法

2. 网络安全测评标准和内容

1）安全测评前提。在进行网络安全实际测评前，主要重点考察 3 个方面的测评因素：服务器和终端及其网络设备安装区域环境的安全性；设备和设施的质量安全可靠性；外部运行环境及内部运行环境的相对安全性，系统管理员可信任度和配合测评愿意情况等。

2）测评依据和标准。以上述 ISO 或国家有关的通用评估准则 CC、《信息安全技术　评估通用准则》《计算机信息系统安全保护等级划分准则》《信息安全等级保护管理办法（试行）》和 GB/T 36958—2018《信息安全技术　网络安全等级保护　安全管理中心技术要求》等作为评估标准。此外，经过各方认真研究和协商讨论达成的相关标准及协议，也可作为网络安全测评的重要依据。

3）具体测评内容。网络安全的评估内容主要包括：安全策略测评、网络实体（物理）安全测评、网络体系安全测评、安全服务测评、病毒防护安全性测评、审计安全性测评、备份安全性测评、紧急事件响应测评和安全组织与管理测评等。

3．网络安全策略测评

1）测评事项。利用网络系统规划及设计文档、安全需求分析文档、网络安全风险测评文档和网络安全目标，测评网络安全策略的有效性。

2）测评方法。采用专家分析的方法，主要测评安全策略实施及效果，包括：安全需求是否满足、安全目标是否能够实现、安全策略是否有效、实现是否容易、是否符合安全设计原则、各安全策略的一致性等。

3）测评结论。按照测评的具体结果，对比网络安全策略的完整性、准确性和一致性。

4．网络实体安全测评

1）实体安全的测评项目。主要测评项目包括：网络基础设施、配电系统、服务器、交换机、路由器、配线柜、主机房、工作站、工作间、记录媒体及运行环境等。

2）测评方法。主要采用专家分析法，包括测评对物理访问控制（包括安全隔离、门禁控制、访问权限和时限、访问登记等）、安全防护措施（防盗、防水、防火、防振等）、备份及运行环境等的要求是否实现、是否满足安全需求。

3）测评结论。根据实际测评结果，确定网络系统实际实体安全及运行环境情况。

5．网络体系的安全性测评

（1）网络隔离的安全性测评

1）测评项目。测评项目主要包括以下 3 个方面：

① 网络系统内部与外部隔离的安全性。

② 内部虚拟网划分和网段划分的安全性。

③ 远程连接（VPN、交换机、路由器等）的安全性。

2）测评方法。主要利用检测侦听工具，测评防火墙过滤和交换机、路由器实现虚拟网划分的情况。采用漏洞扫描软件测评防火墙、交换机和路由器是否存在安全漏洞及程度。

3）测评结论。依据实际测评结果，表述网络隔离的安全性情况。

（2）网络系统配置安全性测评

1）测评项目。测评项目主要包括以下 7 个方面：

① 网络设备（如路由器、交换机、Hub）的网络管理代理默认值是否修改。

② 防止非授权用户远程登录路由器、交换机等网络设备。

③ 业务服务模式的安全设置是否合适。

④ 业务服务端口开放及具体管理情况。

⑤ 应用程序及服务软件版本加固和更新程度。

⑥ 网络操作系统的漏洞、隐患及更新情况。

⑦ 网络系统设备设施的安全性情况。

2）测评方法和工具。常用的主要测评方法和工具包括：

① 采用漏洞扫描软件，测试网络系统存在的漏洞和隐患情况。

② 检查网络系统采用的各设备是否采用安全性得到认证的产品。

③ 依据设计文档，检查网络系统配置是否被更改和更改原因等是否满足安全需求。

3）测评结论。依据测评结果，表述网络系统配置的安全情况。

（3）网络防护能力测评

1）测评内容。主要测评拒绝服务、电子欺骗、网络侦听、入侵等攻击形式是否采取了相应的防护措施及防护措施是否有效。

2）测评方法。用模拟攻击、漏洞扫描软件，测评网络防护能力。

3）测评结论。依据具体测评结果，具体表述网络防护能力。

（4）服务的安全性测评

1）测评项目。主要包括两个方面：

① 服务隔离的安全性。以网络信息机密级别要求进行服务隔离。

② 服务的脆弱性分析。主要测试网络系统开放的服务 DNS、FTP、E-mail、HTTP 等是否存在安全漏洞和隐患。

2）测评方法。常用的测评方法主要有两种：

① 采用系统漏洞检测扫描工具，测试网络系统开放的服务是否存在安全漏洞和隐患。

② 模拟各项业务和服务运行环境及条件，检测具体运行情况。

3）测评结论。依据实际测评结果，表述网络系统服务的安全性。

（5）应用系统的安全性测评

1）测评项目。主要测评应用程序是否存在安全漏洞；应用系统的访问授权、访问控制等防护措施（加固）的安全性。

2）测评方法。主要采用专家分析和模拟测试的方法。

3）测评结论。按照实际测评结果，对应用程序安全性进行全面评价。

6. 安全服务的测评

1）测评项目。主要包括：认证、授权、数据安全性（保密性、完整性、可用性、可控性、可审查性）、逻辑访问控制等。

2）测评方法。采用扫描检测等工具截获数据包，分析各项具体的满足安全需求情况。

3）测评结论。按照测评结果，表述安全服务的充分性和有效性。

7. 病毒防护安全性测评

1）测评项目。主要检测服务器、工作站和网络系统是否配备有效的防病毒软件及病毒清查的执行情况。

2）测评方法。主要利用专家分析和模拟测评等测评方法。

3）测评结论。依据测评结果，表述计算机病毒防范实际情况。

8. 审计的安全性测评

1）测评项目。主要包括：审计数据的生成方式安全性、数据充分性、存储安全性、访问安全性及防篡改的安全性。

2）测评方法。主要采用专家分析和模拟测试等测评方法。

3）测评结论。依据测评具体结果表述审计的安全性。

9．备份的安全性测评

1）测评项目。主要包括：备份方式的有效性、备份的充分性、备份存储的安全性和备份的访问控制情况等。

2）测评方法。采用专家分析的方法，依据系统的安全需求、业务的连续性计划，测评备份的安全性情况。

3）测评结论。依据测评结果，表述备份系统的安全性。

10．紧急事件响应测评

1）测评项目。主要包括：紧急事件响应程序及其有效应急处理情况，以及平时的应急准备情况（备份、培训和演练情况）。

2）测评方法。模拟紧急事件响应条件，检测响应程序有序且有效处理安全事件情况。

3）测评结论。依据实际测评结果，对紧急事件响应程序和应急预案及措施的充分性、有效性对比评价。

11．网络安全组织和管理测评

（1）主要相关测评项目

1）建立网络安全组织机构和设置相关机构（部门）的情况。

2）检查网络安全管理条例及落实情况，明确规定网络应用目的、应用范围、应用要求、违反惩罚规定、用户入网审批程序等情况。

3）所有相关人员的网络安全职责是否明确并具体落实。

4）具体查清合适的信息处理设施授权程序。

5）实施网络安全配置管理的具体情况。

6）规定各业务作业的合理工作规程情况。

7）明确具体翔实的人员安全管理规程情况。

8）记载具体、有效的安全事件响应程序及预案情况。

9）相关人员涉及各种安全管理规定，对其详细内容掌握情况。

10）机构相应的安全保密制度及具体落实情况。

11）对于账号、口令、权限等授权和管理制度及落实情况。

12）定期网络安全审核和安全风险测评制度及落实情况。

13）管理员定期培训和资质考核制度及落实情况。

（2）安全测评方法

主要采用专家分析的方法、考核法、审计方法和调查方法。

（3）主要测评结论

由实际测评结果，评价安全组织机构和安全管理的有效性。

☺讨论思考

1）橙皮书将安全级别从低到高分成哪些类和级别？

2）国家将计算机安全保护划分为哪5个级别？

3）网络安全测评方法具体主要有哪些？

☺讨论思考
本部分小结
及答案

*3.4 网络安全管理原则及制度

除网络安全相关的法律法规和评估以外，其原则和制度也是安全防范的一项重要内容。现阶段仍有很多企事业机构没有建立健全专门的管理机构、制度和规范，甚至有些管理员或用户还在使用系统默认设置，使系统面临严重的安全风险。

3.4.1 网络安全管理基本原则

强化网络安全，应当遵守网络安全管理基本原则：📖

> 📖知识拓展
> 网络安全的指导原则

（1）多人负责的原则

为了确保网络安全、职责明确，对各种与网络安全有关的事项，如同管理重要钱物一样应由多人分管负责并在现场当面认定签发。系统主管领导应忠诚可靠、能力强；网络系统安全负责人应具有丰富的工作经验，同时明确安全指标、岗位职责和任务；安全管理员应及时签署安全工作情况记录，以及安全工作保障落实和完成情况。

需要签发的与安全有关的主要事项包括：

1）全部处理的任何与保密有关的信息。

2）信息处理系统使用的媒介发放与收回。

3）访问控制使用的证件发放与收回。

4）系统软件的设计、实现、修改和维护。

5）业务应用软件和硬件的修改和维护。

6）重要程序和数据的增删改与销毁等。

（2）有限任期原则

网络安全人员不宜长期担任与安全相关的职务，以免产生永久“保险”职位的观念，可通过强制休假、培训或轮换岗位等方式适当调整。

（3）坚持职责分离的原则

网络系统重要相关人员应各司其职、各负其责、业务权限及分工各异，除了主管领导批准的特殊情况之外，不应询问或参与职责以外与网络安全有关的事务。任何以下两项工作都应分开，由不同人员完成：

1）网络系统和应用系统的研发与实现。

2）具体业务处理系统的检查及验收。

3）重要数据和文件等具体业务操作。

4）计算机网络管理和系统维护工作。

5）机密资料的接收和传送。

6）具体的安全管理和系统管理。

7）系统访问证件的管理与其他工作。

8）业务操作与数据处理系统使用存储介质的保管等。

网络系统安全管理部门应根据管理原则和系统处理数据的保密性要求，制定相应的管理制度，并采取相应的网络安全管理规范。包括以下内容：

1）根据业务的重要程度，测评系统的具体安全等级。

2）由其安全等级，确定安全管理的具体范围和侧重点。

3）规范和完善“网络/信息中心”机房出入管理制度。

对于安全等级要求较高的系统，应实行分区管理与控制，限制工作人员出入与本职业务无直接关系的重要安全区域。

（4）严格管理操作规程

应当严格执行管理操作规程的规定和要求，坚持职责分离和多人负责等原则，所有业务人员都应做到各司其职、各负其责，不能超越各自管辖的权限范围。特别是国家安全保密机构、银行、证券等单位和财务机要部门等。

（5）网络系统安全监测和审计制度

建立健全网络系统安全监测和审计制度，确保系统安全，并能够及时发现、及时处理。

（6）建立健全网络系统维护制度

在网络系统维护之前须经主管部门批准，并采取数据保护措施，如数据备份等。在系统维护时，必须有网络安全管理人员在场，对于故障的原因、维护内容和维护前后的情况应详细认真记录并进行签字确认。

（7）完善应急措施

制定并执行网络系统出现意外紧急情况时的应急预案，有尽快恢复的应急对策，并将损失减到最小限度。同时建立健全相关人员聘用和离职调离安全保密制度，对工作调动和离职人员要及时调整并进行相应的权限控制。

3.4.2　网络安全管理机构和制度

网络安全管理机构及规章制度是各级组织和制度的根本保障。网络安全管理制度包括人事资源管理、资产物业管理、教育培训、资格认证、人事考核鉴定制度、动态运行机制、日常工作规范、岗位责任制度等。

1．完善管理机构和岗位责任制

网络安全涉及整个企事业机构及系统的安全、声誉、效益和影响。网络系统安全保密工作最好由单位主要领导负责，必要时设置专门机构，如网络安全管理中心等，协助主要领导管理。对于重要单位或要害部门的安全保密工作，分别由安全、保密、保卫及技术部门分工负责。所有领导机构、重要网络系统的安全组织机构，包括网络安全审查机构、安全决策机构、安全管理机构，都要建立和健全各项规章制度。

完善专门的网络安全防范组织和人员。各机构应设立相应的网络安全管理委员会或安全小组、安全员。网络安全组织成员应由主管领导、公安保卫、信息中心、人事、审计等部门的工作人员组成，必要时可聘请相关部门的专家。网络安全组织也可成立专门的独立认证机构。对安全组织的成立、成员的变动等应定期向公安网络安全监察部门报告。对计算机信息系统中发生的案件，应当在规定时间内向当地区（县）级及以上公安机关报告，并接受公安机关对网络系统有害数据防治工作的监督、检查和指导。🕮

> 🕮知识拓展
> 相关组织机构及岗位职责

制定相关人员岗位责任制，制定严格的管理制度、纪律，执行管理和职责分工的原则，不准串岗、兼岗，严禁程序设计师同时兼任系统操作员，严格禁止系统管理员、终端操作员和系统设计人员混岗和作业等。

网络安全管理专职人员具体负责本系统区域内网络安全策略的实施，保证网络安全策略长期有效：负责网络系统软硬件的安装维护、日常操作监视、应急安全措施的恢复和风险分析等；负责整个系统的安全，对整个系统的授权、修改、特权、口令、违章报告、报警记录处理、控制台日志审阅负责，遇到重大问题不能解决时要及时向主管领导报告。

网络安全审计人员监视系统运行情况，收集对系统资源的各种非法访问事件，并对非法事件记录、分析和处理，及时将审计事件及时上报主管部门。

保安人员负责非技术性常规安全工作，如系统场所的警卫、办公安全、出入门验证等。

2．健全网络安全管理规章制度

网络安全管理规章制度应当建立健全和完善，并认真贯彻落实。常用的网络安全管理规章制度主要包括以下7个方面：

1）网络系统运行维护管理制度。包括设备管理维护制度、软件维护制度、用户管理制度、密钥管理制度、出入门卫值班制度、各种操作规程及守则、各种行政领导部门定期检查或监督制度。机要重地的机房应规定双人进出及不准单人在机房操作计算机的制度。机房门加双锁，保证两把钥匙同时使用才能打开机房。信息处理机要专机专用，不允许兼作其他用途。终端操作员因故离开必须退出登录界面，避免其他人员非法使用。

2）主机处理控制管理制度。包括编制及控制数据处理流程、程序软件和数据的管理、拷贝移植和存储介质的管理、文件档案日志的标准化和通信网络系统的管理。

3）文档资料管理制度。必须妥善保管和严格控制各种凭证、单据、账簿、报表和文字资料，交叉复核记账，相关人员所掌握的资料要与其职责一致，如终端操作员只能阅读终端操作规程、手册，只有系统管理员才能使用系统手册。

4）建立健全操作及管理人员的管理制度。主要包括：

① 指定使用和操作设备或服务器，明确工作职责、权限和范围。

② 程序员、系统管理员、操作员岗位分离且不混岗。

③ 禁止在系统运行的机器上做与工作无关的操作。

④ 不越权运行程序，不应查阅无关参数。

⑤ 对于偶尔出现的操作异常应立即报告。

⑥ 建立和完善工程技术人员的管理制度。

⑦ 当相关人员调离时，应采取相应的安全管理措施。如人员调离时马上收回钥匙、移交工作、更换口令、取消账号，并向被调离的工作人员申明其保密义务。

5）机房安全管理规章制度。建立健全的机房管理规章制度，经常对有关人员进行安全教育与培训，定期或随机进行安全检查。机房管理规章制度主要包括：机房门卫管理、机房安全、机房卫生、机房操作管理等。

6）其他的重要管理制度。主要包括：系统软件与应用软件管理制度、数据管理制度、密码口令管理制度、网络通信安全管理制度、病毒的防治管理制度、实行安全等级保护制度、实行网络电子公告系统的用户登记和信息管理制度、对外交流维护管理制度等。

7）风险分析及安全培训制度。主要包括：

① 定期进行风险分析，制定意外灾难应急恢复计划和方案，如关键技术人员的多种联

络方法、备份数据的取得、系统重建的组织。

② 建立安全考核培训制度。除了对关键岗位的人员和新员工进行考核之外，还要定期进行网络安全方面的法律教育、职业道德教育和安全技术更新等方面的教育培训。

对于从事涉及国家安全、军事机密、财政金融或人事档案等重要信息的工作人员更要重视安全教育，并挑选可靠、素质好的人员担任。

3．坚持合作交流制度

网络运营商是网络服务的提供者，有维护互联网安全的责任，应发挥互联网积极、正面的作用。各级政府也有责任为企业和消费者创造一个共享、安全的网络环境。同时也需要行业组织、企业和各利益相关方的共同努力。因此，应当大力加强与相关业务往来单位和安全机构的合作与交流，密切配合共同维护网络安全，及时获得必要的安全管理信息和专业技术支持与更新。国内外也应当进一步加强交流与合作，拓宽网络安全国际合作渠道，建立政府、网络安全机构、行业组织及企业之间多层次、多渠道、齐抓共管的合作机制。

☺讨论思考

1）网络安全管理必须坚持哪些具体原则？

2）怎样建立健全网络安全管理规章制度？

☺讨论思考
本部分小结
及答案

3.5　本章小结

网络安全管理保障体系与安全技术的紧密结合至关重要。本章简要地介绍了网络安全管理与保障体系和网络安全管理的基本过程。网络安全保障包括：信息安全策略、信息安全管理、信息安全运作和信息安全技术，其中，管理是企业管理的行为，主要包括安全意识、组织结构和审计监督。运作是日常管理的行为，技术是信息系统的行为。“七分管理，三分技术，运作贯穿始终”，管理是关键，技术是保障。

本章还概述了国外在网络安全方面的法律法规和我国网络安全方面的法律法规。介绍了国内外网络安全评估准则和测评有关内容，包括国外网络安全评估准则、国内安全评估通用准则、网络安全评估的目标内容和方法等。同时，概述了网络安全策略和规划，包括网络安全策略的制定与实施、网络安全规划基本原则。还介绍了网络安全管理的基本原则，以及健全安全管理机构和制度的方法。最后，联系实际应用，概述了 Web 服务器的安全设置与管理实验的实验目的、要求、内容和步骤。

3.6　实验 3　统一威胁管理 UTM 应用

统一威胁管理（Unified Threat Management，UTM）平台实际上类似一种多功能安全网关。UTM 常被定义为由硬件、软件和网络技术组成的具有专门用途的设备，它主要提供一项或多项安全功能，同时将多种安全特性集成于一个硬件设备里，形成标准的统一威胁管理平台。与路由器和三层交换机不同的是，UTM 不仅可以连接不同的网段，在数据通信过程中还提供了丰富的网络安全管理功能。

3.6.1 实验目的

1）掌握应用 UTM 的主要功能、设置与管理方法和过程。

2）提高利用 UTM 进行网络安全管理、分析和解决问题的能力。

3）为以后更好地从事相关网络安全管理工作奠定重要的基础。

3.6.2 实验要求及方法

完成对 UTM 平台的功能、设置与管理方法和过程的实验，应当先做好实验的准备工作，实验时注意掌握具体的操作界面、实验内容、实验方法和实验步骤，重点是 UTM 功能、设置与管理方法和实验过程中的具体操作要领、顺序和细节。

3.6.3 实验内容及步骤

1. UTM 集成的主要功能

各种 UTM 平台的功能略有差异。H3C 的 UTM 功能较全，特别是具备应用层识别用户的网络应用，控制网络中各种应用的流量，并记录用户上网行为的上网行为审计功能，相当于更高集成度的多功能安全网关。不同的 UTM 平台比较如表 3-4 所示。

表 3-4 不同的 UTM 平台比较

功能列表	品牌			
	H3C	Cisco	Juniper	Fortinet
防火墙功能	√（H3C）	√（Cisco）	√（Juniper）	√（Fortinet）
VPN 功能	√（H3C）	√（Cisco）	√（Juniper）	√（Fortinet）
防病毒功能	√（卡巴斯基）	√（趋势科技）	√（卡巴斯基）	√（Fortinet）
防垃圾邮件功能	√（Commtouch）	√（趋势科技）	√（赛门铁克）	√（Fortinet）
网站过滤功能	√（Secure Computing）	√（WebSense）	√（WebSense；SurControl）	○（无升级服务）
防入侵功能	√（H3C）	√（Cisco）	√（Juniper）	○（未知）
应用层流量识别和控制	√（H3C）	×	×	×
用户上网行为审计	√（H3C）	×	×	×

UTM 设备应该具备的基本功能包括网络防火墙、网络入侵检测/防御和网关防病毒功能。各厂商会在 UTM 产品中增加应用层防火墙和控制器、深度包检测、Web 代理和内容过滤、数据丢失预防、安全信息和事件管理、虚拟专用网络、网络沼泽等功能，以满足不同用户的需求，保持市场优势。

2. 操作步骤及方法

经过登录并简单配置，即可直接管理操作 UTM 平台。

1）利用用户名密码登录：H3C 设置管理 PC 的具体 IP 地址之后，利用用户名和密码可以打开 Web 网络管理用户登录界面。

2）通过“设备概览”及“配置向导”等，可以进行防火墙等 Web 配置，主要的管理操作首页界面如图 3-11 所示。

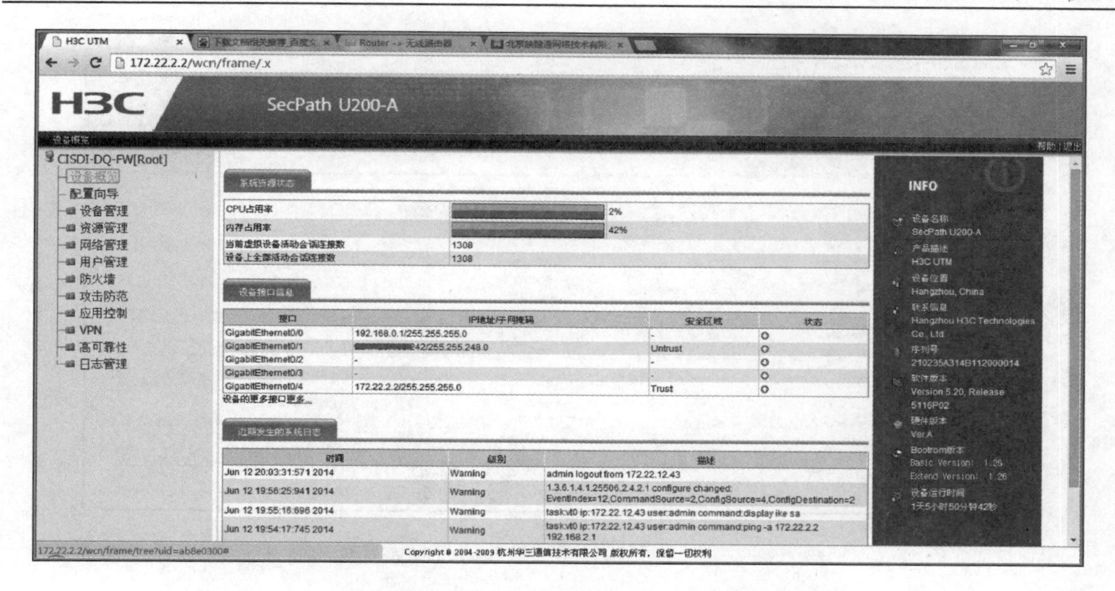

图 3-11　通过“设备概览”进行界面配置

通常，防火墙的配置方法如下：

1）只要设置管理 PC 的网卡地址，连接 g0/0 端口，就可由此进入 Web 管理界面。

2）配置外网端口地址，将外网端口加入安全域，如图 3-12 所示。

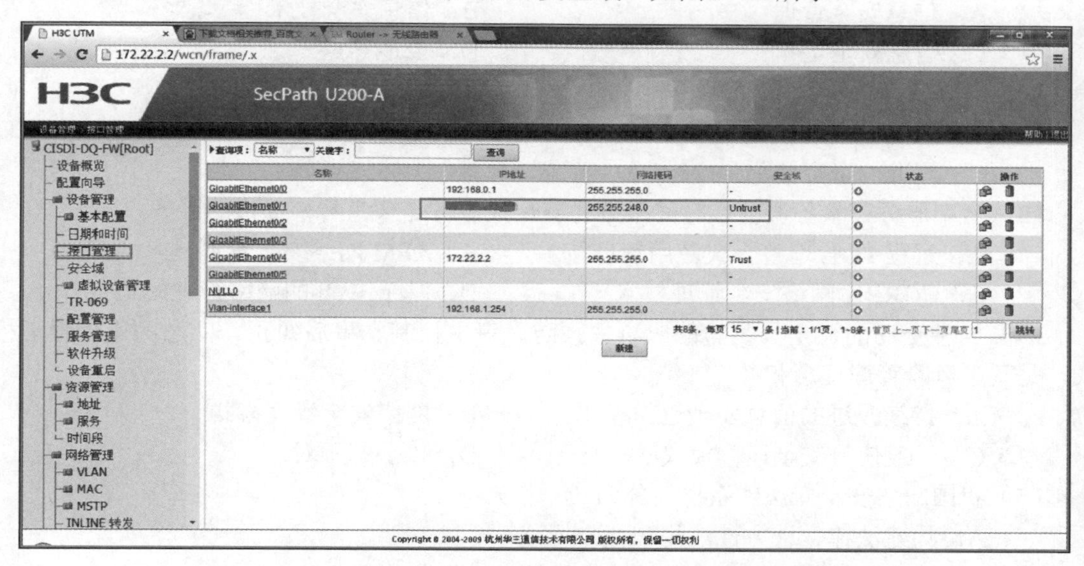

图 3-12　配置外网端口地址

3）配置通过防火墙的访问控制策略，如图 3-13 所示。

在防火墙设置完成之后，就可以直接登录上网。

流量定义和策略设定。激活高级功能，然后“设置自动升级”，并依次完成：定义全部流量、设定全部策略、应用全部策略。可以设置防范病毒等 5 大功能，还可管控网络的各种流量、用户应用流量及统计情况。

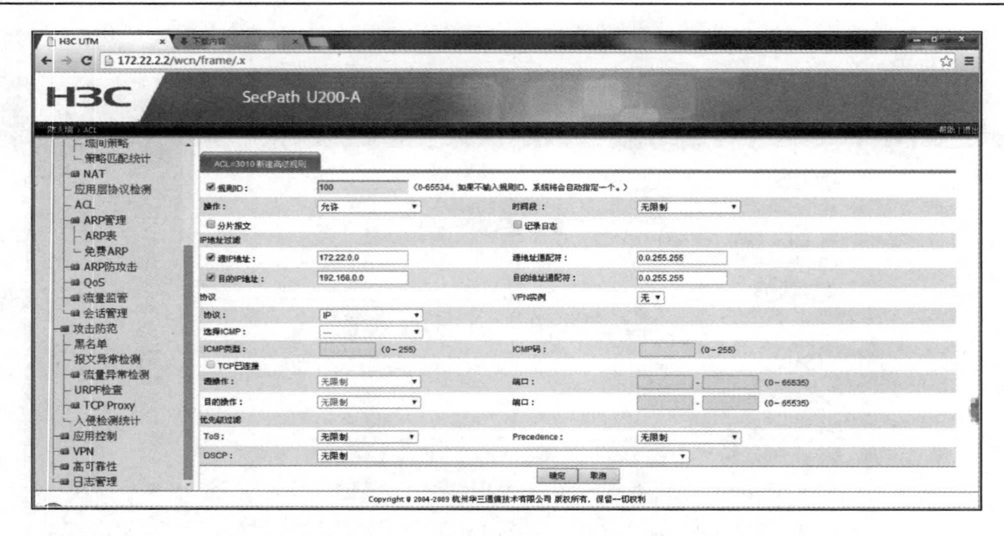

图 3-13　配置通过防火墙的访问控制策略

3.7　练习与实践 3

1．选择题

（1）网络安全保障包括：信息安全策略和（　　）。

A．信息安全管理　　B．信息安全技术

C．信息安全运作　　D．上述三点

（2）网络安全保障体系框架的外围是（　　）。

A．风险管理　　B．法律法规

C．标准的符合性　　D．上述三点

（3）名字服务、事务服务、时间服务和安全性服务是（　　）提供的服务。

A．远程 IT 管理整合式应用管理技术　　B．APM 网络安全管理技术

C．CORBA 网络安全管理技术　　D．基于 Web 的网络管理模式

（4）一种全局的、全员参与的、事先预防、事中控制、事后纠正、动态的运作管理模式，是基于风险管理理念和（　　）。

A．持续改进的信息安全运作模式　　B．网络安全管理模式

C．一般信息安全运作模式　　D．以上都不对

（5）我国网络安全立法体系框架分为（　　）。

A．构建法律、地方性法规和行政规范

B．法律、行政法规和地方性法规、规章、规范性文档

C．法律、行政法规和地方性法规

D．以上都不对

（6）网络安全管理规范是为保障实现信息安全政策的各项目标而制定的一系列管理规定和规程，具有（　　）。

A．一般要求　　B．法律要求

C．强制效力　　D．文件要求

2. 填空题

（1）信息安全保障体系架构包括5个部分：________、________、________、________和________。

（2）TCP/IP网络安全管理体系结构包括3个方面：________、________、________。

（3）________是信息安全保障体系的一个重要组成部分，按照________的思想，为实现信息安全战略而搭建。一般来说防护体系包括________、________和________三层防护结构。

（4）信息安全标准是确保信息安全的产品和系统，在设计、研发、生产、建设、使用、测评过程中，解决产品和系统的________、________、________、________和符合性的技术规范、技术依据。

（5）网络安全策略包括3个重要组成部分：________、________和________。

（6）网络安全保障包括________、________、________和________4个方面。

（7）TCSEC是可信计算系统评价准则的缩写，又称网络安全橙皮书，将安全分为________、________、________和文档4个方面。

（8）通过对计算机网络系统进行全面、充分、有效的安全测评，能够快速查出________、________、________。

（9）实体安全的内容主要包括________、________、________3个方面，主要指5项防护（简称5防）：防盗、防火、防静电、防雷击、防电磁泄漏。

（10）基于软件的软件保护方式一般分为：注册码、许可证文件、许可证服务器、________和________等。

3. 简答题

（1）信息安全保障体系架构具体包括哪5个部分？

（2）如何理解“七分管理，三分技术，运作贯穿始终”？

（3）国外的网络安全法律法规和我国的网络安全法律法规有何差异？

（4）网络安全评估准则和方法的内容是什么？

（5）网络安全管理规范及策略有哪些？

（6）简述安全管理的原则及制度要求。

（7）网络安全政策是什么？包括的具体内容有哪些？

（8）单位应如何进行具体的实体安全管理？

（9）软件安全管理的防护方法是什么？

4. 实践题

（1）调研一个网络中心，了解并写出实体安全的具体要求。

（2）查看一台计算机的网络安全管理设置情况，如果不合适则进行调整。

（3）利用一种网络安全管理工具，对网络安全性进行实际检测并分析。

（4）调研一个企事业单位，了解计算机网络安全管理的基本原则与工作规范情况。

（5）结合实际论述如何贯彻落实机房的各项安全管理规章制度。

第 4 章　黑客攻防与检测防御

进入现代信息化社会，随着国际竞争进一步加剧，黑客网络攻击愈演愈烈，给网络安全带来极为严重的威胁和挑战，致使网络黑客防范问题更为突出。为了保障各种网络资源和应用的安全，需要认真学习、研究黑客的攻击与防范技术，掌握入侵检测与防御方法，采取切实有效的防范技术手段和措施，做到“知己知彼，百战不殆”。

教学目标

- 理解黑客的相关概念、类型及攻击途径
- 掌握黑客攻击的主要目的、种类和过程
- 掌握常见黑客攻防技术和主要方式方法
- 理解入侵检测与防御系统的功能和应用
- 学会网络扫描系统加固防范操作实验

4.1　黑客概念及攻击途径

【引导案例】 美国国家安全局攻击西北工业大学。我国计算机病毒应急处理中心和 360 公司 2022 年 9 月分别发布调查报告，美国国家安全局（NSA）下属特定入侵行动办公室（TAO），采用 41 种不同专属网络攻击武器，持续对西北工业大学开展攻击并窃取相关师生邮件和公民个人信息。先后利用日本、韩国等多国的跳板主机和 17 个国家的 54 台代理服务器实施攻击和窃密活动，用以掩盖真实 IP 并“借刀杀人”。

4.1.1　黑客的概念及形成

1．黑客的概念

教学视频
课程视频 4.1

黑客（Hacker）最早源自英文动词 hack，意为“劈砍”，引申为干一件非常漂亮的事情。黑客最初并非“贬义词”，原意指对计算机系统漏洞专研有特长的爱好者，后指具有一定计算机特长，并通过非授权活动进入他人网络系统的人。

近年来，随着网络攻击、信息泄密等网络安全事件日益增加，形成鱼龙混杂的局面。实际上，将攻击网络系统窃取他人信息、破坏重要数据获利的“黑客”称为“骇客”，其名称来自英文“Cracker”，意为“破坏者”或“入侵者”。

知识拓展
黑客与骇客内含和区别

2．黑客的类型

较早的网络黑客主要分为 3 大类：红客、骇客、间谍。其中，红客是“国家利益至高无上”的“网络大侠”。骇客是网络系统及资源破坏者。间谍则是“利益至上”的情报“盗猎者”。

早期的黑客主要入侵程控电话系统，享受免费的电话。随着计算机网络的诞生和发展，黑客对网络产生了越来越浓厚的兴趣。最初他们进入他人计算机系统只是出于好奇或进行系统探究，主要凭借个人的专业技能发现系统漏洞，进入系统后留下一定的标记，以此炫耀个人技能。📖

📖知识拓展
黑客的常见行为

3．黑客的形成与发展

【案例4-1】 20世纪60年代，在美国麻省理工学院的实验室里，有一群自称为黑客的学生以编制复杂的程序为乐，当初他们并无功利性目的。此后不久，多所大学连接计算机实验室的美国实验性网络 APARNET 建成，黑客便开始通过网络进入更多的院校乃至社会。之后，有人利用掌握的“绝技”，借鉴盗打免费电话的手法，擅自闯入别人的计算机系统，干起了隐蔽活动。随着 APARNET 逐步发展成为因特网，黑客们的活动空间越来越广阔，人数也越来越多，逐渐形成鱼目混珠的局面。

随着各种网络技术的快速发展和广泛应用，黑客迅速增多且相关软件及资料贩卖、培训等暴利产业链加速发展，给全球网络安全带来了极大威胁和风险，对国内外企事业机构用户和个人用户造成的影响和破坏也进一步加剧。

4.1.2　黑客攻击的主要途径

1．黑客攻击的漏洞

黑客攻击主要借助于各种网络系统的漏洞或称缺陷（Bug），使黑客有机可乘导致非授权攻击等。系统漏洞产生的主要原因包括：

1）软硬件研发中的缺陷。主要是操作系统或系统程序在设计、实现、测试或设置时，难免出现缺陷，主要有4个方面：操作系统基础设计疏忽、源代码错误（缓冲区、堆栈溢出及脚本漏洞等）、安全策略施行误差、安全策略对象歧义问题等。

2）各种网络协议本身的缺陷。基础协议 TCP/IP 在设计之初没有考虑安全问题，注重开放和互联而没有认证等机制，而且协议软件容易有缺陷。

3）系统配置使用不当。很多软件是针对特定环境配置研发的，当环境变换或资源配置不当或使用不当时，就可能使本来很小的缺陷变成漏洞。

4）系统安全管理等问题。各种处理快速增长及软件的复杂性、网络安全技术人员或系统安全策略管理疏忽等，都增加了系统问题。

2．网络端口通道

网络端口（Protocol Port）是终端与外部通信的接口，容易成为黑客侵入攻击系统的通道。其中端口是逻辑意义上的，是一种抽象的软件结构，包括一些数据结构和 I/O（输入/输出）缓冲区、通信传输与服务的接口，便于各种设备通过端口与外部通信连接。

3．人为及管理疏忽

社会工程学是网络安全工作中最容易被忽略和最脆弱的环节。通过对网络安全事件的分析，人们得出“三分技术，七分管理”的重要结论，其中的“管理”就是人们经常忽略的社会工程学。任何管理环节上的疏忽，或任何一个可以访问系统某个部分（或服务）的人为操作（或误操作）都可能构成潜在网络系统或资源安全风险与威胁。

☺讨论思考

1）什么是网络安全漏洞和隐患？网络安全漏洞和隐患为何会存在？

2）举例说明网络安全面临的黑客攻击问题。

3）黑客可以利用的端口主要有哪些？

4）社会工程学在网络安全领域的应用有哪些？

☺讨论思考
本部分小结
及答案

4.2 黑客攻击的目的及过程

黑客实施攻击的方式方法，通常根据其攻击的目的、对象和技术条件等实际情况而不尽相同。在此主要概述网络黑客攻击的目的、种类及过程。

教学视频
课程视频 4.2

4.2.1 黑客攻击的目的及种类

1. 黑客攻击的目的

【案例 4-2】 360 安全捕获美国中央情报局（CIA）对我国长达 11 年的网络攻击。包括航空航天、科研机构、石油、大型互联网公司和政府机构等均遭到不同程度的攻击。还定位到负责从事研发和制作相关网络武器的 CIA 前雇员约书亚·亚当·舒尔特（Joshua Adam Schulte），他曾在 CIA 的秘密行动处（NCS）担任科技情报主管，直接参与和研发了针对我国攻击的网络武器 Vault7（穹窿 7）。

黑客实施攻击的目的主要有两种：一是获取金钱或物质利益；二是满足精神需求，主要是指满足爱国精神（红客）或个人欲望、泄私愤、报复或好奇心等。

实际上，黑客攻击是利用被攻击方网络系统自身存在的漏洞，通过使用网络命令和专用软件侵入网络系统实施攻击。具体的攻击目的与攻击种类有关。

2. 黑客攻击手段的种类

黑客进行网络攻击的手段主要包括 6 类，后续将介绍攻防措施。

1）网络监听。网络监听也称网络嗅探，最开始其实是网络管理员用于监听网络情况，后来逐渐被黑客利用，用于监听嗅探对方的网络传输信息。

2）拒绝服务攻击。拒绝服务攻击是黑客利用发送庞杂垃圾文件、数据包或请求，导致目标网站等因疲于处理而无法提供正常服务、导致系统崩溃或资源耗尽，最终使网络拥塞或瘫痪的攻击手段。此攻击是一种较为常见的攻击类型，目的是利用其攻击破坏正常服务。

3）欺骗攻击。常见的网络欺骗攻击方式有 5 种，用于骗取钱物或重要文件等。

① ARP 欺骗。地址解析协议（ARP）用于获取并转换目标主机的 MAC 地址进行数据传输，黑客可利用 ARP 进行欺骗攻击，包括对路由器 ARP 表的欺骗和对内网的网关欺骗两种方式。

② IP 欺骗。是指黑客伪造别人的源 IP 地址，让一台主机伪装成另一台主机，达到欺骗的目的，主要利用主机之间的信任连接实现。

③ 域名欺骗。DNS 欺骗是黑客冒充域名服务器网址及主页，并非真正“黑掉”对方网站，达到冒名顶替、骗取用户名账号及密码等信息。

④ Web 欺骗。与域名欺骗类似，主要通过“钓鱼网站”或链接窃取重要机密信息。

⑤ 邮件欺骗。是指篡改电子邮件（微信或 QQ 都类似）的头像等信息，冒充领导、亲属、好友等，骗取钱物或重要文件等。

4）密码及病毒攻击。黑客主要利用破获密码或病毒软件等方式进行攻击，包括多种密码获取及攻击方式、木马（病毒）远程攻击等。他们会设法窃取系统或资源的访问权，实施攻击后为再次入侵种植后门插件。

【案例 4-3】 新型勒索病毒 Coffee 潜伏期高达百日。2022 年 2 月，国家计算机病毒应急处理中心通过对互联网的监测，发现名为 Coffee 的勒索病毒通过钓鱼邮件、QQ 群附件等方式传播，高校和研究所等是遭受攻击的主要目标。该病毒可通过被感染用户的 QQ 自动发送带有勒索病毒的消息，进行蠕虫式传播。还会感染已有软件如微信、QQ、WPS、Edge 浏览器、优酷、爱奇艺、百度网盘等，将病毒宿主和其恶意 dll 释放到目标程序安装目录下，可随目标程序启动加载。

5）应用层攻击。应用层攻击主要针对各种应用与服务采用多种不同攻击方式，通常针对服务器或主机应用软件漏洞，获得登录及账户权限实施攻击。

6）缓冲区溢出。向系统的缓冲区写超长内容，可造成缓冲区溢出，从而破坏程序的堆栈，使程序转而执行其他指令。当这些指令进入具有 Root 权限的内存并运行后，黑客就可获得程序的控制权，以 Root 权限控制系统，达到攻击目的。

4.2.2　黑客攻击的基本过程

黑客攻击细节各异，但整个攻击过程具有一定规律，常称为“攻击五步曲”。

1．隐藏 IP（“来无影”）

隐藏 IP 指黑客隐藏自己的 IP 地址，以免被发现并被追查。典型的隐藏真实的 IP 地址的方法，主要利用两种方式：借机顶替和代理跳板。

1）借机顶替。黑客主要通过网络获取或购买可以控制的主机，俗称“肉鸡”或“傀儡机”，然后利用这些主机或受控网络实施攻击，被发现的只能是“肉鸡”的 IP 地址。

2）代理跳板。隐蔽黑客真实的 IP 地址，通过多级跳板控制代理服务器。通常攻击某国的站点等，经常选择远程跨国主机为“代理肉鸡”，进行跨境攻击。

2．踩点扫描

踩点扫描主要是通过扫描工具或手段搜集拟攻击目标信息的过程。踩点是黑客为了确定攻击目标、部位和方式等，在准备攻击之前探寻搜集相关信息，主要针对拥有超级操作权限的网络管理员或用户使用的服务器或主机网段的漏洞。

3．篡权攻击

篡权攻击指篡夺操作控制权限并实施攻击。主要通过网络登录到目标服务器或主机，对其操作控制实施攻击。获得权限的方式有 6 种：破解管理员密码获得权限；通过管理等疏忽获取管理员权限；以系统等漏洞获得系统权限；窃取用户密码获得权限；利用目标主机信任连接的主机篡夺目标主机控制权；利用欺骗手段获得某些操作权限。

4．种植后门

种植后门是指黑客侵入系统攻击后安装的后门程序，方便以后可以轻易再次潜入系统。多数后门程序都是预先编译好的，只要根据需要修改权限就可使用。

5．隐身退出（“去无踪”）

黑客为了避免攻击行为被发现和追究，常在入侵完毕及时清除登录日志和其他相关的系统日志，及时隐身退出。

黑客攻击企业内部局域网过程的特例如图 4-1 所示。

图 4-1　黑客攻击企业内部局域网的过程

☺ 讨论思考

1）黑客攻击的主要途径和目的是什么？
2）黑客确定攻击目标后，有哪几步攻击操作？
3）黑客攻击的主要行为通常有哪些？
4）黑客攻击的“来无影”和“去无踪”有何异同点？

☺讨论思考
本部分小结
及答案

4.3　常用的黑客攻防技术

随着国际上各种对抗和竞争加剧，以及网络新技术的快速发展，各种新型网络攻击手段变化多端，因此攻击防范技术和措施变得极为重要，需要对传统黑客攻防技术及新型攻防技术分别进行分析。常见的黑客攻防技术如图 4-2 所示。

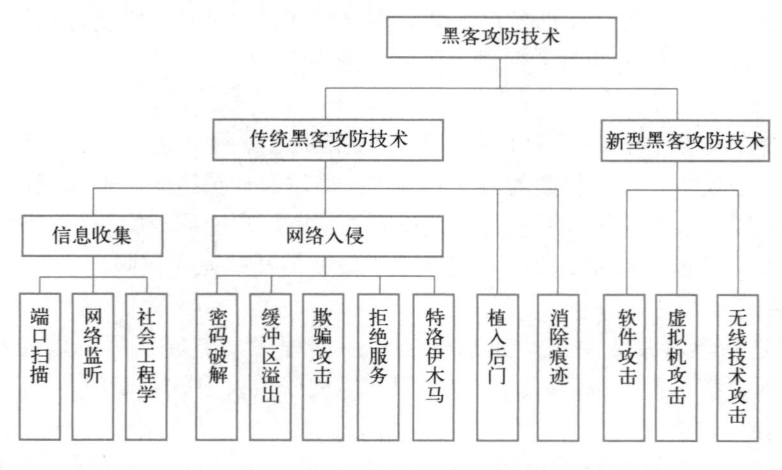

图 4-2　常见的黑客攻防技术

4.3.1　传统黑客攻防技术

1．端口扫描攻防

前面 4.1.2 节概述过，端口是终端与外部通信传输的接口。

> 知识拓展
> 常用的扫描方法及软件

1）端口扫描工具。端口扫描器也称扫描工具、扫描软件，是一种用于检测远程或本地主机或网段安全问题的软件。

2）端口扫描方式。利用 TCP 端口的连接定向特性，根据与目标计算机某些端口建立的连接的应答，从而收集目标计算机的有用信息，发现系统的安全漏洞。

3）端口扫描攻击与防范对策。端口扫描攻击采用探测技术，攻击者可将它用于寻找能够成功攻击的服务。常用端口扫描攻击有以下几种：

① 秘密扫描。无法被用户使用审查工具检测出来的扫描。

② SOCKS 端口探测。SOCKS 是一种允许多台主机共享公用 Internet 连接的系统。如果 SOCKS 配置有错误，将会允许任意的源地址和目标地址通行。

③ 跳跃扫描。攻击者快速地在 Internet 中寻找可供进行跳跃攻击的系统。FTP 跳跃扫描利用了 FTP 协议自身的一个缺陷。

④ UDP 扫描。对 UDP 端口进行扫描，寻找开放端口。

【案例 4-4】 2022 年触目惊心的网络安全统计数据。第一，根据国际反垃圾邮件组织 Spamhaus 的报告显示，31%针对企业网络的攻击活动是由僵尸网络造成，每个季度都会出现数千个新的僵尸网络服务器，由 30000 个僵尸设备组成的网络每月可以产生大约 26000 美元的收益。第二，教育和研究部门仍是攻击者最感兴趣的目标，相关组织机构平均每周面临 1605 次攻击；其次攻击目标是政府和军队，平均每周面临 1136 次攻击；第三，臭名昭著的 EXE 仍然稳居恶意文件类型榜首，占所有恶意文件的 52%。

2．网络监听攻防

1）网络监听。网络监听也称网络嗅探，是指通过技术手段监听网络状态，并截获指定网段数据流，以获取相关重要信息的一种方法。

注意：网络监听只限于局域网用于物理上连接同一网段的主机。

2）网络监听检测。网络监听检测原本是网络管理员检测网络的工具，用于监测网络传输数据和排除故障等，之后被黑客利用获取网上机密信息。通常将网络监听软件部署在被攻击主机或网段附近，也可将其放在网关或路由器上，如图 4-3 所示。

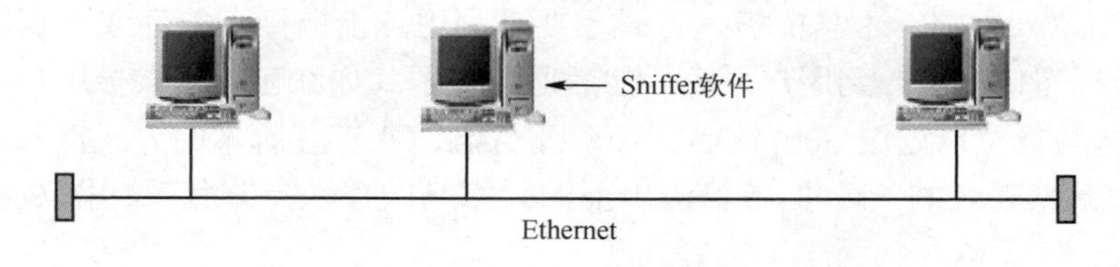

图 4-3　Sniffer 软件工作原理

3）网络监听的防范，主要包括：从逻辑/物理上对网络分段、以交换式集线器代替共享式集线器、密码加密技术、划分 VLAN、使用动态口令技术等。

3. 密码破解的防范对策

1）密码攻击方法。主要包括暴力（蛮力）攻击、字典攻击、组合攻击、密码存储攻击等，将在第 5 章进行具体介绍。

2）密码破解工具。用于破解密码的应用程序，大多数密码破解工具并非真正意义上的分析解码，而是通过尝试将加密后的密码与要解密的密码进行比对，直到数据一致，则认为此数据就是待破解的密码。

3）密码防范要点。网络用户应注意“5 不要”，包括：

① 不要选取容易被黑客猜测的信息做密码，如生日、手机号等。

② 不要将密码写到别处，否则容易造成泄露或遗失问题。

③ 不要将密码保存在计算机或其他磁盘文件中。

④ 不要向别人透露密码，以免带来不必要的损失和麻烦。

⑤ 不要在多个重要系统中使用同一密码，尽可能降低损失。

进行密码设置时，还应注意保护密码“三度”原则：

1）密码系列的“复杂度”，如大小写、特殊字符、数字等的混搭组合。

2）不同应用的密码“区分度”，随着攻击手段的多元化、复杂化等趋势，近年来“撞库”攻击越来越多，用户在对不同的应用进行密码设置时，需要注意“区分度”。

3）密码修改的“频度”，通常建议不超过 3 个月进行一次密码的更新。

4. 特洛伊木马的攻防

【案例 4-5】 中国互联网不断遭到来自境外的网络攻击。中国国家互联网应急中心检测发现，在 2022 年 2 月下旬，境外组织通过在中国控制计算机，然后对俄罗斯、乌克兰和白俄罗斯发动网络攻击。经过分析，这些攻击源地址主要来自美国，仅来自纽约州的攻击地址就有 10 余个，攻击流量峰值达 36Gbit/s，87%的攻击目标是俄罗斯，也有少量攻击地址来自德国、荷兰等国家。

1）特洛伊木马。特洛伊木马（Trojan Horse）简称“木马”，源于古希腊传说中特洛伊攻城典故。现在是指一种嵌入在正常程序中且具有远程控制功能的病毒程序，在用户服务器或主机设备中木马病毒后，黑客便可利用木马通过网络获取远程访问和控制权限并窃取密码等重要信息或进行干扰破坏等。

🔔注意：一种名为“Antigen”的木马可伪装成反病毒程序，运行时扫描系统获取网络ID、密码、电话等信息，并直接送到指定邮箱。

2）木马的植入方式。木马的植入方式主要是利用点击链接、邮件或下载软件等，通常先设法将木马程序传播植入到用户系统，然后通过提示（如红包等）误导用户打开可执行文件（木马）。木马也可以通过 Script、ActiveX 及 Asp.CGI 交互脚本的方式植入，或利用系统漏洞植入，如微软著名的 US 服务器溢出漏洞。木马的植入方式包括：网站植入、升级植入、漏洞植入、U 盘植入、程序绑定等。

3）木马的攻击过程。木马攻击的途径：率先通过客户端和服务端选择通信协议，大多数木马使用 TCP/IP，少数因特殊情况或原因选择 UDP。当服务端程序在被感染机器上成功运行后，黑客就可使用客户端与服务端建立连接，并进一步控制被感染的机器。木马将设法隐蔽自我保护，同时监听指定端口，当客户端与其连接后再进行攻击。此外，为了以后重启时正常工作，木马常用修改注册表等方法成为自启动程序。

木马攻击基本过程分为 6 个步骤：配置木马、传播木马、运行木马、泄露信息、建立连接、远程控制。

4）防范对策和措施，木马防范对策和措施包括：

① 提高安全防范意识，不要打开非信任或未确认安全的电子邮件及附件。应当标记信任用户或以纯文本方式阅读进行确认。

② 在打开或下载文件之前，一定要确认文件的来源是否安全可靠。

③ 安装和使用最新杀毒软件更新病毒库，选用有木马病毒拦截功能的杀毒软件。

④ 监测系统文件、注册表、应用进程和内存等变化，定期备份文件和注册表。

⑤ 特别注意不要运行未确认的软件或从网上下载的软件，应经过阅读确认后再运行。

⑥ 及时更新系统漏洞补丁，及时升级更新系统软件和应用软件。

⑦ 不要随意浏览陌生网站，包括网站广告、红包或不明链接等。

⑧ 在主机中安装并运行防火墙或入侵检测防御系统等。

随着智能手机的广泛应用及功能增加，原来集中在计算机传播的木马已经延伸到手机。手机木马已经成为黑客谋财获利、获取重要信息的重要手段之一。通常，手机木马有两大特征：一是多以图片、网址、二维码形式伪装；二是需要用户点击下载操作。

5. 拒绝服务的攻防

【案例 4-6】 DDoS 攻击是最常见且影响最大的网络安全威胁。由 2020 年上半年我国互联网网络安全监测数据分析报告发布的数据可知，累计监测发现用于发起 DDoS 攻击的活跃 C&C 控制服务器 2379 台，其中位于境外的占比 95.5%，主要来自美国、荷兰、德国等；活跃的受控主机约 122 万台，其中来自境内的占比 90.3%，主要来自江苏省、广东省、浙江省、山东省、安徽省等；反射攻击服务器约 801 万台，其中来自境内的占比 67.4%，主要来自辽宁省、浙江省、广东省、吉林省等。

1）拒绝服务攻击。拒绝服务攻击（Denial of Service，DoS）是指黑客利用被控制的主机（肉鸡）向目标系统发送大量服务请求或垃圾文件等，致使系统无法为合法用户提供正常服务，甚至瘫痪或严重拥塞的攻击方式。目的是使目标系统无法服务或获取其控制权限。

分布式拒绝服务攻击（Distributed Denial of Service，DDoS）是利用更多受控计算机（肉鸡）构成的网络发起进攻，以更大规模地攻击系统。DDoS 是在传统 DoS 攻击的基础之上产生的一类攻击方式。其攻击原理如图 4-4 所示，通过导致过量消耗系统（CPU 满负荷或内存不足），致使被攻击的服务器、网络链路或网络设备（如防火墙、路由器等）负载过高，最终导致系统崩溃，无法提供正常服务或被控制权限。

2）常见的拒绝服务攻击。常见的拒绝服务攻击方式主要有 5 种。

① TCP SYN 拒绝服务攻击。通过利用 TCP/IP 的固有漏洞，面向连接的 TCP 三次握手成为 TCP SYN 拒绝服务攻击的基础，主要是利用 TCP 缺陷，发送大量伪造的 TCP 连接请求，使被攻击方资源耗尽的攻击方式，如图 4-5 所示。

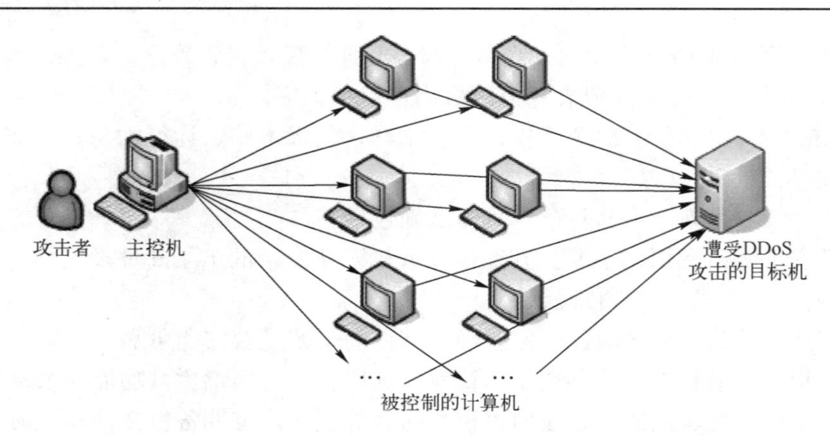

图 4-4　DDoS 的攻击原理

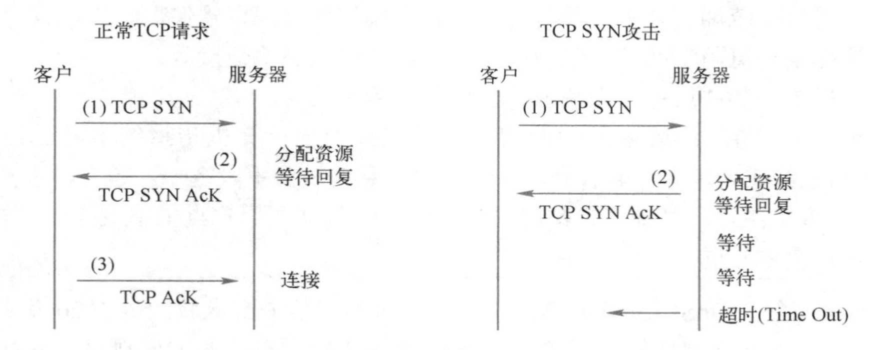

图 4-5　TCP SYN 拒绝服务攻击

② Smurf 攻击。Smurf 攻击的原理：利用 TCP/IP 中的定向广播特性，广播信息可以通过广播地址发送到整个网络中的所有主机，当某台主机使用广播地址发送一个 ICMP echo 请求包时，一些系统将回应 ICMP echo 回应包，同时也会收到许多响应包。

③ Ping 洪流攻击。也称为死亡之 Ping。利用早期操作系统处理 ICMP 数据包时存在的漏洞。操作系统对 TCP/IP 的 ICMP 包长度规定为 64KB，在接收 ICMP 数据包时，只开辟 64KB 缓存区存储接收的数据包。一旦发送的 ICMP 数据包超过阈值（原 64KB），操作系统就会对收到的数据报文向缓存区更新，当报文长度大于阈值时产生缓存溢出，结果导致 TCP/IP 堆栈崩溃，致使主机重启或死机。防范方法：接收方可用新补丁程序，在判断接收的数据包字节数大于其值时，则丢弃该数据包，并进行系统审计和处理。

④ 泪滴攻击。也称为分片攻击，是一种典型的利用 TCP/IP 漏洞进行的 DoS 攻击，因第一个实现攻击的程序名称 Teardrop 而得名。工作原理是向被攻击者发送多个分片 IP 包，导致目标机操作系统收到含有重叠偏移的伪造分片数据包后出现系统崩溃或重启等。主要是利用在 TCP/IP 堆栈中实现信任 IP 碎片中的数据包的标题头所包含信息的实现方式。

⑤ Land 攻击。在攻击包中的源地址和目标地址都是攻击机 IP 的攻击。这种攻击会导致被攻击主机死循环，最终耗尽系统资源。

3）DDoS 攻击的检测与防范。检测 DDoS 的方法主要有两种：根据异常情况分析和使用 DDoS 检测工具。通常，防范 DDoS 的主要策略主要包括以下几个：

① 及时发现攻击网络系统的漏洞，尽快安装系统补丁程序。

② 加强网络安全管理，经常检查系统物理环境，关闭非必要网络服务。

③ 利用网络安全设备（如防火墙）等强化网络安全性。

④ 强化网络安全访问控制和限制。同网络服务提供商 ISP 协调一致，帮助用户实现路由访问控制和对带宽总量的限制。

⑤ 发现正在遭受 DDoS 时，立即启动应急策略并追踪攻击包，及时联系应急组织和 ISP，分析受影响的系统，确定涉及的其他节点，阻断已知攻击节点的流量。

⑥ 对于潜在的 DDoS 应当及时清除或处理，以免留下后患。

6．网络欺骗的攻防

1）WWW 欺骗。是指黑客篡改用户访问的网页内容或将用户浏览的网页 URL 篡改为指向黑客的服务器。这样当用户登录目标网页时，就会向黑客服务器发送机密信息等。

网络钓鱼（Phishing）指利用欺骗、伪造 Web 站点等诈骗方式，骗取用户名、账号及密码等，或假冒受害者进行欺诈金融交易等获利。近几年，这种网络诈骗在我国急剧增多，接连出现了利用伪装成某银行主页、下载文件或红包等方式进行诈骗的事件。

【案例 4-7】 2022 年期间，网络不法分子利用新型冠状病毒相关题材，冒充相关部门向我国部分单位和用户投放钓鱼邮件，这些钓鱼邮件附带恶意链接或包含恶意代码的 Office 文档附件，利用仿冒页面实现对用户信息的收集，诱导用户执行恶意文档中的宏，向受害用户主机植入木马程序，实现远程控制和信息窃取。

2）电子邮件欺骗。下面介绍常见的电子邮件欺骗方式和防范方法：

① 电子邮件欺骗方式。电子邮件欺骗是指攻击者佯称自己为系统管理员或领导等（邮件地址等完全相同），给用户发送邮件要求用户修改密码（密码为指定字符串）或在表面正常的附件中加载病毒或其他木马程序，其目的是隐藏身份并冒充他人骗取敏感信息。

② 防范电子邮件欺骗的方法。设置邮件程序 E-mail-notify 过滤功能，不将信件直接从主机上下载下来，而只看信件头部信息（Headers）：信件发送者、信件主题等；或用 View 功能检查头部信息，看到可疑信件直接从主机 Server 端删除；或设置黑名单拒收指定用户信件等。

注意：黑客时常利用微信或 QQ 等冒充领导、亲属或好友，其欺骗攻击方式和防范方法同电子邮件欺骗完全类似，这里限于篇幅不再赘述。

7．缓冲区溢出攻防

缓冲区溢出攻击是指通过往程序的缓冲区写入超出其长度的内容造成溢出，破坏程序堆栈，使程序转而执行非预期指令，达到攻击目的。缓冲区溢出是一种在各种操作系统或应用软件中常见且危险的漏洞，可以被黑客用于改变程序的流控制或执行代码的任意片段，导致数据缓冲区和返回地址暂时关闭，或引起返回地址被重写，导致系统无法正常运行、系统关机或重新启动等。

保护缓冲区免受缓冲区溢出攻击和影响的主要方法：强化标准规范研发和检测，并利用在编译器中增加边界检查和堆栈保护的功能，使含有漏洞的程序和代码段无法通过编译。

【案例 4-8】 国家互联网应急中心安全威胁报告：2022 年 7 月，我国境内感染主机排名前 5 位的木马或僵尸网络主要是 Ramnit、Chacha、Mirai、Blackmoon、Floxif，其感染的主机数量约占全部感染主机总数的 88.2%。境内被篡改网站数量 3713 个，其中被篡改的政府网站数量为 22 个；境内被植入后门的网站数量为 1960 个，其中政府网站有 17 个；针对境内网站的仿冒页面数量为 7740 个；国家信息安全漏洞共享平台（CNVD）收集整理信息系统安全漏洞 2066 个，其中高危漏洞 730 个，可被利用来实施远程攻击的漏洞 1613 个。

8. 社会工程学的攻防

1）社会工程学攻击。社会工程学攻击是一种利用社会工程学进行网络攻击的方式，通常利用用户的疏于安全防范和管理，骗取对方信任并获取机密信息。

2）社会工程学攻击的防范。社会工程学攻击的形式多样，其成功率取决于人类在尝试谨慎分析不同情况时出现的盲点。防范的关键是加强管理、严加防范、完善法治和制度。

4.3.2 新型黑客攻防技术

随着各种网络技术的快速发展，新型黑客攻防技术也在不断改进更新。

（1）APT 攻击

高级持续性威胁（Advanced Persistent Threat，APT）的攻击方式，主要是利用先进攻击手段，对特定目标进行长期持续性网络攻击。APT 攻击的原理相对于其他攻击形式更为高级和先进，其高级性主要体现在 APT 在发动攻击之前需要对攻击对象的业务流程和目标系统进行精确的收集。在此收集过程中，此攻击会主动挖掘被攻击对象受信系统和应用程序的漏洞，利用这些漏洞组建攻击者所需的网络，并利用 0day 漏洞进行攻击。

知识拓展
APT 常用技术及应用简介

【案例 4-9】 美国利用量子攻击系统进行高级持续性攻击（APT）。2022 年 3 月，360 公司报告：美国利用量子 QUANTUM 攻击系统进行 APT 攻击，结合实证案例对应用场景和攻击实施过程进行技术分析，再次印证美国针对全球互联网用户实施大规模无差别网络攻击的特征：网络武器攻击已经工程化、自动化，为实施并制胜网络战充分利用一切先进技术和网络资源，美国网络攻击属于无差别攻击，目标是全球范围甚至包括盟友，美国的网络战战略已经不仅限于网络窃密。

（2）非接触式攻击

非接触式攻击也称为硬件攻击。黑客（或集团）对关键的设备或 CPU、存储器或数据线等部件植入间谍插件或篡改，以达到便于远程控制操作或窃取机密信息的目的，或便于逃避防火墙及杀毒软件、安全辅助工具的追踪与查杀，导致部分设备不联网也能被攻击。为防范非接触式攻击，应采用正规设备并请公安等权威机构进行安全检测和管理，强化相关安全防范策略。

（3）虚拟机攻击

黑客可以利用虚拟机对目标进行攻击，甚至利用虚拟网进行隐藏式攻击。黑客利用虚拟机相关知识，实施跨虚拟机硬件攻击、虚拟网络攻击、虚拟系统攻击、恶意软件攻击、隐藏式代理攻击等。黑客可以利用虚拟机作案，及时关闭虚拟机系统并删除相关文件以逃脱追究。防范虚拟机攻击的方法：先做好系统加固、隔离和预防，并检测系统异常及痕迹，保留证据并报警。

（4）无线隐秘攻击

黑客可以利用无线网络或通信技术窃听或截获用户机密信息，并实施有效攻击。黑客还可以通过无线通信技术接入网络的核心部分，实施各种攻击。防范无线隐秘攻击的方法：需要加强无线网络和通信安全机制，采取系统和数据加密等有效措施，具体见第 2 章介绍。

☺讨论思考

1）如何进行端口扫描及网络监听攻防？

2）举出密码破解攻防及木马攻防案例。

3）进行拒绝服务攻防的主要措施有哪些？

4）缓冲区溢出攻防的主要措施有哪些？

☺讨论思考
本部分小结
及答案

4.4　网络攻击的防范策略和措施

国内外黑客攻击对各行业网络安全构成极大威胁和严峻挑战。需要做好有效网络安全防范，并积极降低风险、减少损失，掌握常用的网络安全策略和措施。

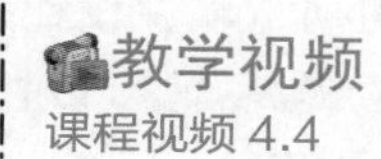

4.4.1　网络攻击的防范策略

网络安全防范需要主观上高度重视，客观上积极采取措施，加强管理并完善规章制度，普及网络安全教育，使用户掌握网络安全知识和有关的安全策略。在管理上必须注重法律法规、标准、规范、制度和对象，构建网络安全保障体系，按照安全等级保护条例实施有效保护。认真制定有针对性的防范攻击对策和解决方案，使用科技手段、有的放矢、多层设防，注重“三分技术，七分管理，运作贯彻始终”。防范黑客攻击的主要策略包括：密码加密、身份认证、数字签名、访问控制、防火墙、病毒防范、入侵检测与防御技术、应急备份恢复、安全审计和物理安全策略等。注重研发新技术、新方法，做到预防为主、未雨绸缪，根据不同行业和企事业机构的网络安全需求标准，通过检测评估有针对性地采取具体有效的措施。

4.4.2　网络攻击的防范措施

通常，常见的网络攻击的防范措施及步骤主要包括：

1）加强网络安全法律法规等方面的宣传和教育，提高防范意识。

2）加固网络系统，做好设置并及时下载安装系统补丁程序。

3）尽量避免从 Internet 下载未确认的文件、游戏或应用软件等。

4）不随意打开/运行来历不明的链接、邮件、文件或应用程序等。

5）设置安全密码。选用健壮性强的密码，不同系统的密码应设置各异且定期更换。

6）使用最新的防病毒、防黑客和防火墙软件，阻断外部网络的侵入。

7）采用新型入侵检测系统或入侵防御系统，做好应急预案和处理。

8）注意网银、网购等网站的安全提示警告，使用U盾或动态密码。

9）隐藏自己的IP地址。主要方法包括：使用代理服务器进行中转，用户上网聊天、交流等不会留下自己的IP；使用工具软件（如Norton Internet Security）隐藏主机地址，避免在BBS和聊天室等交流时暴露个人信息。

【案例4-10】 设置代理服务器。通常，用户点击网络进行资源访问和浏览等实际操作的应用，是通过外部网络向内部网络申请网络服务的，常由代理服务器接受申请，然后根据服务类型、内容、被服务的对象、服务者申请的时间、申请者的域名范围、IP地址等决定是否接受服务，如果接受就向内部网络转发其请求。

10）切实做好端口防范。安装端口监视程序，并关闭不用的端口。

11）加强网络浏览器安全设置并对网站及网页进行安全保护。用户应增加安全插件及安全套接层协议或通过对网站进行安全设置等方式，提高网络访问的安全性。

12）上网前备份注册表。很多黑客攻击常对系统注册表进行篡改或破坏，可通过备份注册表防范攻击。

13）严加管理。将防病毒、防黑客形成惯例并作为日常工作，定时更新防病毒软件和病毒库，将防病毒软件设置为常驻状态实时防毒。由于黑客经常针对特定日期进行攻击，用户在此期间应提高警戒，对于重要的个人资料要做好严密保护和备份。

☺ 讨论思考

1）为什么要防范黑客攻击？如何防范黑客攻击？

2）简述网络安全防范攻击的基本措施有哪些。

3）举例说明对浏览器设置安全访问网页的措施。

☺讨论思考
本部分小结
及答案

4.5 入侵检测与防御系统概述

对网络系统进行入侵检测是确保网络安全的重要手段，是防止黑客攻击及避免造成损失的主要方法。入侵检测技术可以实现网络安全检测监控，是防火墙的合理补充，而入侵防御系统是将二者有机地结合，可以更有效地防范网络攻击，拓展安全防范能力。

4.5.1 入侵检测系统的概念及原理

1. 入侵和入侵检测的概念

入侵是指非授权进入网络系统进行访问、操作、影响和破坏的任何行为。通常，主要的入侵行为包括：非授权访问或越权访问系统资源、搭线窃听或篡改、破坏网络信息等。实施入侵行为的人通常称为入侵者或攻击者。入侵者可能是非授权的机构或个人用户，也可能是具有系统访问权限的越权用户，或者是其冒充者。通常入侵的整个过程或步骤包括入侵准备、进攻、侵入等，都伴随着网络侵入和攻击。

入侵检测（Intrusion Detection，ID）是指通过对行为、安全日志、审计数据或其他网络上可以获得的信息进行操作，检测到对系统的侵入或其企图的过程。入侵检测是防火墙的有效补充，对于网络系统出现的攻击事件，可以及时进行监控、应对和告警，可拓展系统管理员的安全管理能力（包括安全审计、监视、进攻识别和响应），提高网络安全基础结构的完整性；可以从网络系统中的关键点收集信息并进行分析，查看网络中违反安全策略的异常行为和遭到袭击的迹象。入侵检测被认为是继防火墙之后的第二道安全闸门，在不影响网络性能的情况下对网络进行实时监测，提高针对内部攻击、外部攻击和误操作的实时保护。

【案例 4-11】 美国中情局下属组织窃取中国高科技产业的情报。中国原外交发言人赵立坚曾表示，美国中情局下属组织通过各种木马软件和伪装性极强的病毒邮件等窃取中国高科技产业的情报。中国国家互联网应急中心数据表明，2020 年，中国境内就有超过 531 万台主机因境外恶意攻击而被控制，中国已经成为世界网络攻击的重要对象，并遭受重大损失。

2. 入侵检测系统的概念及原理

入侵检测系统（Intrusion Detection System，IDS）是指对入侵行为自动进行检测、监控、分析和告警的系统，可自动监测网络系统内、外入侵事件的安全性，并通过从网络或系统中的多个关键点收集信息，通过特征分析发现网络或系统中违背安全策略的异常行为或遭到攻击的迹象。

1）入侵检测系统的产生与发展。在 20 世纪 80 年代初，美国的詹姆斯·P. 安德森（James P. Anderson）发表了一篇题为《计算机安全威胁监控与监视》的报告，首次阐述了入侵检测的概念，提出了通过特征分析利用审计跟踪数据监视入侵活动的思想。1990 年，加州大学分校 L. T. Heberlein 等人研发出网络安全监听（Network Security Monitor，NSM）系统，并率先直接将网络流量作为审计数据来源，可在不将审计数据转换成统一格式的情况下监控异常主机。IDS 发展过程中出现了两大阵营：基于主机的入侵检测系统（Host Intrusion Detection System，HIDS）和基于网络的入侵检测系统（Network Intrusion Detection System，NIDS）。之后，将基于主机和基于网络的检测方法集成到一起，开展了对分布式入侵检测系统（Distributed Intrusion Detection System，DIDS）的研究，这是入侵检测系统发展的一个里程碑。

2）Denning 模型。1986 年，乔治敦大学的 Dorothy Denning（多罗西·丹宁）和 SRI/CSL 的 Peter Neumann（彼得·诺伊曼）研究出了一个实时入侵检测系统模型，即入侵检测专家系统（Intrusion-Detection Expert System，IDES），也称 Denning 模型，其原理如图 4-6 所示。

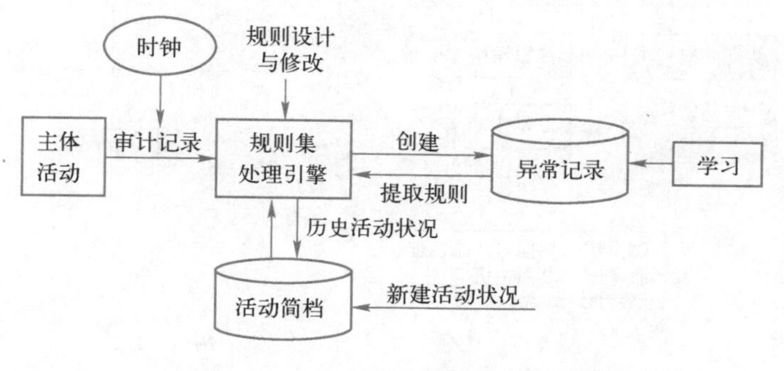

图 4-6　入侵检测专家系统的原理

Denning 模型基于的假设：攻击者使用系统的模式不同于正常用户的使用模式，通过监控系统跟踪记录，可以识别攻击者异常使用系统的模式，从而检测出攻击者违反系统安全性的特征。此模型独立于特定的系统平台、应用环境、系统弱点和入侵类型，为构建入侵检测系统提供了一个通用的原理框架。

该模型的结构包括：主体（Subject）、审计记录（Audit Record）和六元组<Subject，Action，Object，Exception-Condition，Resource-Usage，Time-Stamp>。其中，Action（活动）是主体对目标的操作，包括读、写、登录、退出等；Exception-Condition（异常条件）是指系统对主体的该活动的异常报告，如违反系统读写权限；Resource-Usage（资源使用状况）是系统的资源消耗情况，如 CPU、内存使用率等；Time-Stamp（时间戳）由活动发生时间、活动简档（Activity Profile）、异常记录（Anomaly Record）和规则构成。

4.5.2 入侵检测系统的功能及分类

1. IDS 的基本结构

IDS 的基本结构主要包括 4 部分：事件产生器（Event Generators）、事件分析器（Event Analyzers）、事件数据库（Event Databases）、响应单元（Response Units）等。其中事件产生器用于特征信息采集，并将收集到的信息（数据）转换为事件（Event），向系统的其他部分提供并分析处理。收集的信息包括：系统或网络的日志文件、网络流量、系统目录和文件的异常变化、程序执行中的异常行为等。IDS 工作原理及结构如图 4-7 所示。

🔔 注意：入侵检测主要依赖收集信息的可靠性和正确性。事件数据库存放各种中间和最终结果。响应单元根据告警信息做出反应（强烈反应：切断连接、改变文件属性等；简单报警）。事件分析器接收事件信息，对其进行分析并判断比对为入侵行为或异常特征，最后得到判断结果并按照要求发出告警信息。

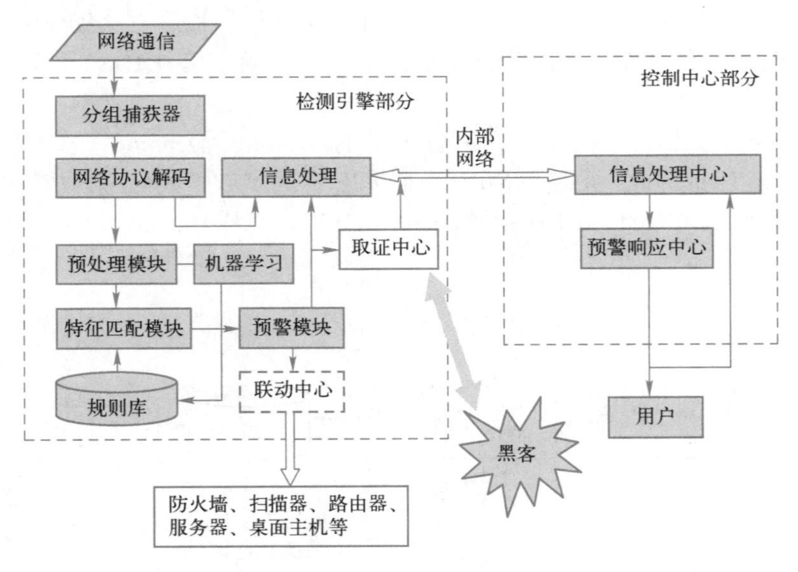

图 4-7　IDS 基本工作原理及结构

通常，入侵检测分析方法主要有以下 3 种：

1）模式匹配。将收集到的信息与已知的网络入侵和系统误用模式数据库进行特征比对，从而发现违背安全策略的行为。

2）统计分析。先对系统对象（如用户、文件、目录和设备等）创建一个统计描述，统计正常使用时的一些测量属性（如访问次数、操作失败次数和延时等）。之后测量属性平均值和偏差用于同网络、系统行为进行比较，当网络系统的检测值超过正常值范围时，则认为可能有异常入侵行为发生，并进一步确认。

3）完整性分析。常用于事后分析，主要分析单个文件或对象是否被篡改。

2．IDS 的主要功能

通常，IDS 包括以下 7 个主要功能：

1）具有对网络流量的跟踪与分析功能。跟踪用户从登录网络到退出的所有操作活动，实时监测并分析用户在系统中的活动状态。

2）对已知攻击特征的识别功能。包括识别攻击特征、向控制台报警、为防御提供依据。

3）对异常行为的分析、统计与响应功能。包括分析系统的异常行为模式、统计异常行为，并对异常行为做出响应。

4）具有特征库的在线升级功能。包括提供在线升级，实时更新入侵特征库，不断提高 IDS 的入侵监测能力。

5）数据文件的完整性检验功能。包括通过检查关键数据文件的完整性，识别并报告数据文件的改动情况。

6）自定义特征的响应功能。包括定制实时响应策略；根据用户定义，经过系统过滤，对警报事件及时响应。

7）系统漏洞的预报警功能。主要对尚未发现的系统漏洞特征进行预报警。

3．IDS 的主要分类

入侵检测系统的分类可以有多种方法。按照体系结构可分为：集中式和分布式。按照工作方式可分为：离线检测和在线检测。按照所用技术可分为：特征检测和异常检测。按照检测对象（数据来源）可分为：基于主机的入侵检测系统（HIDS）、基于网络的入侵检测系统（NIDS）和分布式（混合型）入侵检测系统（DIDS），将在后面第 4.5.4 节具体介绍。

4.5.3　常用的入侵检测方法

1．特征检测方法

特征检测是对已知攻击或入侵特征做出确定性表示，形成相应事件模式的检测方式。当被检测事件与已知入侵事件模式特征匹配时报警，同计算机病毒的检测方式类似。目前，基于对数据包特征描述的模式匹配应用较广，其优点是误报少，局限性是只能发现已知的攻击，对未知的攻击无法检测，同时鉴于新的攻击方法不断变化、新漏洞不断出现，若攻击特征库更新不及时也容易导致 IDS 漏报。

2．异常检测方法

异常检测假设入侵者活动异常于正常主体活动，以此建立主体正常活动的“活动库”。将当前用户活动状况与“活动库”进行比对，当超出统计模型时，认为该活动可能是“入侵”行为。其检测难题在于建立“活动库”和设计统计模型，精准确认“入侵”操作，避免误测、漏测。常用入侵检测统计模型有 5 种。

1）操作模型。利用用户常规操作的特征规律与假设入侵的异常情况进行比对。用户常规操作的特征规律可以通过测量结果构成具体指标，可以是经验值或一段时间内的统计均值。若在短时间内出现多次失败的登录，则极可能是密码攻击。

2）统计方差。主要通过检测计算参数的统计方差，设定其检测的置信区间，当测量值超过置信区间的范围时表明有可能是异常操作。

3）多元模型。是操作模型的扩展，通过同时分析多个参数进行检测。

4）马尔可夫过程模型。将多种类型的事件定义为系统状态，用状态转移矩阵表示状态的变化，当一个事件发生时或该状态矩阵转移的概率较小时则可能是异常行为。

5）时间序列分析。是将事件计数与资源耗用按照时间排成序列，如果一个新事件在该时间发生的概率较低，则该事件可能是入侵事件。

4.5.4 入侵检测系统与防御系统

1. 入侵检测系统概述

1）基于主机的入侵检测系统（HIDS）。HIDS 是以主机系统日志、应用程序日志等作为数据源，或通过监督系统调用等手段，收集信息进行分析的检测系统。HIDS 通常用于保护主机及所在系统，经常部署在被监测的系统上，监测系统正在运行的进程合法性，可以被用于多种平台。

优点：对检测分析“可能的攻击行为”非常有效。有时除了检测入侵者试图执行一些异常“攻击操作”之外，还能分辨出入侵者做的事务、运行的程序、打开的文件、执行的系统调用等。比 NIDS 可提供更详尽的主机信息，漏报、误报率低，系统复杂性也较小。

弱点：HIDS 部署在需要保护的主机上，会降低应用系统的效率，也会带来一些额外的安全问题，如将原来未授权安全管理人员访问的服务器变成可以访问等。依赖于服务器固有的日志与监视能力，若服务器没有配置日志功能，还须重新配置，这将影响业务应用系统的性能。全面部署 HIDS 代价较大，实际中很难将所有的主机用 HIDS 保护，未安装 HIDS 的主机将成为保护盲点，入侵者可利用这些主机对目标进行攻击。此外，HIDS 除了监测自身主机以外，无法监测网络情况，其对入侵行为的分析工作量将随着主机数目的增加而增加。

2）基于网络的入侵检测系统（NIDS）。NIDS 也称嗅探器，通过在共享网段上对通信数据的侦听进行检测，并分析可疑现象（将 NIDS 部署在较重要的网段，及时监视网段中的各种数据包，NIDS 的输入数据源于网络信息流）。该类系统通常被动地在网络上监听整个网络上的信息流，通过捕获网络数据包进行分析，检测该网段上发生的网络入侵行为，如图 4-8 所示。

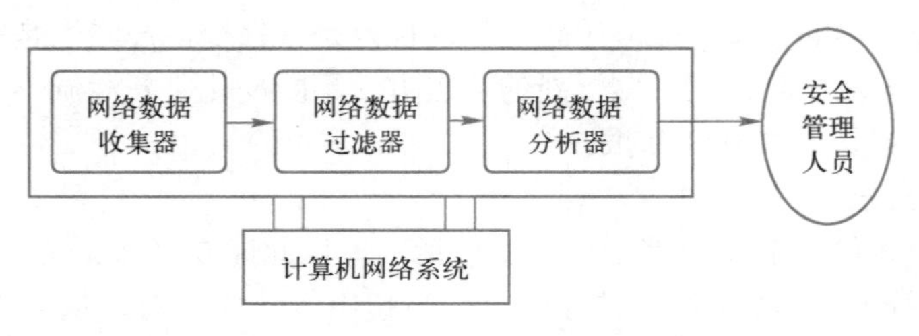

图 4-8　基于网络的入侵检测过程

优点：NIDS 能够检测来自网络的攻击及非授权访问。它不需要改变服务器或主机的配置，不会影响这些服务器或主机的 CPU、I/O 与磁盘等资源的使用，不会影响业务系统的性能。NIDS 不像路由器、防火墙等关键设备那样工作，不会成为系统中的关键路径。NIDS 发生故障不会影响正常业务的运行，因此部署一个 NIDS 的风险比 HIDS 的风险小很多。部署 NIDS 非常方便，只需将定制的设备接上电源，进行很少的一些配置并将其连到网络上即可。NIDS 近年来已经有向专门的设备发展的趋势。

弱点：NIDS 只检查其直接连接网段的通信，不能检测不同网段的网络包，在以太网的环境中会出现监测范围的局限，安装多台 NIDS 会使部署整个系统的成本增大。NIDS 通常采用特征检测的方法提高性能，可以检测出一些普通的攻击，而很难检测那些复杂的需要大量计算与分析时间的攻击。NIDS 可能会将大量的数据传回分析系统，而且 NIDS 中的传感器协同工作能力较弱，处理加密的会话过程较困难。

3）分布式入侵检测系统（DIDS）。DIDS 是将基于主机和基于网络的检测方法集成在一起的混合型入侵检测系统。系统通常由多个部件组成，分布在指定网络或主机的部位，完成相应的检查功能，分别进行数据采集和数据分析等，最后通过中心的控制部件进行数据汇总、分析、产生入侵报警等。DIDS 不仅可以检测到针对单独主机的入侵，同时也可以检测到针对整个网络系统的攻击事件。

2．入侵防御系统概述

1）入侵防御系统的概念。入侵防御系统（Intrusion Prevent System，IPS）是具有检测网络及设备的信息传输行为，并及时中断、调整或隔离非正常或影响网络传输行为的系统。同 IDS 类似，IPS 可以深入网络数据内部，检测分析对比已知攻击代码特征、过滤异常数据流、丢弃危险数据包，并记载告警，以便事后分析。更重要的是，大多数 IPS 可结合应用程序或网络传输中的异常情况，辅助识别入侵和攻击。IPS 虽然也考虑已知病毒特征，但是并不只依赖于已知病毒特征，通常一般作为防火墙和防病毒软件的补充。在必要时，还可以为追踪攻击者的刑事责任提供有效的法律证据（Forensic）。

2）入侵防御系统（IPS）的种类。按其用途可以划分为 3 种类型：基于主机的入侵防御系统、基于网络的入侵防御系统和分布式入侵防御系统。IPS 一是具有异常检测防御功能，利用已知正常数据和数据之间关系的常见模式，对比识别异常行为。主要结合协议异常、传输异常和特征异常进行检测，同时对通过网关或防火墙进入网络内部的危险代码或数据包进行有效阻断；二是在遇到动态代码时，先观察其行为动向，如果发现有异常情况，则停止传输并禁止执行；三是具有在核心基础上的防护机制，用户程序通过系统指令共享资源，如存储区、输入/输出设备等，IPS 可以截获危险的系统请求；四是可以对重要文件及数据资源进行保护。

3）IPS 的工作原理。IPS 实时检测和阻止入侵的原理如图 4-9 所示。主要利用多个 IPS 的过滤器，当新攻击事件被发现后，就会创建一个新的过滤器。IPS 数据包处理引擎可以深层检查数据包内容。如果有攻击者利用介质访问控制 Layer 2 至应用 Layer 7 的漏洞发起攻击，IPS 可以从数据流中检测出其攻击并加以阻止。IPS 可以做到对每个字节逐一检查数据包。所有流经 IPS 的数据包都会被分类，其依据是数据包的报头信息，如源 IP 地址和目的 IP 地址、端口号和应用域等。每种过滤器负责分析对应数据包。检测正常数据包可以通过，含有恶意内容的数据包将被丢弃，被怀疑的数据包应进一步检查确认。

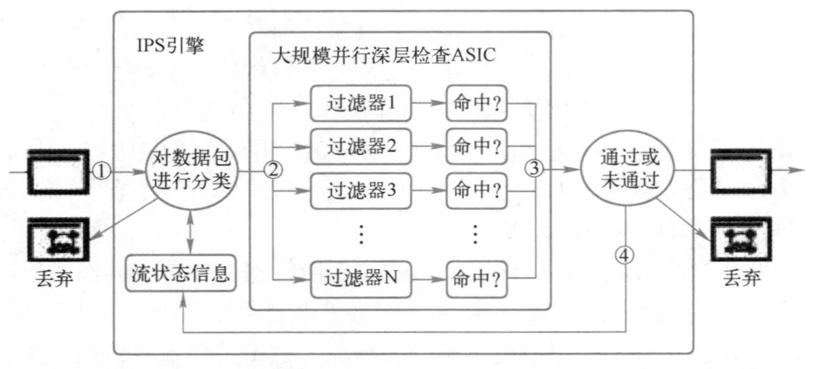

① 根据报头和流信息，每个数据包都会被分类。
② 根据数据包的分类，相关的过滤器将被用于检查数据包的流状态信息。
③ 所有相关过滤器都是并行使用的，如果任何数据包符合匹配要求，则该数据包将被标为命中。
④ 被标为命中的数据包将被丢弃，与之相关的流状态信息也会更新。指示系统丢弃该流中删除的所有内容。

图 4-9　IPS 的工作原理

4）IPS 应用及部署。下面通过实际应用案例进行具体说明。

【案例 4-12】 H3C SecBlade IPS 入侵防御系统。这是一款高性能入侵防御系统，可应用于 H3C S5800/S7500E/S9500E/S10500/S12500 系列交换机和 SR6600/SR8800 路由器，集成了入侵检测及防御、病毒过滤和带宽管理等功能，是业界综合防护技术领先的入侵防御/检测系统。通过深达 7 层的分析与检测，实时阻断网络流量中隐藏的病毒、蠕虫、木马、间谍软件、网页篡改等攻击和恶意行为，并实现对网络基础设施、网络应用和性能的全面保护。

实际应用中，SecBlade IPS 模块同企事业机构的基础网络设备融合，具有即插即用、扩展性强等特点，降低了用户管理的难度，也减少了维护成本。IPS 部署交换机的应用如图 4-10 所示，IPS 部署路由器的应用如图 4-11 所示。

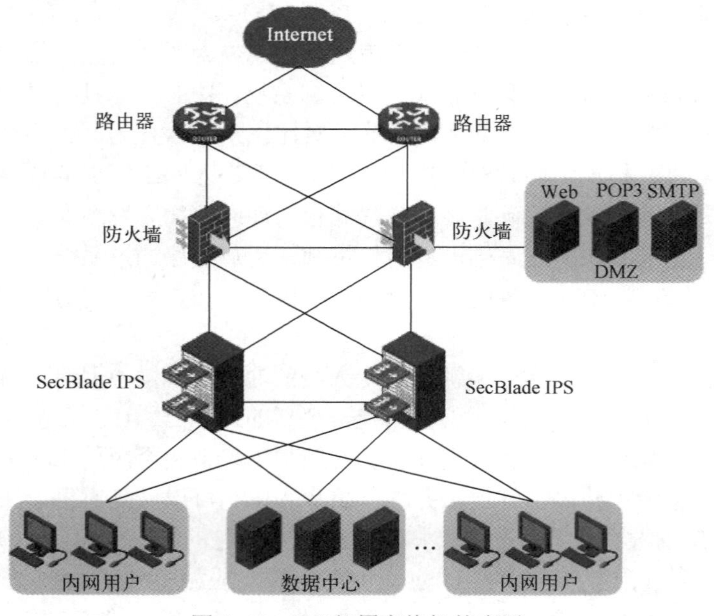

图 4-10　IPS 部署交换机的应用

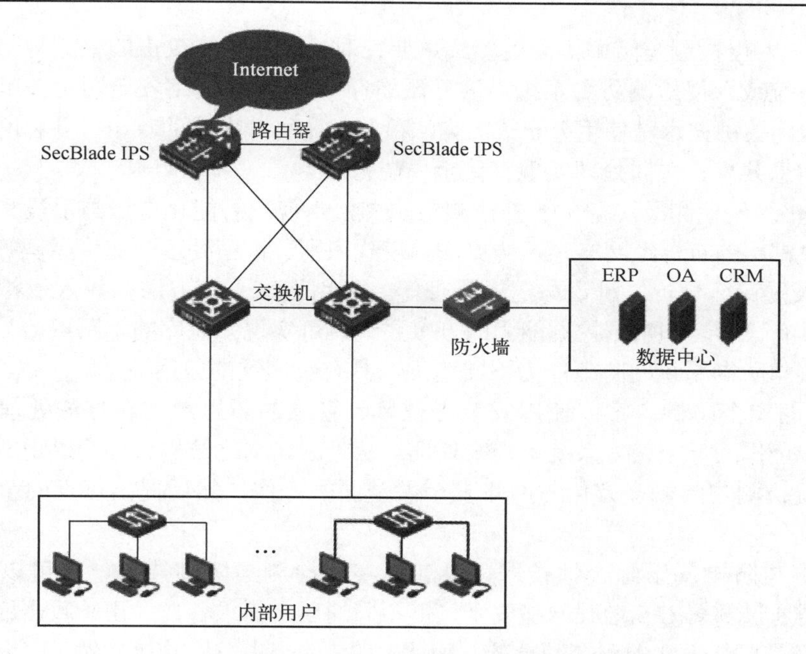

图 4-11　IPS 部署路由器的应用

3．防火墙、IDS 与 IPS 的区别

入侵检测系统（IDS）的主要功能是通过对网络信息的检测分析，掌握网络系统的安全状况，便于指导网络系统安全保护、安全策略的确立和调整。入侵防御系统（IPS）的主要功能是通过对网络安全策略进行检测分析并阻断黑客攻击。IDS 需要部署在网络内部，监控范围可以覆盖整个子网，包括来自外部的数据和内部终端之间传输的数据。IPS 则需要部署在网络边界，主要侧重检测防御来自外部网络的入侵攻击行为。

防火墙是通过访问控制策略，检测流经的网络流量等异常行为，拦截违反安全策略的数据包并告警。IDS 通过监视网络或系统资源，检测违反安全策略的行为或攻击事件并发出报警。传统的防火墙旨在拒绝明显可疑的网络流量，但仍然允许某些流量通过，因此防火墙对于很多入侵攻击无计可施。绝大多数 IDS 都是被动的，在发生攻击之前，往往无法预测警报。而 IPS 可侧重提供主动防护，其设计思路是预先对入侵活动和攻击性网络流量进行拦截，避免其造成损失，而不是简单地在恶意流量传送时或传送后才告警。IPS 通过一个网络端口接收来自外部系统的流量，经过检测、分析并确认其中无异常活动或可疑内容后，再通过另外一个端口将其传送到内部系统，因此，有问题的数据包以及所有来自同一数据流的后续数据包，都能在 IPS 设备中被阻断或清除。

*4.5.5　入侵检测及防御技术的发展态势

1．入侵检测及防御技术的发展方向

“魔高一尺道高一丈”，入侵检测及攻防技术一直与时俱进不断发展变化，主要包括：入侵或攻击的综合化与复杂化、入侵主体对象的间接化、入侵规模的扩大化、入侵技术的分布化、攻击对象的转移等。因此，对入侵检测与防御技术的要求也越来越高，检测与防御的方法和手段也越来越复杂。未来的入侵检测与防御技术主要有 3 个发展方向：

1）分布式入侵检测与防御协同处理。主要针对分布式网络攻击的检测与防御方法，克服入侵检测系统或入侵检测防御系统“信息孤岛”，不同其他网络安全防范技术共享信息各自为战的问题。关键技术是使用分布式的方法检测与防御分布式的攻击，并将网络检测与防御入侵攻击信息共享、协同处理实现整体全局防范。

2）智能化入侵检测及防御。入侵检测与防御技术使用智能化方法与手段。所谓智能化方法，现阶段常用的有神经网络、遗传算法、模式识别、模糊处理、免疫原理等方法，这些方法常用于入侵特征分析、辨识与逻辑推理等。常用专家系统方法构建入侵检测与防御系统，特别是具有自学习和数据挖掘能力的专家系统，可实现知识库的不断更新与扩展，使设计的入侵检测与防御系统的防范能力不断增强，具有更广泛的应用前景。

3）全面的安全防御方案。使用安全工程风险管理的新思想与新方法处理网络安全问题，将网络安全作为一个整体系统工程来处理。从管理、网络结构、加密通道、防火墙、病毒防护、入侵检测与防御多方位对网络安全做全面的评估，然后提出可行的全面整体解决方案。

入侵检测与防御属于综合性技术，既包括实时检测与防御技术，也可以事后分析查证。用户希望通过部署IPS增强网络安全，但不同的用户需求各异。由于攻击的不确定性，单一的IPS产品可能无法做到全面精准。因此，IPS的未来发展趋势必然是多元化的，只有通过不断改进和完善才能更好地协助网络进行安全防御。

2．统一威胁管理

统一威胁管理（Unified Threat Management，UTM）也称**集成威胁管理**，可将防病毒、入侵检测和防火墙等安全产品进行统一威胁管理。其主要功能包括：反病毒、反间谍软件、反垃圾邮件、网络防火墙、入侵检测和防御、内容过滤以防泄密等。这种平台和解决方案可提供更有效、更方便的管理，过去要为每个单独的互不交互的产品进行安全管理及配置，而现在可以将其全部归集于一起交互协同保护，推动了以整合式安全产品为代表的新技术的诞生。现在混合型攻击成为主流，非授权访问、病毒、垃圾邮件、带宽滥用等威胁不再是单兵作战，若在网络中同时部署多个安全产品，不仅会增加成本，还会造成网络结构复杂、单点故障增多、维护和管理难度增大、性能降低等问题。对此可在一个硬件平台下集成多种安全防范，及时应对快速增长的各种混合攻击，这就是UTM的安全防护原理。但是由于同时开启多项功能将极大地降低其处理性能，因此UTM主要用于对性能要求不高的中低端领域。在高端应用领域，如电信、金融等行业，仍然以专用高性能防火墙、IPS为主。业界部分UTM产品只是在传统杀毒软件和防火墙等的基础上进行简单的功能叠加，多功能全部开启后性能将会急剧下降，导致UTM的多功能成为摆设而无法真正发挥作用。🕮

> 🕮知识拓展
> UTM的发展趋势及展望

通常，UTM具有以下几个主要特点：

1）构建一个更高、更强、更可靠的综合安全管理防范平台，需要更好地解决多种网络安全技术集成、整体交互、协同配合、高效处理等问题。

2）采用高超的检测技术，可有效降低漏报、误报等问题。

3）需要高可靠和高性能的硬件平台技术支持。

UTM的优点：降低整合所带来的成本、降低网络安全工作强度、降低技术复杂度。

UTM的基本组成结构：以天清汉马USG一体化UTM（安全网关）为例。它采用业界常用的多核硬件架构和一体化的软件设计，集成防火墙、VPN、入侵防御 IPS、防病毒、上网行为管理、内网安全、反垃圾邮件、DoS、内容过滤等多种安全技术，全面支持高性能、各种路由协议、QoS、高可用性 HA、日志审计等功能，为网络边界提供全面实时的安全防护，帮助用户抵御日益复杂的安全威胁；支持扩展无线安全模块，可制定多维度无线安全准入策略，并根据所制定的策略实现无线网络访问控制，提供有线及无线网络安全网关整体解决方案。UTM 的基本组成结构如图 4-12 所示。企事业机构常见部署及应用如图 4-13 所示。

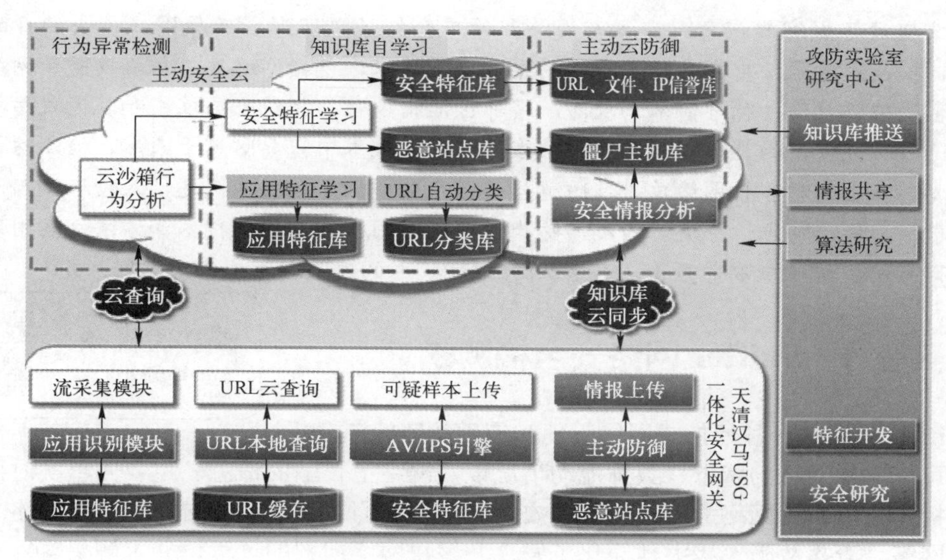

图 4-12　UTM 的基本组成结构

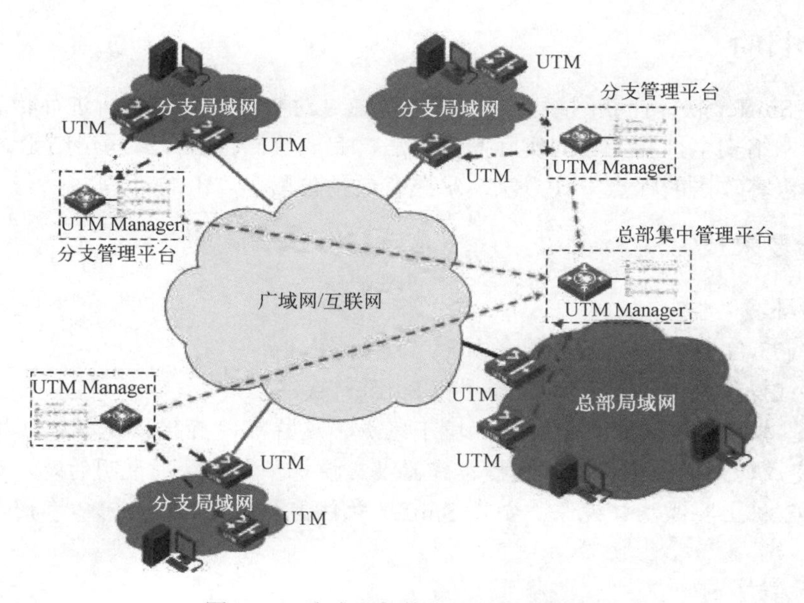

图 4-13　企事业机构常见部署及应用

☺讨论思考

1）入侵检测系统的主要功能是什么？

2）简述入侵检测技术发展的主要趋势。

3）UTM主要有哪些重要特点？

☺讨论思考
本部分小结
及答案

4.6 本章小结

本章概述了黑客的概念、形成与发展，简单介绍了黑客形成的原因、攻击的目的和方式种类、攻击的步骤；重点介绍了常见的黑客攻防技术，包括网络端口扫描攻防、网络监听攻防、密码破解攻防、特洛伊木马攻防、缓冲区溢出攻防、拒绝服务攻击和其他攻防技术；同时讨论了防范攻击的具体措施和步骤。在网络安全技术中需要防患于未然，检测防御技术至关重要。在上述对各种网络攻击及防范措施进行分析的基础上，概述了入侵检测与防御系统的概念、功能、特点、分类、检测与防御过程、常用检测与防御技术和方法、实用入侵检测与防御系统、统一威胁管理和入侵检测与防御技术的发展趋势等。

4.7 实验4 Sniffer网络安全检测

实验视频
实验视频4

Sniffer 软件是一种便携式网络管理和应用故障诊断分析工具，可以监视网络的状态、数据流动情况以及网络上传输的信息。主要侧重实时监控和注重分析，可以作为网络故障、性能和安全管理的有力工具，能够自动地帮助网络专业人员维护网络、查找故障，极大地简化了发现和解决网络问题的过程，并了解黑客踩点的方式方法。

4.7.1 实验目的

1）利用Sniffer软件捕获网络信息数据包，通过对数据包分层解析进行状态分析。

2）学会网络安全检测工具的实际操作方法，完成检测报告，并写出结论。

3）了解黑客攻击的踩点方式方法，掌握有效预防黑客攻击的对策。

4.7.2 实验要求及方法

1. 实验环境

1）硬件：3台PC。各项基本配置如表4-1所示。

2）软件：操作系统Windows Server和Sniffer 软件。

注意：本实验建议在虚拟实验环境下完成，这样可以直接搭建模拟环境。如要在真实的环境下完成，则网络设备应该选择集线器或交换机。需要特别说明的是，如果是配置交换机，则在C机上要做端口镜像。安装Sniffer软件需要一定时间，可以参照相关的sniffer安装文档。

2. 实验方法

3台PC的IP地址及任务分配如表4-2所示。

实验用时：3学时（90～120min）。

表 4-1　实验设备基本配置要求

设备	名　称
内存	1GB 以上
CPU	2GB 以上
硬盘	40GB 以上
网卡	10M 或者 100M 网卡

表 4-2　3 台 PC 的 IP 地址及任务分配

设备	IP 地址	任务分配
A 机	10.0.0.3	用户 Alice 利用 A 机，登录到远程的 FTP 服务器 B
B 机	10.0.0.4	已经搭建好的 FTP 服务器 B
C 机	10.0.0.2	用户 Cole 在 C 机上，利用 Sniffer 软件，基于流量，捕获 Alice 的账号和密码

4.7.3　实验内容及步骤

1．实验内容

3 台 PC，其中用户 Alice 利用已建好的账号，在 A 机上登录到 B 机已经搭建好的 FTP 服务器，用户 Cole 在此机，利用 Sniffer 软件，基于流量分析，捕获 Alice 的账号和密码。

2．实验步骤

1）在 C 机上安装 Sniffer 软件。启动 Sniffer 软件进入主窗口，如图 4-14 所示。

2）在进行流量捕获之前，先选择网络适配器，确定从主机指定的适配器上接收数据，并将网卡设成混杂模式。主要是将所有数据包接收后放入内存进行分析。设置方法：选择 “File” → “Select Settings” 命令，在弹出的对话框中进行设置，如图 4-15 所示。

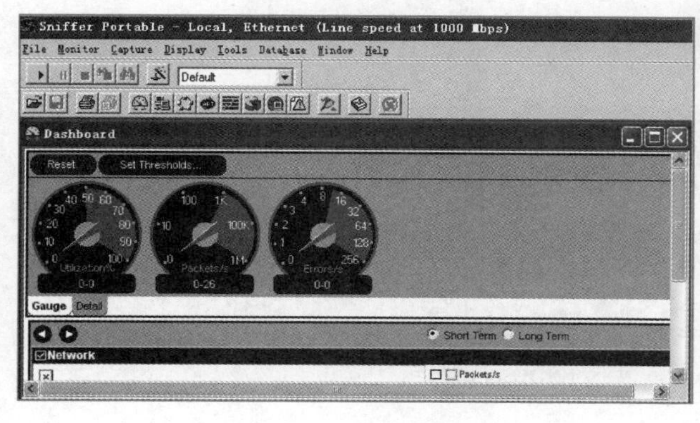

图 4-14　主窗口操作界面

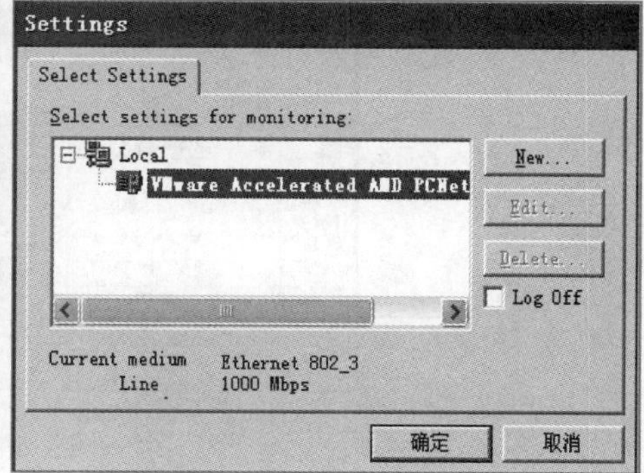

图 4-15　设置网卡混杂模式

3）新建一个过滤器。

设置方法如下：

① 选择 “Capture” → “Define Filter” 命令，弹出 “Define Filter-Capture” 对话框。

② 单击 “Profiles” 按钮，打开 “Capture Profiles” 对话框，单击 “New” 按钮。在弹出的对话框的 “New Profiles Name” 文本框中输入 “ftp_test”，单击 “OK” 按钮。返回 “Capture Profiles” 对话框，单击 “Done” 按钮，如图 4-16 所示。

4）在 “Define Filter-Capture” 对话框的 “Address” 选项卡中，设置 Address（地址）的类型为 “IP”，并在 “Station 1” 和 “Station 2” 中分别指定要捕获的地址对，如图 4-17 所示。

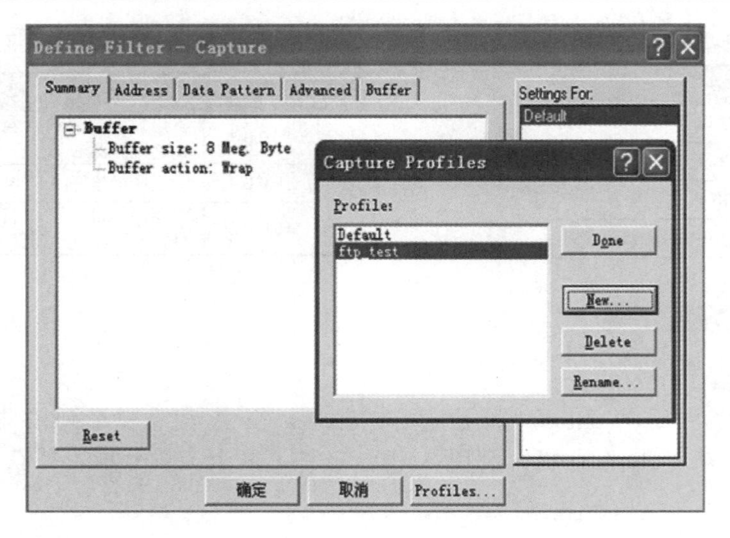

图 4-16　新建过滤器

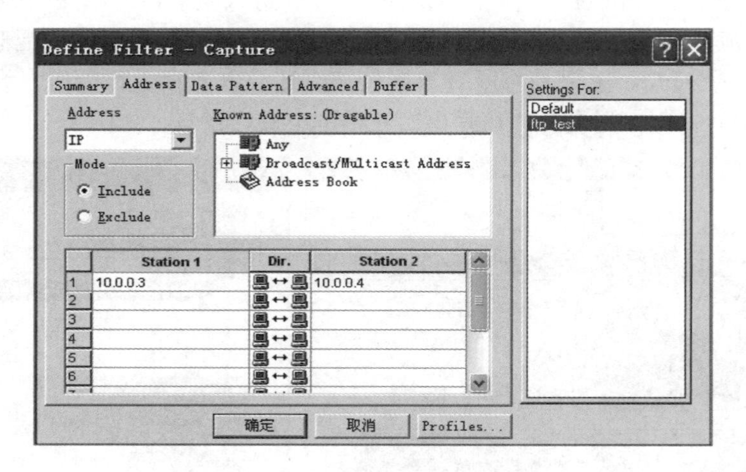

图 4-17　设置地址类型为 IP

5）在“Define Filter-Capture”对话框的“Advanced”选项卡中，指定要捕获的协议为 FTP。

6）在主窗口中，选择过滤器为“ftp_test”，然后选择“Capture”→“Start”命令，开始进行捕获。

7）用户 Alice 在 A 机上登录到 FTP 服务器。

8）当用户用账号 Zhao 及密码登录成功时，Sniffer 工具栏显示捕获成功的标志。

9）利用专家分析系统进行流量解码分析，得到各类信息如用户名、客户端 IP 等。

4.8　练习与实践 4

1．选择题

（1）在黑客攻击技术中，（　　）是黑客发现获得主机信息的一种最佳途径。

A．端口扫描　　B．缓冲区溢出
C．网络监听　　D．密码破解

（2）一般情况下，大多数监听工具不能够分析的协议是（　　）。
A．标准以太网　　B．TCP/IP
C．SNMP 和 CMIS　　D．IPX 和 DECNet

（3）改变路由信息，修改 Windows 注册表等行为属于拒绝服务攻击的（　　）方式。
A．资源消耗型　　B．配置修改型
C．服务利用型　　D．物理破坏型

（4）（　　）利用以太网的特点，将设备网卡设置为“混杂模式”，从而能够接收到整个以太网内的网络数据信息。
A．缓冲区溢出攻击　　B．木马程序
C．嗅探程序　　D．拒绝服务攻击

（5）字典攻击被用于（　　）。
A．用户欺骗　　B．远程登录
C．网络嗅探　　D．破解密码

2．填空题

（1）黑客的“攻击五步曲”是________、________、________、________、________。

（2）端口扫描的防范也称为________，主要有________和________。

（3）黑客攻击计算机的手段可分为破坏性攻击和非破坏性攻击。常见的黑客行为有：________、________、________、告知漏洞、获取目标主机系统的非法访问权。

（4）________就是利用更多的傀儡机对目标发起进攻，以比从前更大的规模进攻受害者。

（5）按数据来源和系统结构分类，入侵检测系统分为 3 类：________、________和________。

3．简答题

（1）入侵检测的基本功能和特点是什么？

（2）通常按端口号分布将端口分为几部分？并简单说明。

（3）概述统一威胁管理（UTM）的概念。

（4）什么是异常检测？什么是特征检测？

（5）为什么网络安全攻防的实践中，经常说“三分技术，七分管理”？

4．实践题

（1）利用一种端口扫描工具软件，练习对网络端口进行扫描，检查安全漏洞和隐患。

（2）调查一个网站的网络防范配置情况。

（3）使用 X-Scan 工具对服务器进行评估。（上机操作）

（4）安装配置和使用绿盟科技“冰之眼”。（上机操作）

（5）通过调研及查阅参考资料，写一篇黑客攻击原因与预防的研究报告。

第5章　密码及加密技术

密码技术是网络安全的一项核心技术，也是实现信息安全的基础和重要技术手段。在实际生活中，密码技术已被集成到大部分网络安全产品和应用之中，在信息安全保障过程中具有重要的地位。密码技术使用户安全地使用互联网从事通信、生产、商业等各类活动，没有密码技术作为支撑，就没有网络安全。在网络中使用数据加密、数字签名及密钥管理等技术，可以保证数据传输、存储、交换的安全性。

教学目标

- 了解密码学的产生过程和发展历程
- 掌握密码学的主要相关概念和加密方式
- 理解密码破译常用的方法和密钥管理
- 掌握常见的主要密码技术及其应用

教学视频
课程视频 5.1

5.1　密码技术概述

【引导案例】 密码技术在现代人的日常生活中很常用。如果离开了密码技术，各种用户信息无法得到安全保障，网络及其设备将无法安全运行，银行交易会陷入停滞，公共交通将陷入瘫痪，任何人都可以访问私有信息。研究密码技术的学问称为密码学，用于保护人们通信和信息的安全，常用于人们的日常生活中。例如，保护用户在 ATM 机存取款的安全性，基于密码学的 HTTPS 协议保护了用户在网上支付、收发网络邮件时的安全等。

随着互联网、云计算、大数据、物联网、人工智能等技术的发展，密码学得到了巨大发展和广泛应用。身份认证与访问控制、防火墙技术、操作系统安全、数据库安全、电子商务及支付安全等都离不开密码技术的支撑。

5.1.1　密码学的发展历程

（1）古代密码学的发展历程

密码学（Cryptology）的研究内容包括密码编码学与密码分析学两个学科。早在 2000 多年前，人们就已经有了保密的思想，并将其用在战争中以传递机密的情报。最早的密码形式可以追溯到 4000 多年前，在古埃及的尼罗河畔，一位书写者在贵族的墓碑上书写铭文时有意用变形的象形文字，而不用普通的象形文字，从而揭开了有文字记载的密码史。公元前 5 世纪，古斯巴达人最早使用了一种叫作“天书”的器械。“天书”是一根用羊皮纸条紧紧缠绕的木棍，书写者自上而下把文字写在羊皮纸条上，然后把羊皮纸条解开送出。这些不连接的文字看起来毫无意义，除非把羊皮纸条重新缠在一根直径和原木棍相同的木棍上，

知识拓展
古代中国的隐写术——矾书

文字才能显现。人们熟知的另一个例子是古罗马时期的凯撒大帝曾经在战场上使用了著名的凯撒密码。📖

【案例 5-1】　根据古罗马历史学家苏维托尼乌斯的记载，凯撒曾用此方法对重要的军事信息进行加密："如果需要保密，信中便用暗号，即改变字母顺序，使局外人无法组成一个单词。如果想要读懂和理解它们的意思，得用第 4 个字母置换第一个字母，即以 D 代 A，以此类推。"

随着近代无线电技术的发展，特别是两次世界大战中，交战双方发展了密码学。第一次世界大战是世界密码史上的第一个转折点，第二次世界大战的爆发促进了密码学的飞速发展。密码学是在编码与破译的实践中逐步发展的。战争使人们对传递信息的保密性的要求更高，也促使一批科学家开始具体地研究密码学的基本理论。

（2）近代密码学的发展历程

1949 年，香农（Shannon）开创性地发表了论文《保密系统的通信原理》，为密码学建立了理论基础，从此密码学成为一门科学。自此以后，越来越多针对密码学的研究开始出现，密码学开始有了理论的数学基础，其地位已经上升为一门专门的学科。📖

📖知识拓展
香农的信息论与密码学

【案例 5-2】　二战期间，德国军方曾经采用了 Enigma（恩尼格玛）密码机来传递信息，结果被英国成功破译。学术界都普遍认为盟军在西欧的胜利能够提前两年，完全是因为恩尼格玛密码机被成功破译的原因。

1976 年，密码学界发生了两件有影响力的事情，一是数据加密算法 DES 的发布，二是 Diffie 和 Hellman 公开提出了公钥密码学的概念。DES 算法的发布是对称密码学发展过程中的一座里程碑，而公钥密码学概念的出现也使密码学开辟了一个新的方向。自此以后，密码学已经从军事领域走出来，成为一个公开的学术研究方向。无论是对称密码学还是公钥密码学，其都是为了解决数据的保密性、完整性和认证性这 3 个主要的问题。

现代密码学的发展分为 3 个阶段：第一阶段，从古代到 1949 年，可以看作是密码学科学的前夜时期，这一时期的密码技术可以说是一种艺术，而不是一种科学，密码学专家是凭直觉和信念来进行密码设计和分析的，而不是推理和证明；第二阶段，从 1949 年到 1975 年，这段时期香农建立了密码学的基础理论，但后续理论研究工作进展不大，公开的密码学文献很少；第三阶段，从 1976 年至今，对称密码学和公钥密码学相继飞跃发展。随着时代进步，计算机的广泛应用又为密码学的进一步发展提出新的客观需要。密码学成为计算机安全研究的主要方向，不但在计算机通信的数据传输保密方面，而且在计算机的操作系统和数据库的安全保密方面也很突出，由此产生了计算机密码学。

现在的学术界一般认为，密码学研究的目的是要保证数据的保密性、完整性和认证性。数据的保密性是指未经授权的用户不可获得原始数据的内容。数据的完整性是验证数据在传输中未经篡改。数据的认证性是指能够验证当前数据发送方的真实身份。密码学正是研究信息保密性、完整性和认证性的科学，是数学和计算机的交叉学科，也是一门新兴并极有发展前景的学科。

5.1.2 密码学的相关概念

密码学包含两个互相对立的分支：密码编码学（Cryptography）研究编制密码的技术，主要研究对数据进行变换的原理、手段和方法，用于密码体制设计；密码分析学（Cryptanalysis）研究破译密码的技术，主要研究内容是如何破译密码算法。密码编码学和密码分析学共同组成密码学。📖

> 📖知识拓展
> 密码编码学与密码分析学的关系

1. 密码技术基本术语

在学习密码技术之前，首先要了解一些常用术语。

1）明文是原始的信息（Plaintext，记为P）。

2）密文是明文经过变换加密后的信息（Ciphertext，记为C）。

3）加密是从明文变成密文的过程（Enciphering，记为E）。

4）解密是密文还原成明文的过程（Deciphering，记为D）。

5）加密算法（Encryption Algorithm）是实现加密所遵循的规则。用于对明文进行各种代换和变换，生成密文。

6）解密算法是实现解密所遵循的规则，是加密算法的逆运行，由密文得到明文。

7）密钥。为了有效地控制加密和解密算法的实现，密码体制中要有通信双方的专门的保密“信息”参与加密和解密操作，这种专门信息称为密钥（Key，记为K）。

8）加密协议定义了如何使用加密、解密算法来解决特定的任务。

2. 密码体制及其分类

任何一个密码体制都至少包括5个组成部分：明文、密文、加密、解密算法及密钥。

一个密码体制的基本工作过程是：发送方用加密密钥，通过加密算法，将明文信息加密成密文后发送出去；接收方在收到密文后，用解密密钥，通过解密算法将密文解密，恢复为明文。如果传输中有人窃取消息，他只能得到无法理解的密文，从而对信息起到保密作用。密码体制基本原理框图如图5-1所示。

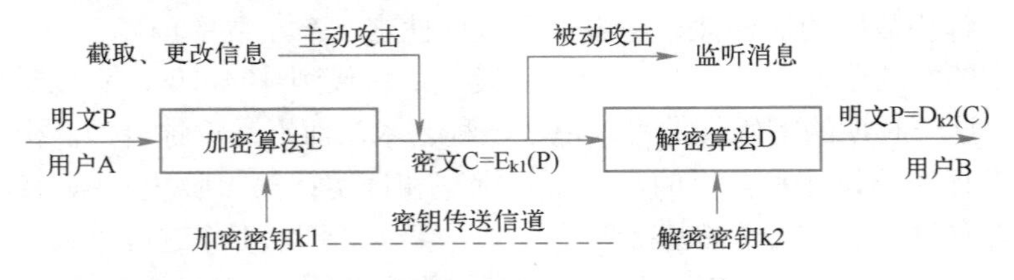

图5-1 密码体制基本原理框图

在此模型中，用户A向用户B发送一份明文P，使用加密密钥k1通过加密算法E得到密文C，密文C经过网络系统传输后由用户B接收，B使用解密密钥k2和解密算法D解密密文C，得到明文信息P。

按照加、解密密钥是否相同，现有的加密体制分为以下3种：

1）对称密码体制。加密、解密都需要密钥。如果加、解密钥相同，这样的系统称为对称密钥密码体制（Symmetric Key System），也称单钥密码体制。特点是加、解密的密钥是相同的、保密的。对称密码体制基本原理框图如图5-2所示。📖

> 📖知识拓展
> 对称密码体制的缺点

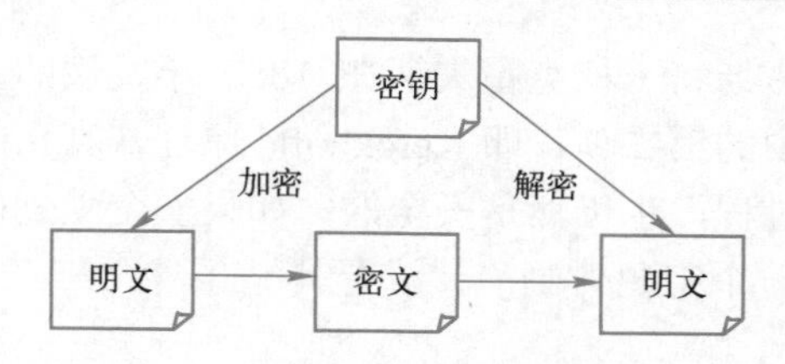

图 5-2　对称密码体制基本原理框图

2）非对称密码体制。如果加、解密密钥不同，则这种系统是非对称密钥密码体制（Non-Symmetric Key System），又称双钥密码体制、公开密钥密码体制。特点是一个密钥是公开的，另一个是保密的。非对称密码体制的优势是同时具有保密功能和数字签名功能。非对称密码体制基本原理框图如图 5-3 所示。

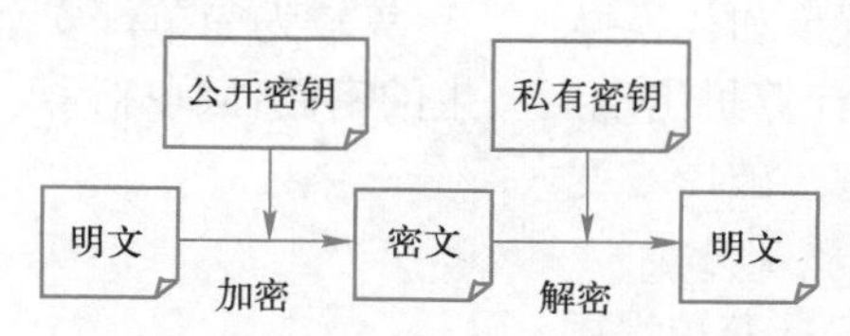

图 5-3　非对称密码体制基本原理框图

对称密码体制与非对称密码体制特点的比较如表 5-1 所示。

表 5-1　对称密码体制与非对称密码体制特点对比

特征	对称密码体制	非对称密码体制
密钥的数目	单一密钥	密钥是成对的
密钥种类	密钥是秘密的	需要公开密钥和私有密钥
密钥管理	简单、不好管理	需要数字证书及可信任的第三方
计算速度	非常快	比较慢
用途	加密大块数据	加密少量数据或数字签名

3）混合密码体制。混合密码体制由对称密码体制和非对称密码体制结合而成，混合密码体制基本原理框图如图 5-4 所示。📖

📖知识拓展
混合密码体制的优点

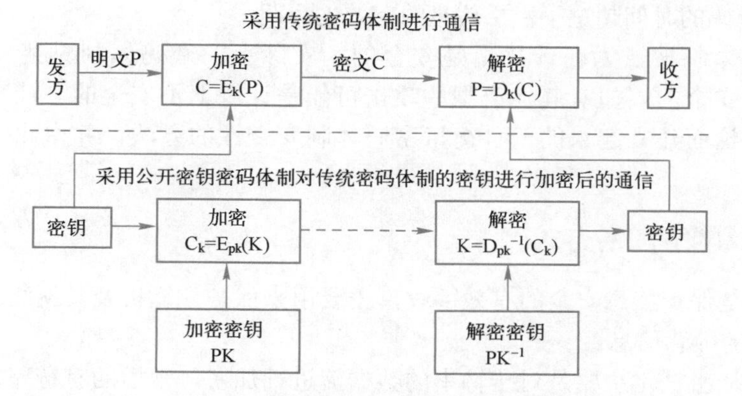

图 5-4　混合密码体制基本原理框图

依据著名密码专家奥古斯特·柯克霍夫斯在1883年发表的《军事密码学》论文中阐述的密码设计实践六项原则中的第二项，即Kerckhoffs原理，真正的密码体制应该做到：就算被所有人知道系统的运作过程，也仍然是安全的；如果安全受到破坏，只需替换密钥，而不必替换整个系统。因此，一个密码体制应该满足4个条件：

1）系统密文不可破译。

2）系统的保密性不依赖于对加密算法的保密，而是依赖于密钥。

3）加密和解密算法适用于密钥空间中的所有密钥。

4）系统应该有良好的可用性，便于实现和使用。

按照密码体制所处的时代，密码体制又可以划分为以下两种：

1）古典密码体制。在计算机出现之前所涉及的密码体制一般称为古典密码体制。这类密码一般直接对明文采用置换和代换操作，运算较为简单，安全性差。

2）现代密码体制。自计算机出现后产生的密码体制称为现代密码体制。这类密码使用计算机加密，运算较为复杂，破译难度大。

3. 安全密码体制的性质及分类

（1）安全的密码体制应具有的性质

从安全性角度看，一个安全的密码体制应该具有如下几条性质：

1）从密文恢复明文应该是难的，即使分析者知道明文空间，如明文是英语。

2）从密文计算出明文部分信息应该是难的。

3）从密文探测出简单却有用的事实应该是难的，如相同的信息被发送了两次。

（2）密码体制安全性评价

评价密码体制安全性包括无条件安全性和计算安全性。

1）无条件安全性。如果一个密码体制满足条件：无论有多少可使用的密文，都不足以确定密文所对应的明文，则称该密码体制是无条件安全的。🕮

> 🕮知识拓展
> 无条件安全与一次一密

2）计算安全性。人们更关心在计算复杂性上不可破译的密码体制。如果一个密码体制满足以下标准：

① 破译密码的代价超出密文信息的价值。

② 破译密码复杂度超出了攻击者现有的计算能力。

③ 破译密码的时间超过了密文信息的有效生命期。

这个密码体制被认为在计算上是安全的。实际上，密码体制对某一种类型的攻击可能是计算上安全的，但对其他类型的攻击可能是计算上不安全的。计算安全性是基于计算复杂度理论而建立起来的一种衡量密码体制安全性的方法，并由此发展出了可证明安全。

5.1.3 数据及网络加密方式

数据加密是保护信息安全的有效手段，主要用来保护计算机及其网络内的数据、文件以及用户自身的敏感信息。

数据传输加密技术主要是对传输中的数据流进行加密，常用的有链路加密、节点对节点加密和端对端加密3种方式。

（1）链路加密

链路加密是对网络上传输的数据报文的每一位进行加密，链路两端都用加密设备进行加密，使整个通信链路传输安全。它在数据链路层进行，不考虑信源和信宿，是对相邻节点之间的链路上所传输的数据进行加密，用于保护通信节点间的数据，不仅对数据加密还对报头加密。它的接收方是传送路径上的各台节点机，信息在每台节点机内都要被解密和再加密，依次进行，直至到达目的地。特点及应用：在链路加密方式下，只对传输链路中的数据加密，而不对网络节点内的数据加密，中间节点上的数据报文是以明文出现的。链路加密对用户来说比较容易，使用的密钥较少。目前，一般的网络传输安全主要采用这种方式。📖

> 📖知识拓展
> 链路加密的主要特点

（2）节点对节点加密

节点对节点加密是在节点处采用一个与节点机相连的密码装置，密文在该装置中被解密并被重新加密，明文不通过节点机，避免了链路加密节点处易受攻击的缺点。从 OSI 七层参考模型的坐标（逻辑空间）来讲，它在第一层、第二层之间进行；从实施对象来讲，是对相邻两节点之间传输的数据进行加密，不过它仅对报文加密，而不对报头加密，以便于传输路由的选择。

节点对节点加密方式的缺点：需要公共网络提供者配合，修改其交换节点，增加安全单元或保护装置；同时，节点加密要求报头和路由信息以明文形式传输，以便中间节点能得到如何处理消息的信息，也容易受到攻击。

（3）端对端加密

端对端加密也称面向协议加密方式，是为数据从一端到另一端提供的加密方式。数据在发送端被加密，在接收端解密，中间节点处不以明文的形式出现。端到端加密是在应用层完成的。在端到端加密中，除报头外的报文均以密文的形式贯穿于全部传输过程，只是在发送端和接收端才有加、解密设备。

特点：在始发节点上实施加密，在中间节点以密文形式传输，最后到达目的节点时才进行解密，这对防止复制网络软件和软件泄露很有效。端对端加密提供了一定程度的认证功能，同时也能防止网络上对链路和交换机的攻击。

优点：网络上的每个用户可以有不同的加密关键词，而且网络本身不需要增添任何专门的加密设备。

缺点：每个系统必须有一个加密设备和相应的管理加密关键词软件，或者每个系统自行完成加密工作，当数据传输率是按兆位/秒的单位计算时，加密任务的计算量很大。

3 种加密方式的比较：链路加密的目的是保护链路两端网络设备间的通信安全；节点对节点加密的目的是对源节点到目的节点之间的信息传输提供保护；端对端加密的目的是对源端用户到目的端用户的应用系统通信提供保护。链路加密和端对端加密方式的区别：链路加密方式是对整个链路的传输采取保护措施，端对端加密方式则是对整个网络系统采取保护措施，后者是未来的发展方向。对于重要的特殊机密信息，可采用将二者结合的加密方式。

☺ 讨论思考

1）什么是密码学？

2）传输中数据流的加密方式有哪些？特点是什么？

3）简述未来网络安全技术中数据加密技术的作用和地位。

> ☺讨论思考
> 本部分小结
> 及答案

5.2 密码破译与密钥管理

密码破译是在不知道密钥的情况下，恢复出密文中隐藏的明文或密钥信息。密码破译也是对密码体制的攻击。成功的密码破译能恢复出明文或密钥，也能够发现密码体制的弱点。

教学视频
课程视频 5.2

5.2.1 密码破译方法

1. 穷举搜索密钥攻击

破译密文最简单的方法，就是尝试所有可能的密钥组合。假设破译者有识别正确解密结果的能力，经过多次密钥尝试，最终会有一个钥匙让破译者得到原文，这个过程就称为密钥的穷举搜索。密钥的穷举搜索示意图如图 5-5 所示。

知识拓展
对 DES 算法的穷举搜索攻击

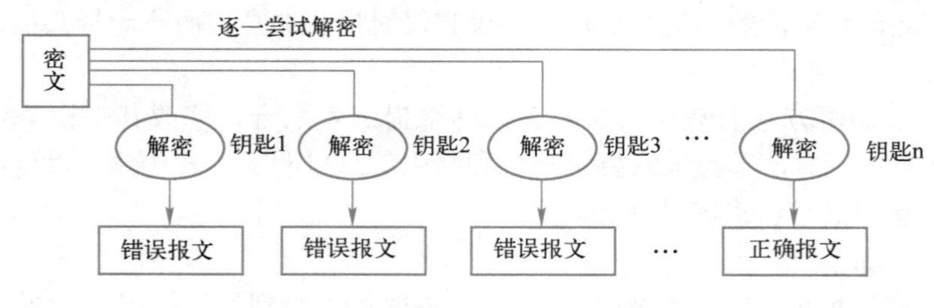

图 5-5 密钥的穷举搜索示意图

2. 密码分析

在不知道密钥的情况下，利用数学方法破译密文或找到密钥的方法，称为密码分析（Cryptanalysis）。密码分析有两个基本的目标：利用密文发现明文；利用密文发现钥匙。根据密码分析者破译（或攻击）时已具备的前提条件，通常人们将密码分析攻击法分为 4 种类型，如图 5-6 所示。

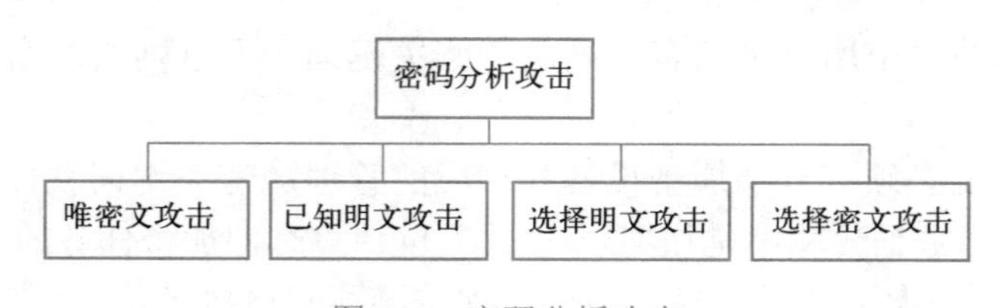

图 5-6 密码分析攻击

（1）唯密文攻击 （Ciphertext-only Attack）

在唯密文攻击中，密码分析员已知加密算法，掌握了一段或几段要解密的密文，通过对这些截获的密文进行分析得出明文或密钥。这种破解最容易防范，主要攻击者拥有信息量最少。在很多情况下，分析者可以得到更多的信息。如捕获到一段或更多的明文信息及相应的密文，也可能知道某段明文信息的格式。

知识拓展
唯密文频率攻击方式

【案例 5-3】 按照 PostScript 格式加密的文件头总是以相同的格式开头。PostScript 是专门为打印图形和文字而设计的一种编程语言，主要目标是提供一种独立于设备的能够方便地描述图像的语言。PostScript 文件是以文本方式存储的，此文件本身只是用 PostScript 语言描述了所要显示或者打印的图像有哪些特征、参数，在显示或者打印 PostScript 文件时，再由其解释器解释执行，进行具体的打印或显示，从而得到所要的图像。

（2）已知明文攻击（Known-plaintext Attack）

在这种方法中，密码分析员已知加密算法，掌握了一段明文和对应的密文。目的是发现加密的密钥。在实际使用中，获得与某些密文所对应的明文是可能的。

【案例 5-4】 电子邮件信头的格式总是固定的，如果加密电子邮件，必然有一段密文对应于信头。还有电子金融消息往往有标准化的文件头或者标志等。拥有这些知识的分析者就可以从转换明文的方法入手来推导出密文。

（3）选择明文攻击（Chosen-plaintext Attack）

在该方法中，密码分析员已知加密算法，设法让对手加密一段分析员选定的明文，并获得加密后的密文，目的是确定加密的钥匙。差别比较分析法也是选择明文破译法的一种，密码分析员设法让对手加密一组相似却差别细微的明文，然后比较他们加密后的结果，从而获得加密的钥匙。

（4）选择密文攻击（Chosen-ciphertext Attack）

选择密文攻击指的是一种攻击模型。在此种攻击模型中，密码分析者事先任意搜集一定数量的密文，让这些密文透过被攻击的加密算法解密，透过未知的密钥获得解密后的明文。选择密文攻击在密码分析技术中很少用到。

上述 4 种攻击类型的强度按序递增，如果一个密码系统能抵抗选择明文攻击，那么它也就能够抵抗唯密文攻击和已知明文攻击。

3．防止密码破译的措施

要防止密码破译，除了要从思想上加以重视外，还应采取如下具体措施：

1）增强密码算法的安全性。通过增加密码算法的破译复杂程度，进行密码保护。例如增加密码系统的密钥长度，一般在其他条件相同的情况下，密钥越长破译越困难，而且加密系统也就越可靠。

2）使用动态会话密钥。确保每次会话所使用的密钥不相同。

3）定期更换会话密钥。

5.2.2　密钥管理方法和过程

密钥管理是指对所用密钥生命周期的全过程实施的安全保密管理。这在密码系统中至关重要，不仅影响到整个系统的安全，同时也涉及系统的可靠性、有效性和经济性。密钥管理包括密钥的产生、存储、分配、使用和销毁等，主要任务是在公用数据网上安全地传递密钥而不被窃取。目前有两种网络密钥管理方法：密钥分发中心（Key Distribution Center，KDC）和 Diffie-Hellman。主要使用可信第三方验证通信双方的真实性，产生会话密钥，并通过数字签名等手段分配密钥。后者无需 KDC，通信发起方产生通信会话的私用密钥，并通过数字签名或零知识证明等方式安全传递通信密钥。网络密钥主要有会话密钥、基本密钥和主密钥3种。会话密钥是通信双方在会话中使用的密钥，此种密钥只在一次会话中有效，会话结束时密钥就失效；在网络中用于传送会话密钥的密钥，就是基本密钥；而对其进行加密的密钥则称为主密钥。网络中一般是采用这种三级密钥方案进行保密通信的。

知识拓展
密钥预分配常用的方法

（1）密钥分配

密钥分配协定是这样的一种机制：系统中的一个成员先选择一个秘密密钥，然后将它传送给另一个成员或别的成员。密钥协定是一种协议，是通过两个或多个成员在一个公开的信道上通信联络建立一个秘密密钥。理想的密钥分配协议应满足以下两个条件：

1）传输量和存储量都比较小。

2）每一对用户 U 和 V 都能独立地计算一个秘密密钥 K。

目前已经设计出大量满足上述两个条件的密钥分配协议，诸如 Blom 密钥分配协议、Diffie-Hellman 密钥预分配协议、Kerboros 密钥分配协议、基于身份的密钥分配协议等。

任何密码系统的强度都与密钥分配方法有关，密钥分配方法是指将密钥发放给希望交换数据的双方而不让别人知道的方法。非对称密码分配密钥方法归纳为：公开发布；公开可访问目录；公钥授权；公钥证书。

（2）密钥交换

Diffie-Hellman 是由 Whitfield Diffie 和 Martin Hellman 在1976年公布的一种密钥一致性算法。通常称为 Diffie-Hellman 密钥交换协议/算法，目的是使两个用户能安全地交换密钥。Diffie-Hellman 密钥交换协议的安全性依赖于这样一个事实：虽然计算以一个素数为模的指数相对容易，但计算离散对数却很困难。

Diffie-Hellman 算法具有两个有吸引力的特征：仅当需要时才生成密钥，减少了因密钥存储期长而遭受攻击的机会；除对全局参数的约定外，密钥交换不需要事先存在的基础结构。该技术也存在许多不足：没有提供双方身份的任何信息；因为它是计算密集性的，因此容易遭受阻塞性攻击，以及遭受中间人的攻击。例如，第三方 C 在和 A 通信时扮演 B，和 B 通信时扮演 A，A 和 B 都与 C 协商了一个密钥，然后 C 就可以监听和传递通信量。

☺ 讨论思考

1）简述对称密码体制两种主要破译方法，如何预防？

2）什么是密钥管理？为什么要进行密钥管理？

3）密钥管理包含的内容是什么？主要的密钥管理技术有哪些？

☺讨论思考
本部分小结
及答案

5.3 实用密码技术概述

在现实世界中常用的密码技术，主要包括对称密码体制和非对称密码体制。其中对称密码体制部分将介绍古典对称密码、现代分组密码、现代分组密码算法和现代散列算法。非对称密码体制部分将介绍 RSA 公钥加密体制和数字签名体制。

教学视频
课程视频 5.3

5.3.1 对称密码体制

对称密码体制通常也称为单密钥加密体制，因为加密过程和解密过程中都使用同一个密钥。常见的对称密码算法包括古典对称密码、现代分组密码和现代散列算法。

1．古典对称密码

传统的对称密钥密码现在已经不再使用了，但它们是密码学的基础，比现代密码简单，能够帮助人们更好地理解现代密码，因此本节进行了学习研究。传统的对称加密方法有 3 种：代换加密、置换加密、一次性加密。

（1）代换技术

代换技术是将明文中的每个元素（字母、比特、比特组合或字母组合）映射为另一个元素的技术，即明文的元素被其他元素所代替形成密文。常见的代换技术的古典对称密码包括凯撒密码、单字母替换密码及 Vigenere 密码。📖

> 📖知识拓展
> 代换技术在 AES 中的主要应用

1）凯撒密码（Caesar）。凯撒密码是最早使用的替代密码。

定义 1：凯撒密码将字母表视为一个循环的表，把明文中的字母用表中该字母后面第 3 个字母进行替代。如果让每个字母对应一个数值（a=0，b=1，…，z=25），则该算法可以表示为

$$c=E(p)=(p+3)\bmod 26$$

式中，p 表示明文字母；c 表示密文字母。

> 【案例 5-5】 凯撒密码加密。
> 明文：hello world how are you
> 密文：khoor zruog krz duh brx

定义 2：将定义 1 的算法一般化，即密文字母与明文字母的偏移可以是任意值，便形成了所谓的移位密码，其加密算法可以表示为

$$c=E(p)=(p+k)\bmod 26$$

式中，k 是加密算法的密钥，可以在 1～25 取值。

解密算法可以表示为

$$p=D(c)=(c-k)\bmod 26$$

> 【案例 5-6】 密文：RNRFYNEMN
> 密钥：k = 5
> 明文：MIMATIZHI

凯撒密码的特点：由于 k 的取值范围的限制，凯撒密码的密钥空间很小，难以抵御穷举密钥攻击，攻击者最多尝试 25 次，就一定能够破译密码。📖

> 📖知识拓展
> 凯撒密码与移位密码

2）单字母替换密码。为了加大凯撒密码的密钥空间，可以采用单字母替代密码。单字母替代密码是将密文字母的顺序打乱后，每条信息用一个字母表（给出从明文字母到密文字母的映射）加密。

明文字母：a b c d e f g h i j k l m n o p q r s t u v w x y z

密文字母：o g r f c y s a l x u b z q t w d v e h j m k p n i

【案例5-7】 明文：happynewyear

密文：aowwnqckncov

如果密文行是26个字母的任意替换，此时的密钥空间大小为26!，约为4×10^{26}。即使攻击者每微秒尝试一个密钥，也需要花费约1010年才能穷举完所有的密钥。

3）Vigenere 密码。有一个有趣的多码替换密码是由16世纪的法国数学家Blaise de Vigenere设计的。Vigenere密码使用不同的策略创建密钥流。该密钥流是一个长度为m（1≤m≤26，m是已知的）的起始密钥流的重复。Vigenere密码利用一个凯撒方阵来修正密文中字母的频率。在明文中不同地方出现的同一字母在密文中一般用不同的字母替代。

凯撒方阵的形式为

A	B	C	D	E	F	G	…	Y	Z
B	C	D	E	F	G	H	…	Z	A
C	D	E	F	G	H	I	…	A	B
		⋮							
P	Q	R	S	T	U	V	…	N	O
		⋮							
T	U	V	W	X	Y	Z	…	R	S
		⋮							
Z	A	B	C	D	E	F	…	X	Y

加密时，通信双方使用一个共享的字母串作为密钥（如HAPPYTIME），将密钥字母串重复书写在明文字母的上方。对要加密的明文字母找到上方的密钥字母，然后对比一下以确定凯撒方阵的某一行（以该密钥字母开头的行）。最后利用该行的字母表，使用凯撒密码的加密方法进行替代。

【案例5-8】 明文：PL**E**AS**E**SENDTHEDATA

密钥：HAPPYTIMEHAPPYTIM

明文中的第一个E用凯撒方阵中的P行（以P开头的行，即：PQRSTU…NO）进行加密，因此密文为T；第二个E用方阵中的T行（TUVWX…S）进行加密，因此密文为X。

在Vigenere密码中，如果选择凯撒方阵中的任意m行，一个字母能够映射成m个字母中的一个，这样的密码体制称为多表密码体制。一般情况下，对多表密码体制的密码分析比单表困难。即使只选择凯撒方阵中的任意m行，Vigenere密码的密钥长度也将是26^m，穷举密钥空间将需要很长时间，例如m=5，密钥空间超过11000000，足以阻止手工穷举密钥搜索攻击。

（2）置换技术

置换是在不丢失信息的前提下对明文中的元素进行重新排列。常见的置换古典密码有矩阵转置密码。📖

知识拓展
置换技术在加密算法中的应用

矩形转置密码将明文写成矩形结构，然后通过控制其输出方向和输出顺序获得密文。

【案例 5-9】 明文 please send the data（空格为一个字符）使用矩阵转置技术的密码。以下是 3 个在不同输出顺序下的密文例子。矩阵转置密码加密示意图如图 5-7 所示。矩形方阵上方的数字和字母串代表输出顺序的密钥（说明：密文的输出顺序，数字按小到大，字母串按字母顺序输出（AEFRT））。明文：PLEASESENDTHEDATA。

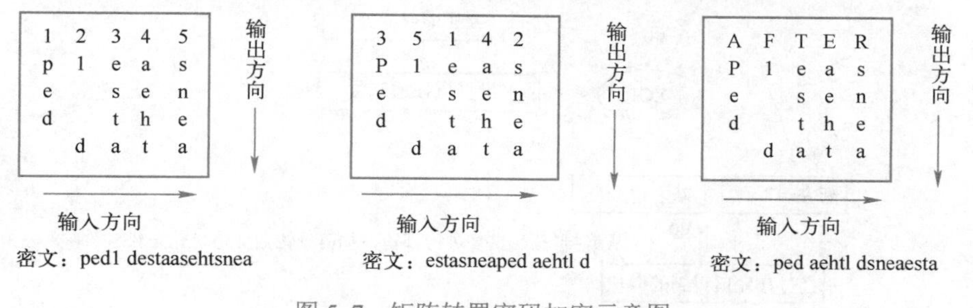

图 5-7　矩阵转置密码加密示意图

2．现代分组密码

计算机的出现使得传统的古典对称密码不再具有安全性，人们需要设计更安全的密码算法。分组密码因其运行速度快、效率高、安全性好而得到广泛流行。分组密码对固定分组长度的数据进行操作。常见的分组长度为 64bit（位、比特）和 128bit。

（1）数据加密标准算法 DES

最早而且得到最广泛应用的分组密码算法是数据加密标准（Data Encryption Standard，DES）算法，是由 IBM 公司在 20 世纪 70 年代发展起来的。DES 于 1976 年 11 月被美国政府采用，随后被美国国家标准局（NBS，现为美国国家标准技术局 NIST）承认，并被采纳为联邦信息处理标准 46（FIPS PUB 46）。DES 算法采用了 64 位的分组长度和 56 位的密钥长度。它将 64 位的输入经过 16 轮迭代变换得到 64 位的输出，解密采用相同的步骤和相同的密钥。DES 加密步骤如图 5-8 所示。

DES 综合运用了置换、代换技术。DES 用软件进行加、解密需要用很长时间，而用硬件加、解密速度非常快。DES 算法加密步骤和解密步骤是相同的，只是密钥输入顺序不同而已。因此在制造 DES 芯片时能节约门电路，容易达到标准化和通用性，适合用在硬件加密设备中。DES 正式公布后，世界各国的许多公司都推出了自己实现 DES 的软硬件产品，美国 NBS 至少已认可了 30 多种硬件和软件实现产品。硬件产品既有单片式的，也有单板式的；软件产品既有用于大中型机的，也有用于小型机和微型机的。

DES 曾经是世界上应用最广泛的密码算法，但随着计算机运行速度的提高，56bit 的密钥长度已经不能够抵抗现有的穷举密钥攻击，DES 算法已经渐渐退出了历史舞台。

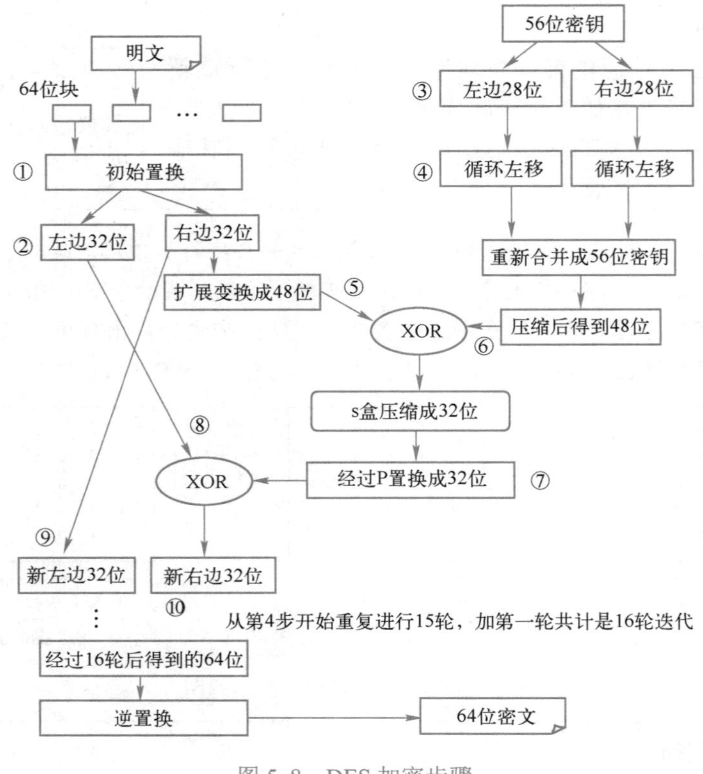

图 5-8　DES 加密步骤

（2）三重 DES

> 📖知识拓展
> DES 与 3DES 的安全性

三重（Triple DES）是 DES 的加强版。它能够使用多个密钥，对信息逐次进行 3 次 DES 加密操作。📖

3DES 使用 3 个 DES 密钥：K1、K2 和 K3，均为 56 位（除去奇偶校验位）。加密算法为

$$C = E_{K3}(D_{K2}(E_{K1}(P)))$$

即使用 K1 密钥进行 DES 加密，再用 K2 为密钥进行 DES 解密，最后以 K3 进行 DES 加密。

3DES 有 3 个显著的优点：首先，它的密钥长度可以达到 168bit，能克服 DES 面对的穷举攻击问题；其次，3DES 的底层加密算法与 DES 的加密算法相同，使得原有的加密设备能够得到升级；最后，DES 加密算法比其他加密算法受到分析的时间要长得多，相应地 3DES 对分析攻击有很强的免疫力。3DES 的缺点是用软件实现该算法比较慢。

（3）高级数据加密标准算法 AES

NIST 在 2001 年发布了高级加密标准（Advanced Encryption Standard，AES）。NIST 从最终的 5 个候选者中选择 Rijndael 算法作为 AES 标准。Rijndael 算法的设计者是比利时的两位密码学家 Vincent Rijmen 和 Joan Daemen。AES 的分组长度为 128 位，密钥长度可以为 128 位、192 位或 256 位。相比 DES，AES 的安全性更好，但其加密步骤和解密步骤不同，硬件实现比 DES 复杂。AES 算法具有能抵抗所有的已知攻击、平台通用性强、运行速度快、设计简单等优点。

目前流行的版本是密钥长度为 128bit 的 AES-128，其对 128bit 长度的明文消息块使用 10 轮迭代后得到密文。AES-128 加密过程是在一个 4×4 的字节状态矩阵上进行的，矩阵中每个元素的大小就是明文中的一个字节，共组成了明文消息块的 128bit。AES-128 共需要 10 轮循环迭代，加密时除第 10 轮外，1～9 轮循环迭代均包含 4 个步骤：

1）轮密钥加。状态中的每一个字节都与该轮子密钥做异或运算；每个子密钥由密钥生成方案产生。

2）字节代换。通过一个非线性的替换函数，用查表的方式把每个字节替换成对应的字节。

3）行移位。将矩阵中的每个横列进行循环式移位。

4）列混淆。使用线性变换来混合每列的 4 个字节。

第 10 轮加密循环迭代中省略了列混淆步骤，而以另一个轮密钥加步骤取代。AES-128 加密过程如图 5-9 所示。

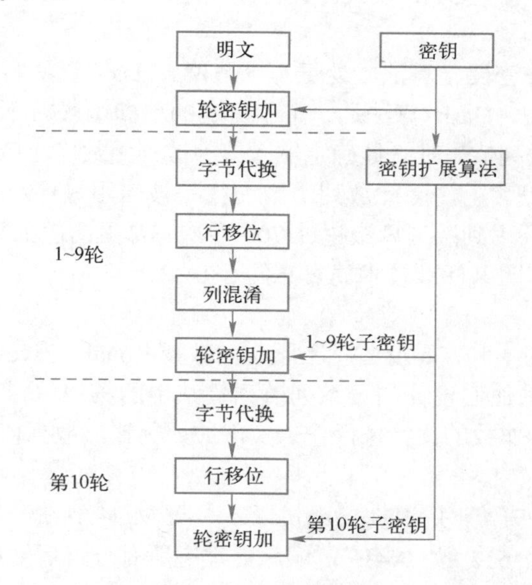

图 5-9　AES-128 加密过程

（4）分组密码运行模式

对大块数据进行加密时，需要使用分组密码相应的运行模式，常见的分组密码运行模式包括：

1）电子密码本模式（ECB）。ECB 模式是最简单的加密模式，将需要加密的消息按照分组长度划分为数个消息块，对每个块进行独立加密，输出密文。该方法的缺点在于同样的明文块会被加密成相同的密文块；因此，它不能很好地隐藏数据模式。在某些场合，这种方法不能提供严格的数据保密性，因此并不推荐用于密码协议中。

2）密码块链接模式（CBC）。在 CBC 模式中，每个明文消息块先与前一个密文块进行异或后，再进行加密。在这种方法中，每个密文块都依赖于它前面的所有的明文消息块。同时，为了保证每条消息的唯一性，在第一个块中需要使用一个初始化向量，即一个随机数。CBC 是最为常用的工作模式。它的主要缺点在于加密过程是串行的，无法被并行化，而且消息必须被填充到块大小的整数倍。

3）密文反馈模式（CFB）。密文反馈（Cipher Feedback，CFB）模式类似于CBC，可以将分组密码变为自同步的流密码；工作过程亦非常相似，CFB的解密过程几乎就是颠倒的CBC的加密过程。

4）输出反馈模式（OFB）。输出反馈（Output Feedback）模式可以将分组密码变成同步的流密码。它可以产生密钥流的密文分组，然后将其与明文分组进行异或，得到密文。与其他流密码一样，密文中一个比特位的翻转会使明文中同样位置的位也产生翻转。这种特性使得许多错误校正码，例如奇偶校验位，即使在加密前计算，在加密后进行校验也可以得出正确结果。

5）计数器模式（CTR）。CTR模式（Counter Mode，CM）是OFB模式的扩展，与OFB相似。CTR将分组密码变为流密码，它通过递增一个计数器以产生连续的密钥流，计数器通常是一个整数。目前，CTR模式已经得到广泛应用。

3．现代散列算法

散列（Hash）算法在密码学算法中处于基础地位。Hash算法将任意长度的二进制消息转化成固定长度的散列值。Hash算法是一个不可逆的单向函数。不同的输入可能会得到相同的输出，而不可能从散列值来唯一地确定输入值。散列函数广泛应用在密码检验、身份认证、消息认证以及数字签名上，因此散列函数往往是被应用最广泛的密码算法。据统计仅Windows操作系统就需要用到散列算法超过700多次。常见的散列算法包括MD4、MD5、SHA-1、SHA-2以及美国国家标准技术局发布的SHA-3。

（1）MD4和MD5

MD4（Message Digest 4），是麻省理工学院的教授Ronald Rivest的研究小组在1990年设计的散列算法，因其是他们设计的一系列散列算法中的第4个算法，所以称为MD4。MD4算法是基于32位操作数的比特位操作来实现的，其输出散列值长度为128位。该算法设计后被成功破译。

MD5是Rivest于1991年对MD4的改进版本。与MD4算法一样，MD5算法将输入的信息进行分组，每组仍为512位（64B），顺序处理完所有分组后输出128位散列值。在每一组消息的处理中，都要进行4轮、每轮16步、总计64步的处理。

MD5比MD4复杂，并且速度较之要慢一些，但更安全，在抗分析和抗差分方面表现更好。MD5-Hash文件的数字文摘通过Hash函数计算得到。不管文件长度如何，它的Hash函数计算结果都是一个固定长度的数字。采用安全性高的Hash算法，两个不同的文件几乎不可能得到相同的Hash结果。因此，一旦文件被修改，就可被检测出来。🕮

> 🕮**知识拓展**
> MD5算法的破解方法

（2）安全散列算法SHA、SHA-1、SHA-2和SHA-3

1993年，美国国家安全局（NSA）和美国国家标准技术局（NIST）共同提出了安全散列算法SHA，并作为联邦信息处理标准（FIPS PUB 180）公布；1995年，又发布了一个修订版FIPS PUB 180-1，通常称之为SHA-1。SHA-1是基于MD4算法的，并且它的设计在很大程度上是模仿MD4的。SHA-1输出160bit的散列值，已经得到广泛的应用。

随着MD5散列算法的破解，SHA-1的安全性也受到了质疑。NIST建议之后的商业软件产品由 SHA-1 转移到 SHA-2 散列算法上。SHA-2 是一类可变长度的散列算法，其包含 SHA-256、SHA-384 和 SHA-512，分别输出 256bit、384bit 和 512bit 的散列值。

SHA-1 和 SHA-2 的设计思路都与 MD5 类似，所以可能受到同一种攻击的威胁。

知识拓展
SHA-3 算法 Keccak

5.3.2 非对称密码体制

对称密码体制的缺点是每对通信双方必须共享一个密钥，使得密钥管理复杂。非对称密码体制则可以有效地用在密钥管理、加密和数字签名上。典型的得到实用的非对称加密算法有 RSA 和 ECC（椭圆曲线算法）。下面简要介绍 RSA 公钥加密算法。

RSA 算法由 Rivest、Shamir 和 Adleman 设计，是最著名的公钥密码算法。其安全性是建立在大数因子分解这一已知的著名数论难题的基础上，即将两个大素数相乘在计算上很容易实现，但将该乘积分解为两个大素数因子的计算量是相当巨大的，以至于在实际计算中是不能实现的。RSA 既可用于加密，也可用于数字签名。其得到了广泛的应用，先进的网上银行大多采用 RSA 算法来计算签名。

特别理解
RSA 算法的安全性

【案例 5-10】 应用 RSA 算法的加/解密过程。明文为“HI”的操作过程：

1）设计密钥公钥 (e, n) 和私钥 (d, n)。

令 p=11，q=5，取 e=3。

计算：$n=p\times q=55$，求出 $\varphi(n)=(p-1)(q-1)=40$。

计算：$e\times d \bmod \varphi(n)=1$，即在与 55 互素的数中选取与 3 相乘后模是 40、余数是 1 的数，得到 d=27(私钥)。

因此：公钥为(3,55)，私钥为(27,55)。

2）加密。（按 1～26 的次序排列字母，则 H 为 8，I 为 9）

用公钥(3,55)加密：$E(H)=8^3 \bmod 55=17$；$E(I)=9^3 \bmod 55=14$（按 1～26 的次序排列字母，则 Q 为 17，N 为 14）。密文为 QN。

3）解密。$D(Q)=17^{27} \bmod 55=8$；$D(N)=14^{27} \bmod 55=9$。

RSA 方法基于下面的两个数论上的事实：

1）已有确定一个整数是不是素数的快速概率算法。

2）尚未找到确定一个合数的质因子的快速算法。

RSA 方法的工作原理如下：

假定用户 Alice 欲发送消息 m 给用户 Bob，则 RSA 算法的加 / 解密过程如下：

1）首先 Bob 产生两个大素数 p 和 q（p、q 是保密的）。

2）Bob 计算 n=pq 和 $\varphi(n)=(p-1)(q-1)$（$\varphi(n)$是保密的）。

3）Bob 选择一个随机数 $e(0<e<\varphi(n))$，使得$(e,\varphi(n))=1$（即 e 和 φ 互素）。

4）Bob 计算得出 d，使得 $d\times e \bmod \varphi(n)=1$（即在与 n 互素的数中选取与 φ(n)互素的数，可以通过欧几里得算法得出）。私钥是 d，由 Bob 自留且保密。

5）Bob 将（e,n）作为公钥公开。

6）Alice 通过公开信道查到 n 和 e。对 m 加密，加密 $E(m)=m^e \bmod n$。

7）Bob 收到密文 c 后，解密 $D(c)=c^d \bmod n$。

RSA 算法的优点是应用更加广泛，缺点是加密速度慢。

如果将 RSA 和 AES 结合使用，则正好弥补 RSA 的缺点。即 AES 用于明文加密，RSA 用于 AES 的密钥加密。由于 AES 加密速度快，适合加密较长的消息；而 RSA 可解决 AES 密钥传输问题。

非对称密码算法与同等安全强度的对称密码算法相比，一般要慢 3 个数量级。因此非对称密码算法一般用于加密短数据或数字签名，而不是数据加密。

5.3.3 数字签名应用

数字签名对消息或文件产生固定长度的短数据，也称作数字指纹。将此短数据附在消息后面，以确认发送者的身份和该信息的完整性。通常，综合使用散列算法和非对称密码算法，例如现今的大多数网站使用的是 SHA-1 散列算法和 RSA 算法计算数字签名。下面介绍使用 SHA-1 和 RSA 算法进行数字签名的过程。🕮

🕮知识拓展
数字签名与电子印章

若 Alice 向 Bob 发送消息，其创建数字签名的步骤如下：

1）Alice 用 SHA-1 算法计算原消息的散列值。

2）Alice 用私钥对该散列值使用 RSA 算法得到签名，并将签名附在原消息后面。

Bob 接收到消息，对数字签名进行验证的步骤如下：

1）将接收到的消息中的原消息及其数字签名分离出来。

2）利用 SHA-1 算法计算原消息的散列值。

3）使用 Alice 公钥验证该散列值的数字签名，证明该数字签名的合法性。

了解数字签名及其验证过程，发现数字签名可带来 3 个方面的安全性：

1）消息的完整性。由 SHA-1 和 RSA 的安全性可知，若消息在传输过程中遭到篡改，Bob 就无法使用 Alice 的公钥来验证签名的合法性，所以可以确定消息是完整的。

2）消息源确认。因为公钥和私钥之间存在对应关系，既然 Bob 能用 Alice 的公钥来验证此签名，则该消息必然是 Alice 发出的。

3）不可抵赖性。这一点实际上是第 2）点的理由阐述。因为只有 Alice 持有自己的私钥，其他人不可能冒充她的身份，所以 Alice 不能否认她发过这一则消息。

☺讨论思考

1）试比较对称密码体制和非对称密码体制。

2）简述数字签名技术的原理及其应用场景。

☺讨论思考
本部分小结
及答案

5.4 本章小结

本章介绍了密码技术相关概念、密码学与密码体制、数据及网络加密方式；讨论了密码破译方法与密钥管理；概述了实用加密技术，包括：对称加密技术、非对称加密技术、数字签名技术；最后介绍了使用 AES 算法对文件进行加/解密的实验。

5.5　实验 5　AES 算法加密解密实验

在本实验中，将学习如何对计算机中的一个文本文件使用 AES 算法进行加密和解密。Java 语言的软件开发工具包 JDK 提供了丰富的密码学类库，本实验将使用 Java 语言来实现对文件的 AES 加/解密，使用的 AES 分组密码算法的密钥长度为 128bit，运行模式为 CBC 模式，CBC 模式的初始 IV 值为 128 位全 0 比特。

实验视频
实验视频 5

5.5.1　实验目的及要求

通过文件加/解密的实验，进一步加深对 AES 加密算法应用的理解，同时学习如何使用 Java 语言对文件进行加/解密操作。

5.5.2　实验环境及学时

实验环境与设备：Windows 计算机一台，需装有 Java 虚拟机 JDK 1.8 及以上版本。
实验用时：2 学时（90min）。

5.5.3　实验步骤

1）项目运行所需的头文件如下，需要导入 javax.crypto.Cipher、javax.crypto.KeyGenerator、javax.crypto.SecretKey 等密码学类库，如图 5-10 所示。

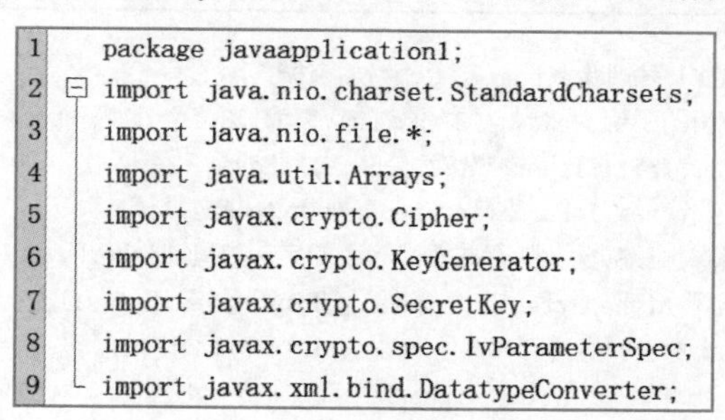

```
1    package javaapplication1;
2    import java.nio.charset.StandardCharsets;
3    import java.nio.file.*;
4    import java.util.Arrays;
5    import javax.crypto.Cipher;
6    import javax.crypto.KeyGenerator;
7    import javax.crypto.SecretKey;
8    import javax.crypto.spec.IvParameterSpec;
9    import javax.xml.bind.DatatypeConverter;
```

图 5-10　导入密码学类库

2）将计算机中的文本文件“D:\\planText1.txt”中的所有内容读取到字节数组 bytes 中，需要保证计算机中存在该文件，如图 5-11 所示。

```
24    //获取计算机中文件名 "D:\\planText1.txt" 的路径
25    Path path = Paths.get("D:\\planText1.txt");
26
27    //从该文件读取内容到字节数组plainBytes1中
28    byte[] plainBytes1 = Files.readAllBytes(path);
29
30    //以十六进制格式打印出字节数组plainBytes1中的内容
31    System.out.println("plainBytes1: " +
32            DatatypeConverter.printHexBinary(plainBytes1));
```

图 5-11　内容读取

3）设定加密算法，采用 AES 算法，运行模式为 CBC 模式，消息填充方法为 PKCS5Padding，设定 AES 加密算法所使用的密钥参数，设定为 128bit 长度。生成密钥 sKey，以十六进制格式打印出密钥 sKey 中的内，如图 5-12 所示容。

```
33
34      /*设定加密算法，采用AES算法，运行模式为CBC模式，
35        消息填充方法为PKCS5Padding  */
36      Cipher cipher = Cipher.getInstance("AES/CBC/PKCS5Padding");
37      // 设定AES加密算法所使用的密钥参数，设定为128bit长度
38      KeyGenerator keyGen = KeyGenerator.getInstance("AES");
39      keyGen.init(128);
40      // 生成密钥sKey
41      SecretKey sKey = keyGen.generateKey();
42      //以十六进制格式打印出密钥sKey中的内容
43      System.out.println("Key: " +
44              DatatypeConverter.printHexBinary(sKey.getEncoded()));
```

图 5-12　设定加密算法

4）将 AES 算法对象 cipher 初始化为加密模式，所使用的密钥为 sKey，CBC 模式的 IV 值为 128 位全 0 比特，将 plainBytes 加密并保存到密文字节数组 cipherBytes1 中，以十六进制格式打印字节数组 cipherBytes 中的内容，将密文字节数组 cipherBytes 中的数据写入文件“D:\\cipher.t”中，如图 5-13 所示。

```
45
46      /* AES算法对象cipher初始化为加密模式，
47      所使用的密钥为sKey，CBC模式的IV值为128位全0比特 */
48      cipher.init(Cipher.ENCRYPT_MODE, sKey,
49              new IvParameterSpec(new byte[16]));
50      // 将plainBytes 加密并保存到密文字节数组 cipherBytes1中
51      byte[] cipherBytes1 = cipher.doFinal(plainBytes1);
52      //以十六进制格式打印出字节数组cipherBytes中的内容
53      System.out.println("cipherBytes: "+
54              DatatypeConverter.printHexBinary(cipherBytes1));
        // 将密文字节数组 cipherBytes 中的数据写入文件“D:\\cipher.t”中
56      Files.write(Paths.get("D:\\cipher.t"),
57              cipherBytes1, StandardOpenOption.CREATE);
```

图 5-13　加密过程

5）接下来实现解密过程。将密文文件内容读取到字节数组 cipherBytes2 中，AES 算法对象 cipher 初始化为解密模式，所使用的解密密钥为 sKey，CBC 模式的 IV 值为 128 位全 0 比特，将 cipherBytes2 解密并保存到明文字节数组 plainBytes2 中，以十六进制格式打印字节数组 plainBytes2 中的内容，如图 5-14 所示。

6）判断明文字节数组 plainBytes2 里的内容是否与 plainBytes 相同，将解密得到的明文使用 UTF_8 编码写入“D:\\planText2.txt”中，可以用记事本查看“D:\\planText1.txt”与“D:\\planText2.txt”两个文件的内容是否相同，如图 5-15 所示。

```
58
59        /*     接下来实现解密过程   */
60        //将密文文件内容读取到字节数组 cipherBytes2中
61        byte[] cipherBytes2 = Files.readAllBytes(Paths.get("D:\\cipher.t"));
62        /* AES算法对象cipher初始化为解密模式，
63           所使用的解密密钥为sKey, CBC模式的IV值为128位全0比特 */
64        cipher.init(Cipher.DECRYPT_MODE, sKey,
65                    new IvParameterSpec(new byte[16]));
66        // 将cipherBytes2解密并保存到明文字节数组 plainBytes2中
67        byte[] plainBytes2 = cipher.doFinal(cipherBytes2);
68        //以十六进制格式打印出字节数组plainBytes2中的内容
69        System.out.println("plainBytes2: "+
70                DatatypeConverter.printHexBinary(plainBytes2));
```

图 5-14　解密过程

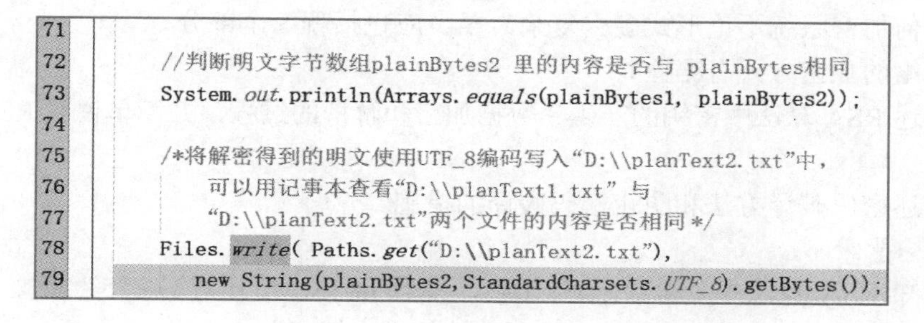

```
71
72        //判断明文字节数组plainBytes2 里的内容是否与 plainBytes相同
73        System.out.println(Arrays.equals(plainBytes1, plainBytes2));
74
75        /*将解密得到的明文使用UTF_8编码写入“D:\\planText2.txt”中，
76            可以用记事本查看“D:\\planText1.txt” 与
77            “D:\\planText2.txt”两个文件的内容是否相同*/
78        Files.write( Paths.get(“D:\\planText2.txt”),
79            new String(plainBytes2,StandardCharsets.UTF_8).getBytes());
```

图 5-15　判断内容是否相同

5.6　练习与实践 5

1．选择题

（1）使用密码技术不仅可以保证信息的（　　），而且可以保证信息的完整性和准确性，防止信息被篡改、伪造和假冒。

A．机密性　　B．抗攻击性

C．网络服务正确性　　D．控制安全性

（2）网络加密常用的方法有链路加密、（　　）加密和节点对节点加密 3 种。

A．系统　　B．端对端　　C．信息　　D．网站

（3）根据密码分析者破译时已具备的前提条件，通常人们将攻击类型分为 4 种：一是（　　），二是（　　），三是选择明文攻击，四是选择密文攻击。

A．已知明文攻击、选择密文攻击　　B．选定明文攻击、已知明文攻击

C．选择密文攻击、唯密文攻击　　D．唯密文攻击、已知明文攻击

（4）（　　）密码体制不但具有保密功能，并且具有鉴别的功能。

A．对称　　B．私钥

C．非对称　　D．混合加密体制

（5）凯撒密码是（　　）方法，被称为循环移位密码，优点是密钥简单易记，缺点是

安全性较差。

A．代码加密　　　　B．替换加密

C．变位加密　　　　D．一次性加密

2．填空题

（1）现代密码学是一门涉及________、________、信息论、计算机科学等多学科的综合性学科。

（2）密码技术包括________、________、安全协议、________、________、________、消息确认、密钥托管等多项技术。

（3）在加密系统中原有的信息称为________，由________变为________的过程称为加密，由________还原成________的过程称为解密。

（4）常用的传统加密方法有4种：________、________、________、________。

3．简答题

（1）任何加密系统不论形式多么复杂，至少应包括哪5个部分？

（2）网络的加密方式有哪些？

（3）简述RSA算法中密钥的产生、数据加密和解密的过程，并简单说明RSA算法安全性的原理。

（4）简述密码破译方法和防止密码破译的措施。

4．实践题

（1）已知RSA算法中，素数p=5，q=7，模数n=35，公开密钥e=5，密文c=10，求明文。试用手工完成RSA公开密钥密码体制算法加密运算。

（2）凯撒密码加密运算公式为c=m+k mod 26，密钥可以是0～25内的任何一个确定的数，试用程序实现算法，要求可灵活设置密钥。

（3）通过调研及借鉴资料，写一份分析密码学与网络安全技术的研究报告。

第 6 章　身份认证与访问控制

身份认证和访问控制是网络安全的最基本要素。身份认证是安全系统中的第一道“关卡”，是实施访问控制、安全审计等一系列信息安全措施的前提。在对各种网络应用和信息资源的访问过程中，都需要首先验证访问用户的身份，再对其访问和使用资源的权限进行控制，同时识别、记录、存储该用户在整个访问过程中的活动以确保可审查。

教学目标

- 掌握身份认证的概念、类型和常用方法
- 掌握数字签名的概念、方法和实现过程
- 掌握访问控制的概念、实现方法和安全策略
- 理解安全审计的概念、类型、跟踪和实施
- 理解电子证据的类型和常用取证技术

6.1　身份认证基础

【引导案例】 据外媒报道，2020 年 Instagram、TikTok 和 YouTube 均发生了严重的数据泄露事件，约 2.35 亿用户的数据被泄露，包含用户的账户名称、电话、邮件、个人照片等关键信息，而这早已不是大型企业第一次发生数据泄露事件。纵观这些案例，可以发现数据大范围泄露的根本原因在于企业数字化转型中大量的业务上云，所有用户数据都被存储在云端，一旦网络安全稍有疏漏，就极易受到黑客攻击。其中，身份认证作为所有系统的入口，是首当其冲的环节

6.1.1　认证技术的概念和类型

1．认证技术的基本概念

认证（Authentication）是通过对网络系统使用过程中的主客体双方互相鉴别、确认身份后，对其赋予恰当的标志、标签、证书等过程，也可以说是一个实体向另外一个实体证明其所声称的身份的过程，其中需要被证实的实体是示证者（声称者），负责检查确认声称者的实体是验证者，双方按照一定的规则进行示证和验证。如图 6-1 所示，实体 A（示证者）向实体 B（验证者）告知口令为 Security@123，实体 B 验证该口令是正确的，则确认了实体 A 的身份。

图 6-1　认证过程示意图

在该认证过程中可能存在第三方攻击者，他可以窃听并伪装成示证者以骗取验证者的

信任。因此，认证过程在必要时也会有第四方，即可信者，他的作用是调解纠纷。因此按照认证过程中鉴别的双方角色及所依赖的外部条件可将认证分为单向认证、双向认证和第三方认证。

2．认证技术的类型

1）单向认证是指在认证过程中，验证者对示证者进行单方面的鉴别，而示证者不需要识别验证者的身份。实现单向认证的技术方法通常有两种：基于共享秘密和基于挑战响应。

2）双向认证是指双方在网上通信时，双方互相确认身份，参与认证的实体双方互为验证者。双向认证过程的各方都与单向认证过程相同。在网络服务认证过程中，双向认证要求服务方和客户方互相认证，这样就解决了服务器的真假识别安全问题。

3）第三方认证是指两个实体在鉴别过程中通过可信的第三方来实现。可信的第三方简称 TTP（Trusted Third Party）。如图 6-2 所示，第三方与每个认证的实体共享秘密，示证者和验证者分别与它共享密钥 K_{PA}、K_{PB}。当示证者发起认证请求时，认证双方向可信的第三方申请获取共享密钥 K_{AB}，而后使用 K_{AB} 加密保护双方的认证消息。

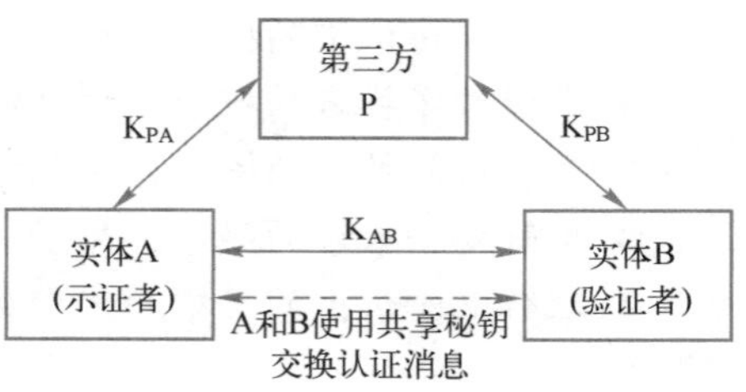

图 6-2　第三方认证过程示意图

6.1.2　身份认证的概念及作用

1．身份认证的基本概念

身份认证（Identity and Authentication Management）是网络系统的用户在进入系统或访问不同保护级别的系统资源时，系统确认该用户的身份是否真实、合法和唯一的过程。

身份认证主要包括识别和验证两部分，识别指鉴别访问者的身份，即回答：“我是否知道你是谁？”验证是对访问者身份的合法性进行确认，即回答：“你是否是你所声称的你？”从认证关系上看，身份认证也可分为用户与主机间的身份认证和主机之间的身份认证，本章只讨论用户与主机间的身份认证。

身份认证的基本方法主要有 3 种：

1）根据用户所知道的信息来证明自己的身份（What you know，你知道什么）。如用户设置的口令、密码、ID 信息等。

2）根据用户所拥有的物品来证明自己的身份（What you have，你拥有什么）。如用户的身份证、信用卡、手机等各种设备，以及电子邮件等互联网产品等。

3）根据用户所具有的独特生物特征来证明自己的身份（Who you are，你是谁）。如用户指纹、虹膜、声纹、掌纹、笔迹、DNA、人脸信息等。

在实际应用中，为了达到更高的网络安全级别和认证效果，经常会综合使用以上方法，即通过多个因素共同确认用户身份。

2．身份认证的作用

身份认证是网络安全的第一道防线，对网络系统的安全

> 📖知识拓展
> 身份认证是第一道安全关卡

有着重要的意义。用户在访问系统前，先要经过身份认证系统进行身份识别，可以通过访问监控设备（系统），根据用户的身份授权数据库，确定所访问系统资源的权限。授权数据库由安全管理员按照需要配置。审计系统根据设置记载用户的请求和行为，同时通过入侵检测系统检测异常行为。访问控制和审计系统都依赖于身份认证系统提供的"认证信息"进行鉴别和审计，如图 6-3 所示。📖

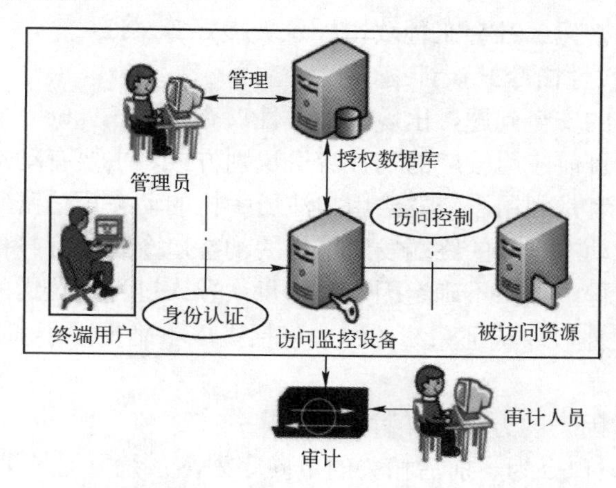

图 6-3　身份认证和访问控制过程

身份认证可以确保用户身份的真实、合法和唯一性。因此，可以防止非授权用户进入系统，并防止其通过各种违法操作获取不正当利益、非法访问受控信息、恶意破坏系统数据的完整性等情况的发生，严防"病从口入"。

☺ 讨论思考

1）参与认证过程的角色及认证的外部条件主要有哪些类型？

2）什么是身份认证？身份认证的作用是什么？

3）常用的身份认证方式有哪些？并举例说明。

☺ 讨论思考
本部分小结
及答案

6.2　身份认证技术与数字签名

在网络系统中，身份认证机制定义了参与认证的通信方在身份认证过程中所需要交换的消息的格式、消息发生的次序以及消息的语义，为网络中的各种资源提供安全保护。认证机制与授权机制常结合在一起，只有通过认证的用户才可获得使用权限。常用的认证机制有：固定口令认证、一次性口令认证、双因素安全令牌、单点登入等。身份认证技术按照其实现方式主要有口令认证技术、智能卡技术、生物特征认证技术、Kerberos 认证技术等多种实现方法。

教学视频
课程视频 6.2-1

6.2.1　口令认证技术

1. 固定口令认证

固定口令认证也叫静态密码认证，是一种通过检验用户

📖知识拓展
固定口令易被攻击的方式

设定的固定字符串进行系统认证的方式，是最简单的身份认证方法。所有用户的密码由用户自己设定或修改，只有用户本人知道。只要能正确输入密码，计算机就认为操作者是合法用户，允许其删除可以访问授权的资源。实际上，很多用户为了方便起见，经常用生日、电话号码等具有自身特征的字符串作为密码，给系统安全留下了隐患。这种认证方式简单，但由于其相对固定，很容易受到多种方式攻击，如网络数据流窃听、认证信息截取/重放、字典攻击、穷举尝试、窥探密码、社会工程攻击、垃圾搜寻等。📖

2．动态口令（一次性口令）认证

为了改进固定口令的安全问题，出现了一次性口令（One Time Password，OTP）认证，也叫动态口令认证，是目前应用较广的一种身份识别方式，主要有动态短信密码和动态口令牌（卡）两种方式。前者是利用系统发给用户注册手机的动态短信密码进行身份认证，后者则以客户手持用来生成动态密码的终端发给用户的动态口令牌进行身份认证。采用该认证方法时，主要是在登入过程中加入不确定因子，使每次登入过程所传送的信息都不相同，从而提高系统安全性。一次性口令认证系统的组成包括生成不确定因子和生成一次性口令。

（1）生成不确定因子

常用的生成不确定因子的方式有4种。

1）口令序列方式。口令为一前后相关的单向序列，系统只记录第N个口令。用户以第N-1个口令登入时，系统用单向算法得出第N个口令与所存的第N个口令是否匹配，可判断用户的合法性。由于N为有限个，用户登入N次后必须重新初始化口令序列。

2）挑战/应答方式。每次用户请求登录系统时，服务器端将不确定因子发送给用户，称为一次挑战，而用户提交的口令是根据发送来的不确定因子，通过某种单向算法将口令和这个不确定因子混合计算后发送给系统，系统以同样的方法验算，即可验证用户身份。这里的算法可以采用单向散列函数算法，也可以采用对称加密算法，每次计算出的口令不相同。

3）时间同步方式。客户端和服务器端以时间作为不确定因子，要求双方的时间是严格同步的，精确度可以控制在约定的范围内，比如双方的时间差不超过一秒钟。

4）事件同步方式。客户端和服务器端以单向序列的迭代值作为不确定因子，要求双方每次迭代值的大小相同。这种方式的实现代价比时间同步方式小得多，而且也不用向挑战/应答方式那样多出挑战的交互，这种方式客户端以单向迭代作为挑战，迭代作为规则可以在客户端实现。

（2）生成一次性口令

利用不确定因子生成一次性口令的方式有两种：

1）硬件卡（Token Card）。在具有计算功能的硬件卡上输入不确定因子，卡中集成的计算逻辑会对输入数据进行处理，并将结果反馈给用户作为一次性口令。基于硬件卡的一次性口令大多属于挑战/回答方式，一般配备有数字按键，便于不定因子的输入。

2）软件（Soft Token）。与硬件卡基本原理类似，以软件代替其计算逻辑。软件口令生成方式功能及灵活性较高，某些软件还可限定用户登入的地点。

3．双因素安全令牌（Secure Key）

当前，以单纯密码的方式提供系统安全认证已无法满足需求，目前这种方法存在较多的安全隐患。一是账号口令的配置非常烦琐，网络中的每一个节点都需要配置；二是为了

📖知识拓展
E-Securer 双因素身份认证

保证口令的安全性，必须经常更改口令，耗费大量的人力和时间。同时，系统各自为政，缺少授权和审计的功能，无法根据用户级别进行分级授权，也不能提供用户访问设备的详细审计信息。

安全令牌是重要的双因素认证方式。双因素安全令牌认证系统已经成为认证系统的主要手段。如 E-Securer 双因素安全令牌及认证系统。📖

【案例 6-1】 MyHeritage 是一个家庭基因和 DNA 检测的网站，用户信息中不但存储有私人信息，甚至还有个人的 DNA 测试结果。2018 年 6 月，MyHeritage 发布公告称其网站服务器被攻击，攻击者从中截取了超过 9200 万名用户的信息，其中包含了电子邮件和 Hash 密码。不过 MyHeritage 表示，用户的账户是安全的，因为密码是使用每个用户唯一的加密密钥进行 Hash 处理的，为了彻底解决这种攻击隐患，最终网站启用了双因子身份验证（2FA）功能，即使黑客设法解密 Hash 密码，如果没有第二步的验证码，第一步的破解也将毫无用处。

6.2.2　智能卡技术

智能卡（Smart Card）是一种将具有加密、存储、处理能力的集成电路芯片嵌在塑料基片上而制成的卡片，是一种带有存储器和微处理器的集成电路卡，能够安全存储认证信息，并具有一定的计算能力。智能卡认证根据用户所拥有的实物进行，发行时要经过个人化（Personalization）或初始化（Initialization）阶段，其具体内容因卡的种类和应用模式不同而不同。发卡机构根据系统设计要求将应用信息（如发行代码等）和持卡人的个人信息写入卡中，使该智能卡成为持卡人的专有物，并用于特定的应用模式。

随着智能卡存储容量和处理功能的进一步加强，智能卡不仅广泛地应用于电子货币、电子商务、劳动保险、医疗卫生等对安全性要求高的系统中，也逐步扩大应用范围，如二代身份证、公交一卡通、校园一卡通、电话/电视计费卡、电子门禁系统等。同时，智能卡的安全涉及许多方面，如芯片的安全技术、卡片的安全制造技术、软件的安全技术及安全密码算法和安全可靠协议的设计。智能卡管理系统的安全设计也是其重要组成部分，对智能卡的管理包括制造、发行、使用、回收、丢失或损坏后的安全保障及补发等。此外，智能卡的防复制、防伪造等也是实际工作中要解决的重要课题。

6.2.3　生物特征认证技术

生物特征认证技术是指通过可测量的生物信息和行为等特征进行身份认证的一种技术，是利用人体唯一的、可靠的、稳定的生物特征，采用计算机技术和网络技术进行图像处理和模式识别，具有较强的安全性和可靠性。

生物特征分为身体特征和行为特征两类。身体特征包括：指纹、掌形、虹膜、视网膜、人脸、DNA 和手的血管等；行为特征包括：签名、语音、行走步态、击键特征、情境感知等。目前应用发展最广泛的技术是人脸识别技术，其主要应用领域如表 6-1 所示。

表 6-1 人脸识别技术具体应用领域

应用领域	具体应用
公共安全	刑侦追逃、罪犯识别、边防安全
信息安全	计算机和网络的登录、文件的加密和解密
政府职能	电子政务、户籍管理、社会福利和保险
商业企业	电子商务、电子货币和支付、考勤、市场营销
场所进出	军事机要部门、金融机构的门禁控制和进出管理等

【案例 6-2】 2014 年是我国人脸识别技术的转折点，人脸识别技术从理论走向了应用。2018 年，人脸识别技术进入了全面应用时期，在更多的领域解锁了更多应用，广东、江苏、浙江、河北等地在 2018 年的高考期间均启用了人脸识别系统；北京大学将人脸识别技术应用到了校园入园人员身份验证领域；北京市人社局也计划在市级公租房安装人脸识别系统，以预防公租房违规转租……“刷脸”时代正式到来。

6.2.4 Kerberos 认证技术

1．单点登入系统

在大型网络中通常设有多种应用服务器，如邮件服务器、Web 服务器、文件服务器、各类数据库服务器等。传统的基于用户名/口令的认证管理方式中，用户在每个系统中都可能有一组不同的用户名和口令，且用户的身份信息无法在各服务器间相互传递，当用户登录不同的系统时都必须输入相应的登录密码进行认证。另一方面，每台服务器还需要存储和维护用户登录密码，增加了系统管理的负担，也为网络安全留下了隐患，为此产生了单点登入系统。📖

📖知识拓展
单点登入的优势

单点登入（Single Sign on，SSO）也称单次登入，是指在多个应用系统中，用户只需要登入一次就可以访问所有相互信任的应用系统，是目前比较流行的企业业务整合的解决方案之一。📖

📖知识拓展
银行认证授权管理应用

2．Kerberos 认证技术

能够为用户提供安全的单点登入服务的协议中，最有代表性的是 Kerberos 协议。Kerberos 是希腊神话中守卫地狱大门的一只三头犬的名字。对于提供身份认证功能以及用于保护组织资产的安全技术来说，这是一个名副其实的名称。Kerberos 协议是美国麻省理工学院 Athena 计划的一部分，是一种基于对称密码算法的网络认证协议，其设计目标就是提供一种安全、可靠、透明、可伸缩的认证服务，其组成及工作过程如图 6-4 所示。

Kerberos 模型主要包括客户端、服务器和密钥分发中心（Key Distributed Center，KDC）3 个部分，其中 KDC 又包括认证服务器（Authentication Server，AS）和票据授权服务器（Ticket-Granting Server，TGS）两部分。KDC 是整个系统的核心部分，它保存所有用户和服务器的密钥，并提供身份验证服务以及密钥分发功能。也就是说，Kerberos 知道每个人的密钥，故而它能产生消息，向一个实体证实另一个实体的身份。Kerberos 还能产生会话密钥，只供一个客户机和一个服务器（或两个客户机之间）使用，会话密钥用来加密双方的通信消息，通信完毕，会话密钥即被销毁。

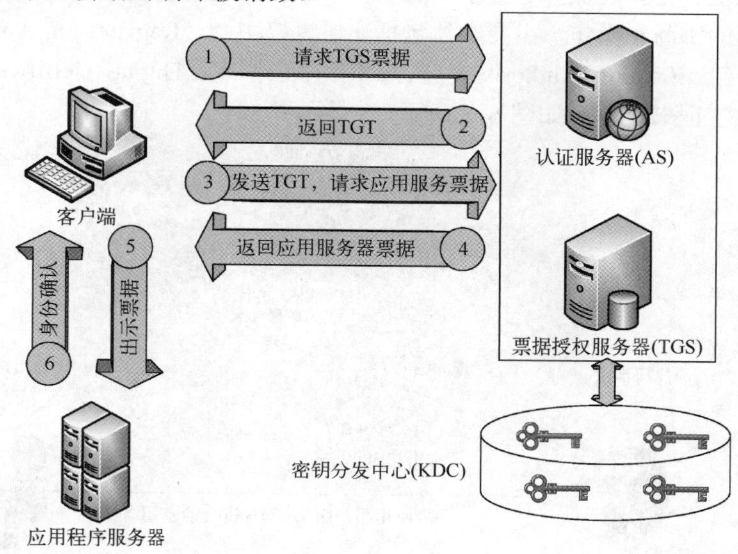

图 6-4　Kerberos 的组成及工作过程

Kerberos 协议的优点主要体现在可以显著减少用户密钥的密文暴露次数，从而减少攻击者对有关用户密钥的密文的积累。同时，Kerberos 认证过程具有单点登入的优点，当用户拿到 AS 的认证票据 TGT 并且该票据没有过期时，用户就可以使用该 TGT 通过 TGS 完成到任一服务器的认证而不必重新输入密码。

但是，Kerberos 也存在不足之处。Kerberos 认证系统要求解决主机节点时间同步问题和抵御拒绝服务攻击。如果某台主机的时间被更改，那么这台主机就无法使用 Kerberos 认证协议了，如果服务器的时间发生了错误，那么整个 Kerberos 认证系统将会瘫痪。尽管 Kerberos 有不尽如人意的地方，但它仍然是一个比较好的安全认证协议。目前，Windows 系统和 Hadoop 都支持 Kerberos 认证。

6.2.5　公钥基础设施（PKI）技术

公钥密码体制能够有效实现通信的保密性、完整性、不可否认性和身份认证，但实践中该体制面临公钥共享和分发的问题，即公钥的真实性和所有权问题。针对该问题，人们采用“公钥证书”的方法来解决，类似身份证、护照。公钥证书是将实体和一个公钥绑定，并让其他的实体能够验证这种绑定关系。为此，需要一个可信第三方来担保实体的身份，这个第三方称为认证机构，简称 CA（Certification Authority）。CA 是国际认证机构的通称，负责颁发证书，证书中含有实体名、公钥以及实体的其他身份信息。而 PKI（Public Key Infrastructure）就是有关创建、管理、存储、分发和撤销公钥证书所需要的硬件、软件、人员、策略和过程的安全服务设施。

> 特别理解
> 数字证书的重要作用

PKI 提供了一种系统化的、可扩展的、统一的、容易控制的公钥分发方法，其本质就是实现大规模网络中的公钥分发问题，建立大规模网络中的信任基础。基于 PKI 的主要安全服务有身份认证、完整性保护、数字签名、会话加密管理、密钥恢复。一般来说，PKI 涉及多个实体之间的协商和操作，主要实体包括注册授权中心（Registration Authority，RA）、认证授权中心（Certification Authority，CA）和数字证书库（Digital Certificate Library），PKI 的认证围绕数字证书进行，如图 6-5 所示。

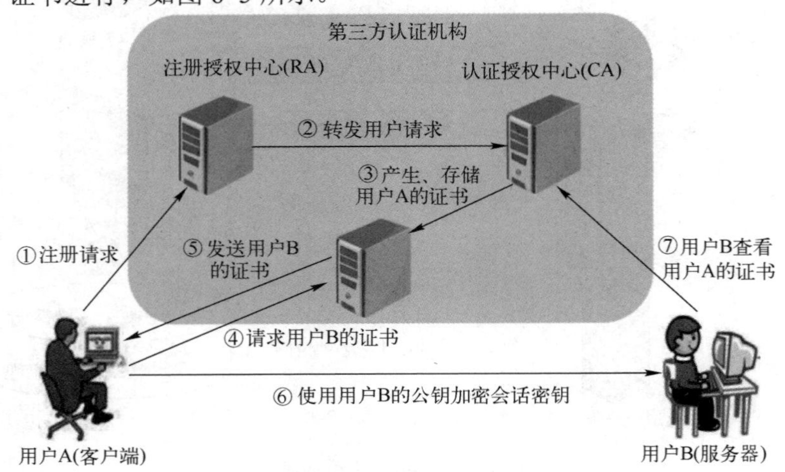

图6-5　PKI的基本工作过程

注册授权中心（RA）是负责证书注册任务的可信机构（或服务器），对于第一次使用 PKI 进行认证的用户，RA 负责建立和确认用户身份。RA 不负责证书的事务，它只作为用户和 CA 的中间人。当需要生成证书的时候，用户向 RA 发送请求，RA 将请求转发给 CA。

认证授权中心（CA）用于审查证书持有者身份的合法性，并签发管理证书，以防止证书被伪造或篡改。认证机构如同一个权威可信的中间人，可核实交易各方身份，负责电子证书的发放和管理。每个机构或个人上网用户都要有各自的网络身份证作为唯一识别，如表 6-2 所示。

表 6-2　证书的类型与作用

证书名称	证书类型	主要功能描述
个人证书	个人证书	个人网上交易、网上支付、电子邮件等相关操作
单位证书	单位身份证书	用户企事业单位网上交易、网上支付等
	E-mail 证书	用户企事业单位内安全电子邮件通信
	部门证书	用于企事业单位内某个部门的身份认证
服务器证书	企业证书	用于服务器、安全站点认证等
代码签名证书	个人证书	用于个人软件开发者对其软件的签名
	企业证书	用于软件开发企业对其软件的签名

注：数字证书标准包括 X.509 证书、简单 PKI 证书、PGP 证书和属性证书。

CA 的主要职能体现在以下 3 个方面：

1）管理和维护客户的证书和证书作废表（CRL）。

2）维护整个认证过程的安全。

3）提供安全审计的依据。

6.2.6　数字签名

> **教学视频**
> 课程视频 6.2-2
> 

> **特别理解**
> 数字签名与消息认证的区别

1．数字签名的概念

数字签名（Digital Signature）又称公钥数字签名或电子签章，是以电子形式存储于数据信息中或作为其附件或逻辑上与之有联系的数据。用于辨别签署人的真实身份，并标明签署人对数据信息内容认可的技术，也用于保证信息来源的真实性、数据传输的完整性和防抵赖性。在电子银行、证券和电子商务等方面应用非常广泛，如汇款、转账、订货、票据、股票成交等，用户以电子邮件等方式，使用个人私有密钥加密数据后，发送给接收者。接收者用发送者的公钥解密数据就可确定数据源。

> **知识拓展**
> 欧盟及美国标准对数字签名的定义

实现电子签名的技术手段多种多样，现在普遍使用的还是“数字签名”技术。《中华人民共和国电子签名法》中对数字签名的定义为：通过某种密码运算生成一系列符号及代码组成电子密码进行签名，来代替书写签名或印章，对于这种电子式的签名还可进行技术验证。采用规范化的程序和科学化的方法，用于鉴定签名人的身份以及对一项电子数据内容的认可，还可验证文件的原文在传输中有无变动，确保传输电子文件的完整性、真实性和不可抵赖性。

ISO 7498-2 标准中定义数字签名为：附加在数据单元上的一些数据，或是对数据单元所做的密码变换，这种数据和变换允许数据单元的接收者用于确认数据单元来源和数据单元的完整性，并保护数据，防止被人伪造。

2．数字签名的方法和功能

> 【案例 6-3】　由于不同的颁发机构可以为同一家公司颁发证书，但是审核标准不一致，所以黑客就利用这点成功申请了知名公司的数字证书。以某家颁发机构数字证书的申请流程为例，公司申请证书只有两个必要条件：单位授权书和公对公付款。如此简单的审查，导致部分颁发机构给木马制作者颁发了知名公司的数字证书，木马制作者利用手中的数字签名签发大量木马文件，由于此类文件非常容易被加入到可信任文件列表，因此给用户带来了极大的危害。

> **知识拓展**
> 数字签名的主要种类

实现数字签名的技术手段有多种，主要方法包括：①基于 PKI 公钥密码技术的数字签名；②用一个以生物特征统计学为基础的识别标识，如手书签名和图章的电子图像模式识别；③手印、声音印记或视网膜扫描的识别；④一个让收件人能识别发件人身份的密码代号、密码或个人识别码 PIN；⑤基于量子力学的计算机等。但其中比较成熟、使用方便、具有可操作性、普遍使用的数字签名技术还是基于 PKI 的数字签名技术。

一个数字签名算法主要由两部分组成：签名算法和验证算法。签名者可使用一个秘密的签名算法签一个消息，所得的签名可通过一个公开的验证算法来验证。当给定一个签名后，验证算法将对签名的真实性进行判断。目前，数字签名算法很多，如 RSA 数字签名算法、ElGamal 数字签名算法、美国的数字签名标准/算法（DSS/DSA）、椭圆曲线数字签名算法和有限自动机数字签名算法等。

> 📖知识拓展
> 法律上数字签名的功能

数字签名的主要功能如下：📖

1）签名是可信的。文件接收者相信签名者是慎重地在文件上签名的。

2）签名不可抵赖。发送者事后不能抵赖对报文的签名，但可以核实。

3）签名不可伪造。签名可以证明是签字者而不是其他人在文件上签字。

4）签名不可重用。签名是文件的一部分，不可将它移动到其他的文件。

5）签名不可变更。签名和文件不能改变，签名和文件也不可分离。

6）数字签名有一定的处理速度，能够满足所有的应用需求。

3. 数字签名过程及实现

对一个电子文件进行数字签名并在网上传输，通常需要实现的过程包括：网上身份认证、进行签名和对签名的验证。

网上通信的双方，在互相认证身份之后，即可发送签名的数据电文。数字签名的全过程分为两大部分，即签名与验证。数字签名与验证的过程和技术实现的原理如图 6-6 所示。

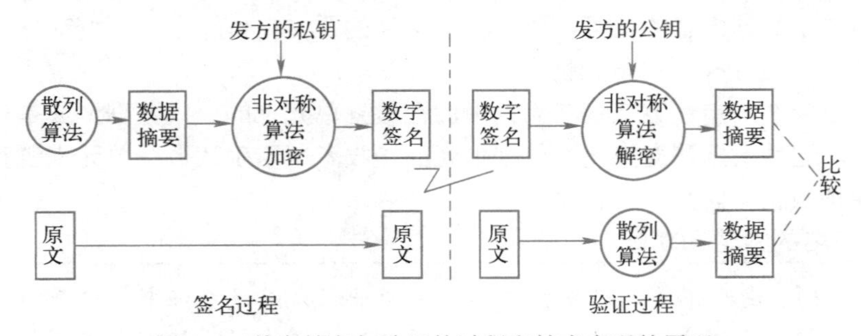

图 6-6　数字签名与验证的过程和技术实现的原理

发方用散列算法求得原文的数字摘要，用签名私钥对数字摘要加密求得数字签名，然后将原文与数字签名一起发送给收方；收方验证签名，即用发方的公钥解密数字签名，得出数字摘要；收方对原文采用同样的散列算法又得到一个新的数字摘要，将两个数字摘要进行比较，如果两者匹配，则说明经数字签名的电子文件传输成功。

（1）数字签名的操作过程

数字签名的操作过程如图 6-7 所示，需要有发送签名证书的私钥及其验证公钥。具体的操作过程为：①生成被签名的电子文件（在《电子签名法》中称为数据电文）；②利用散列算法对电子文件做数字摘要；③用签名私钥对数字摘要做非对称加密，即做数字签名；④将以上的签名和电子文件原文以及签名证书的公钥加在一起进行封装，形成签名结果发送给收方，待收方验证。

（2）数字签名的验证过程

收方收到发方的签名后进行签名验证，具体操作过程如图 6-8 所示。收方收到数字签名的结果包括数字签名、电子原文和发方公钥，即待验证的数据。收方进行签名验证的过程为：收方首先用发方公钥解密数字签名，导出数字摘要，并对电子文件原文用同样的散列算法得到一个新的数字摘要，将两个摘要的散列值进行比较，若结果相同则签名得到验证，否则签名无效。《电子签名法》中要求对签名不可改动，对签署的内容和形式也不可改动。

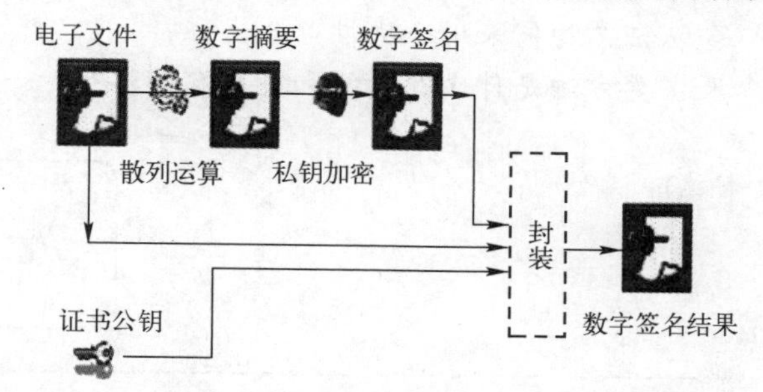

图 6-7　数字签名的操作过程

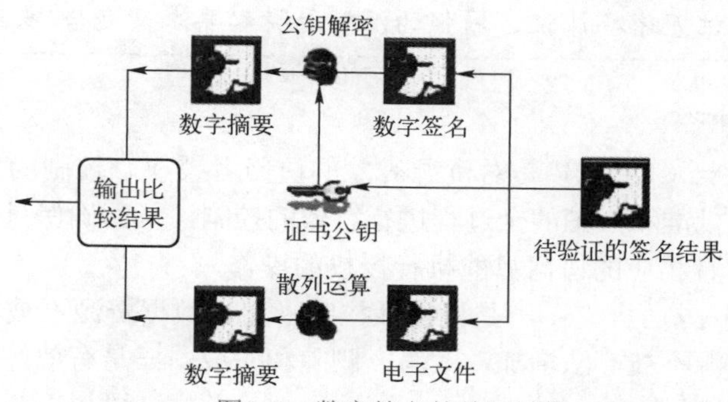

图6-8　数字签名的验证过程

如果收方对发方数字签名验证成功，就可以说明 3 个实质性的问题：

1）该电子文件确实是由签名者的发方所发出的，电子文件来源于该发送者。因为签署时电子签名数据由电子签名人所控制。

2）被签名的电子文件确实是经发方签名后发送的，说明发方使用自己的私钥做的签名，并得到验证，达到不可否认的目的。

3）收方收到的电子文件在传输中没有被篡改，保持了数据的完整性，因为签署后对电子签名的任何改动都能够被发现。《电子签名法》中规定："安全的电子签名具有与手写签名或者盖章同等的效力"。

（3）原文保密的数字签名的实现方法

上述数字签名原理中定义的对原文做数字摘要及签名再传输原文，实际上在很多场合传输的原文要求保密，不许别人接触。要求对原文进行加密的数字签名方法的实现涉及"数字信封"的问题，此处理过程稍微复杂一些，但数字签名的基本原理仍相同，即将原文用对称密钥加密传输，且将对称密钥用收方公钥加密发送给对方，这就如同将对称密钥放在同一个"数字信封"，收方收到"数字信封"，用自己的私钥解密信封，取出对称密钥解密得到原文。🕮

> 🕮知识拓展
> 原文加密的数字签名过程

☺ 讨论思考

1）常用的身份认证技术主要有哪些？

2）Kerberos 具体认证的基本过程是怎样的？

> ☺ 讨论思考
> 本部分小结
> 及答案

3）什么是数字证书？CA的主要职能和功能是什么？

4）什么是一次性口令认证？为何采用一次性口令认证？

5）数字签名的概念及主要方法是什么？功能和种类有哪些？

6.3 访问控制技术

教学视频
课程视频6.3

6.3.1 访问控制概述

【案例6-4】在Gartner发布的《身份和访问管理2020》中提出：所有500强企业的IT部门都必须推进身份认证和访问管理（Identity and Access Management，IAM）建设，IAM应重点关注无密码认证、增强的消费者隐私要求及混合/多云环境。

1．访问控制的概念

访问控制（Access Control）是对资源对象的访问者授权、控制的方法及运行机制，即通过对访问的申请、批准和撤销的全过程进行有效的控制，从而确保只有合法用户的合法访问才能给予批准，而且相应的访问只能执行授权的操作。

访问控制包含3方面含义：一是机密性控制，保证数据资源不被非法读出；二是完整性控制，保证数据资源不被非法增加、改写、删除和生成；三是有效性控制，保证资源不被非法访问主体使用和破坏。访问控制是系统保密性、完整性、可用性和合法使用性的基础，也是网络安全防范和保护的主要策略。

访问控制是主体依据某些控制策略或权限对客体本身或是其资源进行的不同授权访问。访问控制包括3个要素，即主体、客体和控制策略。

1）主体S（Subject）是指一个提出请求或要求的实体，是动作的发起者，但不一定是动作的执行者。可以是某个用户或是用户启动的进程、程序、服务和设备。

2）客体O（Object）是接受其他实体访问的被动实体。客体的概念也很广泛，凡是可以被操作的信息、资源、对象都可以认为是客体，如文件、设备、信号量等。在信息社会中，客体可以是信息、文件、记录等的集合体，也可以是网络上的硬件设施、无线通信中的终端，甚至一个客体可以包含另外一个客体。

3）控制策略A（Attribution）是主体对客体的访问规则集。这个规则集直接定义了主体对客体的动作行为和客体对主体的条件约束，如拒绝访问、授权许可、禁止操作等。访问策略实际上体现了一种授权行为，也就是客体对主体的权限允许。

访问控制的目的是限制访问主体对访问客体的访问权限，从而使计算机网络系统在合法范围内使用；它决定用户能做什么，也决定代表一定用户身份的进程能做什么。访问控制需要完成两个主要任务：识别和确认访问系统的用户；决定该用户可以对某一系统资源进行何种类型的访问。

2．访问控制的功能和内容

访问控制的主要功能包括：保证合法用户访问受权保护的网络资源，防止非法的主体进入受保护的网络资源，或防止合法用户对受保护的网络资源进行非授权的访问。访问控制首先需要对用户身份的合法性进行验证，同时利用控制策略进行管理。当用户身份和访问权限被验证之后，还需要对越权操作进行监控。因此，访问控制包括 3 个方面的内容：认证、控制策略实现和审计，如图 6-9 所示。

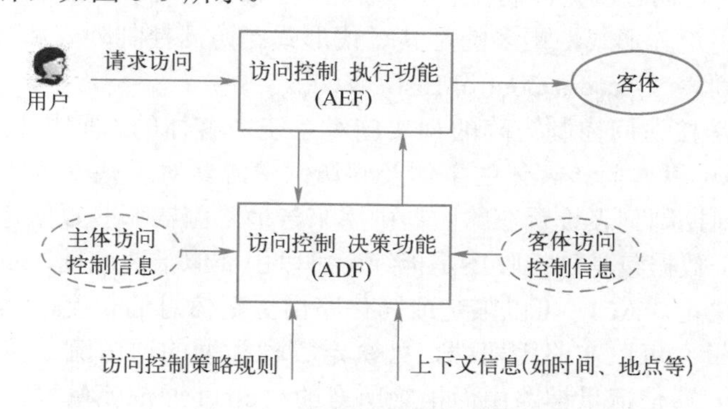

图 6-9　访问控制功能及原理

1）认证：包括主体对客体的识别认证和客体对主体的检验认证。

2）控制策略的具体实现：访问控制策略的实现依赖于访问控制策略的设计，需要规定用户访问资源的权限，防止资源丢失、泄密或非法使用。例如是内部用户还是外部用户访问、通信采用端口号还是 IP 地址、信息的安全级别和分类、访问权限的更新和维护等。

3）安全审计：使系统自动记录网络中的“正常”操作、“非正常”操作以及使用时间、敏感信息等。审计类似于飞机上的“黑匣子”，它为系统进行事故原因查询、定位、事故发生前的预测、报警以及为事故发生后的实时处理提供详细可靠的依据或支持。

6.3.2　访问控制的模型和分类

1．访问控制实现方法

最早对访问控制的抽象是访问矩阵（Access Matrix）。1969 年，B. W. Lampson 第一次使用主体、客体和访问矩阵的概念形式化地对访问控制进行抽象，开始真正意义上计算机访问控制系统安全模型的研究。

（1）访问控制矩阵（Access Control Matrix，ACM）

访问控制矩阵模型的基本思想是将所有的访问控制信息存储在一个矩阵中进行集中管理，如表 6-3 所示，访问矩阵的每行对应一个主体，是访问操作中的主动实体；每列对应一个客体，是访问操作中的被动实体；每个单元格用来描述主体可以对客体执行的访问操作。

表 6-3　访问控制矩阵示例

Subjects	Objects		
	O_1	O_2	O_3
S_1	Read/Write		
S_2	Execute	Write	
S_3			Read

系统的访问控制矩阵表示了系统的一种保护状态，如果系统中用户发生了变化、访问对象发生了变化或者某一用户对某个对象的访问权限发生了变化，都可以看作是系统的保护

状态发生了变化。由于访问控制矩阵只规定了系统状态的迁移必须有规则，而没有规定是什么规则，因此该模型的灵活性很强，但却给系统埋下了潜在的安全隐患。另外，当系统拥有大量用户和客体时，访问控制矩阵将变得十分臃肿且稀疏，效率也会很低。因此，实际的访问控制系统很少采用矩阵形式，更多的是其替代形式：访问控制列表和能力表。

（2）访问控制列表（Access Control List，ACL）

访问控制列表是按访问控制矩阵的列实施对系统中客体的访问控制。每个客体都有一张 ACL，用于说明可以访问该客体的主体及其访问资源。对于共享客体，系统只要维护一张 ACL 即可。访问控制列表设置在路由器中用来告诉路由器哪些数据包可以接收、哪些数据包需要拒绝，至于数据包是被接收还是拒绝，可以由类似于源地址、目的地址、端口号等的特定指示条件来决定。ACL 可以限定或简化路由更新信息的长度，从而限制通过路由器某一网段的通信流量；可以在路由器端口处决定哪种类型的通信流量被转发或被阻塞，例如，可以允许 E-mail 通信流量被路由而拒绝所有的 Telnet 通信流量等。

【案例 6-5】 采用 DAC 集中式操作系统，如 Linux、Windows 等，全部采用 ACL 的方式实现。例如在 Linux 系统中，客体都通过指针指向一个 ACL 列表的数据结构，在该数据结构中以链表的形式依次存储了客体拥有者、拥有者所属用户组及其他用户所具有的读、写、执行权限。

由于 ACL 是随着客体在系统中分布存储的，如果要从主体的角度实施权限管理，确定一个主体的所有访问权限就需要遍历分布式系统中所有的 ACL，而这通常是十分困难的。因此，在分布式系统中实施访问控制通常需要采用能力表的方法。

（3）能力表（Capability List，CL）

能力表访问控制方法借用了系统对文件的目录管理机制，为每一个欲实施访问操作的主体建立了一个能被其访问的“客体目录表”，如某个主体的客体目录表可能如表 6-4 所示。目录中的每一项称为能力，它由特定客体和相应访问权限组成，表示主体对该客体所拥有的访问能力。把主体所拥有的所有能力组合起来就得到了该主体的能力表，这种方法相当于把访问控制矩阵按行进行存储。

知识拓展
ACL 与 CL 的特点对比

表 6-4　客体目录表

客体 1：权限	客体 2：权限	客体 i：权限	客体 j：权限	客体 n：权限

2．访问控制模型

（1）自主访问控制

自主访问控制（Discretionary Access Control，DAC）又称为随意（或任选）访问控制，是在确认主体身份及所属组的基础上，根据访问者的身份和授权来决定访问模式、对访问进行限定的一种控制策略，具有很大的灵活性，并易于理解、使用，但也存在以下两个重要缺陷。

1）权限传播可控性差。因为这种机制允许用户自主地将自己客体的访问操作权转授给别的主体，一旦转授给不可信主体，那么该客体的信息就会被泄露。

2）不能抵抗木马攻击。在该机制下，某一合法用户可以任意运行一段程序来修改自己文件的访问控制信息，系统无法区分这是用户的合法修改还是木马程序的非法修改。

此外，因用户无意（如程序错误、误操作等）或不负责任的操作而造成敏感信息的泄露问题，在 DAC 机制下也无法解决。这些缺陷都使得自主访问控制的安全程度较低，难以独自支撑高安全等级要求的计算环境。

【案例 6-6】 Linux、UNIX、Windows Server 的操作系统都提供自主访问控制功能。在实现上，首先要对用户的身份进行鉴别，然后按照访问控制列表所赋予用户的权限允许和限制用户使用客体资源。主体控制权限的修改通常由特权用户或特权用户组（管理员）实现。

（2）强制访问控制

强制访问控制（Mandatory Access Control，MAC）最早出现在 20 世纪 70 年代，是源于美国政府和军方对信息保密性的要求以及防止特洛伊木马之类的攻击而研发的。强制访问控制是根据客体中信息的敏感标签和访问敏感信息的主体访问等级，对客体访问实行限制的一种方法。它主要用于保护那些处理特别敏感数据（如政府保密信息或企业敏感数据）的系统。所谓“强制”就是安全属性由系统管理员人为设置，或由操作系统自动按照严格的安全策略与规则进行设置，用户和他们的进程不能修改这些属性。

强制访问控制的实质是对系统中所有的客体和主体分配敏感标签（Sensitivity Label）。用户的敏感标签指定了该用户的敏感等级或信任等级，也被称为安全许可（Clearance）。文件的敏感标签则说明了要访问该文件的用户所必须具备的信任等级。敏感标签由两个部分组成：类别（Classification）和类集合（Categories）。类别也称安全级，是单一的、具有层次结构的，从高到低分为绝密级（Top Secret）、机密级（Secret）、秘密级（Confidential）以及公开级（Unclassified）4 级。类集合也称范畴级，是非层次的，代表系统中信息的不同区域，类集合之间是包含、被包含或无关的关系。安全级中包括一个保密级别，范畴集中包含任意多个范畴，如{机密：人事处，财务处，科技处}。

在现实中，对于一个安全管理人员来说，很难在安全目标的保密性、可用性和完整性之间做出完美的平衡。因此，MAC 模型分为加强数据保密性和以加强数据完整性为目的的两种类型，如 BLP 模型、Biba 模型、Clark-Wilson 模型、Bion 模型和 China Wall 模型等，其中最经典的模型是 BLP 模型和 Biba 模型。📖

📖知识拓展
BLP 模型与 Biba 模型介绍

（3）基于角色的访问控制

随着系统内客体和用户数量的增多，用户管理和权限管理的复杂性也会随之增加。20 世纪 90 年代以来，随着对在线的多用户、多系统研究的不断深入，角色的概念逐渐形成，并逐步产生了基于角色的访问控制（Role-Based Access Control，RBAC）模型。其核心思想是将访问许可权分配给一定的角色，通俗地说，角色就是系统中的岗位、职位或分工。用户通过饰演不同的角色获得角色所拥有的访问许可权，如图 6-10 所示。角色充当着主体（用户）和客体之间关系的桥梁，不仅是用户的集合，也是一系列权限的集合。当用户或权限发生变动时，系统可以很灵活地将该用户从一个角色转移到另一个角色来实

📖知识拓展
RBAC96 模型族的基本介绍

现权限的转换，降低了管理的复杂度。另外，在组织机构发生职能改变时，应用系统只需要对角色进行重新授权或取消某些权限，就可以使系统重新适应需要。与用户相比，角色是相对稳定的。📖

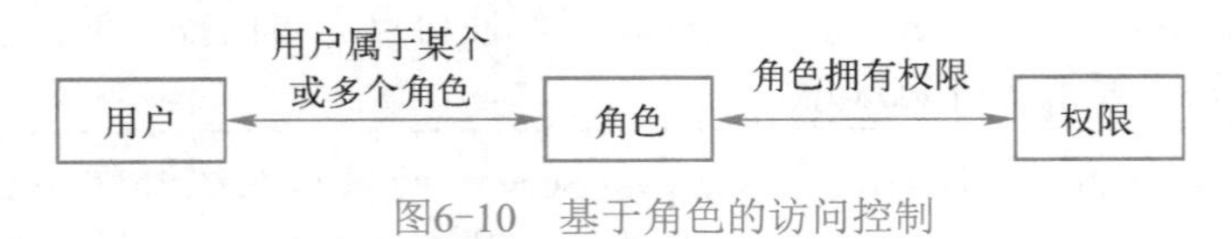

图6-10 基于角色的访问控制

角色由系统管理员定义，角色成员的增减也只能由系统管理员来执行，即只有系统管理员有权定义和分配角色。用户与客体无直接联系，只有通过角色才能享有该角色所对应的权限，从而访问相应的客体。📖

> 📖知识拓展
> 基于角色的访问控制规则

（4）基于任务的访问控制

传统的访问控制模型都是基于主体-客体观点的被动安全模型，在被动安全模型中授权是静态的，没有考虑到操作的上下文，因此存在一些缺陷：在执行任务之前，主体就已有权限，或者在执行完任务后继续拥有权限，这样就导致主体拥有额外的权限，系统安全面临极大的危险，针对上述问题，人们提出了基于任务的访问控制（TBAC）模型。

基于任务的访问控制（TBAC）模型是一种以任务为中心的、采用动态授权的主动安全模型，该模型的基本思想是：授予用户的访问权限，不仅仅依赖主体、客体，还依赖于主体当前执行的任务和任务的状态。当任务处于活动状态时，主体拥有访问权限。一旦任务被挂起，主体拥有的访问权限就会被冻结。如果任务恢复执行，主体将重新拥有访问权限。任务处于终止状态时，主体拥有的权限会马上被撤销。TBAC 适用于工作流、分布式处理、多点访问控制的信息处理以及事务管理系统中的决策制定，但最显著的应用还是在安全工作流管理中。

（5）基于属性的访问控制

> 【案例 6-7】 截至 2023 年 4 月，全国标准信息公共服务平台（https://std.samr.gov.cn）中可以搜索到有关“访问控制”的国家标准计划、国家标准及行业标准共计 69 项。其中强制性标准 7 项、推荐性标准 62 项。

基于用户、资源、操作和运行上下文属性所提出的基于属性的访问控制（Attribute-Based Access Control，ABAC），将主体和客体的属性作为基本的决策要素，灵活利用请求者所具有的属性集合决定是否赋予其访问权限，能够很好地将策略管理和权限判定相分离。由于属性是主体和客体内在固有的，不需要手工分配，且访问控制是多对多的方式，这使得 ABAC 管理相对简单，同时属性可以从多个角度对实体进行描述，因此可根据实际情况改变策略。例如，基于使用的访问控制模型（Usage Control，UCON）引入了执行访问控制所必须满足的约束条件（如系统负载、访问时间限制等）。除此之外，ABAC 的强扩展性使其可以和加密机制等数据隐私保护机制相结合，在实现细粒度访问控制的基础上，保证用户数据不会被分析及泄露，例如，基于属性的加密（Attribute-based Encryption，ABE）方法。上述优点使 ABAC 模型能够有效解

> 📖知识拓展
> 新型计算环境下访问控制新挑战

决动态大规模环境下的细粒度访问控制问题，是新型计算环境中理想的访问控制模型。📖

6.3.3 访问控制的安全策略

1. 访问控制安全策略的种类

访问控制技术的实现以访问控制策略的表达、分析和实施为主。其中，访问控制策略定义了系统安全保护的目标，访问控制模型对访问控制策略的应用和实施进行了抽象和描述，访问控制框架描述了访问控制系统的具体实现、组成架构和部件之间的交互流程。访问控制安全策略主要有如下 7 种：

1）入网访问控制策略。为网络访问提供了第一层访问控制。控制哪些用户能够登录到服务器并获取网络资源，控制准许用户入网的时间和登录入网的工作站。用户的入网访问控制分为：用户名和口令的识别与验证、用户账号的默认限制检查。只要其中的任何一个步骤未通过，该用户便不能进入该网络。

2）网络的权限控制策略。是针对网络非法操作所提出的一种安全保护措施。可对下列用户和用户组赋予：①特殊用户，指具有系统管理权限的用户；②一般用户，系统管理员根据用户的实际需要为他们分配操作权限；③审计用户，负责网络的安全控制与资源使用情况的审计。用户对网络资源的访问权限可以用一个访问控制表来描述。

3）目录级安全控制策略。网络应允许控制用户对目录、文件、设备的访问，用户在目录一级指定的权限对所有文件目录有效，用户还可进一步指定对目录下的子目录和文件的访问权限。📖

> 📖知识拓展
> 目录及属性可以控制的访问权限

4）属性安全控制策略。网络系统管理员给文件、目录指定访问属性，并与网络服务器的文件、目录网络设备联系起来，在权限安全的基础上提供更进一步的安全性。网络上的资源都应预先标出一组安全属性，用户对网络资源的访问权限对应一张访问控制表，用以表明用户对网络资源的访问能力。

5）网络服务器安全控制策略。网络服务器的安全控制包括：可以设置口令锁定服务器控制台，以防止非法用户修改、删除重要信息或破坏数据；可以设定服务器登录时间限制、非法访问者检测和关闭的时间间隔等。

6）网络监测和锁定控制策略。网络管理员应对网络实施监控，服务器要记录用户对网络资源的访问。如有非法的网络访问，服务器应以图形、文字或声音等形式报警，以引起网络管理员的注意。如果入侵者试图进入网络，网络服务器会自动记录尝试进入网络的次数，当非法访问的次数达到设定的数值时，该用户账户就会被自动锁定。

7）网络端口和节点的安全控制策略。网络中服务器的端口往往使用自动回呼设备、静默调制解调器加以保护，并以加密的形式来识别节点的身份。自动回呼设备用于防止假冒合法用户，静默调制解调器用以防范黑客的自动拨号程序对计算机进行攻击。网络还常对服务器端和用户端采取控制，用户必须携带证实身份的验证器（如智能卡、磁卡、安全密码发生器等），在对用户的身份进行验证之后，才允许用户进入。之后，用户端和服务器再进行相互验证。📖

> 📖知识拓展
> 网上银行访问控制的安全策略

2．安全策略的实施原则

访问控制安全策略的实施围绕主体、客体和安全控制规则及三者之间的关系展开。

1）最小特权原则。最小特权原则是指主体执行操作时，按照主体所需权利的最小化原则分配给主体权利。其优点是最大限度地限制了主体实施授权行为，可以避免来自突发事件、错误和未授权主体的危险。

2）最小泄露原则。指主体执行任务时，按照主体所需要知道的信息最小化的原则分配给主体权利。

3）多级安全策略。是指主体和客体间的数据流向和权限控制按照安全级别的绝密（TS）、秘密（S）、机密（C）、限制（RS）和无级别（U）5 级来划分。多级安全策略的优点是避免了敏感信息的扩散。对于具有安全级别的信息资源，只有安全级别比它高的主体才能够访问。

3．访问控制安全策略的实现

访问控制安全策略的实现主要有两种方式：基于身份的安全策略、基于规则的安全策略等。

1）基于身份的安全策略是过滤对数据或资源的访问，只有能通过认证的那些主体才有可能正常使用客体的资源。基于身份的安全策略包括基于个人的策略和基于组的策略，主要有两种基本的实现方法，分别为能力表和访问控制表。

① 基于个人的策略。基于个人的策略是指以用户个人为中心建立的一种策略，由一些列表组成。这些列表针对特定的客体，限定了哪些用户可以实现何种安全策略的操作行为。

② 基于组的策略。基于组的策略是基于个人的策略的扩充，指一些用户被允许使用同样的访问控制规则来访问同样的客体。

2）基于规则的安全策略。基于规则的安全策略中的授权通常依赖于敏感性。在一个安全系统中，数据或资源应该标注安全标记，代表用户进行活动的进程可以得到与其原发者相应的安全标记。在实现上，由系统通过比较用户的安全级别和客体资源的安全级别来判断是否允许用户进行访问。

6.3.4 认证服务与访问控制系统

1．AAA 技术概述

AAA（Authentication，Authorization，Accounting）认证系统应用较为广泛。其中，认证（Authentication）是验证用户身份的过程，授权（Authorization）是依据认证结果开放网络服务给用户的过程，审计（Accounting）是记录用户对各种网络操作及服务的使用情况并进行计费的过程。

AAA 软硬件接口是身份认证系统的关键部分，其中专门设计的 AAA 平台可实现灵活的认证、授权、审计功能，且系统预留了扩展接口，可根据具体业务系统的需要，灵活地进行相应的扩展和调整。

在新的网络应用环境中，虚拟专用网（VPN）、远程拨号、移动办公室等网络移动接入应用非常广泛，传统的用户身份认证和访问控制机制已经无法满足广大用户的需求，由此产生了 AAA 认证授权机制，主要包括如下 3 个部分：

1）认证。对网络用户身份进行识别后，才允许远程登入访问网络资源。

2）鉴权。为远程访问控制提供方法，如一次性授权或给予特定命令或服务的授权。

3）审计。主要用于网络计费、审计和制作报表。

2．远程登入认证

> 📖知识拓展
> RADIUS 的使用场合

远程登入认证也称远程授权接入用户服务（Remote Authentication Dial in User Service , RADIUS），主要用于管理远程用户的网络登入，是目前应用最广泛的 AAA 协议，主要基于 C/S 架构。其客户端最初是 NAS（Net Access Server），现在任何运行 RADIUS 客户端软件的计算机都可以成为其客户端。RADIUS 协议认证机制灵活，是一种完全开放的协议，任何安全系统和厂商都可以使用，并且 RADIUS 可以和其他 AAA 安全协议共用。此协议规定了网络接入服务器与 RADIUS 服务器之间的消息格式。当服务器接受用户的连接请求后，根据其账户和密码完成验证，将用户所需的配置信息返回给网络接入服务器，该服务器同时审计并记录有关信息。📖

RADIUS 协议的认证端口号为 1812 或 1645，计费端口号为 1813 或 1646。RADIUS 通过统一的用户数据库存储用户信息并进行验证与授权工作。对于重要的数据包和用户口令，RADIUS 协议可使用 MD5 算法对其进行加密。在其客户端（NAS）和服务器端（RADIUS 服务器）分别存储一个密钥，用来对数据进行算法加密处理，密钥不宜在网络上传送。

RADIUS 协议规定了重传机制。如果 NAS 向某个 RADIUS 服务器提交请求没有收到返回信息，则可要求备份服务器重传。由于有多个备份服务器，因此 NAS 要求重传时可采用轮询方法。如果备份服务器的密钥与以前的密钥不同，则需要重新进行认证。

3．终端访问控制器访问控制系统

终端访问控制器访问控制系统（Terminal Access Controller Access Control System，TACACS）由 RFC1492 定义，其功能是通过一个或几个中心服务器为网络设备提供访问控制服务，也是 AAA 协议。标准的 TACACS 协议只认证用户是否可以登录系统，目前应用很少。取而代之的是 TACACS+（Terminal Access Controller Access-Control System Plus），也是一种为路由器、网络访问服务器和其他互联计算设备通过一个或多个集中的服务器提供访问控制的协议。TACACS+提供了独立的认证、授权和记账服务，由思科（Cisco）公司提出，主要应用于 Cisco 公司的产品中，运行于 TCP 之上。

6.3.5 准入控制技术

> 【案例 6-8】 思科公司率先提出网络准入控制（Network Admission Control，NAC）和自防御网络（Self-Defending Network，SDN）的概念，并联合 IBM 等厂商共同开发和推广 NAC。微软公司也提供了具有同样功能的网络准许接入保护方案（Network Access Protection，NAP）。思科公司的 NAC 和微软公司的 NAP 在原理和本质上一致，不仅对用户身份进行认证，还对接入设备安全状态进行评估，使各接入点都具有较高的可信度和健壮性，从而保护网络基础设施。

1．准入控制技术概述

企事业机构的网络系统在安装防火墙、漏洞扫描系统、入侵检测系统和病毒检测软件等安全设施后仍有可能遭受恶意攻击，其原因主要是一些用户不能及时安装系统漏洞补丁或升级病毒库等，给网络系统带来了安全隐患。

网络准入控制是一种网络安全管理技术，是主动式的对入网用户进行身份识别和安全评估，只有符合安全标准的终端才能够准许访问企事业机构网络，仅允许审批后的终端用户使用网络资源，从而达到保障整个网络安全的目的。当前，网络准入控制技术架构主要有以下3种：📖

📖知识拓展
几种网络准入控制技术的优缺点

1）基于端点系统的架构 Software-base NAC，此架构主要是桌面厂商的产品，采用了ARP 干扰、终端代理软件的软件防火墙等技术。

2）基于基础网络设备联动的架构 Infrastructure-base NAC，主要是各个网络设备厂家和部分桌面管理厂商的产品，采用的是 802.1X、PORTAL、EOU、DHCP 等技术。

3）基于应用设备的架构 Appliance-base NAC，采用的是策略路由、MVG、VLAN 控制等技术。

2. 准入控制技术方案介绍

在网络准入控制技术中，目前有几个主要的技术，思科的网络准入控制（Network Admission Control，NAC）、微软的网络接入保护（Network Access Protection，NAP）、Juniper 的统一接入控制（Uniform Access Control，UAC）、可信计算组织 TCG 的可信网络连接（Trusted Network Connect，TNC）、H3C 的端点准入防御（Endpoint Admission Defense，EAD）等。其他如赛门铁克、北信源、锐捷、启明星辰等国内外厂商也不约而同地基于自身特色提出了准入控制的解决方案。在原理上这些方案基本类似，但是具体实现方式各不相同，常用的几种网络准入控制技术有：802.1X 准入控制、DHCP 准入控制、网关型准入控制、PORTAL 型准入控制、ARP 型准入控制等。📖

📖知识拓展
H3C 的新一代 EAD³ 介绍

☺讨论思考
本部分小结
及答案

☺讨论思考

1）访问控制的概念和三要素是什么？

2）访问控制模型主要有哪几种？

3）访问控制安全策略的实施原则和实现方式是什么？

4）什么是网络准入控制技术？其基本架构有哪几种？

6.4 安全审计与电子证据

【案例6-9】2020 年，微软曝出前员工利用职务之便窃取并非法出售数字礼品卡获利超过 1000 万美元，同年 8 月，思科曝出离职员工删除 456 个虚拟机导致 1.6 万个 WebEx Teams 账户被关闭长达两周，使得思科因紧急修复并赔付客户而损失了 240 万美元。除类似的造成重大损失的内部威胁案例外，勒索软件等外部威胁往往也会利用企业内部人员安全意识薄弱、网络安全实践不规范以及业务流程和管理系统的缺陷等实施攻击。这些都凸显了安全审计的重要性。

6.4.1　安全审计概述

1．安全审计的基本概念

系统安全审计是计算机网络安全的重要组成部分，是对防火墙技术和入侵检测技术等网络安全技术的重要补充和完善。在我国计算机系统安全保护等级划分中，系统审计保护属于第二级，是在用户自主保护级的基础上，要求创建和维护访问的审计跟踪记录，使所有用户对自身行为的合法性负责。

安全审计（Audit）是通过特定的安全策略，利用记录及分析系统活动和用户活动的历史操作事件，按照顺序检查、审查和检验每个事件的环境及活动。其中系统活动包括操作系统和应用程序进程的活动；用户活动包括用户在操作系统中和应用程序中的活动，如在用户使用的资源、使用时间、执行的操作等方面，发现系统的漏洞和入侵行为并改进系统的性能和安全。安全审计就是对系统的记录与行为进行独立的审查与估计，其目的在于：

1）对潜在的攻击者起到重大震慑和警告的作用。

2）测试系统的控制是否恰当，以便于进行调整，保证与既定安全策略和操作能够协调一致。

3）对于已发生的系统破坏行为，做出损害评估并提供有效的灾难恢复依据和追责证据。

4）对系统控制、安全策略与规程中特定的改变做出评价和反馈，便于修订决策和部署。

5）为系统管理员提供有价值的系统使用日志，帮助系统管理员及时发现系统入侵行为或潜在漏洞。

2．安全审计的类型

通常，安全审计有 3 种类型：系统级审计、应用级审计和用户级审计。

1）系统级审计。系统级审计的内容主要包括登录情况、登录识别号、每次登录尝试的日期和具体时间、每次退出的日期和时间、所使用的设备、登录后运行的内容，如用户启动应用的尝试，无论成功或失败。典型的系统级日志还包括和安全无关的信息，如系统操作、费用记账和网络性能。

2）应用级审计。系统级审计可能无法跟踪和记录应用中的事件，也可能无法提供应用和数据拥有者需要的足够的细节信息。通常，应用级审计的内容包括打开和关闭数据文件，读取、编辑和删除记录或字段的特定操作以及打印报告之类的用户活动。

3）用户级审计。用户级审计的内容通常包括用户直接启动的所有命令、用户所有的鉴别和认证尝试、用户所访问的文件和资源等方面。

3．安全审计系统的基本结构

安全审计是通过对所关心的事件进行记录和分析来实现的，因此审计过程包括审计发生器、日志记录器、日志分析器和报告机制几部分，如图 6-11 所示。

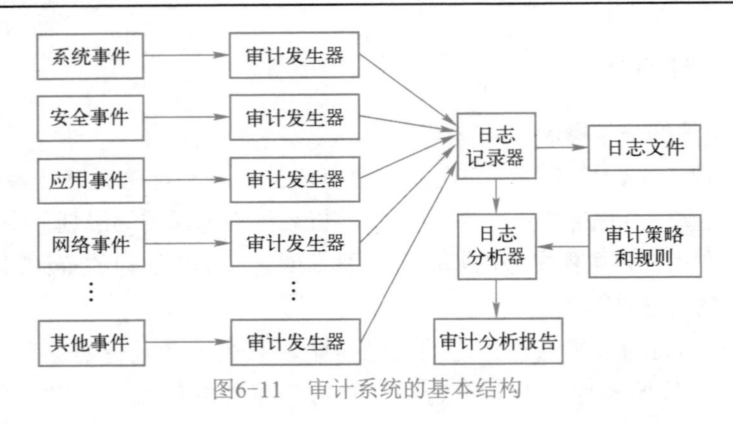

图6-11 审计系统的基本结构

6.4.2 系统日志审计

1. 系统日志的内容

日志数据是故障排除、除错、监控、安全、反诈骗、合规、电子取证等应用的基础。同时，它也是一个强大的分析工具，可以分析点击流、地理空间、社交媒体以及以客户为中心的使用案例中的行为记录数据。系统日志可根据安全的强度要求，选择记录部分或全部事件。通常，对于一个事件，日志应包括事件发生的日期和时间、引发事件的用户（地址）、事件的源位置和目的位置、事件类型、事件成败等。

2. 安全审计的记录机制

不同的系统可以采用不同的机制记录日志。日志的记录可以由操作系统完成，也可以由应用系统或其他专用记录系统完成。通常，大部分情况都采用系统调用 Syslog 方式记录日志，也可以用 SNMP 记录。其中 Syslog 记录机制由 Syslog 守护程序、Syslog 规则集及 Syslog 系统调用三部分组成，如图 6-12 所示。

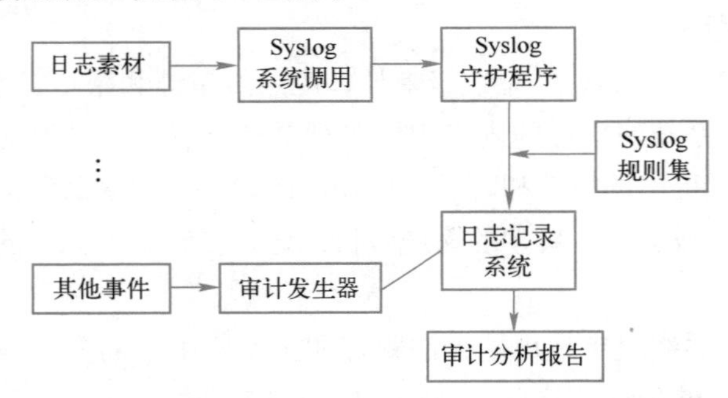

图 6-12 Syslog 安全审计的记录机制

3. 日志分析

日志分析是通过集中收集并监控信息系统中的系统日志、设备日志、应用日志、用户访问行为、系统运行状态等各类信息，进行过滤、归并和告警分析处理，建立起一套面向整个系统日志的安全监控管理体系，将信息系统的安全状态以最直观的方式呈现给管理者，既能提高安全审计的效率与准确性，也有助于及时发现安全隐患、快速定位故障、追查事故责任，并能够满足各项标准、法规的合规性管理要求，其主要内容如下：🕮

> 🕮知识拓展
> 经典日志分析工具介绍

1）潜在侵害分析。日志分析可用一些规则监控审计事件，并根据规则发现潜在入侵。这种规则可以是由已定义的可审计事件的子集所指示的潜在安全攻击的积累或组合，或其他规则。

2）基于异常检测的轮廓。日志分析应确定用户正常行为的轮廓，当日志中的事件违反正常访问行为的轮廓，或超出正常轮廓一定的门限时，能指出将要发生的威胁。

3）简单攻击探测。日志分析可对重大威胁事件的特征进行明确的描述，当攻击出现时，及时指出。

4）复杂攻击探测。高级日志分析系统可检测多步入侵序列，当攻击出现时，可预测发生步骤。

4．审计事件查阅

由于审计系统是追踪、恢复的直接依据，甚至是司法依据，因此其自身的安全性十分重要。审计系统的安全主要是查阅和存储的安全。

应严格限制审计事件的查阅，不能篡改日志。通常以不同的层次保证查阅安全：

1）审计查阅。审计系统以可理解的方式为授权用户提供查阅日志和分析结果的功能。

2）有限审计查阅。审计系统只提供对内容的读权限，应拒绝其他的用户访问审计系统。

3）可选审计查阅。在有限审计查阅的基础上限制查阅的范围。

5．审计事件存储

审计事件存储的安全要求，具体包括以下几点：

1）受保护的审计踪迹存储。即要求存储系统对日志事件具有保护功能，防止未授权的修改和删除，并具有检测修改/删除的能力。

2）审计数据的可用性保证。在审计存储系统遭受意外时，能防止或检测审计记录的修改；在存储介质存满或存储失败时，能确保记录不被破坏。

3）防止审计数据丢失。在审计踪迹超过预定门限或记满时，应采取相应措施防止数据丢失。此措施可以是忽略可审计事件、只允许记录有特殊权限的事件、覆盖以前记录、停止工作等。

6.4.3　审计跟踪与实施

1．审计跟踪的概念及意义

审计跟踪（Audit Trail）是系统活动的记录，这些记录可以重构、评估、审查环境和活动的次序，这些环境和活动是与同一项事务的开始到最后结束期间围绕或导致一项操作、一个过程或一个事件相关的。因此，审计跟踪可以用于：确定和保持系统活动中每个人的责任、重建事件、评估损失、检测系统问题区、提供有效的灾难恢复、阻止系统的不当使用等。📖

> 📖知识拓展
> 审计是系统安全策略的一个重要组成部分

作为一种安全机制，系统的审计机制的安全目标如下：

1）审查基于每个目标或每个用户的访问模式，并使用系统保护机制。

2）发现试图绕过保护机制的外部人员和内部人员。

3）发现用户从低等级到高等级的访问权限转移。

4）制止用户企图绕过系统保护机制的尝试。

5）作为另一种机制确保记录并发现用户企图绕过保护的尝试，为损失控制提供足够的信息。

安全审计跟踪机制的意义在于：经过事后的安全审计可以检测和调查安全漏洞。

1）不仅能够识别谁访问了系统，还能指出系统正在被怎样使用。

2）可以确认网络攻击的情况，审计信息对于确认问题和攻击源很重要。

3）系统事件的记录可更快速识别问题，并成为后续事故处理的重要依据。

4）通过对安全事件的不断收集与积累并且加以分析，有选择性地对其中的某些站点或用户进行审计跟踪，以提供发现可能产生破坏性行为的有力证据。

2. 网络安全审计的实施

为了确保审计数据的可用性和正确性，审计数据需要受到保护。审计应根据需要（经常由安全事件触发）定期审查、自动实时审查或两者兼顾。系统管理人员应根据安全管理要求确定需要维护多长时间的审计数据，其中包括系统内保存的和归档保存的数据。与安全审计实施有关的问题包括保护审计数据、审查审计数据和用于审计分析的工具。📖

> 📖知识拓展
> 金融机构审计跟踪的实施

审计方法与审计跟踪的实施可以从一定程度上确保被审查对象行为的真实性、正确性、合规性，审计的实施对象主要是操作系统的合法或非法用户，其被审查对象的过往行为和可访问的数据文件亦可作为发生计算机犯罪时的有效证据，如操作系统日志、防火墙与入侵检测系统等安全设备的工作记录、安全防护病毒软件日志、系统审计记录、网络监控设备日志及实时流量、电子邮件系统日志、电子邮件内容、操作系统文件、数据库文件和操作记录、应用程序记录、硬盘交换分区、软件设置参数和文件、完成特定功能的脚本文件、Web 浏览器数据缓冲、书签、历史记录或会话日志、实时聊天记录、微信朋友圈、微博记录等。其中提取证据的过程一般可被划归为电子取证范畴，而电子取证主要是围绕电子证据进行的。

6.4.4 电子证据概述

> **【案例 6-10】** 随着信息网络技术的高速发展，网络犯罪的数量快速增长、手段不断翻新、危害更加深远。以电信网络诈骗、涉虚拟货币犯罪为代表的信息网络犯罪具备突出的链条性、跨地域性、涉众性特征，引发了犯罪管辖争议，增加了犯罪取证难度与证据审查难题。

1. 电子证据的概念

2012 年，我国先后审议通过的《中华人民共和国刑事诉讼法修正案》和《中华人民共和国民事诉讼法修正案》先后将电子数据纳入法定证据的种类。2015 年修改实施的《中华人民共和国行政诉讼法》也正式将电子数据纳入证据范畴，电子数据作为证据的法律地位得以确立。2019 年，公安部印发了《公安机关办理刑事案件电子数据取证规则》，进一步明确和细化了公安机关电子数据取证的相关程序、条件、范围等事项。严格来讲，电子数据只是一个技术术语，是指基于计算机应用、通信和现代管理技术等电子化技术手段而形成的包括文字、图形符号、数字、字母等的客观资料。电子数据必须经过查证属实才能成为电子数据证据。对电子数据证据的其他表达方法类似的有“计算机证据”“网络证据”“数字证据”等，每一种说法的含义也不完全相同，本书均以电子证据进行介绍，即用于证明案件事实的电子数据。对于电子证据的定义，有两种是广为接受的，下面分别从广义和狭义的角度进行阐述。

1）广义的电子证据是指以电子形式存在的，用作证据使用的一切材料及其派生物，或者说借助电子技术或电子设备而形成的一切证据。在概念中突出了“电子形式”，即由介质、磁性物、光学设备、计算机内存或类似设备生成、发送、接收、存储的任一信息的存在形式。无论是数字电子技术还是模拟电子技术，无论是计算机、数码相机等数字电子设备还是电报、雷达等模拟电子设备，都属于电子证据的范畴。

2）狭义的电子证据是数字化信息设备中存储、处理、传输、输出的数字化信息形式的证据。在概念中突出“数字化”，这是由于数字化信息技术已经涉及广泛的应用领域，而模拟信息技术使用范围越来越小，局限于原始信息的采集等有限的应用领域，同时由于模拟信号难以伪造、易于辨别，在法律应用中通常被视作传统书证、物证的新形式，采用传统证据规则进行使用。而以二进制为基础的数字化信息易于被伪造、篡改，当作证据的认证难度相对较大，认证标准更加严格，因此目前电子取证领域主要针对的就是狭义的电子证据。本书提到的电子证据，一般指狭义的电子证据。

> 特别理解
> 电子数据与电子证据

2．电子证据的特点

与传统证据一样，电子证据必须是可信、准确、完整、符合法律法规的，是法庭所能够接受的。同时，电子证据与传统证据不同，具有依赖性、多样性、无形性、易破坏性与相对稳定性等特点。

1）依赖性。电子证据的产生、存储和传输都依赖计算机技术、存储技术、网络技术等，离开了相应的技术设备，电子证据就无法正常保存和传输。

2）多样性。电子证据综合了文本、图形、图像、动画、音频、视频等多种媒体信息。这种将多种表现形式融为一体的特点是电子证据所特有的，在对电子证据进行调查时需要使用一定的硬件设备、应用软件和操作系统等平台。

3）无形性。电子证据是以二进制数据方式存在的，由“1”和“0”组成，大都以电、磁、光等形式存在于媒体介质之上，是肉眼无法直接观看的无形体，只有通过特定的设备和技术才能显示为有形内容。因此很难通过电子数据本身来确定其制作主体，而且对电子数据的修改或删除通常只在操作日志中留下记录，而从电子数据本身根本看不出痕迹。在对电子数据进行复制、分析和使用时，都应当对电子数据的真实性、完整性进行保护，比如通过电子签名和可信时间戳等方法进行保护。

4）易破坏性与相对稳定性。电子数据很容易被修改、篡改或删除，体现了电子证据的易破坏性；而通常情况下，不管是“删除”“清空回收站”还是“格式化”，这些操作都是针对其“文件名”的，保存在扇区上的文件本身数据并没有被修改，通过专业的软件可以进行恢复，这又体现了电子证据的相对稳定性。同时，电子证据的相对稳定性还表现在可记录修改或篡改行为上，如对入侵行为的记录、被修改文件文档属性信息的变化、硬盘的擦写痕迹、U 盘的使用记录等。因此，收集电子证据、审查电子证据等取证过程具有严格的程序要求。

3．电子证据的分类

电子证据分类的目的在于全面认识和了解电子证据的信息内容，从而更好地指导电子证据实务，包括电子证据的发现、采集、存储、鉴定、调查和判定等，有助于遏制网络犯罪、网络侵权和预防、处理各种网络纠纷。其中，对于电子证据的分类，主要以电子数据为主体按照不同的分类方法进行划分。如按照收集措施的不同分为静态电子数据与动态电子数据；按照电子数据生成的方式不同分为电子生成数据、电子存储数据与电子交互数据；按照电子数据的来源不同分为存储介质数据、电磁辐射数据与线路电子数据；按照电子数据是否加密分为加密电子数据与非加密电子数据；按照电子数据形成的环境分为封闭电子数据与网络电子数据；按照数据是否被删除、隐藏或隐写分为显性数据与隐性数据；按照电子数据存在时间分为易失性数据和非易失性数据等。

【案例6-11】 2018年9月3日，最高人民法院审判委员会第1747次会议审议通过了《最高人民法院关于互联网法院审理案件若干问题的规定》，第11条第六款明确规定：当事人提交的电子数据，通过电子签名、可信时间戳、哈希值校验、区块链等证据收集、固定和防篡改的技术手段或者通过电子取证存证平台认证，能够证明其真实性的，互联网法院应当确认。这是我国首次以司法解释形式对电子签名、可信时间戳、哈希值校验及区块链等固证、存证手段进行法律确认，意味着电子数据的真实性效力取证方式得以确认。

6.4.5 电子数据取证技术

电子数据取证技术可以按照取证阶段的不同来对其加以分类，主要分为电子证据发现技术、电子证据保全技术、电子证据收集技术、电子证据检验技术、电子证据分析技术等。📖

📖知识拓展
电子数据的取证原则

1）电子证据发现技术。电子证据的发现是整个取证工作的起始环节，主要的证据信息包括：计算机系统类型、硬件配置、运行环境、存储数据等；网络的端口服务、日志信息、拓扑结构等；相关设备比如打印机、扫描存储器中保留的案件相关线索和证据信息等。在此环节应用的具体技术有网络线索挖掘技术、数据解密技术、数据溯源技术、数据恢复技术、数据镜像技术、对比搜索技术、端口和漏洞扫描技术、日志分析技术等。📖

📖知识拓展
电子数据取证与数据恢复的区别

2）电子证据保全技术。电子证据同任何其他证据一样，需要采取有效措施来固定和保全，以满足证据的完整性和真实性要求——即所收集到的证据自始至终都保持其最初的原始状态而没有被改动过。电子证据保全是整个取证工作的难点之一，主要是采取数据加密技术、数字摘要技术、时间戳技术和电子手印技术以及见证人签名生成证据监督链等。电子证据保全所应用的具体技术包括数据镜像复制技术、数据加密技术、数据审计技术、数字签名技术等。电子取证结果的有效性较多地依赖于证据保全系统的科学性和有效性，因此需要加强证据保全技术的标准化工作，制定更为详尽的技术和操作标准，保护证据的完整性。

3）电子证据收集技术。电子证据的收集是整个取证工作中非常重要的环节，其本质是从众多未知和不确定性中找到确定性的东西，通过数据恢复、残缺数据提取、解码、解密、过滤等技术将原始数据表达成可以理解的数据。电子证据收集环节的具体工作内容有：全面备份源数据，如系统软硬件配置信息、日志记录、恢复和提取被删除数据、被毁坏数据和隐匿数据等；过滤出有必要分析的数据或者做软件残留的自动分析等；将隐匿的普通编码信息和元数码等解码，表达成为人们能够理解的形式。电子证据收集所应用的具体技术包括数据截取技术、数据扫描技术、数据恢复技术及数据复制技术等。

4）电子证据检验技术。电子证据检验是对已经收集来的数据进行检查、识别和提取可能成为证据的电子数据的过程，是在电子证据收集、提取的基础上，对所提取的电子证据结合案件进行合理解释所涉及的相关技术。在收集电子证据环节也常被用来检验证据收集过程中可能出现的漏洞。电子证据检验所应用的具体技术包括数据挖掘技术、数据解密技术、数据搜索技术等。

5）电子证据分析技术。电子证据分析可为查明案件事实真相提供充分的证据支持。证据分析主要包括的内容有：分析是否为多操作系统；分析有无隐藏分区；分析文件有无改动；分析系统是否联网，如已联网，具体是什么网络环境；分析上网日志、IP 地址；分析有无远程控制和木马程序；分析不同证据之间的一致或矛盾的内因等。用于证据分析的具体技术包括日志分析技术、数据解密技术、数据挖掘技术、对比分析技术等。

☺讨论思考

1）安全审计的概念、目的、类型和结构是什么？

2）系统日志分析的主要内容包括哪些？

3）安全审计跟踪主要考虑哪几个方面的问题？

4）电子证据的特点是什么？常用取证技术有哪些？

☺ 讨论思考
本部分小结
及答案

6.5　本章小结

身份认证和访问控制是网络安全的重要技术，也是网络安全登入的首要保障。本章概述了身份认证的概念、作用、身份认证常用方式及身份认证机制。主要介绍了双因素安全令牌及认证系统、用户登入认证、认证授权管理。介绍了数字签名的概念、功能、种类、原理、应用、技术实现方法和过程。另外，介绍了访问控制的概念、模型、安全机制、安全策略、认证服务与访问控制系统、准入控制技术等。其次，介绍了安全审计的概念、系统日志审计、审计跟踪与实施。介绍了电子证据的概念、电子数据证据取证的基本技术等内容。最后，通过在路由器上配置 IP 访问控制列表的实验，促进读者对访问控制技术的理解，并与实践结合使其达到学以致用、融会贯通的目的。

6.6　实验 6　配置 IP 访问控制列表

6.6.1　实验目的

1）理解路由器上访问控制列表的规则。

2）掌握标准 IP 访问控制列表的配置方法。

实验视频
实验视频 6

6.6.2 实验要求

1．实验设备

本实验需要使用一台安装有 Cisco Packet Tracer 软件的计算机。

2．注意事项

（1）预习准备

访问控制列表（Access Control Lists，ACL）在路由器中也称访问列表（Access Lists），俗称防火墙，可以实现路由器的包过滤功能。ACL 通过定义一些规则对网络设备接口上的数据包进行控制，允许数据包的通过或丢弃，从而提高网络的可管理性和安全性。IP ACL 分为标准 IP 访问列表和扩展 IP 访问列表两种，其中，标准 IP 访问列表可以根据数据包的源 IP 地址定义规则，进行数据包的过滤；扩展 IP 访问列表可以根据数据包的源 IP、目的 IP、源端口、目的端口、协议来定义规则，进行数据包的过滤。

IP ACL 基于接口进行访问控制规则的应用分为入栈应用和出栈应用。入栈应用是指由外部经该接口进行路由器的数据包进行过滤；出栈应用是指路由器从该接口向外转发数据时进行数据包的过滤。

IP ACL 的配置有两种方式：按照编号的访问列表和按照命名的访问列表。其中标准 IP 访问列表编号范围是 1～99、1300～1999，扩展 IP 访问列表编号范围是 100～199、2000～2699。

1）标准访问控制列表。

格式：access-list 编号（1～99）deny（permit）源网段和反掩码（或一台主机）。例如：

① 禁止一个网段，access-list 10 deny 172.16.2.0 0.0.0.255。

② 禁止一台主机，access-list 10 deny host 172.16.2.1。

③ 允许所有， access-list 10 permit any。

按照输入顺序从上向下依次比较，如匹配则终止。

应用到相应接口的 in 或 out 上，ip access-group 10 in（out）。

2）扩展访问控制列表。

格式：access-list 编号（100～199）deny（permit）协议 源地址及掩码 目的地址及掩码 端口。例如：

① 禁止 PC1 访问服务器的 Web 网站，access-list 101 deny tcp host 172.16.1.1 host 172.16.4.2 eq 80。

② 允许 PC1 所在网段访问服务器的 FTP 服务，access-list 101 permit tcp 172.16.1.0 0.0.0.255 host 172.16.4.2 eq 21。

③ 禁止 PC2 访问服务器所在网段，access-list 101 deny ip 172.16.2.0 0.0.0.255 172.16.4.0 0.0.0.255。

④ 允许所有，access-list 101 permit ip anyany。

按照输入顺序从上向下依次比较，如匹配则终止。

应用到相应接口的 in 或 out 上，ip access-group 10 in（out）。

（2）实验学时：2 学时

6.6.3 实验内容及步骤

搭建如图 6-13 所示的拓扑环境，其中路由器 Router1 连接两个内部网，网段分别为

172.16.1.0/24 和 172.16.2.0/24，路由器 Router2 连接公网一台安装有 Web 和 FTP 服务的服务器。在路由器上分别进行标准 ACL 访问控制及扩展 ACL 访问控制配置，使得 PC1 所在 172.16.1.0 网段能访问服务器，PC2 不能访问服务器。

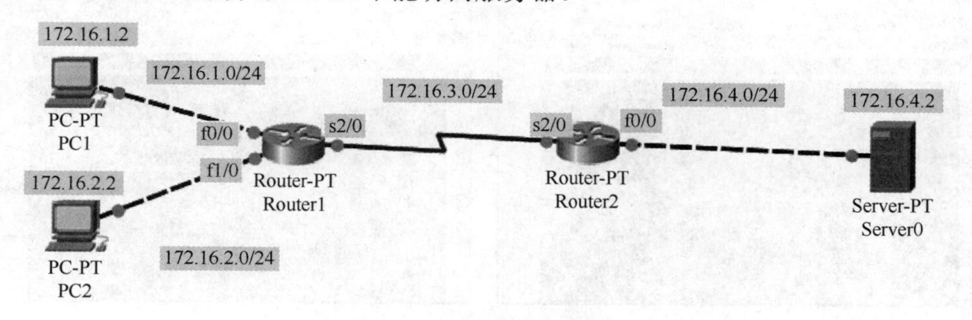

图 6-13　实验用网络拓扑图

1．标准 ACL 配置实验

1）配置路由器 Router1 和 Router2 的接口 IP 地址。

```
Router>enable
Router #configure terminal
Router（config）#hostname Router1
Router1（config）#interface fastethernet 0/0
Router1（config-if）#ip address 172.16.1.1 255.255.255.0
Router1（config-if）#no shutdown
Router1（config-if）# interface fastethernet 1/0
Router1（config-if）#ip address 172.16.2.1 255.255.255.0
Router1（config-if）#no shutdown
Router1（config-if）#interface serial 2/0
Router1（config-if）#ip address 172.16.3.1 255.255.255.0
Router1（config-if）#clock rate 64000
Router1（config-if）#no shutdown
Router1（config-if）#end
Router1#show ip interface brief                              !观察接口状态
```

同理，按照拓扑规划，配置 Router2 的 IP 地址信息、PC 和服务器的 IP 地址信息。

2）在 Router1 和 Router2 上配置路由信息。

```
Router1（config）#ip route 172.16.4.0 255.255.255.0 172.16.3.2
Router2（config）#ip route 172.16.1.0 255.255.255.0 172.16.3.1
Router2（config）#ip route 172.16.2.0 255.255.255.0 172.16.3.1
Router1# show ip route                                        ！查看路由表信息
```

此时，配置主机 IP 后，两台主机分别 ping 服务器地址均可连通，如图 6-14 所示。

3）配置标准 ACL，使 PC1 所在 172.16.1.0 网段能访问服务器，PC2 不能访问服务器，如图 6-15 所示。

```
Router1(config)#access-list 1 deny 172.16.2.2 0.0.0.255  ！拒绝来自 172.16.2.2 主机的流量通过
Router1(config)#access-list1 permit 172.16.1.0 0.0.0.255！允许来自 172.16.1.0 网段的流量通过
```

```
Router1(config)#interfaces2/0
Router1(config-if)#ip access-group 1 out                ！将 access-list1 应用在接口 s2/0 上。
```

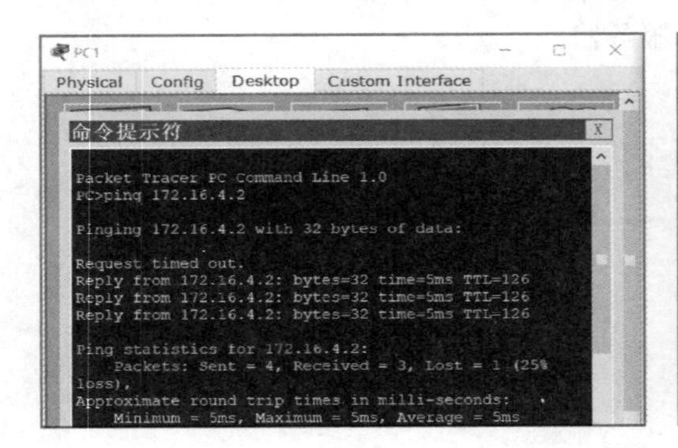

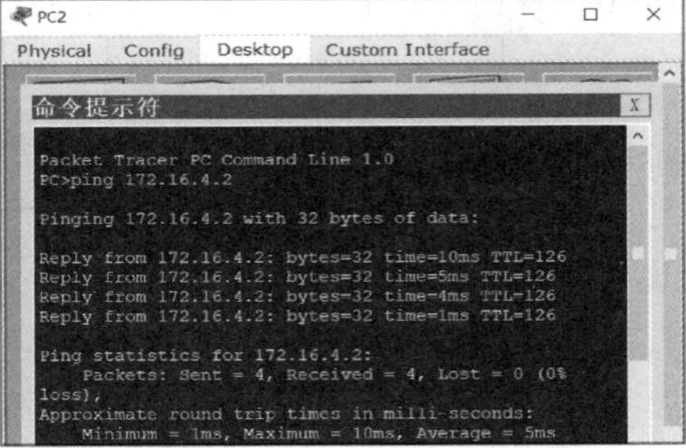

图 6-14　未配置 ACL 时的测试状态

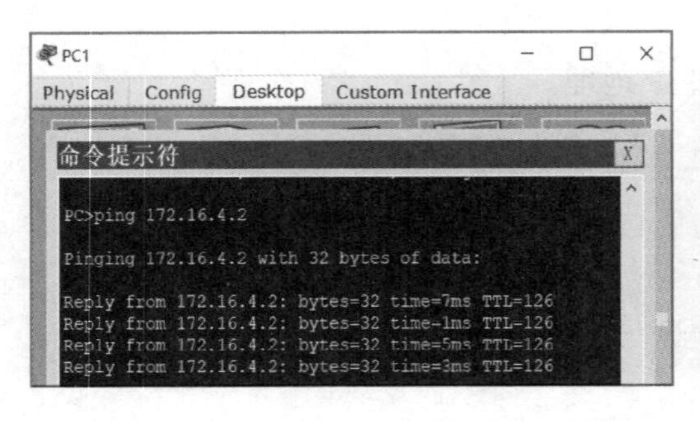

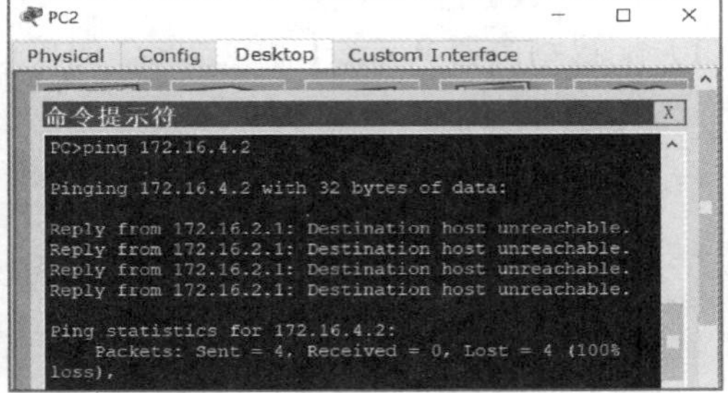

图 6-15　标准 ACL 配置后的测试状态

2．扩展 ACL 配置实验

1）按照前述标准 ACL 实验步骤 1）和 2），完成拓扑图路由信息基础配置。

2）配置扩展 ACL，使 PC1 能访问服务器的 www 页面，但是不能 ping 通服务器，如图 6-16 所示。

```
Router1(config)#access-list 100 permit tcp host 172.16.1.2 host 172.16.4.2 eq www
Router1(config)#access-list 100 deny icmp host 172.16.1.2 host 172.16.4.2 echo
Router1(config)#int s2/0
Router1(config-if)#ip access-group 100 out
```

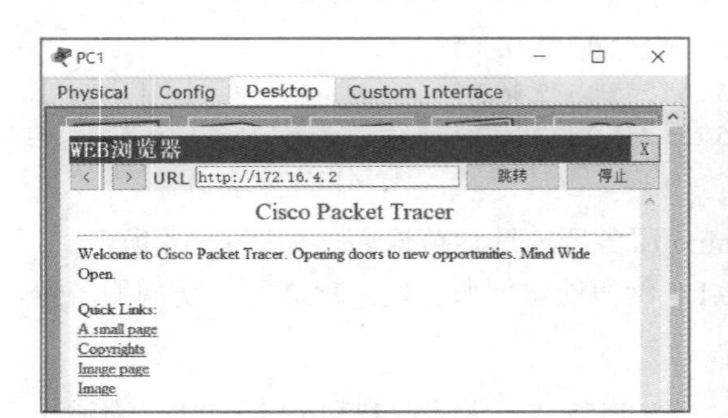

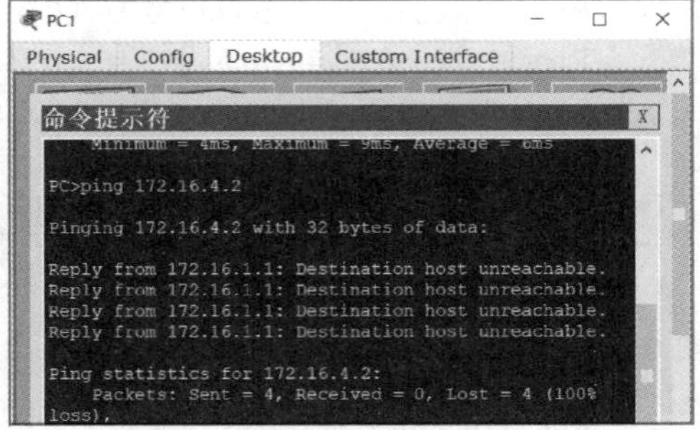

图 6-16　扩展 ACL 配置后的测试状态

6.7　练习与实践 6

1．选择题

（1）在常用的身份认证方式中，（　　）是采用软硬件相结合、一次一密的强双因子认证模式，具有安全性、移动性和使用的方便性。

A．智能卡认证　　B．动态令牌认证
C．USBKey　　D．用户名及密码方式认证

（2）关于 Kerberos 协议，叙述错误的是（　　）。

A．属于认证协议，实现统一鉴别
B．票据由鉴别服务器和票据授权服务器之间的共享密钥加密
C．应用服务器利用与票据授权服务器之间共享的密钥证实用户访问权限
D．授权票据只能使用一次

（3）数据签名的（　　）功能是指签名可以证明是签字者而不是其他人在文件上签字。

A．签名不可伪造　　B．签名不可变更
C．签名不可抵赖　　D．签名是可信的

（4）在综合访问控制策略中，系统管理员权限、读/写权限、修改权限属于（　　）。

A．网络的权限控制　　B．属性安全控制
C．网络服务安全控制　　D．目录级安全控制

（5）以下（　　）不属于 AAA 系统提供的服务类型。

A．认证　　B．鉴权
C．访问　　D．审计

2．填空题

（1）身份认证是计算机网络系统的用户在进入系统或访问不同________的系统资源时，系统确认该用户的身份是否________、________和________的过程。

（2）数字签名是指用户用自己的________对原始数据进行________所得到的________，专门用于保证信息来源的________、数据传输的________和________。

（3）访问控制包括 3 个要素，即________、________和________。访问控制的主要内容包括________、________和________3 个方面。

（4）访问控制的安全策略实施原则有________、________和________。

（5）计算机网络安全审计是通过一定的________，利用________系统活动和用户活动的历史操作事件，按照顺序________、________和________每个事件的环境及活动，是对________和________等网络安全技术的重要补充和完善。

（6）电子证据具有________、________、________和________基本特点。

3．简答题

（1）简述数字签名技术的实现过程。

（2）试述访问控制的安全策略以及实施原则。

（3）简述安全审计的目的和类型。

（4）简述电子数据证据收集的基本技术有哪些。

（5）用户认证与认证授权的目标是什么。

4．实践题

（1）通过一个银行网站深入了解数字证书的获得、使用方法和步骤。

（2）查阅一个计算机系统日志的主要内容，并进行日志的安全性分析。

（3）实地考察校园网的访问控制过程和技术方法。

（4）通过 Windows 练习审计系统的功能和实现步骤。

（5）查看 Windows NT 安全事件的记录日志，并进行分析。

（6）查看个人数字凭证的申请、颁发和使用过程，通过软件和上网练习演示个人数字签名和认证过程。

第7章　计算机及手机病毒防范

进入 21 世纪的现代信息化社会后，随着各种信息技术和网络服务的快速发展和广泛应用，计算机及手机病毒问题也更为突出。面对新的形势和挑战，确保网络系统的安全已经成为世界关注的社会重大问题，网络安全已成为全球瞩目的研究热点。掌握计算机及手机病毒的防范技术，加强计算机及手机病毒的理解和认识显得极为重要。

教学目标

- 理解计算机病毒的概念、发展及命名
- 掌握计算机及手机病毒的分类和特点
- 熟悉计算机及手机病毒的主要危害
- 掌握计算机病毒常用的主要防范方法

教学视频
课程视频 7.1

7.1　计算机及手机病毒基础

【引导案例】　我国网络安全近况。2022 年 7 月，根据国家互联网应急中心（CNCERT）的监测数据，我国互联网安全环境中，境内被篡改的网站数量为 3713 个，境内被植入后门的网站数量为 1960 个，针对境内网站的仿冒页面数量为 7740 个，涉及域名 7624 个，IP 地址 403 个；在网络安全漏洞方面，国家信息安全漏洞共享平台（CNVD）共收集整理系统安全漏洞 2066 个，其中高危漏洞 730 个；可被利用进行远程攻击的漏洞达 1613 个。

7.1.1　计算机及手机病毒的概念、发展及命名

知识拓展
国家互联网应急中心 CNCERT

1. 计算机病毒的相关概念

计算机病毒（Computer Virus）在《中华人民共和国计算机信息系统安全保护条例》中的明确定义为："计算机病毒，是指编制或者在计算机程序中插入的破坏计算机功能或者破坏数据，影响计算机使用并且能够自我复制的一组计算机指令或者程序代码"。计算机病毒本质上就是一组计算机指令或者程序代码，具有自我复制的能力，病毒存在的目的就是要影响计算机的正常运作，甚至破坏计算机的数据以及硬件设备。

现在，计算机病毒也可通过网络系统或其他媒介进行传播、感染、攻击和破坏，所以，也称为计算机网络病毒，简称网络病毒或病毒。

手机病毒（Mobile Phone Virus）最早起源于 2000 年，是一种具有传染性、破坏性的手机程序。主要通过发送短信、电子邮件、浏览网站、下载铃声、蓝牙等方式进行传播，会导致用户手机死机、关机、个人资料被删、向外发送垃圾邮件泄露个人信息、自动拨打电话、发短（彩）信等进行恶意扣费，甚至会损毁 SIM 卡、芯片等硬件，导致使用者无法正

常使用手机。手机病毒可以用杀毒软件进行清除与查杀，也可以手动卸载。

【案例7-1】 计算机病毒的由来。1983年，美国加州大学的计算机科学家Frederick Cohen博士提出，存在某些特殊的程序，可以把自身复制到其他正常程序中，并实现不断复制和扩散传播。计算机病毒的定义由计算机病毒研究专家Frederick Cohen博士于1983年首次提出，1989年进一步对计算机病毒进行定义"病毒程序通过修改其他程序的方法将自己的精确副本或可能演化的形式放入其他程序中，从而感染它们"。

2．计算机病毒的发展阶段

随着信息技术的快速发展和网络通信的广泛应用，计算机病毒日趋繁杂多变，其破坏性和传播能力不断增强。计算机病毒发展主要经历了5个阶段。

（1）原始病毒阶段

从1986年到1989年，这一时期出现的病毒称为传统病毒，该时期是计算机病毒的萌芽和滋生时期。此阶段病毒的主要特点为：大部分为单机运行，病毒种类少；在一定条件下对目标进行传染，病毒程序不具有自我保护功能，较容易被人们分析、识别和清除；病毒没有广泛传播，清除也相对容易。

（2）混合型病毒阶段

从1989年到1991年，是计算机病毒由简到繁，由不成熟到成熟的阶段。此阶段病毒的主要特点为：攻击目标趋于混合型，以更为隐蔽的方式驻留在内存和传染目标中；系统感染病毒后无明显特征，病毒程序具有自我保护功能，且出现较多病毒变异；计算机局域网应用普及，网络环境没有安全防护意识，计算机病毒形成第一次流行高峰。

（3）多态性病毒阶段

从1992年到20世纪90年代中期，此类病毒称为"变形"病毒或者"幽灵"病毒。此阶段病毒的主要特点为：在传染后大部分都可变异且向多维化方向发展，致使对病毒查杀变得极为困难，如1994年出现的"幽灵"病毒。

（4）网络病毒阶段

从20世纪90年代中后期开始，依赖互联网传播的邮件病毒和宏病毒等大肆泛滥，呈现出病毒传播快、隐蔽性强、破坏性大等特点。防病毒产业开始产生并逐步形成了规模较大的新兴产业。

（5）主动攻击型病毒阶段

进入21世纪，随着网络应用服务的不断变化和发展，病毒在技术、传播和表现形式上也都随之发生了很大变化。新病毒的出现经常会形成一个重大的社会事件。对于从事反病毒工作的专家和企业来讲，提高反应速度、完善反应机制成为阻止病毒传播和企业生存的关键。

3．计算机病毒的命名

由于没有一个专门的机构负责给计算机病毒命名，因此计算机病毒的名称很不一致。一般来说研究部门或反病毒公司为了方便管理会按照病毒的特性将病毒进行分类命名，虽然每一个反病毒公司的命名规则都不太一样，但大体都是采用一个统一的命名方法来命名的。

常用的命名格式为：<病毒前缀>.<病毒名>.<病毒后缀>，其中病毒前缀是指病毒的种类，它是用来区别病毒的种族分类的。比如常见的蠕虫病毒的前缀是Worm，木马病毒的前缀是Trojan。病毒名是指病毒的家族特征，比如震荡波蠕虫病毒的家族名是"Sasser"。病毒后缀是指病毒变种特征，常用 A～Z 26 个英文字母组成。

【案例 7-2】 CIH 病毒是历史上最知名的具有破坏力的计算机病毒之一。从 1998 年开始全球爆发的“CIH”病毒，被广泛认为是有史以来第一种在全球范围内造成巨大破坏和影响的计算机病毒，导致世界各地至少数万台计算机或数据和文件遭到破坏。在全球范围内造成了 2000 万～8000 万美元的损失。

目前，比较知名的杀毒软件有诺顿、360、卡巴斯基、金山、火绒、瑞星、AntiVir 小红伞等。为了方便管理，通常会按照病毒的特性，将病毒分类命名。

1）卡巴斯基（俄罗斯）的命名：一般情况下，卡巴斯基将病毒名分为 4 个部分，依次用“.”分隔，第 1 部分表示计算机病毒的主类型名及子类型名，第 2 部分表示计算机病毒运行的平台，第 3 部分表示计算机病毒所属家族名，第 4 部分是变种名。例如：

Backdoor.Win32.Hupigon.zqf：这个命名是指该病毒属于后门（backdoor）类，运行在 32 位的 Windows 平台下，属于灰鸽子 Hupigon 家族，命名为 zqf。

Worm.Win32.Delf.be：这个命名是指该病毒属于蠕虫（Worm）类，运行在 32 位的 Windows 平台下，属于 Delf 家族，也就是由 Delphi 语言编写，命名为 be。

2）瑞星（中国）的命名：一般情况下，瑞星将病毒名分为 5 个部分，依次用“.”分隔，第 1 部分表示计算机病毒的主类型名，第 2 部分是子类型名，第 3 部分是病毒运行的平台，第 4 部分是病毒所属的家族名，第 5 部分是变种名。例如：

Trojan.PSW.Win32.OnlineGames.GEN，这个命名是指该病毒属于木马 Trojan 类，并且是木马中的盗密码类，运行于 32 位的 Windows 平台，病毒家族名是 OnlineGames，表示盗窃网络银行、在线游戏密码的病毒，变种名为 GEN。

7.1.2　计算机及手机病毒的特点

病毒是一种恶意代码或程序，一般都隐蔽在合法的程序中，当计算机运行时，它就会与合法程序争夺系统的控制权，从而对计算机系统实施干扰和破坏。

根据对病毒的产生、传播和破坏行为分析，计算机及手机病毒的主要特点如下：

1）传染性。传染性是计算机病毒的最重要的特征，是判别一个程序是否为病毒的依据。病毒可以通过多种途径传播扩散，一旦进入系统并运行，就会搜寻其他适合其传播条件的程序或存储介质，确定目标后再将自身代码嵌入，进行自我繁殖，造成被感染的系统工作异常或瘫痪。对于感染病毒的系统，如果发现处理不及时，病毒就会迅速扩散，致使大量文件被感染。而被感染的文件又成了新的传播源，当再与其他机器进行数据交换或通过网络连接时，病毒就会继续进行传播。

2）隐蔽性。计算机病毒不仅具有正常程序的一切特性，而且还具有隐藏性和潜伏性。中毒的系统通常仍能运行，用户难以发现异常，只有通过代码特征分析才可与正常程序相区别。隐蔽性还体现在病毒代码本身设计较短，通常只有几百到几千字节，很容易隐藏到其他程序中或磁盘某一特定区域。

3）潜伏性。病毒的潜伏性越好，它在系统中存在的时间也就越长，病毒传染的范围也就越广，危害性也就越大。通常大部分的计算机病毒感染系统之后不会立即发作，可以长期隐藏等待时机，只有当满足其特定条件时才会启动其破坏功能，显示发作信息或破坏系统。

4）非授权可执行性。通常用户调用执行程序时，会把系统控制交给这个程序，并分配给他相应的系统资源，从而使之能够运行并完成用户需求。因此，程序的执行是透明的，而计算机病毒是非法程序，正常用户不会明知其是病毒，而故意执行。

5）触发及控制性。用户调用正常程序并达到触发条件时，病毒程序窃取了运行系统的控制权，并在很短的时间内传播扩散或进行发作。病毒的动作和目的对于用户是未知的，是未经用户允许的。

6）影响破坏性。侵入系统的所有病毒都会对系统及应用程序产生影响，占用系统资源、降低工作效率，甚至可导致系统崩溃。病毒的影响破坏性多种多样，比如破坏数据、删除文件、加密磁盘、格式化磁盘或破坏主板等。

【案例7-3】 世界十大计算机病毒之一“梅利莎”病毒，主要通过微软的电子邮件软件，向用户通讯录名单中的 50 位联系人发送邮件来传播。该邮件包含以下这句话：“这就是你请求的文档，不要给别人看”，此外夹带一个 Word 文档附件。而单击这个文件，就会使病毒感染主机并且重复自我复制，并修改计算机中的安全设置。据不完全统计，这个 Word 宏脚本病毒感染了全球 15%～20%的商用 PC。病毒传播速度之快令英特尔公司、微软公司，以及其他许多使用 Outlook 软件的公司措手不及，为了防止损害，甚至被迫关闭整个电子邮件系统。

7）多态及不可预见性。不同种类的病毒代码相差很大，但有些操作具有共性，如驻内存、改中断等。病毒变异后多态且难以预料，有些正常程序也具有某些病毒类似技术或使用了类似病毒的操作，导致对病毒进行检测的程序容易造成较多误报，而且病毒为了躲避查杀，对防病毒软件经常是超前的且具有一定反侦察（查杀）的功能。

7.1.3 计算机病毒的种类

由于计算机病毒及变异病毒不断涌现，从多个角度对病毒进行分类，可以更好地描述、理解、分析病毒特性，并不断改善和提高计算机及手机病毒的防御技术。🕮

> 🕮知识拓展
> 计算机病毒的分类

1．按照计算机病毒攻击的系统分类

按照攻击目标的操作系统进行分类，可以分为攻击 DOS 系统的病毒、攻击 Windows 系统的病毒、攻击 UNIX 系统的病毒和攻击 iOS 系统的病毒。

2．按照计算机病毒的链接方式分类

一般情况下，计算机病毒所攻击的对象是计算机系统可执行的部分。按照链接方式分类，可以分为源码型病毒、嵌入型病毒、外壳型病毒和操作系统病毒。

3．按照计算机病毒的破坏情况分类

按照计算机病毒的破坏情况分类，可以分为良性病毒和恶性病毒。良性病毒是指病毒不包含立即对计算机系统产生直接破坏作用的代码。这类病毒只是不停地进行扩散，并不会破坏计算机内的数据。良性病毒取得系统控制权后，会导致整个系统和应用程序争抢 CPU 的控制权，给正常操作带来麻烦。恶性病毒就是指在程序代码中包含损伤和破坏计算机系统的操作，在其传染或发作时会对系统产生直接的破坏作用。

4．按照计算机病毒的寄生部位或传染对象分类

传染性是计算机病毒的本质属性，根据寄生部位或传染对象分类，即根据计算机病毒的传染方式进行分类，可分为磁盘引导区传染的计算机病毒、操作系统传染的计算机病毒和可执行程序传染的计算机病毒。

5．按照计算机病毒激活的时间分类

按照计算机病毒激活的时间分类，可分为定时病毒和随机病毒。定时病毒仅在某一特定时间才发作，而随机病毒一般不是由时钟来激活的。

【案例 7-4】 美国“黑色星期五”病毒。“黑色星期五”的名称源自最初此病毒会在感染文件中留下类似计时的代码，只要每个月 13 日是星期五该病毒就会集体发作，发作时全部感染者会黑屏或者是在文件的末尾放有标志串“sUMsDos”，其影响力很大。从 1987 年发病以来，“黑色星期五”病毒仍然是目前最大的文件型病毒。

6．按照传播方式分类

按照病毒的传播方式分类，可分为引导型病毒、文件型病毒和混合型病毒 3 种。引导型病毒，主要是感染磁盘的引导区，用受感染的磁盘（包括 U 盘）启动系统时先取得控制权，驻留内存后再引导系统，并传播到其他硬盘引导区，一般不会感染磁盘文件。按该病毒寄生对象的不同，又可分为两类，BR（引导区）病毒和 MBR（主引导区）病毒。文件型病毒，以传播.com 和.exe 等可执行文件为主，在调用传染病毒的可执行文件时，病毒首先会被运行，然后病毒驻留在内存中再传播给其他文件，其特点是附着于正常程序文件中，已经感染该病毒的文件执行速度会减缓，甚至无法执行或一旦执行就会被删除。混合型病毒，混合型病毒兼有以上两种病毒的特点，既感染引导区又感染文件，增加了病毒的传播途径，扩大了病毒的传播范围，其危害性也更大。

☺ 讨论思考
本部分小结
及答案

☺ 讨论思考

1）什么是计算机和手机病毒？

2）计算机病毒有哪些特点？

7.2　病毒的表现现象及危害

7.2.1　计算机病毒的表现现象

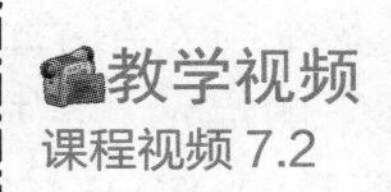

课程视频 7.2

根据病毒程序感染和发作的阶段，病毒的表现现象分为 3 大类，即发作前、发作时、发作后的表现现象。

1．病毒发作前的表现现象

病毒发作之前，是指病毒感染系统之后，一直潜伏在系统内，直到激发条件满足，病毒发作之前的阶段。在这个阶段，病毒会以各式各样的手段隐藏且潜伏，在不被发现的同时进行自我复制，以各种方式进行传播。主要的表现现象如下：

1）陌生人发来的电子邮件。收到陌生人发来的电子邮件，尤其是带附件的电子邮件，有可能携带病毒。这类病毒通常表现为通过电子邮件传播的蠕虫。

2）可用的磁盘空间迅速减少。没有安装新的应用程序，而系统可用空间下降。需要注意的是，浏览网页、回收站文件过多、临时文件夹中文件数量过多或内存占用过大、Windows系统内存交换文件（pagefile.sys）增多等情况也可能会造成可用磁盘空间迅速减少。

3）计算机经常死机。病毒感染了系统后，将自身驻留在系统内并修改核心程序或数据，引起系统工作不稳定，造成死机现象。

4）无法正常启动操作系统。操作系统被病毒感染后文件内容会被破坏，文件结构发生变化，关机后再启动，操作系统就会缺少或者无法加载和引导启动文件。

5）运行速度明显变慢。在硬件设备没有损坏或更换的情况下，运行速度明显变慢，而且重新启动后运行依然很慢。计算机若遭到病毒感染，会消耗系统资源并且占用大量的处理器的时间，造成系统资源不足，运行变慢。

6）部分软件出现内存不足的错误。某些以前运行正常的应用程序，在启动时显示系统内存不足或者使用某个功能时显示内存不足。这种情况是病毒消耗了大量内存空间，使得可用内存空间减小所致。

7）正常运行的应用程序经常死机或者出现非法错误。在硬件和操作系统没有进行改动的情况下，原来能够正常运行的程序产生非法错误和死机的情况明显增加。

8）系统文件的属性发生变化。系统文件的读写、时间、日期、大小等属性发生变化是最明显的病毒感染迹象。

9）系统无故对磁盘进行写操作。用户没有要求进行任何读、写磁盘操作，操作系统却提示读写磁盘。这很可能是病毒自动查找磁盘状态的时候引起的系统异常。

10）网络驱动器卷或共享目录无法调用。对有读权限的网络驱动器卷、共享目录等无法打开、浏览，对有写权限的网络驱动器卷、共享目录等无法创建、修改文件。目前，很少有纯粹地针对网络驱动器卷和共享目录的病毒，但病毒的某些行为可能会影响网络驱动器卷或共享目录的正常访问。

2. 病毒发作时的表现现象

病毒发作时，是指满足病毒发作的条件，进入进行破坏活动的阶段。病毒发作时的表现各不相同，常见的表现现象有如下几个：

1）硬盘指示灯持续闪烁。指示灯闪烁说明硬盘在执行读写操作。有的病毒在发作时会对硬盘进行格式化或者写入许多“垃圾”信息，或者反复读取某个文件，致使硬盘上的数据损坏，这种病毒的破坏性非常强。

2）无故播放音乐。计算机每隔一段时间就会自动播放音乐，有时多、有时少，每次大概10s，音乐有多种。这类病毒的破坏性较小，其只是在发作时播放音乐并占用处理器资源。

3）不相干的提示。宏病毒和DOS时期的病毒最常见的发作现象是出现不相干的话。比如打开宏病毒的Word文档，如果满足发作条件，系统就会弹出对话框显示“这个世界太黑暗了！”，并且要求用户输入“太正确了”后单击“确定”按钮。

4）无故出现特定图像。另一类恶作剧的病毒，如小球病毒，发作时会从屏幕上不断掉落小球图像。单纯产生图像的病毒破坏性也较小，但是会干扰用户的正常工作。

5）突然出现算法游戏。有些恶作剧病毒发作时采取某些算法简单的游戏来中断用户工作，一定要玩赢了才让用户继续工作。

6）改变Windows桌面图标。这也是恶作剧式的病毒发作的典型表现现象。比如把

Windows 系统默认的图标改成其他样式，或者将其他应用程序、快捷方式的图标改为 Windows 系统默认图标样式。

7）计算机突然死机或重新启动。有些病毒程序在兼容性上存在问题，其代码没有经过严格测试，发作时会造成意想不到的情况。

8）自动发送邮件。大多数电子邮件病毒都采用自动发送电子邮件的方法作为传播的手段，也有的电子邮件病毒在某一特定时刻向同一邮件服务器发送大量无用的邮件，以达到阻塞邮件服务器正常服务功能的目的。

9）鼠标指针无故移动。比如没有对计算机进行任何操作，也没有运行任何演示程序、屏幕保护程序等，而屏幕上的鼠标指针自行移动，应用程序自动运行，有受遥控的现象。

3．病毒发作后的表现现象

通常情况下，大多数病毒都属于恶性的，病毒发作后会给系统带来破坏性的后果。恶性的病毒发作后会带来很大的损失。

1）无法启动系统。病毒破坏硬盘的引导扇区后，无法从硬盘启动系统。有些病毒还会修改硬盘的关键内容（如文件分配表、根目录区等），使得保存到硬盘上的数据几乎完全丢失。

2）系统文件丢失或破坏。通常系统文件是不会被删除或修改的，除非系统进行了升级。某些病毒发作后会删除系统文件或者破坏系统文件，使得系统无法正常启动。

3）部分 BIOS 程序混乱。类似于 CIH 病毒发作后的现象，系统主板上的 BIOS 会被病毒改写、破坏，使得系统主板无法正常工作，从而使系统的部分元器件报废。

4）部分文档丢失或破坏。类似于系统文件的丢失或者被破坏，有些病毒破坏硬盘上的文档，有些病毒删除硬盘上的文档，造成数据丢失。

5）部分文档自动加密。某些病毒利用加密算法对被感染的文件进行加密，并将加密密钥保存在病毒程序体内或其他隐藏的地方。

6）目录结构发生混乱。目录结构发生混乱有两种情况：一种是目录结构确实受到破坏，目录扇区作为普通扇区使用而被填写一些无意义的数据，无法恢复；另一种是真正的目录区被转移到硬盘的其他扇区中，只要内存中存在这种病毒，其就能够将正确的扇区读出，并在应用程序需要访问该目录的时候提供正确的目录项，使得从表面上看来与正常情况没有差别。

7）网络无法提供正常服务。有些病毒会利用网络协议的弱点进行破坏，使系统无法正常使用。典型的代表是 ARP 型病毒，该病毒会修改本地 MAC-IP 对照表，使数据链路层的通信无法正常进行。

8）浏览器自动访问非法网站。当用户的计算机被病毒破坏后，病毒脚本往往会修改浏览器的设置。典型的代表是“万花筒”病毒，该病毒会让用户自动链接某些色情网站。

7.2.2　计算机病毒的主要危害

病毒对计算机用户具有一定的危害，主要表现在以下 7 个方面：

1．病毒激发对数据信息的破坏

大多数病毒在激发的时候会直接破坏计算机的重要数据信息，利用的手段有格式化磁盘、改写文件分配表和目录区、删除重要文件或者用无意义的“垃圾”数据改写文件、破坏 CMOS 设置等。比如磁盘杀手，其内含计数器并在开机 48 小时后改写硬盘数据。

2．占用磁盘空间和对信息的破坏

寄生在磁盘上的病毒总要非法占用一部分磁盘空间。引导型病毒的一般侵占方式是由病毒占据磁盘引导扇区，而把原来的引导扇区转移到其他扇区，也就是引导性病毒要覆盖至少一个磁盘扇区，被覆盖的扇区数据将永久性丢失，无法恢复。

3．抢占系统资源

除 VIENNA、CASPER 等少数病毒外，其他大多数病毒都是动态化常驻内存的，病毒所占用的基本内存长度一致，与病毒本身长度相当。病毒抢占内存，导致内存减少，部分软件不能正常运行。

4．影响计算机运行速度

病毒进驻内存后不但会干扰系统运行，还会影响计算机的运行速度，主要表现如下：

1）病毒为了判断传染激发条件，总要对计算机的工作状态进行监视，这相对于计算机的正常运行状态既多余又有害。

2）有些病毒为了保护自己，不但对磁盘上的静态病毒加密，进驻内存后对动态病毒也进行加密，CPU 每次寻址到病毒处时都要运行一段解密程序，把加密的病毒解密为合法的 CPU 指令再执行；病毒运行结束时再用一段程序对病毒重新加密。

3）病毒在进行传染时同样要插入非法的额外操作，特别是传染移动硬盘时，不但计算机速度明显变慢，而且移动硬盘正常的读写顺序也会被打乱。

5．病毒错误与不可预见的危害

病毒与正常软件程序的最大差别就是无责任性。编制一个完善的软件需要耗费大量的人力、物力，经过长时间调试完善，软件才能被推出。但是病毒编写者不可能这么做，往往是匆匆编制调试后就向外抛出，反病毒专家分析了大量病毒，发现它们都存在不同程度的错误。错误所产生的后果往往是不可预见的，有可能就会产生变种病毒。

6．病毒的兼容性对系统运行的影响

兼容性是计算机软件的一个重要指标，兼容性好的软件可以在各种计算机环境下运行，反之兼容性差的软件对运行条件就比较苛刻。病毒的兼容性比较差，常常导致死机。

7．病毒给用户造成严重的心理压力

据有关计算机销售部门统计，计算机用户怀疑“计算机有毒”而提出咨询约占售后服务工作量的 60%。经检验确实存在病毒的约占 70%，另外 30%的情况只是怀疑，而实际计算机并没有病毒。大多数用户对病毒采取“宁可信其有，不可信其无”的态度，往往会付出时间、金钱等方面的代价。总之，病毒像“幽灵”一样笼罩在广大计算机和手机用户心头，给人们造成了巨大的心理压力，极大地影响了现代计算机的使用效率。

☺ 讨论思考

1）病毒发作后的表现现象有哪些？

2）计算机病毒的主要危害有哪些？

☺ 讨论思考
本部分小结
及答案

7.3 计算机病毒的构成与传播

7.3.1 计算机病毒的构成

计算机病毒的种类虽然很多，但它们的主要结构是类似的，有其共同特点。病毒的逻辑程序架构一般包含 3 个部分：引导单元、传染单元、触发单元，如图 7-1 所示。

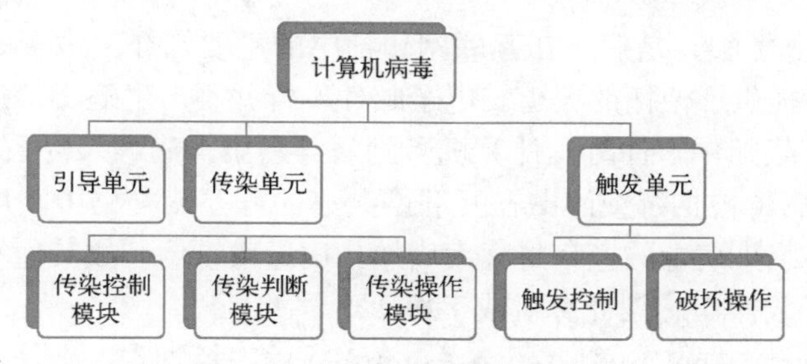

图 7-1　计算机病毒的主要构成

（1）引导单元

通常，病毒程序在感染之前会先将病毒的主体以文件的方式引导安装在各种具体的存储设备（计算机服务器、手机、平板电脑等）中，为其以后的程序传染和触发影响等做好基本的准备工作。不同类型的病毒程序使用不同的安装方法，在用户打开冒充的应用网站、应用软件或邮件附件时会引导用户或自动下载传播、扩散和安装。

（2）传染单元

传染单元主要包括 3 部分内容，由 3 个模块构成：

1）传染控制模块。病毒从安装至内存后就获得控制权并监视系统的运行。

2）传染判断模块。病毒监视系统，发现被传染目标并判断是否满足传染条件。

3）传染操作模块。设定传播条件和方式，在触发控制的配合下，将计算机病毒传播到计算机系统的指定位置。

（3）触发单元

触发单元包括两部分：一是触发控制，当病毒满足一个触发条件时就会发作；二是破坏操作，满足破坏条件后病毒会立刻产生破坏，不同的计算机病毒都具有不同的操作控制方法，如果不满足设定的触发条件或影响破坏条件则继续携带病毒进行潜伏，寻找时机发作。

7.3.2　计算机及手机病毒的传播

使计算机及手机病毒具有最大威胁和隐患的特点是它的传播性。计算机及手机病毒潜伏在系统内，用户在不知情的情况下激活触发条件，使病毒由一个载体传播至另一个载体，完成传播过程。从传播分析可知，只要是数据交换介质，都有可能成为计算机及手机病毒的传播途径。

（1）移动式存储介质

目前最流行的存储介质是基于闪存（Nand Flash）的，比如 CF 卡、SD 卡、TF 卡、SDHC 卡、MMC 卡、SM 卡、记忆棒、XD 卡等。计算机和手机等数码产品常用的移动存储介质主要包括 U 盘、移动硬盘、软盘、光盘、存储卡等。存储介质的便携性和大容量性为病毒传播提供了极大的便利。例如，“U 盘杀手”（Worm_Autorun）病毒，是利用 U 盘等移动设备传播的蠕虫病毒。autorun.inf 文件一般存在于 U 盘、MP3、移动硬盘和硬盘各个分区的根目录下，当用户双击 U 盘等设备的时候，该文件就会利用 Windows 的自动播放功能优先运行 autorun.inf 文件，并立即执行所要加载的病毒程序，导致用户设备被破坏，使用户遭受损失。

（2）网络传播

现代网络通信技术的快速发展已经使空间距离不再遥远，数据、文件、电子邮件可以方便、快速和高效地在各个网络工作站之间通过光纤进行传递。网络感染病毒的途径主要有以下几种。

1）电子邮件。电子邮件是病毒在互联网传播中的主要媒介。电子邮件一对一、一对多的特性为病毒的传播提供了便捷的渠道。电子邮件本身并不产生病毒，病毒主要依附在邮件的附件中，当用户下载邮件附件时，计算机受到病毒感染，病毒入侵系统伺机发作。

2）下载文件。病毒被捆绑或隐藏在互联网共享的程序或文档中，用户一旦下载该类程序或文件，用户设备感染病毒的概率将大大增加。病毒可以伪装成其他程序或隐藏在不同类型的文件中，通过下载操作感染计算机或手机。

3）浏览网页。Java Applets 和 Active Control 等程序及脚本本来是用于增强网页功能与页面效果的，当别有用心之人利用 Java Applets 和 Active Control 来编写计算机病毒和恶意攻击程序时，用户浏览网页就有可能感染病毒。

4）聊天通信工具。Wechat（微信）、QQ、WhatsApp、Skype 等即时通信聊天工具是当前人们进行信息通信与数据交换的重要手段。由于软件本身安全性的缺陷，加之聊天工具中的联系列表信息量丰富，给病毒的大范围传播提供了极为便利的条件。目前，仅通过 QQ 这一种通信聊天工具进行传播的病毒就达数百种。

5）移动通信终端。由于未来有更多手机通过无线通信系统和互联网连接，手机作为最典型的移动通信终端，已经成为病毒的最新的攻击目标。具有传染性和破坏性的病毒，会利用发送手机短信、彩信，无线网络下载歌曲、图片、文件等方式传播，由于手机用户往往在不经意的情况下接收读取短信、彩信或直接打开网址链接等方式获取信息，就会让病毒毫不费力地入侵手机进行破坏，甚至使之无法正常使用。

7.3.3 病毒的触发与生存

感染、潜伏、可触发和破坏是病毒的基本特性。感染性能够使病毒大范围传播。可触发性是介于计算机病毒的攻击性和潜伏性之间的调整杠杆，可以控制计算机病毒感染和破坏的频度，兼顾杀伤力和潜伏性。破坏性体现了病毒的杀伤能力。

过于苛刻的触发条件可能使病毒具有较好的潜伏性，但不易传播只具有低杀伤力；过于宽松的触发条件会导致病毒容易暴露，使用户可以做到适当的反病毒处理，杀伤力也不够大。

病毒的生存周期包括创造期、孕育期、潜伏感染期、发作期、发现期、同化期和根除期等。病毒的触发包括日期触发、键盘触发、感染触发、启动触发、访问磁盘次数触发、调用中断功能触发和 CPU 型号/主板型号触发。📖

📖知识拓展
病毒的生存周期和触发

☺ 讨论思考

1）病毒的生存期以及触发方式有哪些？

2）计算机病毒的传播方式主要有哪些？

☺ 讨论思考
本部分小结
扫码看答案

7.4 计算机病毒的检测清除与防范

教学视频
课程视频 7.3

7.4.1 计算机病毒的检测

计算机感染病毒之后，常出现很多明显或不明显的特征，比如文件的长度和日期忽然改变、系统执行速度下降、出现一些奇怪的信息或无故死机，或更为严重的如硬盘被格式化等。对系统进行病毒检测，可以及时掌握系统是否感染病毒，便于及时处理。计算机病毒检测的常见方法主要有特征代码法、行为监测法、校验和法、启发式扫描法、软件模拟法。

（1）特征代码法

特征代码法是检测已知病毒的最简单、成本最低的方法，它的实现就是采集已知病毒样本。如果既感染 COM 文件，又感染 EXE 文件，这种病毒要同时采集 COM 型病毒样本和 EXE 型病毒样本。打开被检测文件，在文件搜索中检查文件是否含有病毒数据库中的病毒特征代码；因为特征代码与病毒一一对应，如果发现病毒特征代码，便可以断定被查文件中患有何种病毒。

面对不断出现的新病毒，采用病毒特征代码法的检测工具必须不断更新版本，否则检测工具会逐渐失去实用价值。病毒特征代码法无法检测新病毒。

（2）行为监测法

利用病毒的特有行为特征对病毒进行监测的方法称为行为监测法。通过对病毒的观察和研究发现，有一些行为是病毒的共同行为，而且是比较特殊的。在正常程序中这些病毒行为比较罕见，当程序运行时，监视其行为，如果发现病毒行为，立即报警。

（3）校验和法

计算正常文件内容的校验和，将该校验和写入文件或写入其他文件中保存。在文件使用过程中，定期或每次使用文件前，检查文件现在内容并算出校验和，用算出的校验和与原来保存的校验和进行对比，从而可以发现文件是否感染，这种方法叫作校验和法。校验和法既可以发现已知病毒又可以发现未知病毒。在 SCAN 和 CPAV 工具的后期版本中，除了病毒特征代码法之外，还纳入校验和法，以提高其检测能力。

校验和法不能识别病毒类别，不能报出病毒名称。由于病毒感染并非文件内容改变的唯一的非他性原因，文件内容的改变有可能是正常程序引起的，所以校验和法常常误报警，而且此种方法也会影响文件的运行速度。

（4）启发式扫描法

通常情况下，病毒程序与正常程序的区别很明显。正常程序的最初指令是检查命令行输入有无参数项，清屏和保存原来屏幕显示等；而病毒程序的最初指令是直接写盘操作、解码指令，或搜索某路径下的可执行程序等相关操作指令序列。对此，一个熟练的程序员在调试状态下只需一瞥便可一目了然。

启发式扫描技术实际上就是把这种经验和知识移植到一个查病毒软件中的具体程序体现。因此，启发式指的是“自我发现的能力”或“运用某种方式或方法去判定事物的知识和技能”。一个运用启发式扫描技术的病毒检测软件，实际上就是以特定方式实现的动态高度器或反编译器，通过对有关指令序列的反编译逐步理解和确定其蕴藏的真正动机。

（5）软件模拟法

软件模拟法是国外研制的新的检测病毒多态性的方法。借助软件分析器，用软件方法模拟和分析程序运行，可在虚拟机上进行查毒。新型检测工具利用启发式查毒软件模拟法，使用特征代码法检测病毒，如果发现隐蔽病毒或多态性病毒症状，就启动软件模拟模块，监视病毒运行，在病毒自身的密码译码以后，再运用特征代码法识别病毒的种类。

7.4.2 常见病毒的清除方法

将感染病毒的文件的病毒代码删除，使之恢复成可以正常运行的健康文件，称为病毒的清除，有时称为对象恢复。

清除可分为手工清除和自动清除两种方法。手工清除方法使用 Debug、PCTools 等简单工具，借助对某种病毒的具体认识，从感染病毒的文件中删除病毒代码并使之康复。手工清除方法复杂、速度慢、风险大，需要熟练的技能和丰富的知识。当遇到被病毒感染的文件急需恢复而又找不到杀毒软件或杀毒软件无效时，才要用到手工清除的方法。自动清除方法需要使用自动清除软件自动清除患病文件中的病毒代码，自动清除方法操作简单、效率高、风险小。从与病毒对抗的过程看，总是从手工清除开始，获得清除成功后，再研制相应的软件产品，使计算机自动完成全部清除的动作。

虽然有杀毒软件和防火墙的保护，但计算机中毒现象还是很普遍。根据病毒对系统被破坏的程度，可采取以下措施进行病毒清除。

1）一般常见流行病毒：此种病毒对计算机的危害较小，一般运行杀毒软件进行查杀即可。若可执行文件的病毒无法根除，则可将其删除后重新安装。

2）系统文件破坏：大多数系统文件被破坏后将无法正常运行。若删除文件并重新安装系统后仍然没有解决问题，则需要请专业人员进行病毒清除和数据恢复。在数据恢复前，要将重要的数据文件进行备份，这样若出现误杀可以及时恢复。有一些病毒，如“新时光脚本病毒”，运行时在内存中不可见，而系统则会认为其是合法程序加以保护并保证其继续运行，造成病毒无法被清除。而在 DOS 下查杀，Windows 系统无法运行，所以病毒也就不可能运行，在这种环境下可以将病毒彻底清除干净。

7.4.3 普通病毒的防范方法

杀毒不如搞好预防，病毒防范应该采取预防为主的策略。

首先，在思想上要有反病毒的警惕性，依靠并使用反病毒技术和管理措施使病毒无法逾越计算机保护屏障，从而不能广泛传播。个人用户要及时升级可靠的反病毒产品，不断升级才能识别和杀灭新病毒，为系统提供真正安全的环境。同时，用户都要遵守防御病毒的法律和制度，做到不制造病毒，不传播病毒；养成良好的操作习惯，定期备份系统数据文件，连接外部存储设备前先杀毒再使用，不访问违法或不正规网站等。

其次，防范计算机病毒的最有效方法是切断病毒的传播途径，应注意：①不用非原始启动盘或其他介质引导设备，对原始启动盘实行写保护；②不随便使用外来存储设备或其他介质，对外来存储设备或其他介质必须先检查后使用；③做好系统软件、应用软件的备份，定期进行数据文件备份，供系统恢复用；④系统设备要专机专用，避免使用其他软件，减少病毒感染的机会；⑤网传数据要先检查再接收后使用，接收邮件的设备最好与系统设备分开使用；⑥定期进行病毒检查，对联网设备安装实时检测病毒软件，防止病毒传入；⑦如果发现有设备感染病毒，应立即将该设备从互联网上撤下，防止病毒蔓延。

7.4.4　木马和蠕虫病毒的检测与防范

1．木马病毒概述

【案例 7-5】美国利用木马病毒实施攻击。国家计算机病毒应急处理中心和 360 公司，2022 年 9 月先后发布，从西北工业大学的多个信息系统和上网终端中提取到多款木马样本。查验相关攻击活动源自美国国家安全局（NSA）“特定入侵行动办公室”（TAO）。调查发现，近年来美国 NSA 下属 TAO 对中国国内的网络目标实施了上万次的恶意网络攻击，控制了数以万计的网络设备（网络服务器、上网终端、网络交换机、电话交换机、路由器、防火墙等），窃取了超过 140GB 的高价值数据。

（1）木马病毒的概念和危害

木马病毒（Trojan）是指能够控制其他计算机的特定木马程序。木马病毒是隐藏在正常程序中的一段具有特殊功能的恶意代码，是具备破坏和删除文件、发送密码、记录键盘和攻击 DOS 等特殊功能的后门程序。完整的木马程序一般由两部分组成：一个是服务器端，另一个是控制器端。“中木马”就是指安装了木马的服务器端程序，若用户设备被安装了服务器端程序，则拥有相应客户端的人就可以通过网络控制用户的设备。设备中的各种文件、程序以及使用过的账号、密码就无安全可言了。

木马病毒是目前比较流行的病毒文件，与一般的病毒不同，木马病毒不会自我繁殖，也不会“刻意”地去感染其他文件，而是通过将自身伪装来吸引用户下载执行，向施种木马者提供打开被种主机的门户，使施种者可以任意毁坏、窃取被种者的文件，甚至远程操控被种主机。木马程序经常隐藏在游戏或图形软件中，但它们却隐藏着恶意。

按照功能分类，木马病毒可进一步分为盗号木马、“网银”木马、窃密木马、远程控制木马、流量劫持木马、下载者木马和其他木马等，随着木马程序编写技术的不断发展，一个木马程序往往同时包含多种功能。

（2）木马病毒的特征

木马病毒的特征主要包括隐蔽性、自动运行性、欺骗性、自动恢复、自动打开端口以及功能特殊性。其中冰河木马是比较典型的实例。🕮

🕮知识拓展
冰河木马病毒主要特征

1）隐蔽性：木马病毒的首要特征就是隐蔽性。当用户执行正常程序时，在难以察觉的情况下，完成危害用户的操作。隐蔽性主要体现在以下 6 个方面。一是不产生图标，不在系统“任务栏”中产生有提示标志的图标；二是文件隐藏，将自身文件隐藏于系统的文件夹中；三是在专用文件夹中隐藏；四是在任务管理器中自动隐形，并以“系统服务”的方式欺骗操作系统；五是无声息启动；六是伪装成驱动程序及动态链接库。🕮

🕮知识拓展
木马病毒的主要特征

2）自动运行性：木马病毒为了控制服务端，必须在系统启动时跟随启动，所以它会潜藏在启动的配置文件中，如 Win.ini、System.ini、Winstart.bat 以及启动组等文件之中。

3）欺骗性：木马病毒隐蔽的主要手段是欺骗，经常使用伪装的手段将自己合法化。木马病毒要达到其长期隐蔽的目的，就必须借助系统中已有的文件，以防止被发现，它经常使用的是常见的文件名或扩展名，或者仿制一些不易被人区别的文件名，常修改基本文件中难以分辨的字符，更有甚者干脆就借用系统文件中已有的文件名，只不过保存在不同路径中。

4）自动恢复：现在很多木马程序中的功能模块已不再是由单一的文件组成，而是具有多重备份，可以相互恢复。

5）自动打开端口：使用服务器/客户端的通信手段，利用 TCP/IP 不常用端口自动进行连接，打开“方便之门”。

6）功能特殊性：木马通常都有特殊功能，具有搜索 cache 中的口令、设置口令、扫描目标 IP 地址、进行键盘记录、远程注册表操作以及锁定鼠标等功能。

2. 蠕虫病毒

（1）蠕虫病毒的概念

蠕虫病毒是一种常见的计算机病毒，是不需要计算机使用者干预就可以运行的独立程序。蠕虫病毒通过不停获取网络中存在漏洞的计算机上的部分或全部控制权来进行传播。

蠕虫病毒具有计算机病毒的共性，同时还具有其个性特征，即不依赖宿主寄生，而是通过复制自身在网络环境中进行传播。蠕虫病毒的破坏性比普通病毒更强，它可借助共享文件夹、电子邮件、恶意网页、存在漏洞的服务器等伺机传染整个网络内的所有计算机，破坏系统，并使系统瘫痪。典型的病毒有飞客蠕虫病毒和勒索蠕虫病毒。📖

> 📖知识拓展
> 飞客蠕虫病毒和勒索蠕虫病毒

【案例 7-6】 蠕虫病毒“SyncMiner”渗入单位局域网，感染计算机挖掘“门罗币”。据 E 安全 2018 年 6 月 28 日消息，火绒安全团队截获新蠕虫病毒“SyncMiner”，该病毒在政府、企业、学校、医院等单位的局域网中具有很强的传播能力。该病毒通过网络驱动器和共享资源目录（共享文件夹）迅速传播，入侵计算机后，会利用被感染计算机挖取“门罗币”，造成 CPU 占用率高达 100%，并且该病毒还会通过远程服务器下载其他病毒模块，不排除盗号木马、勒索病毒等。

（2）蠕虫的特征

蠕虫病毒的主要特征表现在以下 6 个方面。

1）较强的独立性。计算机病毒一般都需要宿主程序，病毒将自己的代码写到宿主程序中，当该程序运行时先执行写入的病毒程序，从而造成感染和破坏。而蠕虫病毒无需宿主程序，是一段独立的程序或代码，可以不依赖于宿主程序而独立运行，从而主动地实施攻击。

2）利用漏洞主动攻击。由于不受宿主程序限制，蠕虫病毒可以利用操作系统的各种漏洞进行主动攻击。例如“尼姆达”病毒利用了 IE 浏览器的漏洞，使感染病毒的邮件附件在不被打开的情况下就能激活病毒；“蠕虫王”病毒则是利用了微软数据库系统的一个漏洞进行攻击。

3）传播更快更广。蠕虫病毒比传统病毒具有更大的传染性，它不仅会感染本地计算机，还会以本地计算机为基础，感染网络中所有的服务器和客户端。蠕虫病毒可以通过网络中的共享文件夹、电子邮件、恶意网页以及存在着大量漏洞的服务器等途径肆意传播，几乎所有的传播手段都被蠕虫病毒运用得淋漓尽致。因此，蠕虫病毒的传播速度可以是传统病毒的几百倍，甚至可以在几个小时内蔓延全球。

4）更好的伪装和隐藏方式。为了使蠕虫病毒在更大范围内传播，病毒的编制者非常注重病毒的隐藏方式。在通常情况下，用户在接收、查看电子邮件时，会采取双击打开邮件主题的方式来浏览邮件内容，如果邮件中带有病毒，用户的计算机就会立刻被病毒感染。

5）技术更加先进。一些蠕虫病毒与网页的脚本相结合，利用 VBScript、Java、ActiveX 等技术隐藏在 HTML 页面里。当用户上网浏览含有病毒代码的网页时，病毒会自动驻留内存并伺机触发。还有一些蠕虫病毒与后门程序或木马程序相结合，比较典型的是"红色代码"病毒，传播者可以通过蠕虫病毒远程控制计算机。这类与黑客技术相结合的蠕虫病毒具有更大的潜在威胁。

6）使追踪变得更困难。当蠕虫病毒感染了大部分系统之后，攻击者便能发动多种其他攻击方式攻击一个目标站点，并通过蠕虫网络隐藏攻击者的位置，这样追踪攻击者就会变得非常困难。

【案例 7-7】 智利银行在遭到勒索软件攻击后关闭所有分行。2020 年 9 月，据科技行者网站消息称：智利三大银行之一的国家银行 BancoEstado 近期遭到勒索软件攻击，并宣布关闭所有分支机构。消息来源称该银行计算机感染的是 REvil (Sodinokibi) 勒索软件。攻击始于一位雇员收到并打开了一份恶意 Office 文档，该执行文档在银行的网络中安装了一个后门。黑客利用后门访问了银行的内网，安装了勒索软件。起初，银行试图在不被注意的情况下恢复服务，但这次事件破坏范围太广，该行的大部分内部服务和雇员工作站被加密了，官员认识到其难以快速恢复服务，因此决定关闭分行。

7.4.5　病毒和防病毒技术的发展趋势

1. 计算机病毒的发展趋势

计算机病毒的发展具有一定规律，21 世纪是计算机病毒和反病毒激烈角逐的时期，计算机病毒技术不断提高，研究病毒的发展趋势能够更好地开发反病毒技术，防止计算机和手机受到病毒的危害，保障计算机信息产业的健康发展。目前，计算机病毒的发展趋势逐渐偏向于网络化、功利化、专业化、黑客化、自动化，越来越善于运用社会工程学。

1）计算机网络（互联网、局域网）是计算机病毒的主要传播途径，使用计算机网络逐渐成为计算机病毒发作条件的共同点。

【案例 7-8】 计算机病毒发展态势。2021 年 11 月，网宿科技发布的《2021 上半年中国互联网安全报告》显示：当年上半年，网宿安全平台共监测并拦截 Web 应用攻击 101.13 亿次、恶意爬虫攻击 341.47 亿次，分别是 2020 年同期的 2.4 倍、3.3 倍。另据调查，新冠肺炎疫情期间很多员工居家办公，网络威胁大增。教育和研究领域是 2021 年网络攻击的首要目标，每家机构每周平均遭受 1605 次攻击，比 2020 年增加了 75%；政府及军事部门 2021 年每个机构每周平均遭受 1136 次攻击，比 2020 年增加了 47%；通信行业 2021 年每个企业每周平均遭遇 1079 次攻击，比 2020 年增加了 51%。

计算机病毒最早只通过文件复制传播。随着计算机网络的发展，目前计算机病毒可通过计算机网络利用多种方式（电子邮件、网页、即时通信软件等）进行传播。计算机网络的发展使计算机病毒的传播速度大大提高，感染的范围也越来越广。

2）计算机病毒变形（变种）的速度极快并向混合型、多样化发展。

"震荡波"病毒大规模爆发不久，它的变形病毒就出现了，并且不断更新，从变种 A 到变种 F 的出现不到一个月时间。在忙于扑杀"震荡波"的同时，一个新的计算机病毒应运而生——"震荡波杀手"，它会关闭"震荡波"等计算机病毒的进程，但它带来的危害与"震荡波"类似：堵塞网络、耗尽计算机资源、随机倒计时关机和定时对某些服务器进行攻击。

3）运行方式和传播方式的隐蔽性。微软安全中心发布了漏洞安全公告。其中 MS04-028 所提及的 GDI+漏洞，危害等级被定为"严重"。该漏洞涉及 GDI+组件，在用户浏览特定 JPG 图片时，会导致缓冲区溢出，进而执行病毒攻击代码。该漏洞可能发生在所有的 Windows 操作系统上，针对所有基于 IE 浏览器内核的软件、Office 系列软件、微软.NET 开发工具，以及微软其他的图形相关软件等，这将是有史以来威胁用户数量最广的高危漏洞。

4）利用操作系统漏洞传播。操作系统是联系计算机用户和计算机系统的桥梁，也是计算机系统的核心。开发操作系统是个复杂的工程，因此出现漏洞及错误是难免的，任何操作系统都是在修补漏洞和改正错误的过程中逐步趋向成熟和完善的。但这些漏洞和错误就给了计算机病毒和黑客一个很好的表演舞台。

【案例 7-9】 网络安全漏洞态势。2022 年 3 月，新华三攻防实验室协同高级威胁分析、漏洞分析、威胁情报分析等专家发布《2021 年网络安全漏洞态势报告》，2021 年漏洞增长趋势：新华三收录漏洞总数为 20203 条，其中，超危漏洞 2591 条，高危漏洞 8451 条，超危与高危漏洞占比 50%以上，高危以上漏洞比 2020 年增长 14.3%。2016 年至 2021 年漏洞总体呈逐年增长趋势，其中高危以上漏洞逐年增长比例超过 10%。

5）计算机病毒技术与黑客技术将日益融合。因为它们的最终目的是一样的——破坏。严格来说，木马和后门程序并不是计算机病毒，因为它们不能自我复制和扩散，但随着计算机病毒技术与黑客技术的发展，病毒编写者最终将会把这两种技术进行融合。

【案例 7-10】 2021 年黑客攻击事件频发。2021 年，全球网络安全界遭受了勒索软件攻击、重大供应链攻击以及有组织的黑客行动的轮番"轰炸"，攻击目标遍及医疗、金融、制造业、电信及交通等重点行业。据悉，黑客单笔勒索赎金更是达到创纪录的 7000 万美元。其中的 Colonial Pipeline 黑客攻击事件导致美国最大的成品油管道运营商关闭了整个能源供应网络，政府宣布进入国家紧急状态。

6）物质利益将成为推动计算机病毒发展的最大动力。从计算机病毒的发展史来看，对技术的兴趣和爱好是计算机病毒发展的源动力。但越来越多的迹象表明，物质利益将成为推动计算机病毒发展的最大动力。

2．防病毒技术的发展趋势

计算机病毒在形式上越来越狡猾，造成的危害也日益严重。这就要求防病毒产品在技术上更先进，在功能上更全面，并具有更高的病毒查杀率。

从目前病毒的演化趋势看，防病毒产品主要的发展趋势如下：

1）完全整合防病毒、防黑客技术。病毒与黑客在技术和破坏手段上结合得越来越紧密，从某种意义上讲，黑客就是病毒。将防病毒和防黑客有机地结合起来，已经成为一种趋势。奇虎 360 公司、北京瑞星科技有限公司、北京江民新科技有限公司、北信源公司等杀毒软件公司已经开始在网络防病毒产品中植入文件扫描过滤技术和软件防火墙技术，用户可以根据自己的实际需要进行选择，由防毒系统中的网络防病毒模块完成病毒查杀工作，进而在源头上起到防范病毒的作用。

2）从入口拦截病毒。网络安全的威胁多数来自邮件和采用广播形式发送的信函。面对这些威胁，建议安装代理服务器过滤软件来防止不当信息。目前已有厂商开发出相关软件，将其直接配置在网络网关上，可以弹性规范网站内容，过滤不良网站，限制内部浏览。这些技术还可以提供内部使用者上网访问网站的情况并产生图表报告，系统管理者也可以设定个人或部门下载文件的大小。此外，邮件管理技术能够防止邮件经由 Internet 网关进入内部网络，并可以过滤由内部寄出的内容不当的邮件，避免造成网络带宽的不当占用。网关防毒已成为网络时代防病毒产品发展的一个重要方向。

3）安全产品将取代单纯防病毒产品。互联网时代的网络防病毒体系已从单一设备或单一系统发展成为一个整体的解决方案，并与网络安全系统有机地融合在一起。与此同时，用户会要求防病毒厂商提供更全面、更大范围的病毒防护，即用户网络中的每一点，无论是服务器、邮件服务器，还是客户端都应该得到保护，这些都意味着防火墙、入侵检测等安全产品要与网络防病毒产品进一步整合。考虑到它们之间的兼容性问题，用多功能一体的安全产品取代单纯防病毒产品将成为新型产品的时代选择。

4）由产品模式向现代服务模式转化。未来网络防病毒产品的最终定型将是根据客户网络的特点而专门定制的。对用户来讲，定制的网络防病毒产品带有专用性和针对性，既是一种个性化、跟踪性产品，又是一种服务产品。这些体现了网络防病毒正从传统的产品模式向现代服务模式转化，并且大多数网络防病毒厂商不再将一次性卖出防病毒产品作为自己最主要的收入来源，而是通过向用户不断地提供定制服务获得持续利润。

5）防毒技术国际化。Internet 和 Intranet 的快速发展加速了病毒国际化的进程，使得以往仅仅限于局域网传播的本地病毒迅速传播到全球网络环境中。这就促使网络防病毒产品要从技术上由区域化向国际化转化。随着网络技术在我国的不断应用和普及，当今病毒发作日益与国际同步，迫切需要国内的网络防病毒技术与国际同步。技术的国际化不仅反映在网络防病毒产品的杀毒能力和反应速度方面，同时也意味着要借鉴国外网络防病毒产品的服务模式。

☺ 讨论思考

1）什么是木马病毒？木马病毒有哪些特点？

2）什么是蠕虫病毒？它具有什么特点？

3）计算机和手机病毒的检测方法主要有哪些？

4）防范计算机病毒的最有效方法有哪些？

☺ 讨论思考
本部分小结
及答案

7.5　本章小结

计算机及手机病毒的防范应以预防为主，通过各方面的共同配合来解决计算机及手机病毒的问题。本章首先进行了计算机及手机病毒概述，包括计算机及手机病毒的概念和病毒的发展阶段，计算机及手机病毒的特点，计算机病毒的种类、危害，计算机中毒的异常现象及出现的后果；介绍了计算机及手机病毒的构成、计算机及手机病毒的传播方式、计算机及手机病毒的触发和生存条件、特种及新型病毒实例分析等；同时还具体地介绍了计算机及手机病毒的检测、清除与防范技术，木马的检测、清除与防范技术，以及计算机及手机病毒的防病毒技术的发展趋势；总结了恶意软件的类型、危害、清除方法和防范措施；最后，针对 360 安全卫士杀毒软件的功能、特点、操作界面、常用工具以及实际应用和具体的实验目的、内容进行了介绍，便于读者理解具体实验过程，掌握方法。

7.6 实验 7　360 安全卫士及杀毒软件应用

7.6.1　实验目的

360 安全卫士杀毒软件的实验目的主要包括：

1）理解 360 安全卫士杀毒软件的主要功能及特点。

2）掌握 360 安全卫士杀毒软件的主要技术和应用。

3）熟悉 360 安全卫士杀毒软件的主要操作界面和方法。

实验视频

实验视频 7

7.6.2　实验内容

（1）主要实验内容

360 安全卫士杀毒软件的实验内容主要包括：

1）360 安全卫士杀毒软件的主要功能及特点。

2）360 安全卫士杀毒软件的主要技术和应用。

3）360 安全卫士杀毒软件的主要操作界面和方法。

（2）360 安全卫士的主要功能特点

360 安全卫士是一款由奇虎 360 公司推出的功能强、效果好、受用户欢迎的安全杀毒软件。拥有查杀木马、清理插件、修复漏洞、电脑体检、系统修复、优化加速、电脑专家、清理垃圾、清理痕迹多种功能，并独创了“木马防火墙”“360 密盘”等功能，依靠抢先侦测和云端鉴别，可全面、智能地拦截各类木马，保护用户账号、隐私等重要信息。目前，木马威胁之大已远超病毒，360 安全卫士运用云安全技术，在拦截和查杀木马的效果、速度以及专业性上表现出色，能有效防止个人数据和隐私被木马窃取，被誉为“防范木马的第一选择”。360 安全卫士的主要功能如下：

① 电脑体检。可对用户计算机进行安全方面的全面细致检测。

② 查杀木马。使用360 云引擎、启发式引擎、本地引擎、奇虎 360 支持向量机（Qihoo Support Vector Machine，QVM）四引擎查杀木马。

③ 修复漏洞。为系统修复高危漏洞、加固和功能性更新。

④ 系统修复。修复常见的上网设置和系统设置。

⑤ 电脑清理。清理插件、清理垃圾和清理痕迹并清理注册表。

⑥ 优化加速。通过系统优化，加快开机和运行速度。

⑦ 电脑门诊。解决计算机使用过程中遇到的有关问题。

⑧ 软件管家。安全下载常用软件，提供便利的小工具。

⑨ 功能大全。提供各式各样的与安全防御有关的功能。

（3）360 杀毒软件的主要功能特点

360 杀毒软件和 360 安全卫士配合使用是安全上网的黄金组合，可以提供全时、全面的病毒防护。360 杀毒软件的主要功能特点如下：

① 360 杀毒无缝整合国际知名的 BitDefender 病毒查杀引擎和安全中心的领先云查杀引擎。

② 双引擎智能调度，为计算机提供完善的病毒防护体系。360 杀毒软件具备 360 安全中心的云查杀引擎，双引擎智能调度不但查杀能力出色，而且能第一时间防御新出现的木马病毒，提供全面保护。

③ 杀毒快、误杀率低。具备独有的技术体系，对系统资源占用少、杀毒快、误杀率低。

④ 快速升级和响应，病毒特征库能够及时更新，确保对爆发性病毒的快速响应。

⑤ 对感染型木马，拥有强大查杀功能的反病毒引擎和实时保护技术的反病毒引擎，采用虚拟环境启发式分析技术发现和阻止未知病毒。

⑥ 超低系统资源占用，人性化免打扰设置。在用户打开全屏程序或运行应用程序时自动进入“免打扰模式”。

新版 360 杀毒软件整合了包括国际知名的 BitDefender 病毒查杀、云查杀、主动防御、QVM 人工智能四大领先防杀引擎，不但查杀能力出色，而且能第一时间防御新出现或变异的新病毒。

7.6.3 操作方法和步骤

（1）360 安全卫士操作界面

鉴于广大用户对 360 安全卫士等软件比较熟悉，且限于篇幅，在此只做概述。

以 360 安全卫士为例，其主要操作界面如图 7-2～图 7-7 所示。

图 7-2 安全卫士主界面及电脑体检界面

图 7-3 安全卫士的木马查杀界面

图 7-4　安全卫士的电脑清理界面

图 7-5　安全卫士的系统修复界面

图 7-6　优化加速的操作界面

图 7-7　功能大全的操作界面

（2）360杀毒软件功能操作界面

360杀毒软件功能大全选项的操作界面如图7-8～图7-11所示。

图 7-8　电脑安全的操作界面

图 7-9　网络优化的操作界面

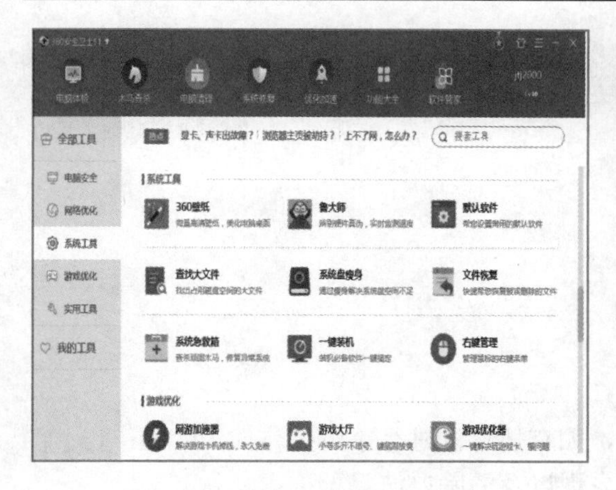

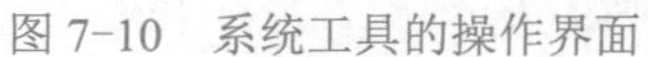

图 7-10　系统工具的操作界面

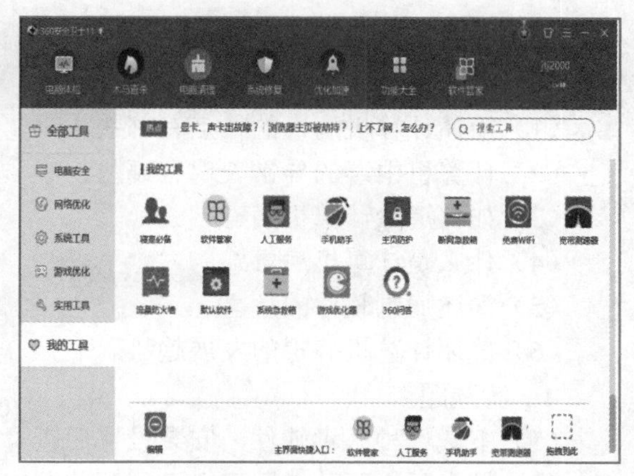

图 7-11　我的工具选项界面

7.7　练习与实践 7

1．选择题

（1）计算机病毒的主要特点不包括（　　）。

A．潜伏性　　B．破坏性

C．传染性　　D．完整性

（2）熊猫烧香是一种（　　）。

A．游戏　　B．软件

C．蠕虫病毒　　D．网站

（3）木马的清除方式有（　　）和（　　）两种。

A．自动清除　　B．手动清除

C．杀毒软件清除　　D．不用清除

（4）计算机病毒是能够破坏计算机正常工作的、（　　）的一组计算机指令或程序。

A．系统自带　　B．人为编制

C．机器编制　　D．不清楚

（5）强制安装和难以卸载的软件都属于（　　）。

A．病毒　　B．木马

C．蠕虫　　D．恶意软件

2．填空题

（1）根据计算机病毒的破坏程度可将病毒分为________、________、________。

（2）计算机病毒一般由________、________、________3 个单元构成。

（3）计算机病毒的传染单元主要包括________、________、________3 个模块。

（4）计算机病毒根据病毒依附载体可划分为________、________、________、________、________。

（5）计算机病毒的主要传播途径有________、________。

（6）计算机运行异常的主要现象包括________、________、________、________、

________、________等。

3．简答题

（1）简述计算机病毒的特点有哪些。

（2）计算机中毒的异常表现有哪些？

（3）如何清除计算机病毒？

（4）什么是计算机病毒？

（5）简述病毒软件的危害。

（6）简述计算机病毒的发展趋势。

4．实践题

（1）下载一种杀毒软件，安装设置后查毒，如有病毒，进行杀毒操作。

（2）搜索至少两种木马病毒，了解其发作表现以及清除办法。

第 8 章　防火墙常用技术

防火墙是利用隔离过滤技术保护内网安全的第一道防线，可以保障用户的数据安全、检测并规避网络安全风险，更好地满足网络安全需求，阻断未授权访问并保护内部网络免受网络入侵，从而提供网络安全服务，保护网络与信息安全的基础设施。

教学目标

- 理解防火墙的相关概念和作用
- 掌握防火墙的主要功能特点及缺陷
- 了解防火墙的各种主要分类方法
- 掌握防火墙阻断攻击的原理及应用

8.1　防火墙概述

【引导案例】 企业安装防火墙常用于访问控制。企业内网一旦遇到攻击或异常等，防火墙会进行拦截并及时用警报提示管理员。按需求不同，防火墙具有不同功能，某企业以前的内部邮件系统经常接收大量垃圾邮件，在安装具有反垃圾邮件功能的防火墙后，该单位用户接收的垃圾邮件大大减少。

8.1.1　防火墙的概念和功能

教学视频
课程视频 8.1

1．防火墙的概念和部署

防火墙是一个由软件和硬件设备组成、在内部网和外部网之间、专用网与公共网之间通过隔离过滤技术构造的保护屏障，使内部网与外部网之间建立起一个安全网关，以保护内部网络不受非法用户的侵入，是必不可少的解决网络安全问题的设备之一。

防火墙是内、外部网络通信安全过滤的主要途径，能够根据制定的访问规则对流经它的信息进行监控和审查。网络防火墙的部署结构如图 8-1 所示。

传统的防火墙通常基于访问控制列表（ACL）进行包过滤，位于内部专用网的入口处，所以也俗称“边界防火墙”。随着网络技术的发展，防火墙技术也得到了发展，出现了一些新的防火墙技术，如电路级网关技术、应用网关技术和动态包过滤技术。在实际运用中，这些技术差别非常大，有的工作在 OSI 参考模式的网络层，有的工作在传输层，还有的工作在应用层。除了访问控制功能外，现在大多数的防火墙制造商在自己的设备上还集成了其他安全技术，如 NAT 和 VPN、病毒防护等。

知识拓展
访问控制列表基本介绍

2．防火墙的主要功能

实际上，防火墙是一个分离器、限制器或分析器，能够有效监控内部网络和外部网络之间的所有活动，其常见的主要功能如下：

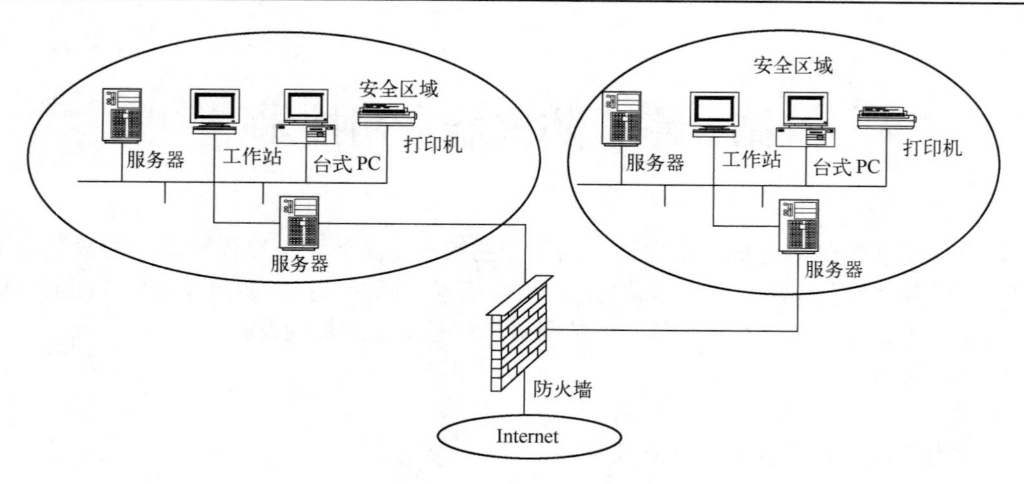

图 8-1 网络防火墙的部署结构

1）建立一个集中的监视点。防火墙位于两个或多个网络之间，使用包过滤技术对所有流经它的数据包都进行过滤和检查，这些检查点被称为“阻塞点”。通过强制所有进出流量通过阻塞点，网络管理员可以集中在较少的地方实现安全的目的。

> 知识拓展
> 主流防火墙的基本功能

2）隔离内、外网络，保护内部网络。这是防火墙的基本功能，通过隔离内、外网络，可以防止非法用户进入内部网络，并能有效防止邮件炸弹、蠕虫病毒、宏病毒的攻击。

3）强化网络安全策略。通过以防火墙为中心的安全方案配置，能将所有的安全软件（如口令、加密、身份认证、审计等）配置在防火墙上，例如在防火墙上实现 AAA 认证。与将网络安全问题分散在各个主机上相比，防火墙的集中安全管理更为经济。

4）有效记录和审计内、外网络之间的活动。内、外网络之间的数据包必须经过防火墙，防火墙可对这些数据包进行记录并写进日志系统，同时对使用情况进行数据统计。当发生可疑动作时，防火墙能进行适当报警，并提供网络是否受到监测和攻击的详细信息。

5）代理转发。代理技术使得防火墙将用户的访问请求变成由防火墙代为转发，使得外部网络无法查看内部网络的结构，也无法直接访问内部网络主机。在防火墙代理技术中，第一种是透明代理，内部网络用户在访问外部网络的时候，无须更改任何配置，防火墙就像透明的一样；第二种是传统代理，其工作原理与透明代理相似，所不同的是它需要在客户端设置代理服务器。与包过滤技术相比，使用代理可以提供更加细致的过滤，但是实现过程复杂且速度较慢。

6）网络地址转换（NAT）。网络地址转换可以屏蔽内部网络的 IP 地址，对内部网络用户起到保护作用；同时可以用来缓解 IPv4 的 IP 地址资源短缺问题。在内部网络与外部网络进行的网络地址转换过程中，当防火墙收到内部网络访问外部网络的请求时，防火墙对收到的内部访问请求进行验证，决定允许还是拒绝该访问请求通过，网络地址转换机制 NAT 将请求的源 IP 地址转换为一个公共 IP 地址，并将变动后的请求信息转发往目的地。当从目的地返回的响应信息到达防火墙接口时，NAT 将响应数据包中的目的地址转换为发出请求的内联网络主机的 IP 地址，然后将该响应数据包发往发出请求的内部网络主机。

7）虚拟专用网（VPN）。VPN 在不安全的公共网络上建立一个专用网络来进行信息的安全传递，目前已经成为在线

> 知识拓展
> 虚拟专用网络 VPN 的特点

交换信息的最安全的方式之一。VPN 技术基本上已经是主流防火墙的标准配置，一般防火墙都支持 VPN 加密标准，并提供基于硬件的加解密功能。📖

8.1.2 防火墙的特性

目前，防火墙需要具备以下的技术和功能特性，才能成为企事业和个人用户欢迎的防火墙产品：📖

📖知识拓展
防火墙的主要优点

1）安全、成熟、国际领先的特性，具有专有的硬件平台和操作系统平台，采用高性能的全状态检测（Stateful Inspection）技术，具有优异的管理功能，提供优异的 GUI 管理界面。

2）支持多种用户认证类型和多种认证机制，支持用户分组，并支持分组认证和授权，支持内容过滤，支持动态和静态地址转换 NAT。

3）支持高可用性，单台防火墙的故障不能影响系统的正常运行，支持本地管理和远程管理，支持日志管理和对日志的统计分析，具备实时告警功能，在不影响性能的情况下，支持较大数量连接，在保持足够的性能指标的前提下，能够提供尽量丰富的功能。

4）可以划分很多不同安全级别的区域，相同安全级别可控制是否相互通信，支持在线升级，支持虚拟防火墙及对虚拟防火墙的资源限制等功能，防火墙能够与入侵检测系统互动。

8.1.3 防火墙的主要缺陷

防火墙是网络上使用最多的安全设备，是网络安全的基石。但防火墙并不是万能的，其功能和性能都有一定的局限性，只能满足系统与网络特定的安全需求。

防火墙的主要缺陷有以下几个方面：

1）无法防范不经由防火墙的攻击。如果数据绕过防火墙，就无法检查。例如，内部网络用户直接从 Internet 服务提供商那里购置 SLIP 或 PPP 连接，就绕过了防火墙系统所提供的安全保护，从而造成了一种潜在的后门攻击渠道。入侵者就可以伪造数据绕过防火墙对这个敞开的后门进行攻击。

2）是一种被动安全策略执行设备。即对于新的未知攻击或者策略如果配置有误，防火墙就无能为力了。

3）不能防止利用标准网络协议中的缺陷进行的攻击。一旦防火墙允许某些标准网络协议，就不能防止利用协议缺陷的攻击。例如 DoS 或 DDoS 进行的攻击。

4）不能防止利用服务器系统漏洞进行的攻击。防火墙不能阻止黑客通过防火墙准许的访问端口对该服务器漏洞进行的攻击。

5）不能防止数据驱动式的攻击。当有些表面看起来无害的数据邮寄或复制到内部网的主机上并被执行时，可能会发生数据驱动式的攻击。

6）无法保证准许服务的安全性。防火墙可以准许某项服务，但不能保证该服务的安全性。准许服务的安全性问题应通过应用安全解决。

7）不能防止本身的安全漏洞威胁。防火墙有时无法保护自己。目前没有厂商能绝对保证自己的防火墙产品不存在安全漏洞，所以，对防火墙也必须提供某种安全保护。

8）不能防止感染了病毒的软件或文件传输。防火墙本身不具备查杀病毒的功能，即使有些防火墙集成了第三方的防病毒软件，也没有一种软件可以查杀所有病毒。

此外，防火墙在性能上不具备实时监控入侵的能力，其功能与速度成反比。防火墙的功能越多，对 CPU 和内存的消耗越大，速度越慢。管理上，人为因素对防火墙安全的影响也很大。因此，仅仅依靠现有的防火墙技术，是远远不够的。

☺ 讨论思考

1）什么是防火墙？列举现实中类似于防火墙功能的例子。

2）使用防火墙构建企业网络体系后，管理员就可以高枕无忧了吗？

☺ 讨论思考
本部分小结
及答案

8.2 防火墙的类型

教学视频
课程视频 8.2

为了更好地分析研究防火墙技术，需要掌握防火墙的类型、原理及特点、功能和结构等相关知识，以及不同的分类方式方法。

8.2.1 以防火墙软硬件形式分类

如果从防火墙的软硬件形式来划分，防火墙可以分为软件防火墙、硬件防火墙以及芯片级防火墙。📖

1．软件防火墙

📖知识拓展
硬件防火墙与软件防火墙的区别

软件防火墙运行于特定的计算机上，它需要客户预先安装好相应的计算机操作系统，一般来说这台计算机就是整个网络的网关，俗称“个人防火墙”。软件防火墙就像其他的软件产品一样需要先在计算机上安装并做好配置才可以使用。防火墙厂商中做网络版软件防火墙最出名的莫过于以色列的 Checkpoint 公司。使用这类防火墙，需要网管熟悉所工作的操作系统平台。

2．硬件防火墙

硬件防火墙是针对芯片级防火墙而言的。其与芯片级防火墙最大的差别在于是否基于专用的硬件平台。目前市场上大多数防火墙都是这种所谓的硬件防火墙，都基于 PC 架构，也就是说，它们和普通家庭用的 PC 没有太大区别。在这些 PC 架构计算机上运行一些经过裁剪和简化的操作系统，最常用的有老版本的 UNIX、Linux 和 FreeBSD 系统。值得注意的是，由于此类防火墙采用的依然是别人的内核，因此依然会受到操作系统本身的安全性影响。

传统硬件防火墙一般至少应具备 3 个端口，分别接内网、外网和 DMZ 区（非军事化区），现在一些新的硬件防火墙往往扩展了端口，常见四端口防火墙一般将第 4 个端口作为配置口、管理端口，很多防火墙还可以进一步扩展端口数目。

3．芯片级防火墙

芯片级防火墙基于专门的硬件平台，没有操作系统。专有的 ASIC 芯片使得它们比其他种类的防火墙速度更快、处理能力更强、性能更高。这类防火墙，国外知名的厂商有

Juniper、Cisco、Checkpoint 等，国内知名的厂商有华为、天融信、深信服等。这类防火墙由于是专用操作系统，因此防火墙本身的漏洞比较少，不过价格相对比较高昂。

8.2.2　以防火墙技术分类

按照防火墙的技术分类，可分为“包过滤型”和“应用代理型”两大类。

防火墙技术虽然有很多，但总体来讲可分为“包过滤型”和“应用代理型”两大类。前者以以色列的 Checkpoint 防火墙和美国 Cisco 公司的 PIX 防火墙为代表，后者以美国 NAI 公司的 Gauntlet 防火墙为代表。

1．包过滤（Packet filtering）型

包过滤型防火墙工作在 OSI 网络参考模型的网络层和传输层，它根据数据包头源地址、目的地址、端口号和协议类型等标志确定是否允许通过。只有满足过滤条件的数据包才能被转发到相应的目的地，其余数据包则被从数据流中丢弃。其网络结构如图 8-2 所示。

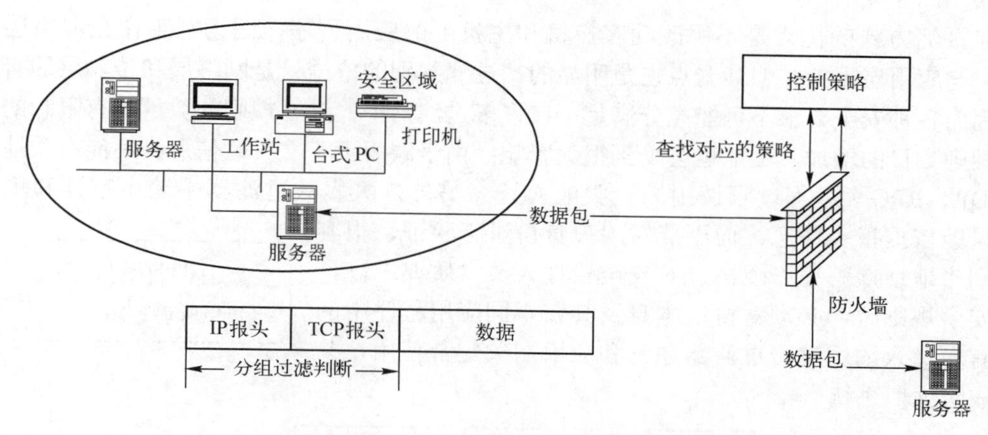

图 8-2　包过滤型防火墙的网络结构

包过滤方式是一种通用、廉价和有效的安全手段。之所以通用，是因为它不是针对各个具体的网络服务采取特殊的处理方式，而是适用于所有网络服务；之所以廉价，是因为大多数路由器都提供数据包过滤功能，所以这类防火墙多数是由路由器集成的。之所以有效，是因为它在很大程度上满足了绝大多数企业的安全要求。

在整个防火墙技术的发展过程中，包过滤技术出现了两种不同版本，称为“第一代静态包过滤”和“第二代动态包过滤”。

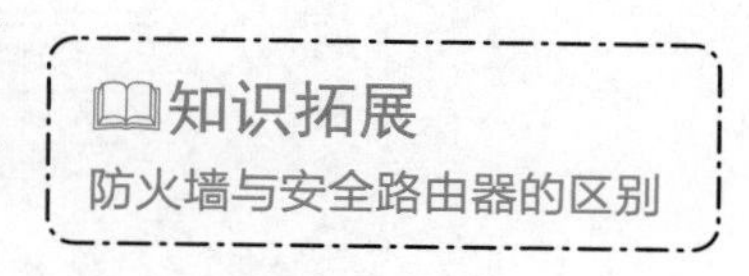

（1）第一代静态包过滤类型防火墙

这类防火墙几乎是与路由器同时产生的，是根据定义好的过滤规则审查每个数据包，以便确定其是否与某一条包过滤规则匹配。过滤规则基于数据包的报头信息进行制定。报头信息中包括 IP 源地址、IP 目标地址、传输协议（TCP、UDP、ICMP 等）、TCP/UDP 目标端口、ICMP 消息类型等。其数据通路如图 8-3 所示（下文提到的数据通路图中，中间一列表示的是防火墙，左、右两列分别表示进行连接的两台计算机）。

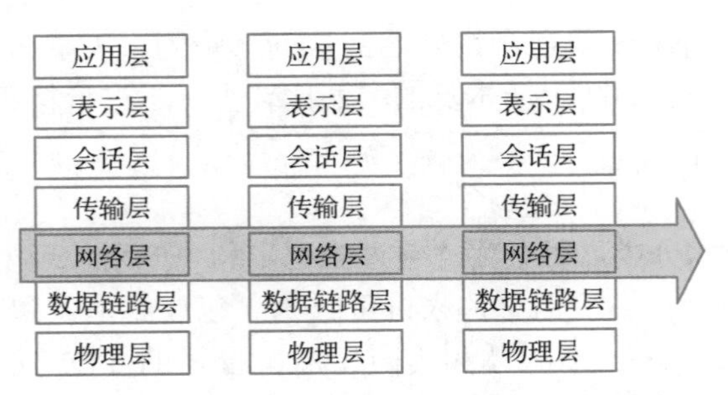

图 8-3 第一代静态包过滤防火墙的数据通路

（2）第二代动态包过滤类型防火墙

这类防火墙采用动态设置包过滤规则的方法，避免了静态包过滤所具有的问题。这种技术后来发展成为包状态监测（Stateful Inspection）技术。采用这种技术的防火墙对通过其建立的每个连接都进行跟踪，并且根据需要可动态地在过滤规则中增加或更新条目，具体数据通路如图 8-4 所示。

包过滤方式的优点是不用改动客户机和主机上的应用程序，因为它工作在网络层和传输层，与应用层无关。但其弱点也是明显的：过滤判别的依据只是网络层和传输层的有限信息，因而各种安全要求不可能充分满足；在许多过滤器中，过滤规则的数目是有限制的，且随着规则数目的增加，性能也会受到很大影响；由于缺少上下文关联信息，不能有效地过滤如 UDP、RPC（远程过程调用）一类的协议；另外，大多数过滤器中缺少审计和报警机制，只能依据报头信息，而不能对用户身份进行验证，很容易受到“地址欺骗型”攻击。对安全管理人员素质要求高，建立安全规则时，必须对协议本身及其在不同应用程序中的作用有较深入的理解。过滤器通常和应用网关配合使用，共同组成防火墙系统。📖

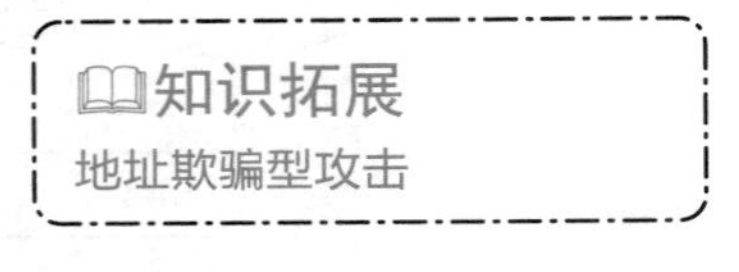

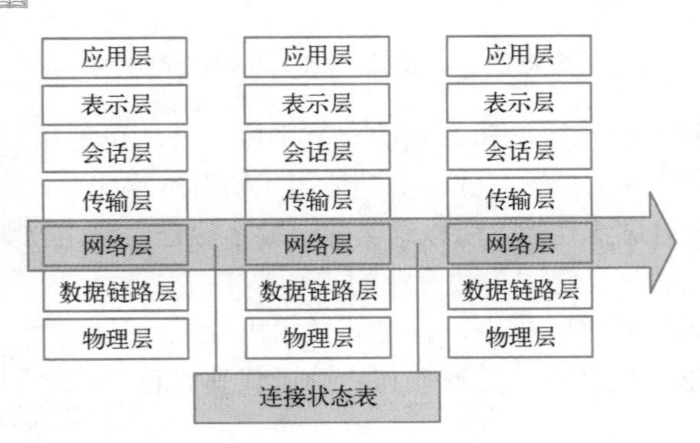

图 8-4 第二代动态包过滤防火墙的数据通路

2．应用代理（Application Proxy）型

应用代理型防火墙工作在 OSI 的最高层，即应用层。其特点是完全“阻隔”了网络通信流，通过对每种应用服务编制专门的代理程序，实现监视和控制应用层通信流的目的。其典型网络结构如图 8-5 所示。📖

📖知识拓展
应用代理型防火墙

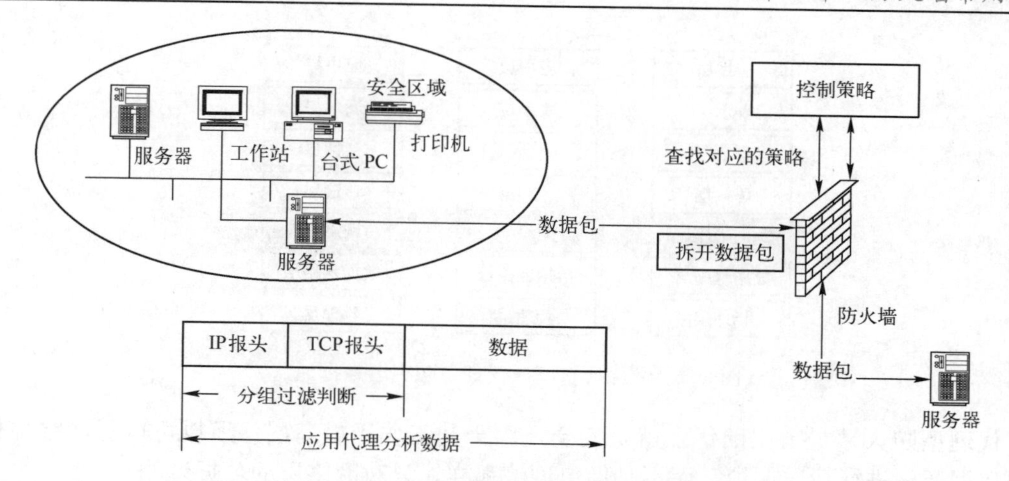

图 8-5　应用代理型防火墙的网络结构

在应用代理型防火墙技术的发展过程中，它也经历了两个不同的版本，即第一代应用网关型代理防火墙和第二代自适应代理型防火墙。

（1）第一代应用网关（Application Gateway）型防火墙

这类防火墙是通过一种代理（Proxy）技术参与到一个 TCP 连接的全过程。如图 8-6 所示，从内部发出的数据包经过这样的防火墙处理后，就好像是源于防火墙外部的网卡一样，从而可以达到隐藏内部网结构的作用。这种类型的防火墙被网络安全专家和媒体公认为是最安全的防火墙。它的核心技术就是代理服务器技术。

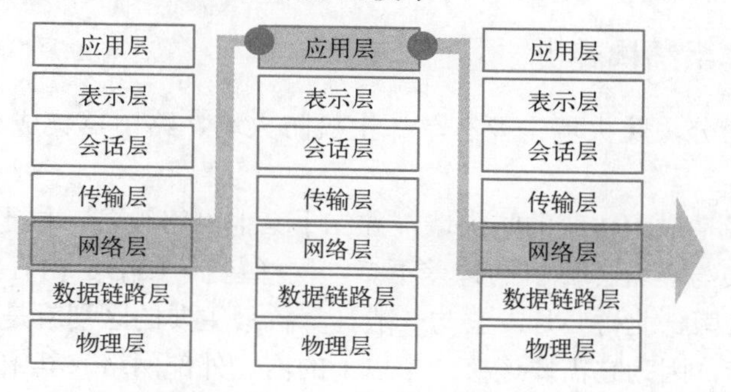

图 8-6　第一代应用网关型防火墙数据通路

（2）第二代自适应代理（Adaptive Proxy）型防火墙

它是近几年才得到广泛应用的一种新的防火墙类型。它可以结合代理型防火墙的安全性和包过滤型防火墙的高速度等优点，在毫不损失安全性的基础之上将代理型防火墙的性能提高 10 倍以上。此类防火墙的数据通路如图 8-7 所示。组成这种类型防火墙的基本要素有两个：自适应代理服务器（Adaptive Proxy Server）与动态包过滤器（Dynamic Packet filter）。

从图 8-7 可以看出，在“自适应代理服务器”与“动态包过滤器”之间存在一个控制通道。在对防火墙进行配置时，用户仅仅将所需要的服务类型、安全级别等信息通过相应 Proxy 的管理界面进行设置就可以了。然后，自适应代理就可以根据用户的配置信息，决定是使用代理服务从应用层代理请求还是从网络层转发包。如果是后者，它将动态地通知包过滤器增减过滤规则，满足用户对速度和安全性的双重要求。

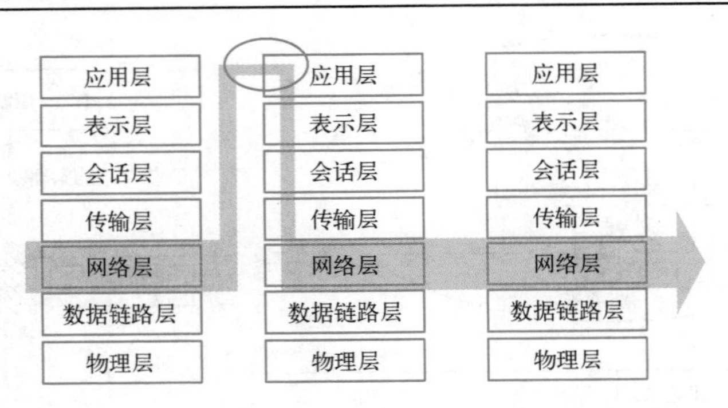

图 8-7　第二代自适应代理型防火墙数据通路

代理型防火墙最突出的优点就是安全。由于其工作于最高层，所以可以对网络中任何一层数据通信进行筛选保护，而不是像包过滤那样，只对网络层的数据过滤。

另外，代理型防火墙采取的是一种代理机制，它可以为每一种应用服务建立一个专门的代理，所以内、外部网络之间的通信不是直接的，而是都需要先经过代理服务器审核，通过后再由代理服务器代为连接，根本没有给内、外部网络计算机任何直接会话的机会，从而避免了入侵者使用数据驱动类型的攻击方式入侵内部网。

代理型防火墙的最大缺点就是速度相对比较慢，当用户对内、外部网络网关的吞吐量要求比较高时，代理型防火墙就会成为内、外部网络之间的瓶颈。因为防火墙需要为不同的网络服务建立专门的代理服务，在自己的代理程序中为内、外部网络用户建立连接时需要时间，所以给系统性能带来了一些负面影响，但通常不会很明显。

8.2.3　以防火墙体系结构分类

从防火墙结构上分，防火墙主要有单一主机防火墙、路由器集成式防火墙和分布式防火墙 3 种。

单一主机防火墙是最为传统的防火墙，独立于其他网络设备，位于网络边界。

这种防火墙其实与一台计算机结构差不多，同样包括 CPU、内存、硬盘和主板等基本组件，且主板上也有南、北桥芯片。它与一般计算机最主要的区别就是一般防火墙都集成了两个以上的以太网卡，因为它需要连接一个以上的内、外部网络。其中的硬盘用来存储防火墙所用的基本程序，如包过滤程序和代理服务器程序等，有的防火墙还把日志记录也记录在此硬盘上。虽然如此，但不能说防火墙就与常见的 PC 一样，因为它的工作性质决定了它要具备非常高的稳定性、实用性和非常高的系统吞吐性能。正因如此，单一主机防火墙看似与 PC 差不多的配置，但价格却相差甚远。

随着防火墙技术的发展及应用需求的提高，原来作为单一主机的防火墙现在已发生了许多变化。最明显的变化就是现在许多中、高档的路由器中已集成了防火墙功能，有的防火墙已不再是一个独立的硬件实体，而是由多个软、硬件组成的系统，俗称为分布式防火墙。📖

> 📖知识拓展
> 分布式防火墙

原来的单一主机防火墙由于价格非常昂贵，仅有少数大型企业才能承受得起，为了降低企业网络投资，现在许多中、高档路由器中集成了防火墙功能，如 Cisco IOS 防火墙系列。这样企业就不用再同时购买路由器和防火墙，大大降低了网络设备的购买成本。

分布式防火墙再也不是只是位于网络边界，而是渗透于网络的每一台主机，对整个内部网络的主机实施保护。在网络服务器中，通常会安装一个防火墙系统用于管理软件，在服务器及各主机上安装有集成网卡功能的 PCI 防火墙卡，这样一块防火墙卡同时兼有网卡和防火墙的双重功能，只需要一个防火墙系统就可以彻底保护内部网络。各主机把任何其他主机发送的通信连接都视为“不可信”的，都需要严格过滤。而不是像传统边界防火墙那样，仅对外部网络发出的通信请求“不信任”。

8.2.4　以防火墙性能等级分类

如果按防火墙的性能分类，可以分为百兆级防火墙和千兆级防火墙两类。

📖知识拓展
防火墙的性能指标

因为防火墙通常位于网络边界，所以不可能只是十兆级的。这主要是指防火墙的通道带宽（Bandwidth），或者说是吞吐率。当然通道带宽越宽，性能越高，这样的防火墙因包过滤或应用代理所产生的延时也越小，对整个网络通信性能的影响也就越小。📖

☺ 讨论思考

1）软件防火墙、硬件防火墙和芯片防火墙的区别是什么？

2）包过滤防火墙工作在 OSI 模型的哪一层？

☺ 讨论思考
本部分小结
及答案

8.3　防火墙的主要应用

教学视频
课程视频 8.3

网络防火墙的主要应用包括企业网络的体系结构、内部防火墙系统应用、外围防火墙设计、用防火墙阻止 SYN Flood 攻击的方法等。

8.3.1　企业网络体系结构

来自外部用户和内部用户的网络入侵日益频繁，必须建立保护网络不会受到这些入侵破坏的机制。虽然防火墙可以为网络提供保护，但是它同时也会耗费资金，并且会对通信产生障碍，因此应该尽可能寻找最经济、效率最高的防火墙。

通常，企业网络体系结构由 3 个区域组成，如图 8-8 所示。

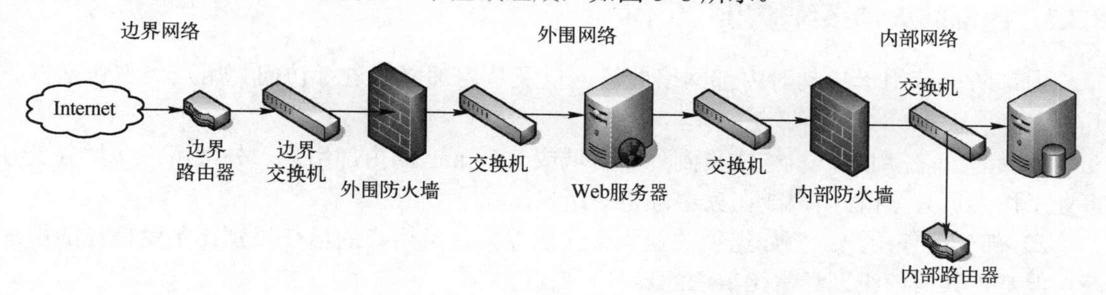

图 8-8　企业网络体系结构

边界网络：此网络通过路由器直接面向 Internet，应该以基本网络通信筛选的形式提供初始层面的保护。路由器通过外围防火墙将数据一直提供到外围网络。

外围网络：此网络通常称为无戒备区（Demilitarized Zone，DMZ）或者边缘网络，它将外来用户与 Web 服务器或其他服务链接起来。然后，Web 服务器将通过内部防火墙链接到内部网络。📖

📖知识拓展
DMZ 与非军事化区

内部网络：内部网络则链接各个内部服务器（如 SQL Server）和内部用户。

以天网防火墙为例，组建的小型企业网络方案如图 8-9 所示。

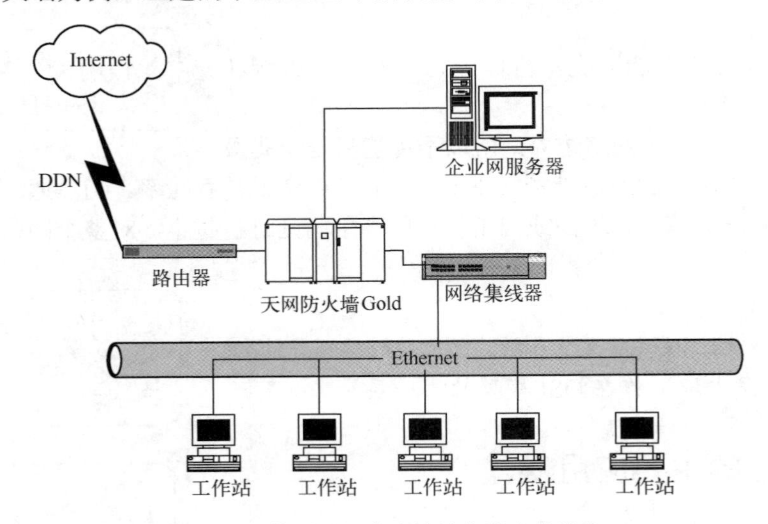

图 8-9　使用天网防火墙的典型企业结构

在这个网络方案中，小型企业通常采用专线实现与 Internet 的互联，在线路速度上对防火墙的要求不高。企业通过路由器连接上 Internet，路由器的以太网接口直接连接到防火墙的网络端口 1 上；企业的服务器直接连接在防火墙的网络端口 2 上，如果企业有多台服务器，可以通过集线器连接在防火墙的网络端口 2 上；企业的工作站通过集线器连接在防火墙的网络端口 3 上；通过这种方式，防火墙可以同时保护企业的服务器和内部的工作站。

内部的所有工作站都可以采用内部网的私有网络地址，例如 192.168.0.xxx 网段，通过防火墙的 NAT 功能连接上 Internet，将宝贵的 IP 地址资源保留给服务器使用。

8.3.2　内部防火墙系统应用

内部防火墙用于控制对内部网络的访问以及从内部网络进行访问。用户类型包括以下几种。

1）完全信任用户：机构成员到外围区域或 Internet 的内部用户、外部用户（如分支办事处工作人员）、远程用户或在家中办公的用户。

2）部分信任用户：例如组织的业务合作伙伴，这类用户的信任级别比不受信任的用户高。但是，其信任级别经常比组织的雇员要低。

3）不信任用户：例如组织公共网站的用户。

理论上，来自 Internet 的不受信任的用户应该仅访问外围区域中的 Web 服务器。如果他们需要对内部服务器进行访问（如检查股票级别），受信任的 Web 服务器会代表他们进行查询，这样永远不允许不受信任的用户通过此内部防火墙。

在选择准备在此容量中使用的防火墙类别时，应该考虑许多问题。表 8-1 着重说明了这些问题。

表 8-1　内部防火墙类别选择问题

问题	以此容量实现的防火墙的典型特征
所需的防火墙功能，如安全管理员所指定的	这是所需的安全程度与功能成本以及增加安全可能导致的性能的潜在下降之间的权衡。虽然许多组织希望这一容量的防火墙能够提供最高的安全性，但是有些组织并不愿意接受伴随而来的性能降低。例如，对于容量非常大的非电子商务网站，基于通过使用静态数据包筛选器而不是应用程序层筛选获得的较高级别的吞吐量，可能允许较低级别的安全
无论是专用物理设备，提供其他功能，还是物理设备上的逻辑防火墙	这取决于所需的性能、数据的敏感性和需要从外围区域进行访问的频率
设备的管理功能要求，如组织的管理体系结构所指定的	通常使用某种形式的日志，但是通常还需要事件监视机制。可以在这里选择不允许远程管理以阻止恶意用户远程管理设备
吞吐量要求很可能由组织内的网络和服务管理员来确定	这些将根据每个环境而变化，但是设备或服务器中硬件的功能以及要使用的防火墙功能将确定整个网络的可用吞吐量
可用性要求	也取决于来自 Web 服务器的访问要求。如果它们主要用于处理提供网页的信息请求，则内部网络的通信量将很低。但是，电子商务环境将需要高级别的可用性

1．内部防火墙规则

内部防火墙监视外围区域和信任的内部区域之间的通信。由于这些网络之间通信类型和流的复杂性，内部防火墙的技术要求比外围防火墙的技术要求更加复杂。

堡垒（Bastion）主机是位于外围网络中的服务器，向内部和外部用户提供服务。堡垒主机包括 Web 服务器和 VPN 服务器。通常，内部防火墙在默认情况下或通过设置将需要实现下列规则：📖

> 📖知识拓展
> 堡垒主机的基本特点

1）默认情况下，阻止所有数据包。

2）在外围接口上，阻止看起来好像来自内部 IP 地址的传入数据包，以阻止欺骗。在内部接口上，阻止看起来好像来自外部 IP 地址的传出数据包，以限制内部攻击。

3）允许从内部 DNS 服务器到 DNS 解析程序堡垒主机的基于 UDP 的查询和响应。允许从 DNS 解析程序堡垒主机到内部 DNS 服务器的基于 UDP 的查询和响应。允许从内部 DNS 服务器到 DNS 解析程序堡垒主机的基于 TCP 的查询，包括对这些查询的响应。允许从 DNS 解析程序堡垒主机到内部 DNS 服务器的基于 TCP 的查询，包括对这些查询的响应。

4）允许来自 VPN 服务器上后端的通信到达内部主机，并且允许响应返回到 VPN 服务器。允许验证通信到达内部网络上的 RADUIS 服务器，并且允许响应返回到 VPN 服务器。

2．内部防火墙的可用性

为了增加防火墙的可用性，可以将它实现为具有或不具有冗余组件的单一防火墙设备，或者合并了某些类型的故障转移和/或负载平衡机制的防火墙的冗余对。下面介绍这些选项的优点和缺点。

（1）没有冗余组件的单一防火墙

在图 8-10 中描述了没有冗余组件的单一防火墙。

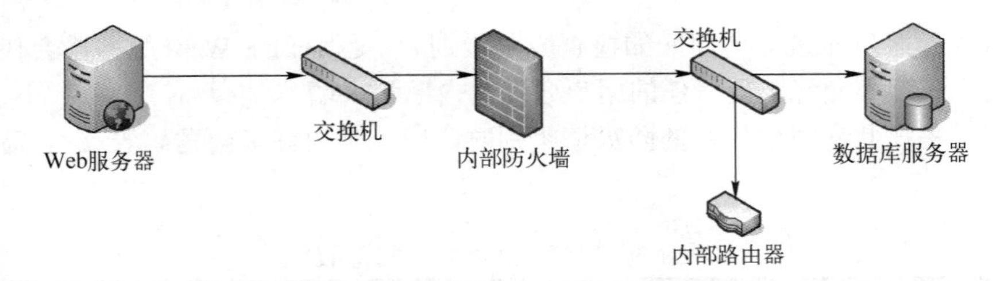

图 8-10　没有冗余组件的单一防火墙

没有冗余组件的单一防火墙的优点如下。

1）成本低：由于只有一个防火墙，所以硬件成本和许可成本都较低。

2）管理简单：管理工作得到简化，因为整个站点或企业只有一个防火墙。

3）单个记录源：所有通信记录操作都集中在一台设备上。

没有冗余组件的单一防火墙的缺点如下。

1）单一故障点：对于入站和/或出站访问存在单一故障点。

2）通信瓶颈：单一防火墙可能是一个通信瓶颈，这取决于连接的个数和所需的吞吐量。

（2）具有冗余组件的单一防火墙

在图 8-11 中描述了具有冗余组件的单一防火墙。

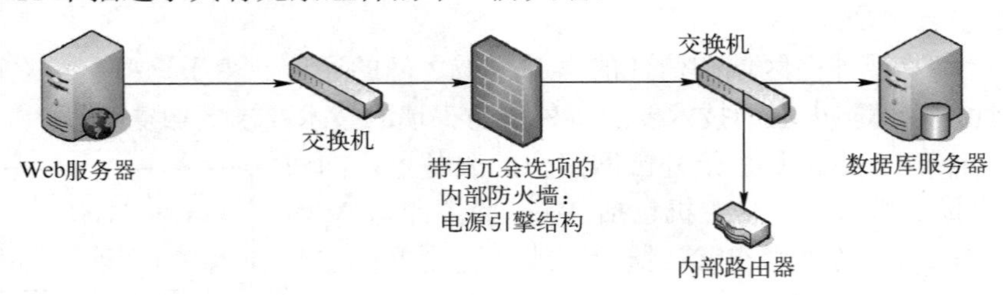

图 8-11　具有冗余组件的单一防火墙

具有冗余组件的单一防火墙的优点如下：

1）成本低：由于只有一个防火墙，所以硬件成本和许可成本都较低。冗余组件（如电源）的成本也不高。

2）管理简单：管理工作简化，整个站点或企业只有一个防火墙。

3）单个记录源：所有通信记录操作都集中在一台设备上。

具有冗余组件的单一防火墙的缺点如下。

1）单一故障点：根据冗余组件的数量不同，入站和/或出站访问仍然可能只有一个故障点。

2）成本：成本比没有冗余防火墙高，且可能还需要更高类别的防火墙才可以添加冗余。

3）通信瓶颈：单一防火墙可能是一个通信瓶颈，这取决于连接的个数和所需的吞吐量。

（3）容错防火墙

容错防火墙包括一种使每个防火墙成为双工的机制，如图 8-12 所示。

容错防火墙的优点如下。

1）容错：用成对服务器或设备有助于提供所需级别的容错能力。🕮

🕮知识拓展
容错防火墙的主要特点

2）集中通信日志：由于两个防火墙或者其中的一个可能正在记录其他合作者或某个单独服务器的活动，所以通信日志变得更可靠了。

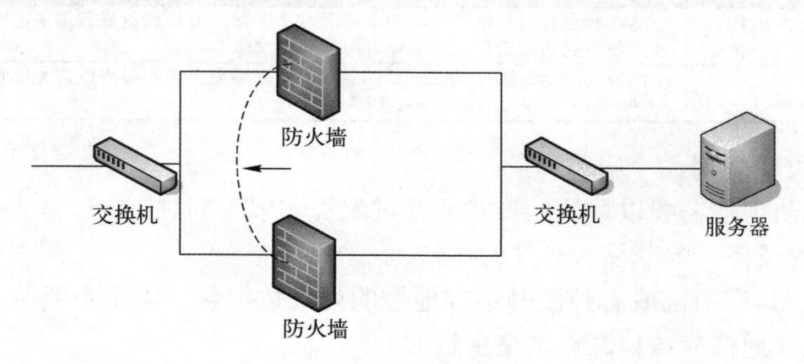

图 8-12　容错防火墙

3）可能的状态共享：根据产品的不同，本级别中的防火墙之间可能可以共享会话的状态。

容错防火墙的缺点如下。

1）复杂程度增加：由于网络通信的多路径性质，此类解决方案的设置和支持更复杂。

2）配置更复杂：各组防火墙规则如果配置不正确，可能会导致安全漏洞以及支持问题。

3）成本增加：至少需要两个防火墙时，成本将超过单一防火墙。

8.3.3　外围防火墙系统设计

设置外围防火墙可满足组织边界之外用户的需求。其用户类型如下。

1）完全信任用户：如机构各个分支办事处的工作人员、远程用户或者在家工作的用户。

2）部分信任用户：机构的业务合作伙伴，其用户的信任级别比不受信任的用户高。但是，这类用户通常又比组织的员工低一个信任级别。

3）不信任用户：例如组织公共网站的用户。

注意外围防火墙特别容易受到外部攻击，因为入侵者必须破坏该防火墙才能进一步进入内部网络。因此，它将成为明显的攻击目标。

边界位置中使用的防火墙是通向外部世界的通道。在很多大型组织中，此处实现的防火墙类别通常是高端硬件防火墙或者服务器防火墙，但是某些组织使用的是路由器防火墙。选择防火墙类别用作外围防火墙时，应该考虑一些问题。表 8-2 重点列出了这些问题。

表 8-2　外围防火墙类别选择问题

问题	在此位置实现的典型防火墙特征
安全管理员指定的必需的防火墙功能	这是一个必需安全性级别与功能成本以及增加安全性可能导致的性能下降之间的平衡问题。虽然很多组织想通过外围防火墙得到最高的安全性，但有些组织不想影响性能。例如，不涉及电子商务的高容量网站，在通过使用静态数据包筛选器而不是使用应用程序层筛选而获取较高级别吞吐量的基础上，可能允许较低级别的安全性
该设备是一个专门的物理设备，提供其他功能，还是物理设备上的一个逻辑防火墙	作为 Internet 和企业网络之间的通道，外围防火墙通常实现为专用的设备，这样是为了在该设备被入侵时，将攻击的范围和内部网络的可访问性降到最低
组织的管理体系结构决定了设备的可管理性要求	通常，需要使用某些形式的记录，一般还同时需要一种事件监视机制。为了防止恶意用户远程管理该设备，此处可能不允许远程管理，而只允许本地管理

（续）

问题	在此位置实现的典型防火墙特征
吞吐量要求可能是由组织内部的网络和服务管理员决定的	这些要求会根据每个环境的不同而发生变化，但是设备或者服务器中的硬件处理能力以及所使用的防火墙功能将决定可用的网络整体吞吐量
可用性要求	作为大型组织通往 Internet 的通道，通常需要高级的可用性，尤其是当外围防火墙用于保护一个产生营业收入的网站时

1．外围防火墙规则

通常，外围防火墙需要以默认的形式或通过配置实现下列规则：

1）拒绝所有通信，除非显式允许的通信。

2）阻止声明具有内部或者外围网络源地址的外来数据包。阻止声明具有外部源 IP 地址的外出数据包（通信应该只源自堡垒主机）。

3）允许从 DNS 解析程序到 Internet 上的 DNS 服务器的基于 UDP 的 DNS 查询和应答。允许从 Internet DNS 服务器到 DNS 解析程序的基于 UDP 的 DNS 查询和应答。

4）允许基于 UDP 的外部客户端查询 DNS 解析程序并提供应答。允许从 Internet DNS 服务器到 DNS 解析程序的基于 TCP 的 DNS 查询和应答。允许从出站 SMTP 堡垒主机到 Internet 的外出邮件。

2．外围防火墙的可用性

要增加外围防火墙的可用性，可以将其实现为带有冗余组件的单个防火墙设备，或者实现为一个冗余防火墙对，其中结合一些类型的故障转移和/或负载平衡机制。这些选项的优点和缺点将在下面的内容中讲述。

（1）单个无冗余组件的防火墙

图 8-13 描述了单个无冗余组件的防火墙。

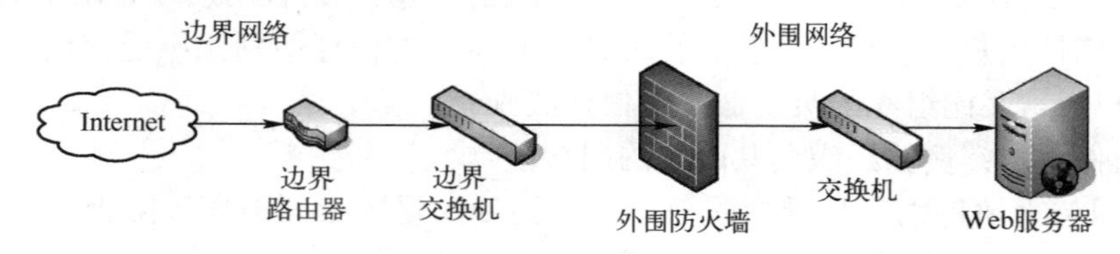

图 8-13　单个无冗余组件的防火墙

单个无冗余组件的防火墙的优点如下。

1）成本低：由于只有一个防火墙，所以硬件成本和许可成本都较低。

2）管理简单：整个站点或企业只有一个防火墙，管理工作得到简化。

3）单个记录源：所有通信记录操作都集中在一台设备上。

单个无冗余组件的防火墙的缺点如下。

1）单一故障点：对于出站/入站 Internet 访问，存在单一故障点。

2）可能存在通信瓶颈：单个防火墙可能是通信瓶颈，具体情况视连接数量和所需的吞吐量而定。

（2）单个带冗余组件的防火墙

图 8-14 描述了单个带冗余组件的防火墙。

单个带冗余组件的防火墙的优点如下。

1）成本低：由于只有一个防火墙，所以硬件成本和许可成本都较低。冗余组件（如电源装置）的成本不是很高。

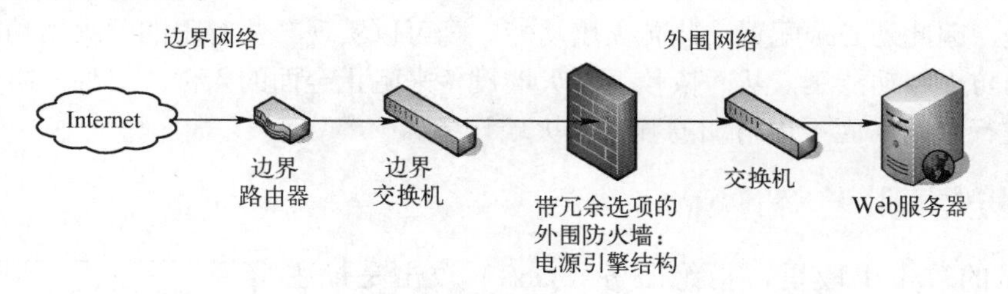

图 8-14　单个带冗余组件的防火墙

2）管理简单：管理工作简化，整个站点或企业只有一个防火墙。

3）单个记录源：所有通信记录操作都集中在一台设备上。

单个带冗余组件的防火墙的缺点如下。

1）单一故障点：根据冗余组件数量不同，对于入站和/或出站 Internet 访问仍然可能只有一个故障点。

2）成本：成本比无冗余防火墙高，并且可能还需要更高类别的防火墙才可添加冗余。

3）可能存在通信瓶颈：单个防火墙可能是通信的瓶颈，具体情况视连接的数量和所需的吞吐量而定。

（3）容错防火墙

容错防火墙包括为每个防火墙配置备用装置的机制，如图 8-15 所示。

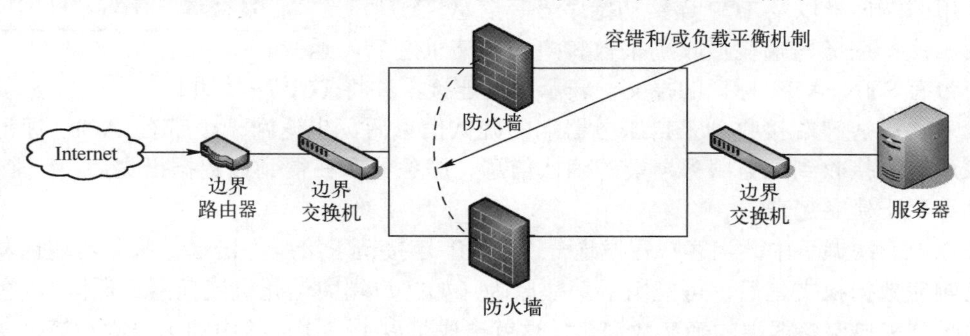

图 8-15　容错防火墙

容错防火墙的优点如下。

1）容错：用成对的服务器或设备有助于提供所需级别的容错能力。

2）集中记录日志：所有通信记录都集中到具有很好互联性的设备。

3）共享会话状态：根据设备供应商的不同，此级别的防火墙之间可能能够共享会话状态。

容错防火墙的缺点如下。

1）复杂程度增加：由于网络通信的多通路特性，设置和支持此类解决方案会变得更加复杂。

2）配置更复杂：各组防火墙规则如果配置不正确，可能会导致安全漏洞以及支持问题。

在前面的方案中，防火墙既可以基于硬件，也可以基于软件。在图 8-15 中，防火墙的作用是组织和 Internet 之间的通道，但是在该防火墙外面放置了边界路由器。此路由器尤其容易被入侵，因此还必须配置一些防火墙功能。既可以实现一些有限的防火墙功能，又不用设置完整的防火墙功能集，从而依赖于防火墙设备来阻止全面的入侵。另外，防火墙可以在路由器中进行合并，而不用附加的独立防火墙设备。

8.3.4 用防火墙阻止 SYN Flood 攻击

在常见的攻击手段里，拒绝服务（DoS）攻击是最主要，也是最常见的。而在拒绝服务攻击里，又以 SYN Flood 攻击（泛洪攻击）最为有名。SYN Flood 利用 TCP 设计上的缺陷，通过特定方式发送大量的 TCP 请求从而导致受攻击方 CPU 超负荷或内存不足。🕮

🕮知识拓展
泛洪攻击的特点

1. SYN Flood 攻击原理

防范相关攻击，需要先了解其攻击原理。SYN Flood 攻击所利用的是 TCP 存在的漏洞。TCP 是面向连接的，在每次发送数据以前，都会在服务器与客户端之间先虚拟出一条路线，称为 TCP 连接，以后的各数据通信都经由该路线进行，直到本 TCP 连接结束。而 UDP 则是无连接的协议，基于 UDP 的通信，各数据包并不经由相同的路线。在整个 TCP 连接中需要经过三次协商，俗称“三次握手”来完成，如图 8-16 所示。

第一次：客户端发送一个带有 SYN 标记的 TCP 报文到服务器端，正式开始 TCP 连接请求。在发送的报文中指定了自己所用的端口号以及 TCP 连接初始序号等信息。🕮

🕮知识拓展
TCP 握手信号 SYN

第二次：服务器端在接收到来自客户端的请求之后，返回一个带有 SYN+ACK 标记的报文，表示接受连接，并将 TCP 序号加 1。

第三次：客户端接收到来自服务器端的确认信息后，也返回一个带有 ACK 标记的报文，表示已经接收到来自服务器端的确认信息。服务器端在得到该数据报文后，一个 TCP 连接才算真正建立起来。

在以上三次握手中，当客户端发送一个 TCP 连接请求给服务器端，服务器端也发出了相应的响应数据报文之后，可能由于某些原因（如客户端突然死机或断网等原因），客户端不能接收到来自服务器端的确认数据包，这就造成了以上三次连接中的第一次和第二次握手的 TCP 半连接。由于服务器端发出了带 SYN+ACK 标记的报文，却并没有得到客户端返回相应的 ACK 报文，于是服务器就进入等待状态，并定期反复进行 SYN+ACK 报文重发，直到客户端确认收到为止。这样服务器端就会一直处于等待状态，并且由于不断发送 SYN+ACK 报文，使得 CPU 及其他资源被严重消耗，还因大量报文使得网络出现堵塞，这样不仅服务器可能崩溃，而且网络也可能处于瘫痪状态。

SYN Flood 攻击利用 TCP 连接的漏洞实现了攻击的目的。当恶意的客户端构造出大量的这种 TCP 半连接发送到服务器端时，服务器端就会一直陷入等待的过程中，并且耗用大量的 CPU 资源和内存资源来进行 SYN+ACK 报文的重发，最终使得服务器端崩溃。

2. 用防火墙防御 SYN Flood 攻击

使用防火墙是防御 SYN Flood 攻击的最有效的方法之一。但是常见的硬件防火墙有多种，在了解配置防火墙防御 SYN Flood 攻击之前，首先介绍一下包过滤型和应用代理型防火墙防御 SYN Flood 攻击的原理。

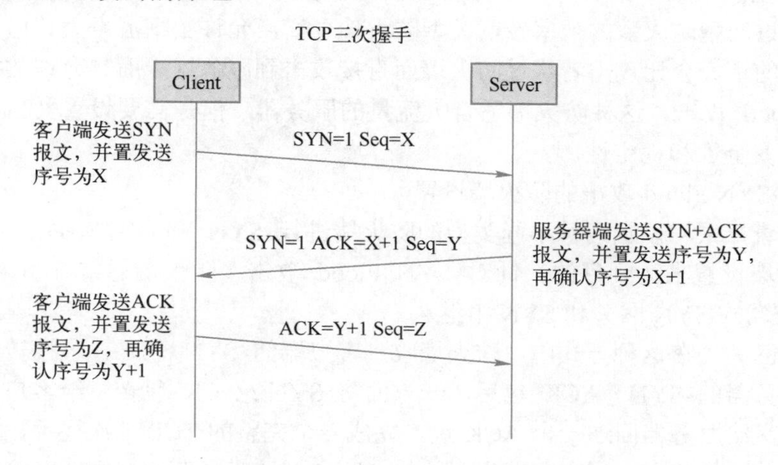

图 8-16　TCP 三次握手过程

（1）两种主要类型防火墙的防御原理

应用代理型防火墙的防御方法是客户端要与服务器端建立 TCP 连接的三次握手过程中，因为它位于客户端与服务器端（通常分别位于外、内部网络）中间，充当代理角色，这样客户端要与服务器端建立一个 TCP 连接，就必须先与防火墙进行三次 TCP 握手，当客户端和防火墙三次握手成功之后，再由防火墙与服务器端进行三次 TCP 握手。一个成功的 TCP 连接所经历的两个三次握手过程（先是客户端到防火墙的三次握手，再是防火墙到服务器端的三次握手）如图 8-17 所示。

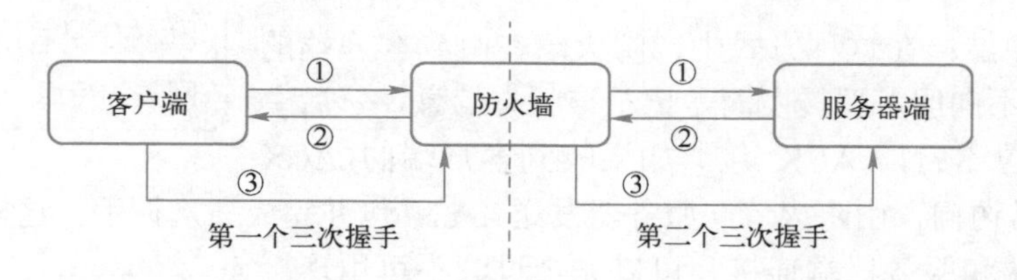

图 8-17　两个三次握手过程

从整个过程可以看出，由于所有的报文都是通过防火墙转发，而且未同防火墙建立起 TCP 连接就无法同服务器端建立连接，所以使用这种防火墙就相当于起到一种隔离保护作用，安全性较高。当外界对内部网络中的服务器端进行 SYN Flood 攻击时，实际上遭受攻击的不是服务器而是防火墙。而防火墙自身则又是具有抗攻击能力的，可以通过规则设置，拒绝外界客户端不断发送的 SYN+ACK 报文。

但是采用这种防火墙有一个很大的缺点，那就是客户端和服务器端建立一个 TCP 连接时，防火墙就进行了六次握手，可见防火墙的工作量是非常大的。因此采用这种防火墙时，要求该防火墙要有较大的处理能力以及内存。代理应用型防火墙通常不适合访问流量大的服务器或者网络。

包过滤型防火墙工作于 IP 层或者 IP 层之下，对于外来的数据报文，它只是起一个过滤的作用。当数据包合法时，它就直接将其转发给服务器，起到的是转发作用。

在包过滤型防火墙中，客户端同服务器的三次握手直接进行，并不需要通过防火墙来代理进行。包过滤型防火墙的效率较网关型防火墙要高，允许数据流量大。但是这种防火墙如果配置不当的话，会让攻击者绕过防火墙而直接攻击到服务器，而且允许数据量大将更有利于 SYN Flood 攻击。这种防火墙适合大流量的服务器，但是需要设置妥当才能保证服务器具有较高的安全性和稳定性。

（2）防御 SYN Flood 攻击的防火墙设置

除了可以直接采用以上两种不同类型的防火墙进行 SYN Flood 防御外，还可以进行一些特殊的防火墙设置来达到目的。针对 SYN Flood 攻击，防火墙通常有 3 种防护方式：SYN 网关、被动式 SYN 网关和 SYN 中继。

1）SYN 网关：在这种方式中，防火墙收到客户端的 SYN 包时，直接转发给服务器；防火墙收到服务器的 SYN / ACK 包后，一方面将 SYN / ACK 包转发给客户端，另一方面以客户端的名义给服务器回送一个 ACK 包，完成一个完整的 TCP 三次握手，让服务器端由半连接状态进入连接状态。当客户端真正的 ACK 包到达时，有数据则转发给服务器，否则丢弃该包。由于服务器在连接状态要比在半连接状态能承受得更多，所以这种方法能有效减轻对服务器的攻击。

2）被动式 SYN 网关：在这种方式中，设置防火墙的 SYN 请求超时参数，让它远小于服务器的超时期限。防火墙负责转发客户端发往服务器的 SYN 包，包括服务器发往客户端的 SYN/ACK 包和客户端发往服务器的 ACK 包。这样，如果客户端在防火墙计时器到期时还没发送 ACK 包，防火墙将向服务器发送 RST 包，以使服务器从队列中删去该半连接。由于防火墙的超时参数远小于服务器的超时期限，因此这样也能有效防止 SYN Flood 攻击。🕮

3）SYN 中继：在这种方式中，防火墙在收到客户端的 SYN 包后，并不向服务器转发而是记录该状态信息，然后主动给客户端回送 SYN / ACK 包。如果收到客户端的 ACK 包，表明是正常访问，由防火墙向服务器发送 SYN 包并完成三次握手。这样由防火墙作为代理实现客户端和服务器端连接，可以完全过滤不可用连接发往服务器。

> 🕮知识拓展
> 网关的特点

> ☺ 讨论思考
> 本部分小结
> 及答案

☺ 讨论思考

1）什么是 DMZ？它有什么作用？

2）冗余容错技术有哪些？增加冗余后为何安全性有所提高？

3）SYN Flood 攻击是利用了什么漏洞？

8.4 本章小结

本章简要介绍了防火墙的相关知识，通过深入了解防火墙的分类以及各种防火墙类型的优缺点，有助于更好地分析配置各种防火墙策略。阐述了企业防火墙的体系结构及配置策略，同时通过对 SYN Flood 攻击方式的分析，给出了解决此类攻击的一般性原理。

8.5　实验 8　国产工业控制防火墙的应用

亨通工业控制（简称“工控”）防火墙主要提供的功能包括：基于状态检测的访问控制、工业协议解析处理、系统智能建模、透明接入技术、入侵检测过滤以及方便高效的管理和维护。根据网络层次、区域、工艺对安全防护等级要求的不同，工控结合现场环境提出了有针对性的防护方式，包括：网络防护、层次防护、区域防护、重点设备保护。

实验视频
实验视频 8

在技术实现上，其采用自主专用硬件平台，以龙芯中央处理器为主，具有高性能、低功耗等优点。产品自主可控，具有专用的安全操作系统、尖端的数据处理技术，内置 Bypass 功能、冗余电源设计能够保障防火墙在意外掉电、异常复位等情况下，不会出现网络中断现象，大大减少了设备单点故障的概率，从而有效保障系统的稳定性和可靠性。

工业控制防火墙的典型组网及应用如图 8-18 所示。

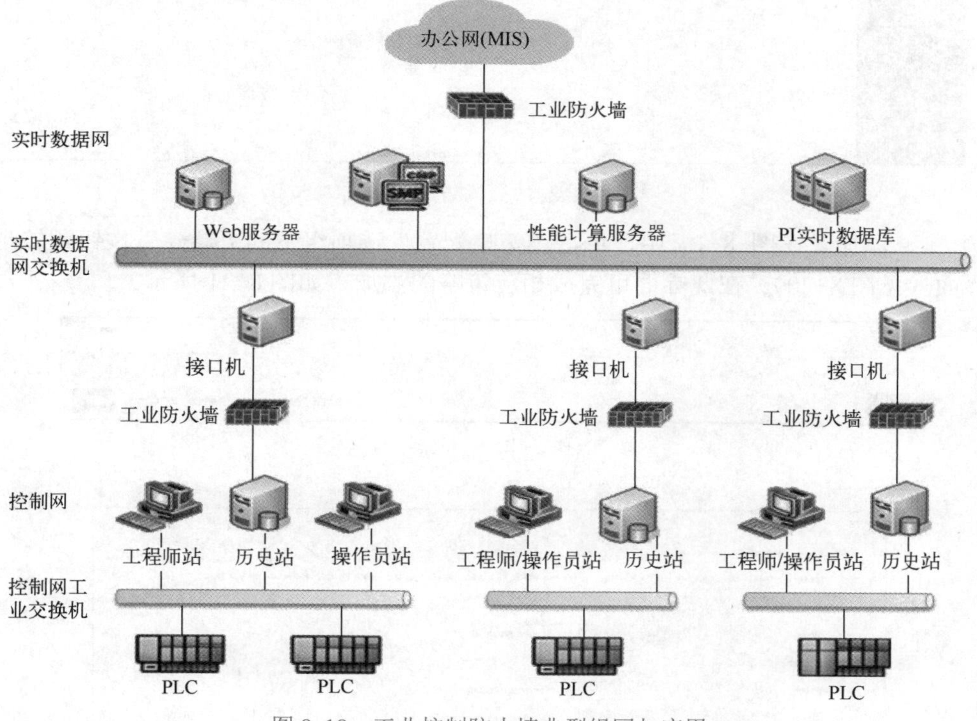

图 8-18　工业控制防火墙典型组网与应用

8.5.1　实验目的与要求

通过对国产亨通工业控制防火墙系统进行安全配置及具体操作，进一步加深理解防火墙的基本工作原理和基本概念，更好地掌握防火墙的配置和使用。

1）理解防火墙的基本工作原理和基本概念。

2）掌握亨通工业控制防火墙安全策略的配置。

8.5.2 实验内容和步骤

1）策略配置。策略规则实现了基于对象的管理。流量的类型、流量的源地址与目标地址以及行为构成策略规则的基本元素。登录防火墙系统，单击“安全规则”→“策略配置”进入界面，可对策略实现增加、删除、修改和排序操作，如图8-19所示。

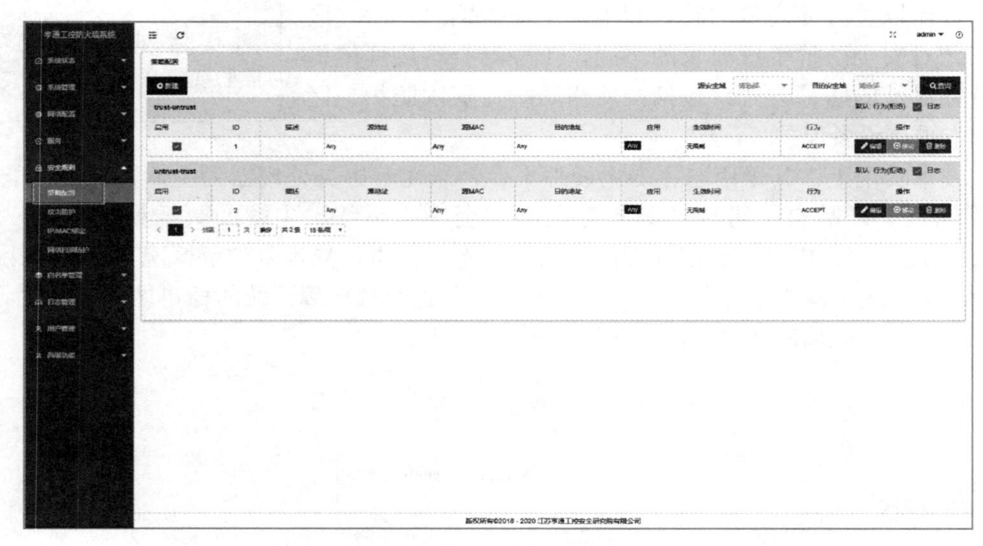

图8-19 策略列表

2）策略添加。在图8-19中，单击“策略配置”选项组下的“新建”按钮跳转到新建策略界面（见图8-20）。在此界面可完成相应策略的添加，如图8-21所示。

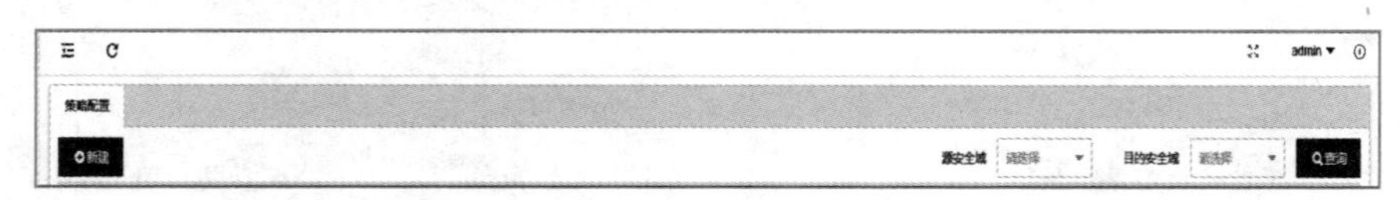

图8-20 新建策略

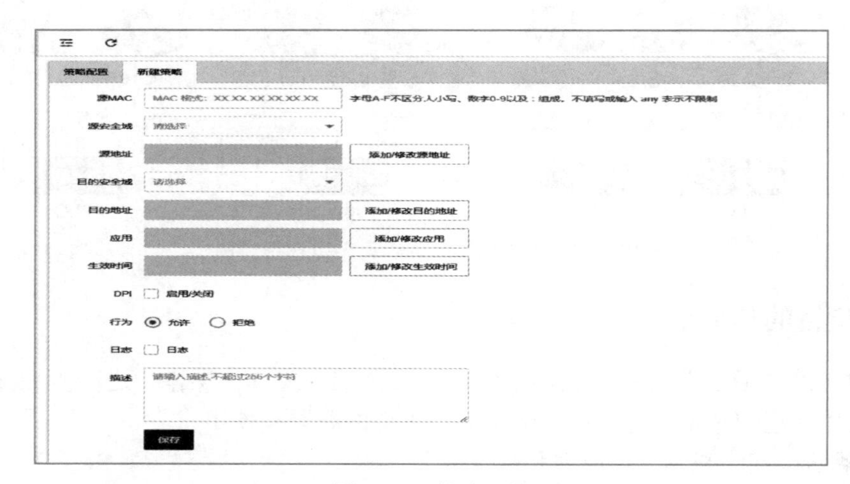

图8-21 策略配置

3）MAC 添加。如图 8-22 所示，按照提示格式，填写 MAC 地址，不填代表 any。

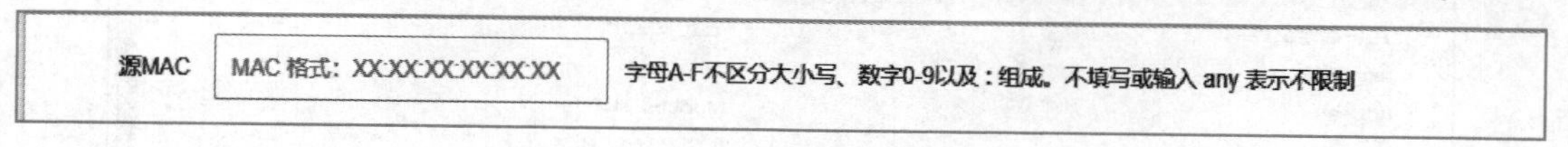

图 8-22　添加 MAC

4）IP 添加。选择对应的源安全域，然后单击“添加”按钮进入添加 IP 界面，如图 8-23 所示。

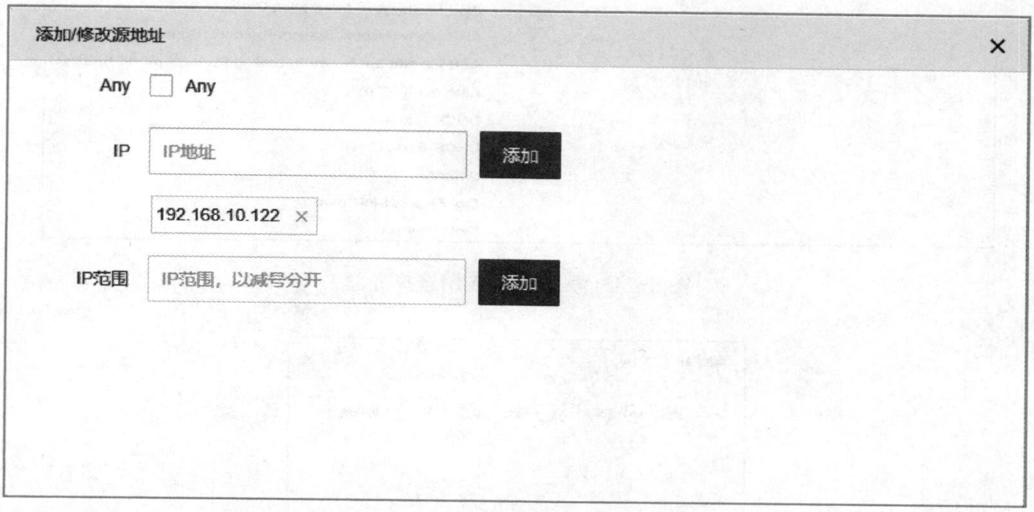

添加/修改源地址
Any　Any
IP　IP地址　添加
192.168.10.122
IP范围　IP范围，以减号分开　添加

图 8-23　添加地址界面

类型：选择本次添加 IP 的类型，Any（任意地址可访问），IP 地址（填写单一 IP），IP 范围（对应的 IP 地址段）。

IP：填写对应 IP 地址、掩码以/（0～32）结束（例如 192.168.1.1/32）。

地址列表：显示已添加 IP。

操作：执行删除操作。

完成：完成添加、跳转到上一界面。

取消：取消添加、跳转到上一界面。

5）应用添加。用同样的方式选择目的安全域，以及添加目的 IP 地址。单击应用旁边的“添加”按钮跳转到添加/修改应用界面，如图 8-24 所示。

可用成员：包含系统预定义应用、预定义应用组、自定义应用、自定义应用组，单击完成添加。

组成员：已添加应用，单击可删除。

关闭：完成关于应用的编辑之后，单击该按钮返回上级菜单。

生效时间选择：用户可以选择生效时间，分为 3 个种类：指定每天生效时间、指定每周生效时间和指定具体时间段生效，如图 8-25 所示。

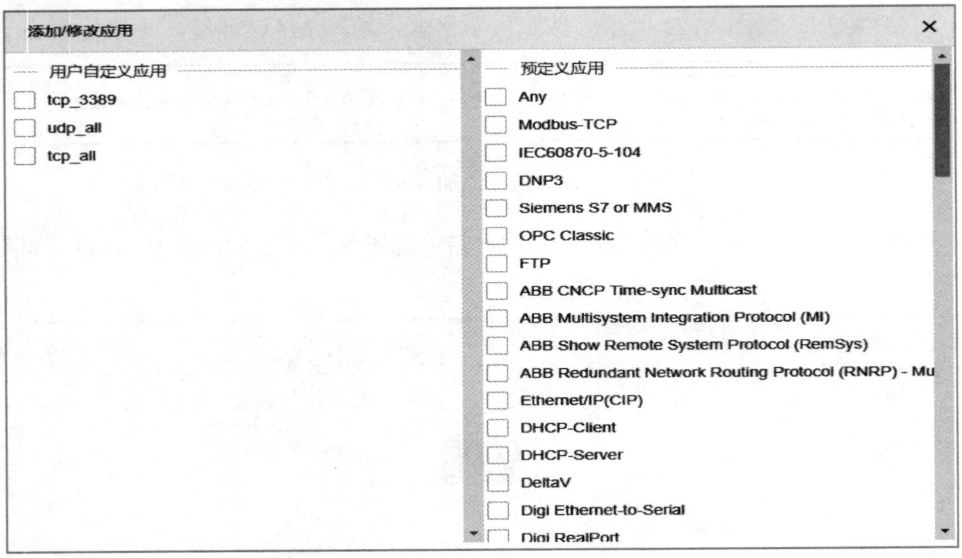

图 8-24　添加/修改应用选择界面

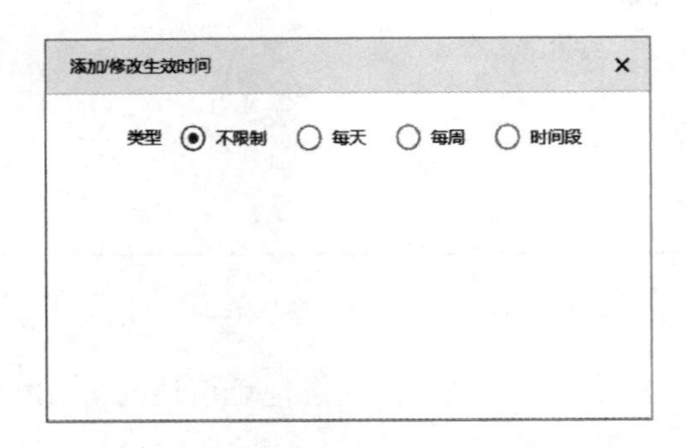

图 8-25　生效时间界面

6）其他。应用添加结束后需要设置策略的行为、日志、描述，如图 8-26 所示。

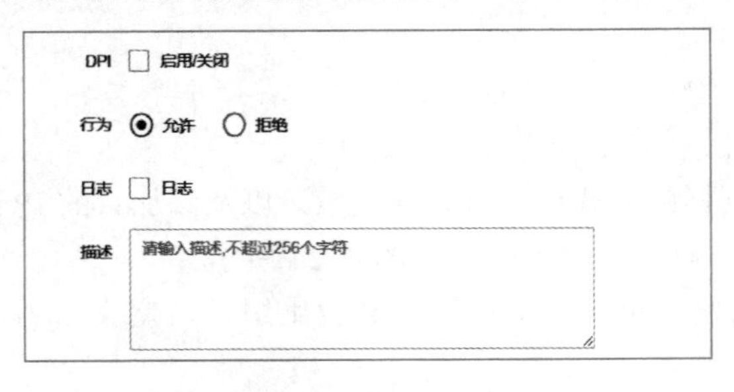

图 8-26　其他设置

DPI：针对工业协议的深度解析，勾选该复选框可以设置策略白名单模板。

行为：防火墙针对此条策略的处理方式。

日志：是否打印本条策略产生日志（建议勾选）。

描述：对本条策略进行简单解释，方便管理。

7）完成添加。全部配置完成后单击界面下方的“保存”按钮完成策略添加，并返回上级菜单，如图 8-27 所示。

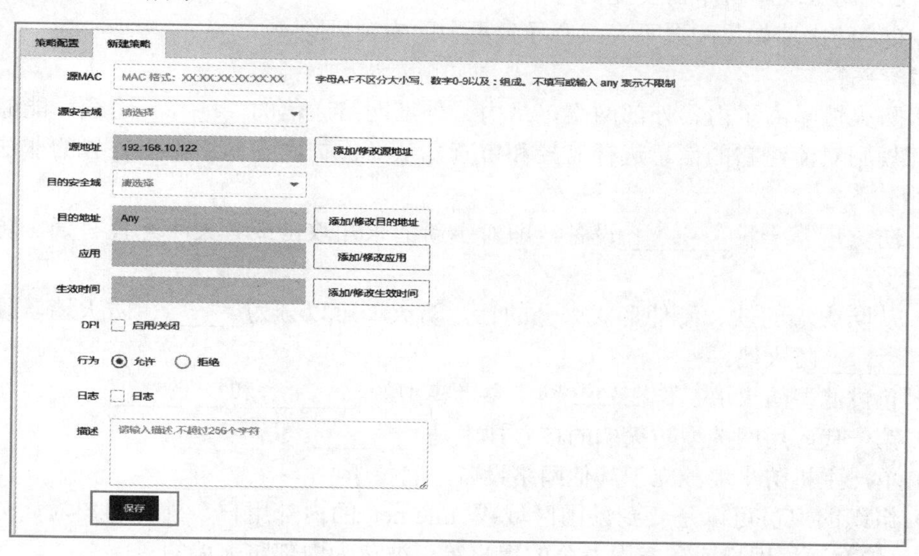

图 8-27　完成策略添加界面

8.6　练习与实践 8

1．选择题

（1）拒绝服务攻击的一个基本思想是（　　）。

A．不断发送垃圾邮件到工作站

B．迫使服务器的缓冲区占满

C．工作站和服务器停止工作

D．服务器停止工作

（2）TCP 采用三次握手的形式建立连接，在（　　）时候开始发送数据。

A．第一步　　B．第二步　　C．第三步之后　　D．第三步

（3）驻留在多个网络设备上的程序在短时间内产生大量的请求信息冲击某 Web 服务器，导致该服务器不堪重负，无法正常响应其他合法用户的请求，这属于（　　）。

A．上网冲浪　　B．中间人攻击　　C．DDoS 攻击　　D．MAC 攻击

（4）关于防火墙，以下（　　）说法是错误的。

A．防火墙能隐藏内部 IP 地址

B．防火墙能控制进出内网的信息流向和信息包

C．防火墙能提供 VPN 功能

D．防火墙能阻止来自内部的威胁

（5）以下说法正确的是（　　）。

A．防火墙能够抵御一切网络攻击

B．防火墙是一种主动安全策略执行设备

C．防火墙本身不需要提供防护

D．防火墙如果配置不当，会导致更大的安全风险

2．填空题

（1）防火墙隔离了内、外部网络，是内、外部网络通信的________途径，能够根据制定的访问规则对流经它的信息进行监控和审查，从而保护内部网络不受外界的非法访问和攻击。

（2）防火墙是一种________设备，即对于新的未知攻击或者策略配置有误，防火墙就无能为力了。

（3）从防火墙的软、硬件形式来分的话，防火墙可以分为________防火墙、硬件防火墙以及________防火墙。

（4）包过滤型防火墙工作在OSI网络参考模型的________和________。

（5）第一代应用网关型防火墙的核心技术是________。

（6）单一主机防火墙独立于其他网络设备，它位于________。

（7）组织的雇员可以是要到外围区域或Internet的内部用户、外部用户（如分支办事处工作人员）、远程用户或在家中办公的用户等，被称为内部防火墙的________。

（8）________是位于外围网络中的服务器，向内部和外部用户提供服务。

（9）________是利用TCP设计上的缺陷，通过特定方式发送大量的TCP请求，从而导致受攻击方CPU超负荷或内存不足的一种攻击方式。

（10）针对SYN Flood攻击，防火墙通常有3种防护方式：________、被动式SYN网关和________。

3．简答题

（1）防火墙是什么？

（2）简述防火墙的分类及主要技术。

（3）正确配置防火墙以后，是否必然能够保证网络安全？如果不是，试简述防火墙的缺点。

（4）防火墙的基本结构是怎样的？它是如何起到“防火墙”的作用的？

（5）SYN Flood攻击的原理是什么？

（6）防火墙如何阻止SYN Flood攻击？

4．实践题

（1）Linux防火墙配置（上机完成）

假定一个内部网络通过一个Linux防火墙接入外部网络，要求实现两点要求：

1）Linux防火墙通过NAT屏蔽内部网络拓扑结构，让内网可以访问外网。

2）限制内网用户只能通过80端口访问外网的WWW服务器，而外网不能向内网发送任何连接请求。

具体实现中，可以使用3台计算机完成实验要求。其中一台作为Linux防火墙，一台作为内网计算机模拟整个内部网络，一台作为外网计算机模拟外部网络。

（2）选择一款个人防火墙产品，如360防火墙、火绒防火墙等，进行配置，说明配置的策略，并对其安全性进行评估。

第9章　操作系统安全

操作系统是系统资源处理的关键，它支撑和控制各种应用程序，是连接系统软硬件和用户的桥梁。作为网络信息系统的核心关键组件，其安全可靠程度决定了系统的安全性和可靠性，对于保障其他系统软件和应用软件的安全至关重要。同时，在网络环境中，网络的安全依赖于各主机系统及其站点提供服务的安全性，针对各种常用的操作系统，可通过相关配置，解决一定的安全防范问题。

教学目标

- 理解操作系统安全的相关概念和内容
- 掌握常用操作系统的主要安全机制
- 掌握 Windows、UNIX 和 Linux 安全策略
- 学会系统加固和系统恢复的常用方法

9.1　操作系统安全概述

【引导案例】 操作系统被视为信息产业的"魂"。从 Windows 7 停服到勒索病毒，从 CentOS 停服到震惊业界的 Log4j2 漏洞，操作系统和软件行业的安全事件频发，凸显出拥有自主操作系统的重要性。我国在操作系统领域的探索已长达 30 余年，市面上能查询到的"国产操作系统"至少有 15 种，被称为操作系统"国家队"的麒麟软件，被评为"2020 年度央企十大国之重器"。

9.1.1　操作系统安全的概念

教学视频

课程视频 9.1

操作系统是各种系统处理、控制和调用技术支持最重要、最基础的软件，在网络系统安全中，操作系统的安全性具有至关重要的作用。一方面直接为用户数据提供各种保护机制，另一方面为应用程序提供可靠的运行环境，保证应用程序的各种安全机制正常发挥作用。常用的操作系统有 Windows 类、NetWare 类、UNIX 和 Linux 等，其安全性对整个网络系统都很重要。

知识拓展

操作系统的安全缺陷

操作系统安全是指满足安全策略要求，具有相应的安全机制及安全功能，符合特定的安全标准，在一定约束条件下，能够抵御常见的网络安全威胁，保障自身的安全运行及资源安全。国家标准《信息安全技术　操作系统安全技术要求》(GB/T 20272—2019) 根据安全功能和安全保障要求，将操作系统分成 5 个安全等级：用户自主保护级、系统审计保护级、安全标记保护级、结构化保护级、访问验证保护级。美国国防部根据《可信计算机系统安全评价准则》(TCSEC)，将操作系统的安全性分为 4 类 7 个安全级别。

9.1.2 操作系统的主要安全问题

【案例9-1】 2022年8月，国家信息安全漏洞库（CNNVD）收到关于Apple macOS Monterey安全漏洞（CNNVD-202208-3348、CVE-2022-32894、CNNVD-202208-3345、CVE-2022-32893）情况的报送。黑客利用漏洞可成功提升本地权限，并执行任意代码。iOS 15.6.1、iPadOS 15.6.1及macOS Monterey 12.5.1以下版本受到上述漏洞影响。苹果官方随即发布了版本更新修复了该漏洞，建议用户及时采取修补措施。

根据国家信息安全漏洞库（CNNVD）统计，2022年8月主流操作系统的漏洞数量统计情况如表9-1所示，其中Windows系列操作系统漏洞数量共63个，Android漏洞数量最多，共131个。

表9-1 2022年8月主流操作系统漏洞数量统计

序号	操作系统名称	漏洞数量
1	Android	131
2	Windows 10	60
3	Windows Server 2022	57
4	Windows Server 2019	56
5	Windows 11	54
6	Windows Server 2016	53
7	Windows Server 2012	39
8	Windows Server 2012 R2	39
9	Windows 8.1	39
10	Windows Rt 8.1	37
11	Windows Server 2008	29
12	Windows Server 2008 R2	29
13	Windows 7	29
14	Linux Kernel	17

随着操作系统功能和性能的提升，导致代码规模日益庞大，难免在开发过程中产生安全漏洞，给操作系统带来安全威胁。目前，操作系统的主要安全问题包括以下5个方面。

📖知识拓展
Web操作系统的安全问题

1）操作系统是应用软件和服务运行的公共平台，操作系统安全漏洞是网络安全的主要隐患和风险。

2）通过操作系统漏洞或端口获得授权或篡改未授权及越权数据信息，危害系统的保密性和完整性。

3）利用操作系统破坏或影响计算机系统的正常运行或用户的正常使用，危害计算机系统的可用性。

4）以操作系统为对象，破坏或影响系统完成的功能，除了计算机病毒会破坏系统正常运行和用户正常使用外，还有一些人为因素或自然因素，如干扰、设备故障和误操作也会影响软件的正常运行。

5）以软件为对象，非法复制或非法使用。通常网络入侵者通过相应的扫描工具，找出被攻击目标的系统漏洞，并策划相关的手段利用该漏洞进行攻击。

近年来，黑客对网络系统的攻击愈演愈烈，其手段也更为复杂多样，从最初的猜测用户密码、利用系统缺陷侵入，发展到现在的通过操作系统源代码，分析操作系统漏洞进行攻击。与此同时，网络的普及也使得攻击工具和代码更容易被获取，给操作系统的安全带来了极大威胁。🕮

9.1.3　操作系统安全机制

> 🕮知识拓展
> 移动终端操作系统安全

1. 操作系统的安全目标

操作系统的安全问题直接危及整个网络系统的安全，因此，其安全目标是防范网络安全威胁，保障操作系统的安全运行及计算机系统资源的安全性，主要包括 6 个方面：

1）进入系统的用户具有唯一标识，并能进行身份真实性鉴别。

2）按照系统安全策略对用户的操作进行访问控制，防止用户对计算机资源的非法访问。

3）能够保护系统信息和数据的机密性、完整性和可用性。

4）能够保护网络通信和网络服务的可用性。

5）具有系统运行监督机制，防御恶意代码等攻击。

6）具有自身安全保护机制及可信的恢复能力。

2. 操作系统的安全机制

操作系统的安全保障及安全目标的达成，需要具有一整套合理的安全机制，下面分别进行介绍。

1）硬件安全。硬件安全是操作系统安全的基础保障机制，包括内存保护、I/O 保护、运行保护及物理环境保护等。

2）身份标识与鉴别。即身份认证机制，对进入系统的用户进行身份唯一性标识，并在用户登录系统时进行身份真实性鉴别。

3）访问控制。访问控制是在身份认证的基础上，对操作系统的资源管理控制，防止资源滥用。

4）最小特权管理。为了维护操作系统的正常运行及安全策略的应用，传统的超级用户或进程通常具有超级权限的操作能力。例如，UNIX/Linux 等多用户操作系统的 root 用户具有所有特权，虽然便于系统维护和配置，但不利于系统的安全性。一旦特权用户的口令丢失、口令被冒充，或者其自身的误操作都可能会对系统造成极大的损失。最小特权管理就是操作系统不会分配给用户超过其执行任务所需的权限，以防止权限滥用，从而减少系统的安全风险。

5）可信路径。可信路径就是确保终端用户能直接访问可信系统内核进行通信的机制。例如，操作系统对本地用户或远程用户进行初始登录或鉴别时，操作系统与用户之间建立的安全通信路径。可信路径能保护通信数据免遭修改、泄露，防止特洛伊木马模仿登录过程来窃取用户的口令。

6）安全审计。安全审计就是操作系统对系统中有关安全的活动进行记录、检查及审核，主要目的就是核实系统安全策略执行的合规性，以追踪违反安全策略的用户及活动主体，确认系统安全。

7）系统安全加固。系统安全加固也叫作系统安全增强，是指通过优化操作系统的配置或增加安全组件，以提升操作系统的抗攻击能力。

☺ 讨论思考

1）操作系统存在哪些主要安全问题？

2）操作系统的主要安全目标是什么？

3）操作系统常用安全机制有哪些？

☺ 讨论思考
本部分小结
及答案

9.2 Windows操作系统的安全性及配置

【案例9-2】 2022年8月，微软官方发布公告更新了Microsoft Windows Point-to-Point Tunneling Protocol（CNNVD-202208-2560、CVE-2022-30133）等多个安全漏洞，微软多个产品和系统受漏洞影响。成功利用上述漏洞的攻击者可以在目标系统上执行任意代码、获取用户数据、提升权限等。微软官方随即发布了漏洞修复补丁，建议用户及时确认是否受到漏洞影响，尽快采取修补措施。

教学视频
课程视频9.2

9.2.1 Windows系统的安全性

微软公司于2021年11月发布了Windows Server 2022，在关键主题上引入了许多创新，如安全性、Azure混合集成和管理以及应用程序平台，其中引入了许多提升系统安全性的功能，IT和SecOps团队可以利用Secured-core server高级保护功能和预防性防御功能，跨硬件、跨固件、跨虚拟化层，加强系统安全性。新版本增加了较为快速、安全性较高的加密超文本传输协议安全（HTTPS）和行业标准AES-256加密，支持服务器消息块（SMB）协议。根据实际情况对系统进行全面安全的配置，以提高服务器的安全性。Windows系统的安全主要包括6个方面。

（1）文件系统

Windows Server文件系统类型主要包括FAT32和扩展文件分配表exFAT、NT文件系统NTFS和复原文件系统ReFS，其中一直广泛应用的是NTFS。FAT32不提供文件系统级别的安全性。NTFS是建立在保护文件和目录数据基础上的，可提供安全存取控制及容错能力，同时节省存储资源、减少磁盘占用量。ReFS是Microsoft在Windows Server 2012中引入的，旨在增强NTFS的功能。如名称所示，ReFS的一个主要优点就是通过更准确的检测机制和联机修正完整性问题的功能来增强对数据损坏的复原能力。但ReFS并不提供与NTFS完全相同的功能，例如，ReFS不支持文件级压缩和加密，也不适用于引导卷和可移动媒体。

NTFS权限不但支持通过网络访问的用户对访问系统中文件的访问控制，也支持在同一台主机上以不同的用户登录，对硬盘的同一个文件可以有不同的访问权限。当一个用户试图访问文件或者文件夹时，NTFS系统会检查用户使用的账户或者账户所属的组是否在此文件或文件夹的访问控制列表（ACL）中，如果存在，则进一步检查访问控制项（ACE），根据控制项中的权限来判断其所具有的权限，如果访问控制表中没有账户或所属的组，那么拒绝该用户访问。NTFS 格式磁盘的文件加密采用加密文件系统（Encrypting File System，EFS），为了防止文件数据所在的物理硬盘被非法窃取，弥补访问控制机制对数据保护能力的不足，EFS 允许用户以加密格式存储磁盘上的数据，将数据转换成不能被其他用户读取的格式。用户加密了文件之后，只要文件存储在磁盘上，它就会自动保持加密的状态。

（2）域

域（Domain）是一组由网络连接而成的主机群组，是 Windows 中数据安全和集中管理的基本单位，域中各主机是一种不平等的关系，可将主机内的资源共享给域中的其他用户访问。域内所有主机和用户共享一个集中控制的活动目录数据库，目录数据库中包括了域内所有主机的用户账户等对象的安全信息，其目录数据库保存在域控制器中。当主机联入网络时，域控制器首先要鉴别用户使用的登录账号是否存在、密码是否正确。如果上述信息不正确，域控制器就拒绝登录，用户就不能访问服务器上有权限保护的资源，只能以对等网用户的方式访问 Windows 共享资源，从而在一定程度上保护了网络上的资源。单个网络中可以包含一个或多个域，并将多个域设置成活动目录树。

（3）用户和用户组

在 Windows 用户账号中包含用户的名称与密码、用户所属的组、用户的权利和用户的权限等相关数据。当安装工作组或独立的服务器系统时，系统会默认创建一批内置的本地用户和本地用户组，存放在本地主机的 SAM 数据库中；而当安装成为域控制器时，系统则会创建一批域组账号。组是用户或主机账户的集合，可以将权限分配给一组用户而不是单个账户，从而简化系统和网络管理。当将权限分配给组时，组的所有成员都将继承那些权限。除用户账户外，还可以将其他组、联系人和主机添加到组中。将组添加到其他组，可创建合并组权限并减少需要分配权限的次数。📖

> 📖知识拓展
> 内置用户组被赋予特殊权限

用户账户通过用户名和密码进行标识，用户名为账户的文本标签，密码为账户的身份验证字符串。系统安装后会自动建立两个账号：一是系统管理员账户，对系统操作及安全规则有完全的控制权；二是提供来宾用户访问网络中资源的 Guest 账户，由于安全原因，通常建议 Guest 账户设置禁用状态。这两个账户均可改名，但都不能删除。

（4）身份验证

身份验证是实现系统及网络合法访问的关键一步，主要用于对试图访问系统的用户进行身份验证。Windows Server 2019 将用户账号信息保存在 SAM 数据库中，用户登录时输入的账号和密码需要在 SAM 数据库中查找和匹配。通过设置可以提高密码的破解难度、提高密码的复杂性、增大密码的长度、提高更换频率等。Windows 10 的身份验证包括两方面：交互式登录和网络身份验证。

对用户进行身份验证时，根据要求不同，可使用多种行业标准类型的身份验证方法：一是 Kerberos v5，主要用于交互式登录到域和网络身份验证，是与密码和智能卡一起使用的登录协议；二是为了保护 Web 服务器而进行双向的身份验证，提供了基于公私钥技术的安全套接字层（SSL）和传输层安全（TLS）协议；三是摘要式身份验证，是将凭证作为 MD5、散列或消息摘要在网络上传递；四是 Passport 身份验证，是用于提供单点登录服务的用户身份验证服务。📖

（5）访问控制

📖知识拓展
安全标识符 SID 基本介绍

访问控制按 Windows 用户身份及其所归属的组来限制用户对某些信息项的访问，或限制对某些控制功能的使用。其通常用于系统管理员控制用户对服务器、目录、文件等网络资源的访问。

访问控制首先需要对用户身份的合法性进行验证，同时利用控制策略进行选用和管理工作。当用户身份和访问权限得到验证之后，还需要对越权操作进行监控，因此，访问控制的内容包括认证、控制策略实现和安全审计。

（6）组策略

组策略（Group Policy）是管理员为用户和主机定义并控制程序、网络资源及操作系统行为的主要工具。通过使用组策略可以配置各种软件、主机和用户策略。组策略对象（Group Policy Object，GPO）实际上是组策略配置的集合。组策略的配置结果保存在 GPO 中。组策略的功能主要包括：账户策略的设置、本地策略的设置、脚本的设置、用户工作环境的设置、软件的安装与删除、限制软件的运行、文件夹的重定向、限制访问可移动存储设备和其他系统设置。在 Windows Server 2019 系统中，系统用户和用户组策略管理功能仍然存在，并且包括几百种许可的组策略配置。这些组策略配置权限可以在域、用户组织单位、站点或本地主机权限层级上申请，即在组策略配置方式上发生改变。

9.2.2 Windows 系统的安全配置

【案例 9-3】 2020 年 1 月，微软公司宣布停止对 Windows 7 操作系统的更新服务，付费拓展安全更新则会在 2023 年 1 月到期。但 Windows 7 操作系统在我国仍在大量使用，且短时间内无法升级到新版操作系统，直接面临漏洞利用攻击带来的相关系统瘫痪、信息泄露和财产受损等安全风险。2022 年 5 月，全国信息安全标准化技术委员会发布《网络安全标准实践指南——Windows 7 操作系统安全加固指引》，从实践层面提供了明确的指导意见。

Windows Server 2019 是较成熟的网络服务器平台，在安全组件构成、界面设计和选项设置方面融合了上一个版本的设计，但亦有其新特点和改进，包括增强的 Windows Defender 安全软件、更加有效的 BitLocker 加密和 VM 防护、SDN 加密网络等，安全性相对也有很大的提高，但其默认的安全配置不一定适合用户需要，可以根据实际情况对系统进行安全配置。常见的安全配置步骤如下。

1. 按用户需求最小化安装操作系统

Windows 系统功能较多，有些应用和服务的安全问题也不少，按照用户实际需求制定安全目标，并根据系统的业务应用，在操作系统安装或设置策略时进行合适的功能选择。最小化操作系统的目的是减少系统安全隐患的数目、降低系统安全风险。安装的一般要求包括：使用正版 Windows 操作系统、停止不需要的网络协议、使用 NTFS 分区、删除不必要的服务和组件等。

2. 账户安全管理和安全策略

1）更改默认的管理员账户名（Administrator）和描述，口令最好采用数字、大小写字母、特殊符号的组合，长度最好不少于 15 位。

2）新建一个名为 Administrator 的陷阱账户，为其设置最小权限，然后设定采用组合且长度最好不低于 20 位的口令。

3）将 Guest 账户禁用，并更改名称和描述，然后输入一个复杂的密码。

4）在“运行”对话框中输入 gpedit.msc 命令（Windows 家庭版需要进一步设置），在打开的“组策略编辑器”窗口中，按照树形结构依次选择“主机配置”→“Windows 设置”→“安全设置”→“账户策略”→“账户锁定策略”，在右侧子窗口中对“账户锁定策略”的 3 种属性分别进行设置：“账户锁定阈值”设为“3 次无效登录”，“账户锁定时间”设为“30 分钟”，“复位账户锁定计数器”设为“30 分钟”。

5）同样，在“组策略编辑器”窗口中，依次选择“主机配置”→“Windows 设置”→“安全设置”→“本地策略”→“安全选项”，在右侧子窗口中将“登录屏幕上不要显示上次登录的用户名”设置为“启用”。

6）在“组策略编辑器”窗口中，依次选择“主机配置”→“Windows 设置”→“安全设置”→“本地策略”及“用户权利分配”，在右侧子窗口中将“从网络访问此主机”下只保留“Internet 来宾账户”和“启动 IIS 进程账户”。如果使用 ASP.NET，则需要保留“Asp.net 账户”。

7）创建一个 User 账户，运行系统，如果要运行特权命令，使用 Runas 命令。该命令允许用户以其他权限运行指定的工具和程序，而不是当前登录用户所提供的权限。

3. 禁用所有网络资源共享

1）单击“开始”按钮，选择“设置”选项（不同版本有所不同），再依次选择“控制面板”→“管理工具”→“主机管理”→“共享文件夹”选项，然后把其中的所有默认共享都禁用。注意，IPC 共享服务器每启动一次都会打开，需要重新停止。

2）限制 IPC$默认共享，可通过修改注册表“HKEY_LOCAL_MACHINE \SYSTEM \CurrentControlSet \Services\ lanman server\ parameters”来实现，在右侧子窗口中新建一个名称为“restrictanonymous”、类型为 REG_DWORD 的键，将其值设为“1”。

4. 关闭不需要的服务

右击“Windows 开始”，在弹出的快捷菜单中选择“计算机管理”命令，在“计算机管理”窗口中的左侧选择“服务和应用程序”→“服务”，在右侧窗口中将出现所有服务。🕮

5. 打开相应的审核策略

单击“开始”菜单，选择“运行”命令，输入“gpedit.msc”并按〈Enter〉键。在打开的“组策略编辑器”窗口中，按照树形结构依次选择“主机配置”→“Windows 设置”→“安全设置”→“审核策略”选项。建议审核项目的相关操作如表 9-2 所示。

> 🕮知识拓展
> 不需要的服务项

表 9-2 “审核策略”相关操作

审核项目	相关操作
审核策略更改	成功和失败
审核登录事件	成功和失败
审核对象访问	失败
审核目录服务访问	失败
审核特权使用	失败

（续）

审核项目	相关操作
审核系统事件	成功和失败
审核账户登录事件	成功和失败

注意：在创建审核项目时，审核项目越多，生成的事件也就越多，要想发现严重的事件也越难。当然，如果审核的项目太少也会影响严重事件的发现。用户需要根据情况在审核项目数量上做出选择。

6. 管理网络服务

（1）禁用远程自动播放功能

Windows 操作系统的自动播放功能很容易被攻击者利用来执行远程攻击程序，因此最好关闭该功能。在“运行”对话框中输入“gpedit.msc”并按〈Enter〉键，在打开的“组策略编辑器”窗口中依次选择“主机配置”→“管理模板”→“系统”选项，在右侧子窗口中找到“关闭自动播放”选项并双击，在弹出的对话框中选择“已启用”单选按钮，然后在“关闭自动播放”下拉列表框中选择“所有驱动器”，单击“确定”按钮即可生效。

（2）禁用部分资源共享

在局域网中，Windows 系统提供了文件和打印共享功能，但在享受到该功能带来的便利的同时，也会向黑客暴露不少漏洞，从而给系统造成很大的安全风险。用户可以在网络连接的“属性”对话框中禁用“网络文件和打印机共享”。

7. 清除页面交换文件

即使在正常工作情况下，Windows Server 2019 也有可能会向攻击者或者其他访问者泄露重要秘密信息，特别是一些重要账户信息。实际上 Windows Server 2019 中的页面交换文件中隐藏有不少重要隐私信息，并且这些信息全部是动态产生的，如果不及时清除，很可能会成为攻击者入侵的突破口。为此，应该设置当关闭 Windows Server 2019 时系统自动删除工作产生的页面文件，按照如下方法可以实现。

在“开始”菜单中，选择“运行”命令，在打开的“运行”对话框中输入“Regedit”命令，打开注册表编辑窗口，在该窗口中依次展开“HKEY_local_machine\system\currentcontrolset\control\sessionmanager\memory management”分支，在右侧子窗口中，将“Clear Page File At Shutdown”的键值设置为“1”。完成设置后，退出注册表编辑窗口，并重新启动主机系统使设置生效。

8. 文件和文件夹加密

在 NTFS 文件系统格式下，打开“Windows 资源管理器”，在任何需要加密的文件和文件夹上右击，在弹出的快捷菜单中选择“属性”命令，在弹出的对话框中单击“常规”选项卡下的“高级”按钮，选中“加密内容以便保护数据”复选框，然后单击“确定”按钮。

☺ 讨论思考

1）分析系统应用，判断哪些服务是需要的，哪些服务是可关闭的。

2）系统身份验证的主要常用方法有哪些？

3）NTFS 文件系统格式和其他文件系统格式有什么区别？

☺ 讨论思考

本部分小结
及答案

9.3 UNIX 操作系统的安全性及配置

教学视频
课程视频 9.3

UNIX 是一个强大的多用户、多任务操作系统，支持多种处理器架构，按照操作系统的分类，属于分时操作系统。最早由 Ken Thompson、Dennis Ritchie 和 Douglas Mcllroy 于 1969 年在 AT&T 的贝尔实验室开发。经过长期的发展和完善，UNIX 已成长为一种主流的操作系统技术和基于这种技术的产品大家族。由于 UNIX 具有技术成熟、可靠性高、网络和数据库功能强、伸缩性突出和开放性好等特点，可满足各行各业的实际需要，已经成为主要的工作站平台和重要的企业操作平台。但 UNIX 对源代码实行知识产权保护，因此大多由一些大型公司在维护。

【案例 9-4】 2022 年 2 月，日本信息通信技术（ICT）企业巨头富士通（Fujitsu）在官网通告中写道，计划在 2030 年终止其大型机和 UNIX 服务器系统业务。具体来说，该公司会在 2030 年停止制造和销售其大型机，且其 UNIX 服务器系统也将止步于 2029 年底。不过，再加上五年的延长服务支持期，两项业务将分别于 2035/2034 年正式告别市场。

9.3.1 UNIX 系统的安全性

知识拓展
UNIX 安全风险常见主要问题

从理论上讲，UNIX 操作系统本身并没有什么重大的安全缺陷。多年来，绝大多数在 UNIX 操作系统上发现的安全问题主要存在于个别程序中，并且大部分 UNIX 厂商都声称有能力解决这些问题，可提供安全的 UNIX 操作系统。但是，对任何一种复杂的操作系统而言，时间越久，安全性也就越差。所以，必须时刻警惕安全缺陷，防患于未然。

UNIX 系统不仅因为其精炼、高效的内核和丰富的核外程序而著称，而且在防止非授权访问和防止信息泄露方面也很成功。UNIX 系统设置了 3 道安全屏障，用于防止非授权访问。首先，必须通过口令认证，确认用户身份合法后才能允许访问系统；其次，必须获得相应的访问权限；对系统中的重要信息，UNIX 系统提供第 3 道屏障：文件加密。

1．标识和口令

UNIX 系统通过注册用户和口令对用户身份进行认证。因此，设置安全的账户并确定其安全性是系统管理的一项重要工作。UNIX 系统在登录时如果用户名或者口令验证错误，系统不会提供详细的出错信息，从而不让非法攻击者找到出错的原因，增加其攻击的难度。在 UNIX 操作系统中，与标识和口令有关的信息存储在/etc/passwd 文件中，文件涵盖的信息十分广泛，包括每个用户的登录名、用户组号、加密口令等。每个用户的信息占一行，并且系统正常工作时必需的标准系统标识等同于用户。通常，文件中每行常用的格式如下。

```
LOGNAME:PASSWORD:UID:GID:USERINFO:HOME:SHELL
```

各项之间用“：”号分隔，内容依次是用户名、加密后的口令、用户标识、用户组标识、系统管理员设置的用户扩展信息、用户工作主目录，以及用户登录后将执行的 shell 全路径（若为空格，则默认为/bin/sh）。其中，系统区别用户采用第 3 项用户标识 UID 而不是第 1 项的用户名。第 2 项的口令 PASSWORD 采用 DES 算法进行加密，即使非法用户获得/etc/passwd 文件，也无法从密文得到用户口令。查看口令文件的内容需要用 UNIX 的 cat 命令。

2. 文件权限

文件系统是整个 UNIX 系统的“物质基础”。UNIX 以文件形式管理主机上的存储资源，并且以文件形式组织各种硬件存储设备，如硬盘、CD-ROM、USB 盘等。这些硬件设备存放在/dev 以及/dev/disk 目录下，是设备的特殊文件。文件系统中对硬件存储设备的操作只涉及“逻辑设备”（物理设备的一种抽象，基础是物理设备上的一个个存储区），而与物理设备“无关”，可以说一个文件系统就是一个逻辑上的设备，所以文件的安全是操作系统安全最重要的部分。

UNIX 系统对每个文件属性设置一系列控制信息，以此决定用户对文件的访问权限，即谁能存取或执行该文件。在 UNIX 文件系统中，每个文件由 9 个二进制位组成的数据来控制权限信息，它们分别控制文件的所有者、所有者组和其他成员对文件的读、写、执行的权限，如图 9-1 所示。9 个二进制位按每 3 位为一组，第一组代表所有者，第二组代表所有者组，第三组代表其他成员权限。系统中，可通过 UNIX 命令 ls -l 列出详细文件及控制信息。

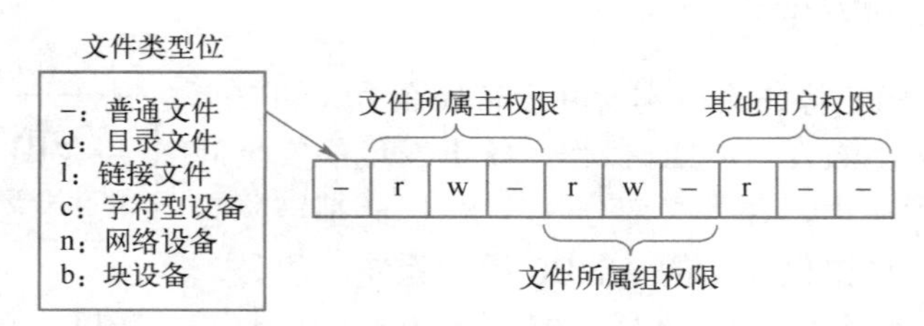

图 9-1　系统权限构成示意图

每个组中的权限位描述如下：

第一个位为“r”，表示对于当前的文件具有读取权限，如果不存在读取权限，则当前位为“-”;

第二个位为“w”，表示对于当前的文件具有写入权限，如果不存在写入权限，则当前位为“-”;

第三个位为“x”，表示对于当前的文件具有执行权限，如果不存在执行权限，则当前位为“-”。

由于正好每组 3 位，每个位可以用 0 或者 1 来代替，0 代表没有权限，1 代表有权限，比如，当所有者有读和写的权限没有执行的权限时，其对应的值为 110，换算成十进制为 6。

3. 文件加密

文件权限的正确设置在一定程度上可以限制非法用户的访问，但是，对于一些高明的入侵者和超级用户，仍然不能完全限制其读取文件。UNIX 系统通过文件加密的方式来增强文件保护，常用的加密算法有 crypt（最早的加密工具）、DES、IDEA（国际数据加密算法）、RC4、Blowfish（简单高效的 DES）、RSA。

采用 crypt 命令可以给用户提供文件加密。方法是使用一个关键词将标准输入的信息编码为不可读的杂乱字符串送到标准输出设备，再次使用此命令，用同一关键词作用于加密后的文件，可恢复文件内容。此外，UNIX 系统中的一些应用程序也提供文件加/解密功能，如 ed、vi 和 emacs。这类编辑器提供-x 选项，具有生成并加密文件的能力，即在文件加载时对文件解密，回写时重新进行加密。但此种加密算法可以通过分析普通英文文本和加密文件中字符出现的频率来破解加密，并且，crypt 程序经常被做成特洛伊木马，所以现有的加密机制不能再直接用于文件加密，同时不能用口令作为关键词。最好在加密前用 pack 或 compress 命令对文件进行压缩后再加密。

【案例 9-5】 利用 pack 压缩并加密文件。

```
%pack example.txt
%cat example.txt.z | crypt >out.file
```

解密时要对文件进行扩张（unpack），压缩后通常可节约原文件 20%～40%的空间。

```
%cat out.file | crypt >example.txt.z
%unpack example.txt.z
```

通常，在对文件加密之后，应当尽快删除其原始文件，以免原始文件被攻击者获取，并妥善保管存储在存储介质上的加密后的版本，且应当牢记加密的关键词。

9.3.2 UNIX 系统安全配置

1. 设定较高的安全级

UNIX 系统共有 4 种安全级别：①High（高级）；②Improved（改进）；③Traditional（一般）；④Low（低级），安全性由高到低。High 级别的安全性大于美国国家 C2 级标准，Improved 级别的安全性接近于 C2 级。因此为保证系统具有较高的安全性，最好将 UNIX 系统级别定为 High 级别。在安装 UNIX 系统的过程中，通过选项可以设置系统级别。同时，级别越高，对参数的要求越高，安全性越好，但对用户的要求也越高，限制也越多。所以，用户需要根据实际情况进行设定。

2. 强用户口令管理

超级用户口令必须加密，而且要经常更换口令。其他用户账户也要求口令加密，并做到及时更换。用户账户登录及口令的管理信息默认放在/etc/default/passwd 和/etc/default/login 文件中，系统通过两个文件进行账户及口令的管理。在两个文件中，系统管理员可以合理化设定口令的最大长度、最小长度、口令的最长生存周数、最小生存周数、允许用户连续登录失败的次数、要求口令注册情况（是否要口令注册）等，以此完善或增强系统管理。

3. 设立自启动终端

UNIX 是一个多用户系统，一般用户对系统的使用是通过用户注册进入。用户进入系统后便拥有删除、修改操作系统和应用系统的程序或数据的可能性，这样不利于操作系统或应用系统的程序或数据的安全。通过设立自启动终端的方式，可以避免操作系统或应用系统的程序或数据被破坏，即修改/etc/inittab 文件，将相应终端号状态由 off 改为 respawn。这样，开机后系统会自动执行相应的应用程序，终端不需用户登录，用户也无法在 login 状态下登录，这样就在一定程度上保障了系统的安全。

4．建立封闭的用户系统

设立自启动终端的方法固然安全，但不利于系统资源的充分利用，如果用户想在终端上运行其他应用程序，则该方式无法完成。但是，可以建立不同的封闭用户系统，即建立不同的封闭用户账户，自动运行不同的应用系统。当然，封闭用户系统的用户无法用组合键（〈Ctrl+C〉或〈Ctrl+Backspace〉）进入系统的 Shell 状态。建立封闭账户的方法是修改相应账户的.profile 文件。在.profile 文件中运行相应的应用程序，在.profile 文件的前面再加上中断屏蔽命令，命令格式为 trap“1 2 3 15”，在.profile 文件末尾再加上一条 exit 命令。这样，系统运行结束退回 login 状态。使用 trap 命令的目的就是防止用户在使用过程中使用〈Ctrl+C〉或〈Ctrl+Backspace〉组合键来中止系统程序，退回 Shell 状态。为避免用户修改自己的.profile 文件，还需修改.profile 的文件权限，权限为 640，用户属性为 root，用户组为 root。通过上述操作便可以建立封闭账户。

5．撤销不用的账户

在系统使用过程中，根据需要可以建立不同权限的账户。但是，有些账户随着情况的变化不再使用，这时最好将账户撤销。具体的撤销方法是：# sysadmsh→Account→Users→Retire→输入计划撤销的账户名称即可。

6．限制注册终端功能

对于多用户系统 UNIX 而言，可设有多个终端，终端可放在不同的地理位置、不同的部门。为防止其他部门非法使用应用程序，可限定某些应用程序在限定的终端使用，即在相应账户的.profile 文件中增加识别终端的语句。

7．锁定暂不使用的终端

当部分终端暂不使用时，可以使用有关锁定命令进行安全保护，以避免其他人在此终端上使用，出现不安全问题。具体的锁定方法是：# sysadmsh → Accounts → Terminal → Lock →输入要锁定的终端号。如果需要解锁，方法是：# sysadmsh → Accounts → Terminal → Unlock → 输入要解锁的终端号。

☺ 讨论思考

1）UNIX 的不安全因素有哪些？体现在什么方面？

2）如何对 UNIX 进行安全配置，以使 UNIX 更加安全？

☺ 讨论思考
本部分小结
及答案

9.4 Linux 操作系统的安全性及配置

Linux 是一套免费使用和自由传播的类 UNIX操作系统，是一个多用户、多任务、支持多线程和多CPU的操作系统。它能运行主要的 UNIX 工具软件、应用程序和网络协议，支持 32 位和64 位硬件。Linux 继承了 UNIX 以网络为核心的设计思想，是一个性能稳定的多用户网络操作系统。Linux 以其稳定性和性价比方面的优势受到众多用户的青睐，在政府部门、企业服务器中得到了广泛应用，因此也成为黑客攻击的重点目标。Linux 操作系统的安全主要涉及 Linux 系统的安全性、安全配置方法等方面。📖

📖知识拓展
Linux 与其他操作系统的比较

9.4.1 Linux 系统的安全性

【案例 9-6】 由于 Linux 经常用作云服务、虚拟机主机和基于容器的基础设施等，攻击者开始使用日益复杂的漏洞，利用工具和恶意软件攻击 Linux 环境。VMware 日前发布了《揭露基于 Linux 多云环境中的恶意软件》的研究报告，报告数据显示：以勒索软件、加密货币劫持和渗透测试工具破解版为代表的恶意软件，开始越来越多地攻击多云基础设施中的 Linux 系统及应用。

Linux 虽然说是一种类 UNIX 的操作系统，但又有不同：Linux 不属于某一家厂商，没有厂商宣称对它提供安全保证，因此用户只能自己解决安全问题。

作为开放式操作系统，Linux 不可避免地存在一些安全隐患。那么如何解决这些隐患，为应用提供一个安全的操作平台？如果关心 Linux 的安全性，可以从网络上找到许多现有的程序和工具，这既方便了用户，也方便了攻击者，因为攻击者也能很容易地找到程序和工具来潜入 Linux 系统，或者盗取 Linux 系统上的重要信息。不过，只要用户仔细地设定 Linux 的各种系统功能，并且加上必要的安全措施，就可以让攻击者无机可乘。

1．权限提升类漏洞

【案例 9-7】 2019 年 5 月 14 日，微软公司发布了本月安全更新补丁，其中修复了远程桌面协议（RDP）远程代码执行漏洞。未经身份验证的攻击者利用该漏洞，向目标 Windows 主机发送恶意构造请求，可以在目标系统上执行任意代码。由于该漏洞存在于远程桌面协议（RDP）的预身份验证阶段，因此漏洞利用无须进行用户交互操作，存在被不法分子利用进行蠕虫攻击的可能。

一般来说，利用系统上一些程序的逻辑缺陷或缓冲区溢出的手段，攻击者很容易在本地获得 Linux 服务器上管理员的 root 权限；在一些远程的情况下，攻击者会利用一些以 root 身份执行的有缺陷的系统守护进程来取得 root 权限，或利用有缺陷的服务进程漏洞来取得普通用户权限用以远程登录服务器。如 do_brk()边界检查不充分漏洞，此漏洞的发现提出了一种新的漏洞防范问题，需要通过扩展用户的内存空间到系统内核的内存空间来提升权限。

2．拒绝服务类漏洞

拒绝服务攻击是目前比较流行的攻击方式，该攻击方式并不会取得服务器权限，而是使服务器崩溃或失去响应。对 Linux 的拒绝服务大多数都无须登录即可对系统发起拒绝服务攻击，使系统或相关的应用程序崩溃或失去响应能力，这种方式属于利用系统本身漏洞或其守护进程缺陷及不正确设置进行攻击。另外一种情况，攻击者登录到 Linux 系统后，利用这类漏洞，也可以使系统本身或应用程序崩溃。这种漏洞主要由程序对意外情况的处理失误引起，比如写临时文件之前不检查文件是否存在及盲目跟随链接等。

3．Linux 内核中的整数溢出漏洞

Linux Kernel 2.4 NFSv3 XDR 处理器例程远程拒绝服务漏洞在 2003 年 7 月 29 日公布，影响 Linux Kernel 2.4.21 以下的所有 Linux 内核版本。

该漏洞存在于 XDR 处理器中，相关内核源代码文件为 nfs3xdr.c。此漏洞是由于一个整型漏洞（正数/负数不匹配）引起的。攻击者可以构造一个特殊的 XDR 头（通过设置变量

int size为负数）发送给Linux系统，从而触发此漏洞。当Linux系统的NFSv3 XDR处理程序收到这个被特殊构造的包时，程序中的检测语句会错误地判断包的大小，在内核中复制巨大的内存，导致内核数据被破坏，致使Linux系统崩溃。

4．IP地址欺骗类漏洞

由于TCP/IP本身的缺陷，导致很多操作系统都存在TCP/IP堆栈漏洞，使攻击者进行IP地址欺骗非常容易实现，Linux也不例外。虽然IP地址欺骗不会对Linux服务器本身造成很严重的影响，但是对很多利用Linux作为操作系统的防火墙和IDS产品来说，这个漏洞却是致命的。📖

📖知识拓展
IP地址欺骗

9.4.2 Linux系统的安全配置

通常，Linux系统安全设定包括取消不必要的服务、限制远程存取、隐藏重要资料、修补安全漏洞、采用安全工具以及经常性的安全检查等，下面介绍几种设定方法。📖

1．取消不必要的服务

每一个不同的网络服务都有一个服务程序在后台运行，采用统一的/etc/inetd服务器程序担此重任。这里，inetd是internetdaemon的缩写，该程序可同时监视多个网络端口，一旦接收到外界连接信息，便执行相应的TCP或UDP网络服务。

📖知识拓展
Linux服务器安全技巧

1）由于受inetd的统一指挥，Linux中的大部分TCP或UDP服务都是在/etc/inetd.conf文件中设定。所以，首先检查/etc/inetd.conf文件，在不要的服务前加上“#”号进行注释。一般来说，除了HTTP、SMTP、Telnet和FTP之外，其他服务都应该取消。还有一些报告系统状态的服务，如finger、efinger、systat和netstat等，虽然对系统查错和寻找用户非常有用，但也给攻击者提供了方便。

2）inetd利用/etc/services文件查找各项服务所使用的端口。因此，用户必须仔细检查该文件中各端口的设定，以免有安全上的漏洞。在Linux中有两种不同的服务形态：一种是仅在有需要时才执行的服务，如finger服务；另一种是一直在执行的服务。后一类服务在系统启动时就开始执行，因此不能靠修改inetd停止其服务，而只能通过/etc/rc.d/rc[n].d/文件或使用Run level editor进行修改。提供文件服务的NFS服务器和提供NNTP新闻服务的news都属于这类服务，如果没有必要，最好及时取消这些服务。

2．限制系统的出入

在进入Linux系统之前，所有用户都需要输入用户账号和口令，只有通过验证后才能进入系统。与其他UNIX操作系统一样，Linux一般将口令加密之后存放在/etc/passwd文件中，用户可以利用现成的密码破译工具以穷举法猜测出口令。比较安全的方法是设定影子文件/etc/shadow，只允许拥有特殊权限的用户阅读该文件。

在Linux系统中，如果要采用shadow文件，必须将所有的公用程序重新编译。比较简便的方法是采用插入式验证模块（Pluggable Authentication Modules，PAM），PAM是一种身份验证机制，可以用来动态地改变身份验证的方法和要求，而不要求重新编译其他公用程序。这是因为PAM采用封闭包的方式，将所有与身份验证有关的逻辑全部隐藏在模块内。

3. 保持最新的系统核心

由于 Linux 流通渠道很多，而且经常有更新的程序和系统补丁出现，因此，为了加强系统安全，一定要经常更新系统内核。

Kernel 是 Linux 操作系统的核心，常驻内存，用于加载操作系统的其他部分，并实现操作系统的基本功能。由于 Kernel 控制主机和网络的各种功能，因此，其安全性对整个系统安全至关重要。早期的 Kernel 版本存在许多众所周知的安全漏洞，而且不太稳定，只有 2.0.x 以上的版本才比较稳定和安全，新版本的运行效率也有很大改观。在设定 Kernel 的功能时，只选择必要的功能，千万不要所有功能全部安装，否则会使 Kernel 变得很大，既占用系统资源，也会给攻击者留下可乘之机。

4. 检查登录密码

设定登录密码是一项非常重要的安全措施，如果用户的密码设定不合适，就很容易被破译，尤其是拥有超级用户使用权限的用户，如果没有良好的密码，将给系统造成很大的安全漏洞。在多用户系统中，如果强迫每个用户选择不易猜出的密码，将大大提高系统的安全性。但如果 passwd 程序无法强迫每个上机用户使用恰当的密码，要确保密码的安全度就只能依靠密码破解程序。

实际上，密码破解程序是黑客工具箱中的一种工具，在使用中将常用的密码或者是英文字典中所有可能作为密码的字符全部用程序加密成密码字，然后将其与 Linux 系统的/etc/passwd 密码文件或/etc/shadow 影子文件相比较，如果发现有吻合的密码，就可以获得密码明文。

☺ 讨论思考

1）Linux 出现过哪些对系统造成安全的漏洞？

2）对 Linux 系统的安全设定包括哪些方面？

☺ 讨论思考
本部分小结
及答案

9.5 操作系统的安全加固和恢复

系统安全加固是指通过一定的技术手段，提高操作系统的主机安全性和抗攻击能力，通过打补丁、修改安全配置、增加安全机制等方法，合理加强安全性，满足安全配置、安全运行、安全接入、数据安全的要求。常见方法有：密码系统安全增强、访问控制策略和工具、远程维护的安全性、文件系统完整性审计、增强系统日志分析。系统安全加固在一定程度上可以避免系统被攻击或控制、用户数据被篡改、隐私泄露、网站拒绝服务等，但当系统或数据已遭到破坏的情况下，还需要进行系统恢复工作。

9.5.1 操作系统加固常用方法

【案例 9-8】 某公司安装 Windows 服务器，为了更好地进行服务器防护，对 Windows 操作系统进行安全加固，从账户管理、认证授权、日志、IP、文件权限、服务安全等方面进行安全配置，增强了操作系统的安全性。

安全加固是指对操作系统进行安全设置并消除其漏洞和隐患，提升操作系统的安全等级。一般会参照特定系统加固配置标准或行业规范，根据系统的安全等级划分和具体要求，对相应系统实施不同策略的安全加固，从而保障信息系统的安全。

操作系统的加固主要是通过人工的方式进行，或借助特定的安全加固工具完成。加固操作之前应该做好充分的风险规避措施，加固活动会有跟踪记录，以确保系统的可用性。以下以 Windows 操作系统和 Linux 操作系统为例，介绍系统安全加固的方法。

1. Windows 操作系统安全加固方法

（1）账户管理

Windows 操作系统通过账户管理进行加固，需要依次选择“控制面板”→“管理工具”→“本地安全策略”选项，在其中进行进一步配置。

1）账户。主要涉及“默认账户安全”“不显示上次登录”等安全配置。

配置方法：针对“不显示上次登录”的配置，打开“本地安全策略”选项，在“本地策略”的“安全”选项中双击“交互式登录:不显示最后的用户名”，在弹出的对话框中选择“已启用”并单击“确定”按钮。

2）口令。口令的复杂度要求必须满足以下策略：最短密码长度要求至少 8 个字符，至少包含英文大写字母、小写字母、数字、特殊符号这 4 种类别中的两种。

配置方法：打开“本地安全策略”选项，在“账户策略”下的“密码策略”中，确认“密码必须符合复杂性要求”策略已启用。

3）密码最长留存期。对于采用静态口令认证技术的设备，账户口令的留存期不应长于 90 天。

配置方法：打开“本地安全策略”选项，在“账户策略”下的“密码策略”中，配置“密码最长使用期限”不大于 90 天。

4）账户锁定策略。对于采用静态口令认证技术的设备，应配置当用户连续认证失败次数超过 10 次后，锁定该用户使用的账户。

配置方法：打开“本地安全策略”选项，在“账户策略”下的“账户锁定策略”中，配置“账户锁定阈值”不大于 10 次。

（2）认证授权

Windows 系统中认证授权的各种安全策略配置，需要依次选择“控制面板”→“管理工具”→“本地安全策略”选项，在“本地策略”的“用户权限分配”中进行配置。

1）远程关机。在本地安全设置中，将从远端系统强制关机权限只分配给 Administrators 组。

配置方法：在“用户权限分配”中，配置“从远端系统强制关机”权限只分配给 Administrators 组。

2）本地关机。在本地安全设置中，将关闭系统权限只分配给 Administrators 组。

配置方法：在“用户权限分配”中，配置“关闭系统”权限只分配给 Administrators 组。

3）用户权限指派。在本地安全设置中，将取得文件或其他对象的所有权权限只分配给 Administrators 组。

配置方法：在“用户权限分配”中，配置“取得文件或其他对象的所有权”分配给 Administrators 组。

4）授权账户登录。在本地安全设置中，配置指定授权用户允许本地登录此计算机。

配置方法：在“用户权限分配”中，配置“允许本地登录”权限给指定授权用户。

5）授权账户从网络访问。在本地安全设置中，只允许授权账户从网络访问（包括网络共享等，但不包括终端服务）此计算机。

配置方法：在“用户权限分配”中，配置“从网络访问此计算机”权限给指定授权用户。

（3）日志配置操作

Windows 系统中日志的各种安全策略配置，需要依次选择“控制面板”→“管理工具”→“本地安全策略”选项，在“本地策略”的“审核策略”中进行配置。

1）日志配置。审核登录，设备应配置日志功能，对用户登录进行记录。记录内容包括用户登录使用的账户、登录是否成功、登录时间以及远程登录时用户使用的 IP 地址。

配置方法：在“审核策略”中，设置“审核登录事件”。

2）审核策略。启用本地安全策略中对 Windows 系统的审核策略更改，成功和失败操作都需审核。

配置方法：在“审核策略”中，设置“审核策略更改”。

3）审核对象访问。启用本地安全策略中对 Windows 系统的审核对象访问，成功和失败操作都需审核。

配置方法：在“审核策略”中，设置“审核对象访问”。

4）审核事件目录服务访问。启用本地安全策略中对 Windows 系统的审核目录服务访问，仅需审核失败操作。

配置方法：在“审核策略”中，设置“审核目录服务器访问”。

5）审核特权使用。启用本地安全策略中对 Windows 系统的审核特权使用，成功和失败操作都需审核。

配置方法：在“审核策略”中，设置“审核特权使用”。

6）审核系统事件。启用本地安全策略中对 Windows 系统的审核系统事件，成功和失败操作都需审核。

配置方法：在“审核策略”中，设置“审核系统事件”。

7）审核账户管理。启用本地安全策略中对 Windows 系统的审核账户管理，成功和失败操作都需审核。

配置方法：在“审核策略”中，设置“审核账户管理”。

8）审核进程追踪。启用本地安全策略中对 Windows 系统的审核进程追踪，仅失败操作需要审核。

配置方法：在“审核策略”中，设置“审核进程跟踪”。

9）日志文件大小。设置应用日志文件大小至少为 20480KB，可根据磁盘空间配置日志文件大小，记录的日志越多越好。并设置当达到最大的日志尺寸时，按需要轮询记录日志。

配置方法：依次选择“控制面板”→“管理工具”→“事件查看器”选项，配置“Windows 日志”属性中的日志大小，以及设置当达到最大的日志尺寸时的相应策略。

（4）IP 协议安全配置

IP 协议安全：启用 SYN 攻击保护。指定触发 SYN Flood 攻击（泛洪攻击）保护所必须超过的 TCP 连接请求数阈值为 5；指定处于 SYN_RCVD 状态的 TCP 连接数的阈值为 500；指定处于至少已发送一次重传的 SYN_RCVD 状态中的 TCP 连接数的阈值为 400。

配置方法：打开注册表编辑器，根据推荐值修改注册表键值。

（5）文件权限

1）共享文件夹及访问权限。关闭默认共享，非域环境中关闭 Windows 硬盘默认共享，例如 C$、D$。

配置方法：打开注册表编辑器，根据推荐值修改注册表键值。

2）共享文件夹授权访问。对于每个共享文件夹的共享权限，只允许授权的账户拥有共享此文件夹的权限。

配置方法：依次选择“控制面板”→“管理工具”→“计算机管理”选项，在“共享文件夹”中，查看每个共享文件夹的共享权限。

（6）服务安全

1）禁用 TCP/IP 上的 NetBIOS。禁用 TCP/IP 上的 NetBIOS 协议，可以关闭监听的 UDP 137（NetBIOS-ns）、UDP 138（NetBIOS-dgm）以及 TCP 139（NetBIOS-ssn）端口。

配置方法：在“计算机管理”→“服务和应用程序”→“服务”中禁用“TCP/IP NetBIOS Helper”服务，如图 9-2 所示。或者在网络连接属性中，双击“Internet 协议版本 4（TCP/IPv4）”，在弹出的对话框中单击“高级”按钮，在弹出的“高级 TCP/IP 设置”对话框的“WINS”选项卡中，进行如图 9-3 所示的设置。

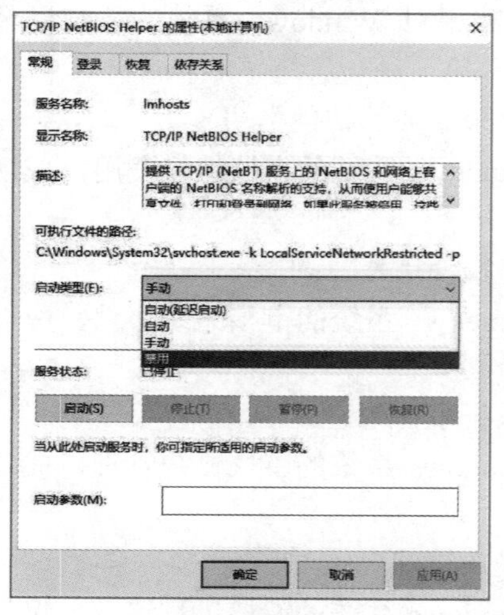

图 9-2　禁用“TCP/IP NetBIOS Helper”服务

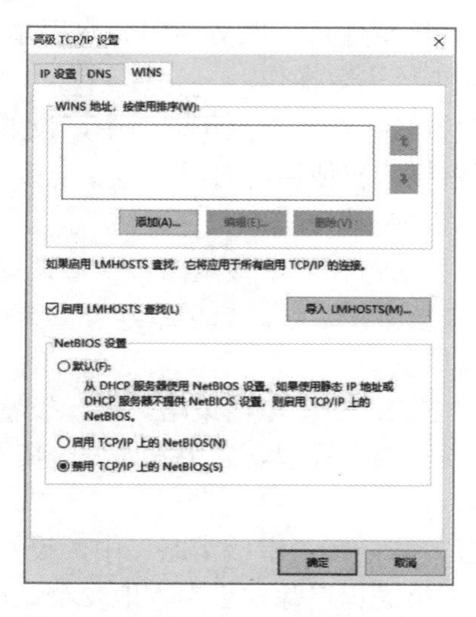

图 9-3　“高级 TCP/IP 设置”对话框

2）禁用不必要的服务。禁用不必要的服务，如图 9-4 所示。

服务名称	建议
DHCP Client	如果不使用动态IP地址，就禁用该服务
Background Intelligent Transfer Service	如果不启用自动更新，就禁用该服务
Computer Browser	禁用
Diagnostic Policy Service	手动
IP Helper	禁用。该服务用于转换IPv6 to IPv4
Print Spooler	如果不需要打印，就禁用该服务
Remote Registry	禁用。Remote Registry主要用于远程管理注册表
Server	如果不使用文件共享，就禁用该服务。禁用本服务将关闭默认共享，如ipc$、admin$和c$等
TCP/IP NetBIOS Helper	禁用
Windows Remote Management (WS-Management)	禁用
Windows Font Cache Service	禁用
WinHTTP Web Proxy Auto-Discovery Service	禁用
Windows Error Reporting Service	禁用

图 9-4　禁用不必要的服务项

（7）安全选项

1）启用安全选项。配置方法：依次选择“控制面板”→“管理工具”→“本地安全策略”选项，在“本地策略”的“安全选项”中，进行如图 9-5 所示的设置。

安全选项	配置内容
交互式登录：试图登录的用户的消息标题	注意
交互式登录：试图登录的用户的消息文本	内部系统只能因业务需要而使用，经由管理层授权。 管理层将随时监测此系统的使用。
Microsoft 网络服务器：对通信进行数字签名(如果客户端允许)	启用
Microsoft 网络服务器：对通信进行数字签名(始终)	启用
Microsoft 网络客户端：对通信进行数字签名(如果服务器允许)	启用
Microsoft 网络客户端：对通信进行数字签名(始终)	启用
网络安全：基于 NTLM SSP 的(包括安全 RPC)服务器的最小会话安全	要求 NTLMv2 会话安全 要求 128 位加密
网络安全：基于 NTLM SSP 的(包括安全 RPC)客户端的最小会话安全	要求 NTLMv2 会话安全 要求 128 位加密
网络安全：LAN 管理器身份验证级别	仅发送 NTLMv2 响应\拒绝 LM & NTLM
网络访问：不允许 SAM 帐户的匿名枚举	启用（默认已启用）
网络访问：不允许 SAM 帐户和共享的匿名枚举	启用
网络访问：可匿名访问的共享	清空（默认为空）
网络访问：可匿名访问的命名管道	清空（默认为空）
网络访问：可远程访问的注册表路径	清空，不允许远程访问注册表
网络访问：可远程访问的注册表路径和子路径	清空，不允许远程访问注册表

图 9-5　安全选项设置

2）禁用未登录前关机。服务器默认是禁止在未登录系统前关机的。如果启用此设置，服务器的安全性将会大大降低，给远程连接的黑客造成可乘之机，因此强烈建议禁用未登录前关机功能。

配置方法：单击“开始”按钮，依次选择“Windows 管理工具”→“本地安全策略”，在“本地策略”的“安全选项”中，禁用“关机：允许系统在未登录的情况下关闭”，如图 9-6 所示。

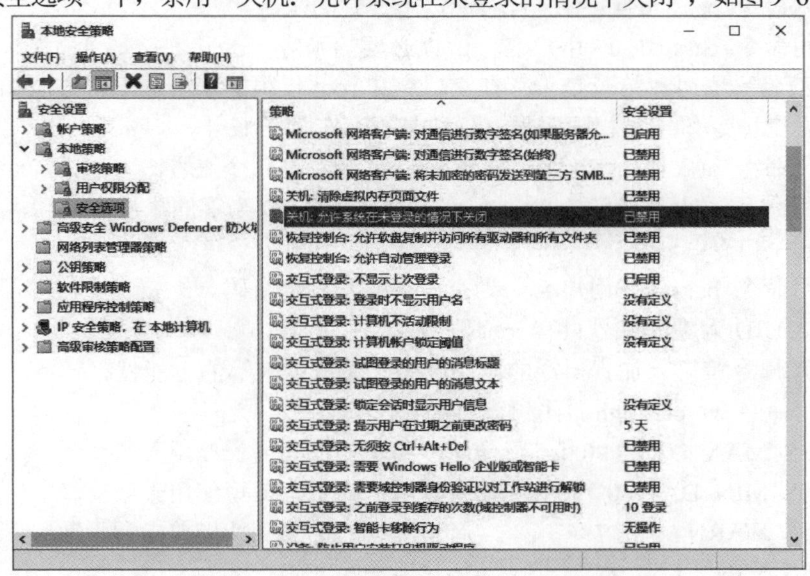

图9-6 本地安全策略配置

（8）其他安全配置

1）防病毒管理。Windows 系统需要安装防病毒软件。

配置方法：安装企业级防病毒软件，并开启病毒库更新及实时防御功能。

2）设置屏幕保护密码和开启时间。设置从屏幕保护恢复时需要输入密码，并将屏幕保护自动开启时间设定为 5min。

配置方法：启用屏幕保护程序，设置等待时间为5min，并启用“在恢复时使用密码保护”。

3）远程登录空闲断开时间。对于远程登录的账户，设置不活动时间超过 15min 自动断开连接。

配置方法：依次选择“控制面板”→“管理工具”→“本地安全策略”选项，在“本地策略”中的“安全选项”中，设置“Microsoft 网络服务器：暂停会话前所需的空闲时间数量”属性为 15min。

4）操作系统补丁管理。安装操作系统的 Hotfix 补丁。安装补丁时，应先对服务器系统进行兼容性测试。

配置方法：依次选择“控制面板”→“Windows 更新”，进行“更新检查”或设置“自动更新”选项。

2. Linux 操作系统安全加固方法

【案例 9-9】 某公司安装 Linux 服务器，为了更好地进行服务器防护，对 Linux 操作系统进行安全加固，从账户和口令、服务、文件系统、日志等方面进行安全配置，增强了操作系统的安全性。

（1）账号和口令

1）禁用或删除无用账号。减少系统无用账号，降低安全风险。配置方法如下。

- 使用命令 userdel <用户名> 删除不必要的账号。
- 使用命令 passwd -l <用户名> 锁定不必要的账号。
- 使用命令 passwd -u <用户名> 解锁必要的账号。

2）检查特殊账号。检查是否存在空口令和 root 权限的账号。配置方法如下。

- 查看空口令和 root 权限账号，确认是否存在异常账号。
  - 使用命令 awk -F: '($2=="")' /etc/shadow 查看空口令账号。
  - 使用命令 awk -F: '($3==0)' /etc/passwd 查看 UID 为零的账号。
- 加固空口令账号。
  - 使用命令 passwd <用户名> 为空口令账号设定密码。
  - 确认 UID 为零的账号只有 root 账号。

3）添加口令策略。加强口令的复杂度等，降低被破解的可能性。

- 使用命令 vi /etc/login.defs 修改配置文件。
  - PASS_MAX_DAYS 90　　#新建用户的密码最长使用天数
  - PASS_MIN_DAYS 0　　#新建用户的密码最短使用天数
  - PASS_WARN_AGE 7　　#新建用户的密码到期提前提醒天数
  - PASS_MIN_LEN　8　　#新建用户的密码长度为 8 位
- 使用 chage 命令修改用户设置。

chage -m 0 -M 30 -E 2021-01-01 -W 7 <用户名>表示将此用户的密码最长使用天数设为 30，最短使用天数设为 0，密码 2021 年 1 月 1 日过期，过期前 7 天警告用户。

- 设置连续输错 3 次密码。

账号锁定 5min。使用命令 vi /etc/pam.d/common-auth 修改配置文件，在配置文件中添加 auth required pam_tally.so onerr=fail deny=3 unlock_time=300。

4）限制用户使用 su 命令。限制通过 su 命令获取 root 权限。

使用命令 vi /etc/pam.d/su 修改配置文件，在配置文件中添加行。例如，只允许 test 组用户使用 su 命令获取 root 权限，则添加 auth required pam_wheel.so group=test。

5）禁止 root 用户直接登录。限制 root 用户直接登录。

- 创建普通权限账号并配置密码,防止无法远程登录。
- 使用命令 vi/etc/ssh/sshd_config 修改配置文件，将 PermitRootLogin 的值改成 no，并保存，然后使用命令 service sshd restart 重启服务。

（2）服务

1）关闭不必要的服务。关闭不必要的服务（如普通服务和 xinetd 服务），降低风险。

使用命令 systemctl disable <服务名>设置服务在开机时不自动启动。

注意：对于部分老版本的 Linux 操作系统（如 CentOS 6），可以使用命令 chkconfig --level <服务名> off 设置服务在指定 init 级别下开机时不自动启动。

2）SSH 服务安全。SSH 是替代 Telnet 和其他远程控制台管理应用程序的行业标准。SSH 命令是加密的并以几种方式进行保密。在使用 SSH 时，一个数字证书将认证客户端和服务器之间的连接，并加密受保护的口令。

对 SSH 服务进行安全加固，可以防止暴力破解成功，使用命令 vim /etc/ssh/sshd_config 编辑配置文件。

- 不允许 root 账号直接登录系统。
- 设置 PermitRootLogin 的值为 no。
- 修改 SSH 使用的协议版本。
- 设置 Protocol 的版本为 2。
- 修改允许密码错误次数（默认 6 次）。
- 设置 MaxAuthTries 的值为 3。
- 使用命令 systemctl restart sshd 重启服务。

（3）文件系统

1）设置 umask 值。使用命令 vi /etc/profile 修改配置文件，添加行 umask 027， 即新创建的文件属主拥有读写执行权限，同组用户拥有读和执行权限，其他用户无权限。

2）设置登录超时。使用命令 vi /etc/profile 修改配置文件，将以 TMOUT= 开头的行注释，设置为 TMOUT=180，即超时时间为 3min。

（4）日志

Linux 操作系统会记录用户登录和注销的消息，防火墙将记录 ACL 通过和拒绝的消息，磁盘存储系统在故障发生或者在某些系统认为将会发生故障的情况下生成日志信息。日志中包含大量信息，这些信息包括为什么需要生成日志，系统

> 知识拓展
> Linux 操作系统主机安全加固方案

已经发生了什么。🕮

1）syslog 日志。Linux 系统默认启用以下类型日志：

- 系统日志（默认）/var/log/messages。
- cron 日志（默认）/var/log/cron。
- 安全日志（默认）/var/log/secure。

注意：部分系统可能使用 syslog-ng 日志，配置文件为/etc/syslog-ng/syslog-ng.conf。可以根据需求配置详细日志。

2）记录所有用户的登录和操作日志。通过脚本代码实现记录所有用户的登录操作日志，防止出现安全事件后无据可查。🕮

🕮知识拓展
实现日志记录的脚本实例

9.5.2 系统恢复常用方法及过程

1. 软件恢复

软件恢复可分为系统恢复与文件恢复。系统恢复是指在系统无法正常运作的情况下，通过调用已经备份好的系统资料或系统数据、使用恢复工具等，使系统按照备份时的部分或全部正常启动运行的数值特征来进行运作。常见的文件系统故障有误删除、误格式化、误 GHOST、分区出错等，绝大部分操作系统都可以进行恢复。

Linux、UNIX 系统的数据恢复难度非常大，主要原因是 Linux、UNIX 系统下的数据恢复工具非常少。系统恢复有很多用处，也很重要。例如，在系统注册表被破坏的时候，将注册表备份中的正常数据代替被破坏和篡改的数据，从而使系统得以正常运行。系统恢复的另外一个作用在于发现并修补系统漏洞，去除后门和木马等。

【案例 9-10】 主引导记录损坏后的恢复。IBM 40GB 的台式机硬盘在运行中突然断电，重启主机后无法启动进入系统。通过使用 WinHex 工具打开硬盘，发现其 MBR 扇区已经被破坏。由于 MBR 扇区不会因操作系统而不同，具有公共引导特性，可以采用复制引导代码将其恢复。其主引导扇区位于整个硬盘的 0 柱面 0 磁道 1 扇区，共占用 63 个扇区，实际使用了 1 个扇区。在此扇区的主引导记录中，MBR 又可分为 3 部分：引导代码、分区表和 55AA（结束标志）。

引导代码的作用就是让硬盘具备可以引导的功能。如果引导代码丢失，分区表还在，那么这个硬盘作为从盘其所有分区数据都还在，只是这个硬盘自己不能够用来启动进系统了。如果要恢复引导代码，可以用 DOS 下的命令：FDISK /MBR；这个命令只是用来恢复引导代码，不会引起分区改变、丢失数据。另外，也可以用工具软件，比如 Diskgen、WinHex 等。恢复操作如下：

首先，用 WinHex 到别的系统盘把引导代码复制过来。单击“磁盘编辑器”按钮，弹出“编辑磁盘”对话框。选择“HD0 WDC WD400EB---00CPF0”，单击“确定”按钮，打开系统盘的分区表。选中系统盘的引导代码。在选区中单击鼠标右键，在弹出的快捷菜单中选择“编辑”命令，会弹出另一个菜单；选择“复制选块”→“正常”；切换回“硬盘 1”窗口，在 0 扇区的第一个字节处单击鼠标右键，在弹出的快捷菜单中选择“编辑”→“剪贴板数据”→“写入”命令；出现一个提示对话框，单击“确定”按钮。这样就把一个正常系统盘上的引导代码复制过来了。然后恢复分区表即可。

△注意：现在是打开了两个窗口，当前的窗口是“硬盘 0”，在标题栏上有显示。另外，打开窗口菜单也可以看出，当前窗口被打上了一个勾，如果想切换回原来的窗口，单击“硬盘 1”即可。

2．硬件修复

硬件修复方式可分为硬件替代、固件修复、盘片读取 3 种。

（1）硬件替代

硬件替代是用同型号的好硬件替代坏硬件达到恢复数据的目的，简称“替代法”。如果 BIOS 不能找到硬盘，则基本可以判断是硬件损坏，须使用硬件替代。如硬盘电路板的替代、闪存盘控制芯片的更换等。

（2）固件修复

固件是硬盘厂家写在硬盘中的初始化程序，一般工具是访问不了的。固件修复，就是用硬盘专用修复工具，修复硬盘固件，从而恢复硬盘数据。最流行的数据恢复工具有俄罗斯著名硬盘实验室 ACE Laboratory 研发的商用专业修复硬盘综合工具 PC3000、HRT-2.0 和数据恢复机 Hardware Info Extractor HRT-200 等。PC3000 和 HRT-2.0 可以对硬盘坏扇区进行修复，可以更改硬盘的固件程序。这些工具的特点都用硬件加密，必须购买后才能使用。

（3）盘片读取

盘片读取是较为高级的技术，就是在 100 级的超净工作间内对硬盘进行开盘，取出盘片，然后用专门的数据恢复设备对其扫描，读出盘片上的数据。这些设备的恢复原理是用激光束对盘片表面进行扫描，因为盘面上的磁信号其实是数字信号（0 和 1），所以相应地反映到激光束发射的信号上也是不同的。这些仪器通过这样的扫描把整个硬盘的原始信号记录在仪器附带的计算机里面，然后再通过专门的软件分析来进行数据恢复。这种设备对位于物理坏道上面的数据也能恢复，且数据恢复率惊人。由于多种信息的缺失而无法找出准确的数据值的情况也可以通过大量的运算在多种可能的数据值之间进行逐一替代，结合其他相关扇区的数据信息，进行逻辑合理性校验，从而找出逻辑上最符合的真值。这些设备只有加拿大和美国生产，由于受有关法律的限制，进口非常困难。目前，国内少数数据恢复中心，采用了变通的办法，建立一个 100 级的超净实验室，然后对于盘腔损坏的硬盘，在此超净实验室中开盘，取下盘片，安装到同型号的好硬盘上，同样可进行数据恢复。📖

3．数据修复

> 📖**知识拓展**
> 数据恢复难易程度相关因素

数据修复是指通过技术手段，将因受到病毒攻击、人为损坏或硬件损坏等遭到破坏的数据进行抢救和恢复的一门技术。数据被破坏的主要原因主要是入侵者的攻击、系统故障、误操作、自然灾害等造成的。通常，数据恢复就是从存储介质、备份和归档数据中将丢失的数据恢复。数据修复技术包括许多修复方法和工具，常用的有数据备份、数据恢复和数据分析等。修复方式可分为软件恢复方式与硬件修复方式，如图 9-7 所示。

下面介绍数据修复的原理，从技术层面上，各种数据记录载体（硬盘、软盘）中的数据在删除时只是设定一个标记（识别码），而并没有从载体中绝对删除。使用过程中，遇到标记时，系统对这些数据不会做读取处理，并在写入其他数据时将其当作空白区域。所以，这些被删除的数据在没有被其他数据写入前，依然完好地保留在磁盘中，读取这些数据需要专门的软件。如 Easyrecovery、WinHex 等。当其他数据写入时，原来的数据被覆盖（全部或部分），此时，只能恢复部分数据。常见的有 IDE、SCSI、SATA、SAS 硬盘、光盘、U 盘、数码卡的数据恢复，服务器 RAID 重组及 SQL\ORACLE 数据库、邮件等文件修复。

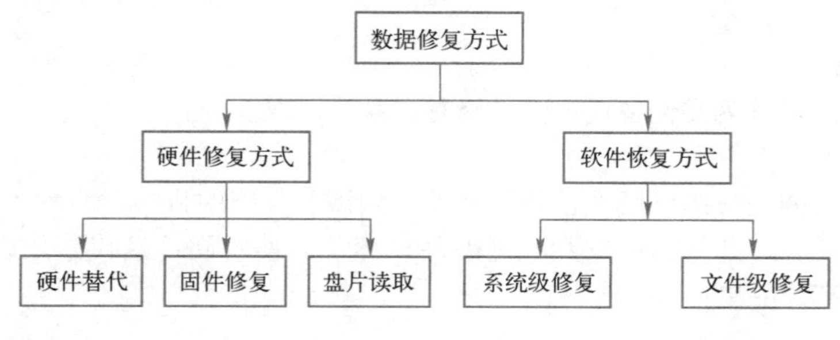

图 9-7　数据恢复方式

4．系统恢复的过程

通常，在发现系统被入侵后，需要将入侵事故通知管理人员，以便系统管理员在处理与恢复系统的过程中得到相关部门的配合。如果涉及法律问题，在开始恢复之前，需要报警以便公安机关进行相关的法律调查。系统管理员应严格按照既定安全策略，执行系统恢复过程中的所有步骤。需要注意：最好记录下恢复过程中采取的措施和操作步骤。恢复一个被入侵的系统是一件很麻烦的事，要耗费大量的时间。因此，要保持清醒的头脑，以免做出草率的决定；记录的资料可以留作以后的参考。完成系统恢复工作后就可以重新获取系统控制权，下面介绍一下系统恢复的操作过程。

（1）断开网络

为了夺回对被入侵系统的控制权，需要首先将被入侵的系统从网络上断开，这里包括一切网络连接如无线、蓝牙、拨号连接等。因为在系统恢复过程中，如果没有断开被入侵系统的网络连接，那么在恢复过程中，入侵者可能继续连接到被入侵的主机，进而破坏恢复工作。

断开网络后，可以将系统管理权限集中，如通过单用户模式进入 UNIX 系统或者以本地管理者（Local Administrator）模式登录 NT。当然，重启或者切换到单用户/本地管理者模式的操作，将会使一些有用信息丢失，因为在操作过程中，被入侵系统当前运行的所有进程都会被杀死，入侵现场将被破坏。因此，需要检查被入侵系统是否有网络嗅探器或木马程序正在运行。在进行系统恢复的过程中，如果系统已经处于 UNIX 单用户模式下，系统会阻止合法用户、入侵者和入侵进程等对系统的访问或者阻止切换主机的运行状态。

（2）备份

在进行后续步骤之前，建议备份被入侵的系统。这样可以分析被入侵的系统，及时发现系统的漏洞，进行相应的升级与更新，以防范类似的入侵或攻击。备份可以分为复制镜像和文件数据的备份。

备份可使得系统恢复到入侵前的状态，有时备份对法律调查有帮助。记录下备份的卷标、标志和日期，然后保存到一个安全的地方以保持数据的完整性。

如果有一个相同大小和类型的硬盘，在 UNIX/Linux 系统下可使用 dd 命令将被入侵系统进行全盘复制。例如，在一个有两个 SCSI 硬盘的 Linux 系统中，以下命令将在相同大小和类型的备份硬盘（/dev/sdb）上复制被侵入系统（在/dev/sda 盘上）的一个精确备份。

```
# dd if=/dev/sda of=/dev/sdb
```

该命令更详细的信息可以通过阅读 dd 命令的手册获得。

还有其他方法可以用来备份被入侵的系统。如在 NT 系统中，可以使用第三方程序复制被入侵系统的整个硬盘镜像，还可以使用工具进行备份。

（3）入侵分析

备份被入侵的系统后，首先对日志文件和系统配置文件进行审查，还需要注意检测被修改的数据，及时发现入侵留下的工具和数据，以便发现入侵的蛛丝马迹、入侵者对系统的修改以及系统配置的脆弱性。

1）系统软件和配置文件审查。系统二进制文件审查，通常情况下，被入侵系统的网络和系统程序以及共享库文件等存在被修改的可能，应该彻底检查所有的系统二进制文件，将其与原始发布版本做比较。在检查入侵者是否对系统软件和配置文件做过修改时，一定要使用一个可信任的内核启动系统，并用无修改和篡改的分析和校验工具。🕮

🕮知识拓展
在 UNIX/Linux 中检查的文件

2）检测被修改的数据。入侵者经常会修改系统中的数据，建议对 Web 页面文件、FTP 存档文件、用户目录下的文件和其他文件进行校验。

3）查看入侵者留下的工具和数据。入侵者通常会在系统中安装一些工具，以便继续监视被入侵的系统。通常需要注意以下文件：

① 网络嗅探器。网络嗅探器是监视和记录网络行动的工具程序。入侵者通常会使用网络嗅探器获得在网络上以明文传输的用户名和口令。判断系统是否被安装嗅探器，首先检查当前是否有进程使网络接口处于混杂模式（Promiscuous Mode）。在 Linux/UNIX 下使用 ifconfig（#/ifconfig -a）命令可以知道系统网络接口是否处于混杂模式下。还有一些工具可帮助检测系统内的嗅探器程序，一旦发现则立即检查嗅探器程序的输出文件，确定具体主机是否受到攻击者威胁。嗅探器在 UNIX 系统中更常见。

🔔注意：如果重新启动系统或者在单用户模式下，传统命令和工具的正确操作仍然有可能无法检测到混杂模式。同时，需要特别注意，一些合法的网络监视程序和协议分析程序也会把网络接口设置为混杂模式，这里需要进行严格区分。

② 特洛伊木马。特洛伊木马程序能够在表面上执行某种功能，而实际上却执行另外的功能。因此，入侵者可以使用特洛伊木马程序隐藏自己的行为，获得用户名和口令数据，建立系统后门以便将来对被入侵系统再次进行访问。

③ 后门程序。后门程序可隐藏在被入侵的系统，入侵者通过后门能够避开正常的系统验证，不必使用安全缺陷攻击程序就可以进入系统。

④ 安全缺陷攻击程序。系统运行存在安全缺陷的软件是其被入侵的一个主要原因。入侵者经常会使用一些针对已知安全缺陷的攻击工具，以此获得对系统的非法访问权限。这些工具通常会留在系统中，并保存在一个隐蔽的目录中。

4）审查系统日志文件。详细地审查系统日志文件，可以了解系统是如何被入侵的，入侵过程中攻击者执行了哪些操作，以及哪些远程主机访问过被入侵主机。审查日志最基本的一条就是检查异常现象。

🔔注意：系统中的任何日志文件都可能被入侵者改动过。

对于 UNIX 系统，需要查看/etc/syslog.conf 文件，确定日志信息文件在哪些位置。NT 系统通常使用 3 个日志文件，记录所有的 NT 事件，每个 NT 事件都会被记录到其中的一个文件中，可以使用 Event Viewer 查看日志文件。一些 NT 应用程序将日志放到其他地方，如 IIS 服务器默认的日志目录是 C:winnt/system32/logfiles。

5）检查网络上的其他系统。除了已知被入侵的系统外，还应该对局域网内所有的系统进行检查。主要检查和被入侵主机共享网络的服务（例如：NIX、NFS）或者通过一些机制（例如：hosts.equiv、.rhosts 文件或者 Kerberos 服务器）和被入侵主机相互信任的系统。建议使用主机安全应急响应组（Computer Emergency Response Team，CERT）的入侵检测检查列表进行检查工作，参见下列网址。

http://www.cert.org/tech_tips/intruder_detection_checklist.html
http://www.cert.org/tech_tips/win_intruder_detection_checklist.html

6）检查所涉及的或者受到威胁的远程站点。在审查日志文件、入侵程序的输出文件和系统被入侵以来被修改的和新建立的文件时，要注意哪些站点可能会连接到被入侵的系统。根据经验，那些连接到被入侵主机的站点通常已经被入侵，所以要尽快找出其他可能遭到入侵的系统，通知其管理人员。📖

📖知识拓展
几个简单的 Linux 快速恢复方案

☺ 讨论思考

1）为什么要进行操作系统的安全加固？
2）什么是数据修复？主要的修复方式有哪些？
3）系统恢复通常主要遵循哪些具体步骤？
4）如何判断并分析被入侵的操作系统？

☺ 讨论思考
本部分小结
及答案

9.6 本章小结

本章介绍了操作系统安全及站点安全的相关知识，Windows 操作系统的系统安全性以及安全配置是重点之一，并简要介绍了 UNIX 操作系统的安全知识。Linux 是源代码公开的操作系统，本章介绍了 Linux 系统的安全和安全配置的相关内容，阐述了操作系统的安全加固方法。被入侵后的恢复是一种减少损失的很好的方式，可以分为系统恢复与信息恢复，本章重点对系统恢复的过程进行了介绍。

9.7 实验 9 Windows Server 2022 安全配置

Windows Server 2022 是微软的一个服务器操作系统，它继承了 Windows Server 2019 的功能和特点。尽管 Windows Server 2022 系统的安全性能要比其他系统的安全性能高出许多，但为了增强系统的安全，必须进行安全配置，并且在系统遭到破坏时能恢复原有系统和数据。

实验视频
实验视频 9

9.7.1 实验目的

1）熟悉 Windows Server 2022 操作系统的安全配置过程及方法。
2）掌握 Windows Server 2022 操作系统的恢复要点及方法。

9.7.2　实验要求

1．实验设备

本实验以 Windows Server 2022 操作系统作为实验对象，所以需要一台安装有 Windows Server 2022 操作系统的主机。Microsoft 在其网站上公布了使用 Windows Server 2022 的设备要求，基本配置如表 9-3 所示。

表 9-3　实验设备基本配置

硬件	需求
处理器	建议：2 GHz 或以上
内存	最低：1GB RAM，建议：2GB RAM 或以上
可用磁盘空间	最低：32GB，建议：40GB 或以上
光驱	DVD-ROM 光驱
显示器	支持 Super VGA（1024×768 像素）或更高分辨率的屏幕
其他	键盘及鼠标或兼容的指向装置（Pointing Device）

2．注意事项

1）预习准备。由于本实验内容是对 Windows Server 2022 操作系统进行安全配置，需要提前熟悉 Windows Server 2022 操作系统的相关操作。

2）注重内容的理解。随着操作系统的不断更新，本实验是以 Windows Server 2022 操作系统为实验对象，对于其他操作系统基本都有类似的安全配置，但因配置方法或安全强度有所区别，所以需要理解其原理，做到对安全配置及系统恢复“心中有数”。

3）实验学时。本实验大约需要 2 个学时（90～120min）。

9.7.3　实验内容及步骤

1．本地用户管理和组

【案例 9-11】 某公司秘书被授权可以登录经理的主机，定期为经理备份文件，并执行网络配置方面等相关的管理工作，因此，在经理的主机中要新建一个用户组，满足秘书的应用需求。

操作步骤：新建账户“secretary”和用户组“日常工作”，“日常工作”组具有“Network Configuration Operators”的权限，并将“secretary”添加到“日常工作”组中。

特别理解
操作 1　主要步骤的图文介绍

1）新建账户：单击“开始”按钮，选择“Windows 管理工具”→“计算机管理”命令，弹出窗口，展开“本地用户和组”选项，右键单击“用户”，新建“secretary”账户，在此窗口中也可以设置密码等属性。

2）管理账户：右键单击账户，可以设置密码、删除账号或重命名；右键单击账户，在弹出的快捷菜单中选择“属性”命令，在弹出的对话框的“隶属于”选项卡中将 secretary 账户添加到 Backup Operations 组和 Net Configuration Operators 组中，即为 secretary 账户授予 Backup Operations 组和 Net Configuration Operators 组的权限。

3）新建本地组：右键单击“组”，在打开的窗口中填写组名和描述信息，并单击“添加”按钮，将 secretary 添加到日常工作组中，这样，日常工作组也具有了 Backup Operations 组和 Net Configuration Operators 组的权限。

2．本地安全策略

【案例9-12】 公司管理层计算机安全策略要求：启用密码复杂性策略，将密码最小长度设置为 8 个字符，设置密码使用期限为 30 天，当用户输入错误数据超过 3 次后，账户将被锁定，锁定时间为 5min；启用审核登录成功和失败策略，登录失败后，通过事件查看器查看 Windows 日志；启用审核对象访问策略，用户对文件访问后，通过事件查看器查看 Windows 日志。

操作步骤：在本地安全策略中分别设置密码策略、账户锁定策略、审核登录时间策略和审核对象访问策略。

特别理解
操作2 主要步骤的图文介绍

1）密码策略设置：单击“开始”按钮，选择“Windows 管理工具”→“本地安全策略”→“账户策略”→“密码策略”选项，启动密码复杂性策略；设置“密码长度最小值”为“8”个字符；密码最长使用期限默认为“42”天，此处设置为“30”天。

2）账户锁定策略设置：单击“开始”按钮，选择“Windows 管理工具”→“本地安全策略”→“账户策略”→“账户锁定策略”选项，设置账户锁定时间为“5”min；账户锁定阈值为“3”次。

注意：初始账户锁定时间和重置账户锁定计数器为“不适用”时，需设定账户锁定阈值后才能进行设定。

3）审核策略设置：单击“开始”按钮，选择“Windows 管理工具”→“本地安全策略”→“本地策略”→“审核策略”选项，将审核登录事件设置为“失败”；将审核对象访问设置为“失败”。

3．NTFS 权限

【案例9-13】 经理要下发一个通知，存于“通知”文件夹中，经理对该文件夹及文件可以完全控制，秘书只有修改文稿的权限，其他人员只有浏览的权限。

操作步骤：首先要取消“通知”文件夹的父项继承的权限，之后分配 Administrators 组（经理）完全控制的权限、日常工作组（秘书）除了删除权限以外的各权限和 Users 组（其他人员）的只读权限。

特别理解
操作3 主要步骤的图文介绍

1）取消文件夹的父项继承的权限：右键单击“通知”文件夹，在弹出的快捷菜单中选择“属性”命令，在弹出的对话框中，选择“安全”选项卡下“高级”选项组中的“禁用继承”，弹出“阻止继承”对话框，选择“从此对象中删除所有已继承的权限”。删除继承权后，任何用户对该文件夹都无访问权限，只有该对象的所有者可分配权限。

2）经理权限：右键单击“通知”文件夹，在弹出的快捷菜单中选择“属性”命令，在弹出的对话框中，选择“安全”选项卡，依次选择“高级”→“添加”→“立即查找”，添加经理的 Administrator 账户，单击“确定”按钮后打开“通知的权限项目”对话框，选择

“完全控制”。

3）秘书权限：在“通知的高级安全设置”窗口中继续添加日常工作组，单击“确定”按钮后打开“通知的权限项目”对话框，选择“创建文件/写入数据”。

4）其他用户权限：在“通知的高级安全设置”窗口中继续添加 Users 组，单击“确定”按钮后打开“通知的权限项目”对话框，选择“列出文件夹/读取数据”。

4．数据备份和还原

【案例 9-14】　公司为了考核每个员工的工作执行情况，秘书要对每个员工每天的任务完成情况填写“工作日志”，并定期汇总，为了防止数据大量丢失，公司要求每周五下班前进行数据备份，这样即使系统出现安全问题，也可以进行数据恢复（如果公司对数据备份要求更高，要求每天进行备份，也可选择备份计划完成备份要求）。

操作步骤：首先要在系统中安装 Backup 功能组件，所有员工的工作日志按照每天一个文件夹存放，这样可以每周五对该周日志进行一次性备份。

特别理解
操作 4　主要步骤的图文介绍

1）安装备份功能组件：单击“开始”按钮，选择“服务器管理器”→“添加角色和功能”选项，选择“Windows Server 备份”安装系统备份功能。

2）一次性备份：单击“开始”按钮，选择“Windows 附件”→“Windows Server 备份”选项，在该界面的右侧可以选择“一次性备份”，当向导进行到“选择备份配置”时，选择“自定义”，之后选择“系统磁盘”进行备份。

3）备份计划：单击“开始”按钮，选择“Windows 附件”→“Windows Server 备份”选项，在该界面的右侧可以选择“备份计划”，根据“备份计划向导”完成备份计划设置。

9.8　练习与实践 9

1．选择题

（1）攻击者入侵的常用手段之一是试图获得 Administrator 账户的口令。每台主机至少需要一个账户拥有 Administrator（管理员）权限，但不一定非用“Administrator”这个名称，可以是（　　）。

A．Guest　　B．Everyone
C．Admin　　D．LifeMiniator

（2）UNIX 是一个多用户系统，一般用户对系统的使用是通过用户（　　）进入的。用户进入系统后就有了删除、修改操作系统和应用系统的程序或数据的可能性。

A．注册　　B．入侵
C．选择　　D．指纹

（3）IP 地址欺骗是很多攻击的基础，之所以使用这种方法，是因为 IP 路由 IP 包时对 IP 头中提供的（　　）不做任何检查。

A．IP 目的地址　　B．源端口
C．IP 源地址　　D．包大小

（4）系统恢复是指操作系统在系统无法正常运作的情况下，通过调用已经备份好的系统资料或系统数据，使系统按照备份时的部分或全部正常启动运行的（　　）来进行运作。

A．状态　　B．数值特征

C．时间　　D．用户

（5）入侵者通常会使用网络嗅探器获得在网络上以明文传输的用户名和口令。在判断系统是否被安装嗅探器时，首先要看当前是否有进程使网络接口处于（　　）。

A．通信模式　　B．混杂模式

C．禁用模式　　D．开放模式

2．填空题

（1）系统盘保存有操作系统中的核心功能程序，如果被木马程序进行伪装替换，将会给系统埋下安全隐患。所以，在权限方面，系统盘只赋予________和________权限。

（2）Windows Server 2022 在身份验证方面支持________登录和________登录。

（3）UNIX 操作系统中，ls 命令显示为-rwxr-xr-x 1 foo staff 7734 Apr 05 17:07 demofile，则说明同组用户对该文件具有________和________的访问权限。

（4）在 Linux 系统中，采用插入式验证模块（Pluggable Authentication Modules，PAM）的机制，可以用来________改变________的方法和要求，而不要求重新编译其他公用程序。这是因为 PAM 采用封闭包的方式，将所有与身份验证有关的逻辑全部隐藏在模块内。

（5）数据修复技术有许多修复方法和工具，常用的有________、________和________等。

3．简答题

（1）Windows 系统采用哪些身份验证机制？

（2）系统恢复的过程包括一整套的方案，具体包括哪些步骤与内容？

（3）UNIX 操作系统有哪些不安全的因素？

（4）Linux 系统中如何实现系统的安全配置？

（5）Linux 系统加固方法有哪些？

（6）Windows 系统加固方法有哪些？

4．实践题

（1）在 Linux 系统下，对比 SUID 在设置前后对系统安全的影响。

（2）针对 Windows Server 操作系统进行安全配置。

（3）尝试恢复从硬盘上删除的文件，并分析其中恢复的原因。

第 10 章　数据库及数据安全

数据库系统应用非常广泛，是信息化建设和数据资源处理与共享的关键技术，也是各种重要数据传输和存储的基础。网络安全的关键及核心是数据安全。数据库中大量数据的安全问题、敏感数据的防窃取问题等越来越引起人们的高度重视，数据库系统运行及业务数据的安全性愈发重要，需要采取有效措施确保数据库系统的安全，实现数据的保密性、完整性和有效性。

教学目标

- 理解数据库安全相关概念和面临的威胁
- 了解数据库系统的安全层次体系与防护
- 理解数据库主要安全策略、机制和措施
- 掌握数据库安全特性、备份和恢复技术
- 掌握 SQL Server 2022 数据库安全实验

10.1　数据库系统安全概述

【引导案例】 多家知名企业遭遇数据泄露。近几年，“数据泄露”在全世界肆虐，仅 2022 年上半年，就发生了多起世界知名企业数据泄露事件。2022 年 3 月，继英伟达（NVIDIA）75GB 的机密数据和核心源代码被泄露后，Lapsus$勒索组织在 2022 年 3 月 4 日再次公开了韩国消费电子巨头三星电子 150GB 的机密数据和核心源代码。两次数据泄露事件之间的时间间隔还不足一周，令业界大为震动。

10.1.1　数据库系统的组成

在计算机中，使用数据的概念和特征描述客观世界的事物，将业务处理转化为数据处理。当收集出大量数据之后，需要将其保存并进一步加工处理。数据库技术就是一种最佳的数据保存及处理的方法。

教学视频
课程视频 10.1

数据库（Database，DB）是指存储在计算机中的有组织的、可共享的数据集合。数据库中的数据具有较小的冗余度、较高的数据独立性，易扩展。

数据库管理系统（Database Management System，DBMS）是实现对数据库和数据统一管理控制的系统软件，位于用户和操作系统之间。在提供便捷的数据定义和操作的同时，保证数据的安全性、完整性。

数据库系统（Database System，DBS）是指具有数据处理功能特点的应用系统，通常由数据库、数据库管理系统、应用系统、数据库管理员和用户构成。如图 10-1 所示。在 DBMS 上，可以根据用户和实际业务需要开发或引进具体的数据库系统。

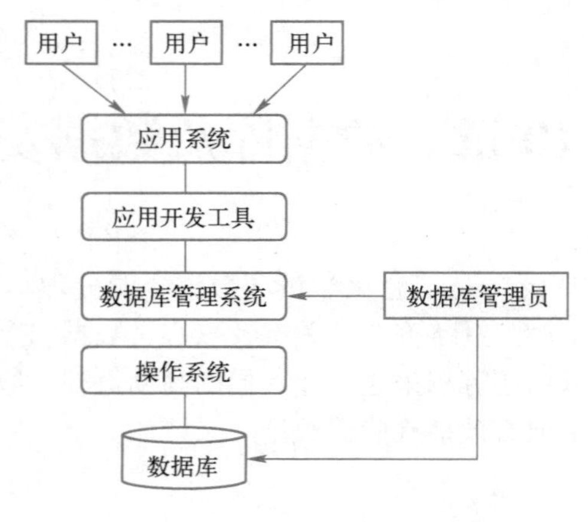

图 10-1　数据库系统的构成

其中，数据库管理员（Database Administrator，DBA）负责全面管理和维护数据库系统，是数据库系统中最重要的管理人员。

10.1.2　数据库系统安全的概念

1．数据库及数据安全相关概念

数据安全（Data Security）是指以保护措施确保数据信息的保密性、完整性、可用性、可控性和可审查性（5 个安全重要属性），防止数据被非授权访问、泄露、更改、破坏和控制。

数据库安全（DataBase Security）是指采取各种安全措施对数据库及其相关文件和数据进行保护，以防止数据的泄密和破坏。主要目标是数据库的访问控制、保密性（访问控制、用户认证、审计跟踪、数据加密等）、完整性（物理完整性、逻辑完整性和元素完整性）、可用性、可控性、可审查性等。

数据库系统安全（DataBase System Security）是指为数据库系统采取的安全保护措施，防止系统软件和其中的数据遭到破坏、更改和泄露。数据库系统的重要指标之一是确保系统安全，以各种防范措施防止非授权或越权使用数据库，主要通过 DBMS 实现。数据库系统一般采用用户标识和鉴别、存取控制、视图以及密码存储等技术进行安全控制。

注意：数据库安全的核心和关键是其数据安全。由于数据库存储着大量的重要信息和机密数据，且可供多用户共享，因此，必须加强对数据库访问的控制和数据的安全防护。

2．数据库安全的内涵

从系统和数据的关系，可以将数据库安全分为数据库应用系统安全和数据安全。数据库应用系统安全是指在系统级控制数据库的存取和使用机制，包括以下方面：

1）应用系统的安全管理及设置，包括法律法规、政策制度和实体安全等。

2）各种业务数据库的访问控制和权限管理。

3）用户的资源限制，包括访问、使用、存取、维护与管理等。

4）系统运行安全及用户可执行的系统操作。

5）对数据库系统审计管理及有效性。

6）用户对象可用的磁盘空间及数量。

数据安全是在对象级控制数据库的访问、存取、加密、使用、应急处理和审计等机制，包括用户可存取指定对象和在对象上允许的具体操作类型等。

3．数据库系统的主要安全问题

数据库系统面临的安全问题包括：

1）法律法规、社会伦理道德和宣传教育滞后或不完善等。

2）现行的政策、规章制度、人为错误及管理出现的安全问题。

3）硬件系统或控制管理问题。如 CPU 是否具备安全性方面的特性。

4）实体安全。如服务器、主机外设、网络设备及运行环境等安全。

5）操作系统及数据库管理系统（DBMS）的漏洞与风险等安全性问题。

6）可操作性问题。采用的密码方案所涉及的密码自身的安全性问题。

7）数据库系统本身的漏洞、缺陷和隐患带来的安全性问题。

数据库系统面临的相关安全问题如图 10-2 所示。

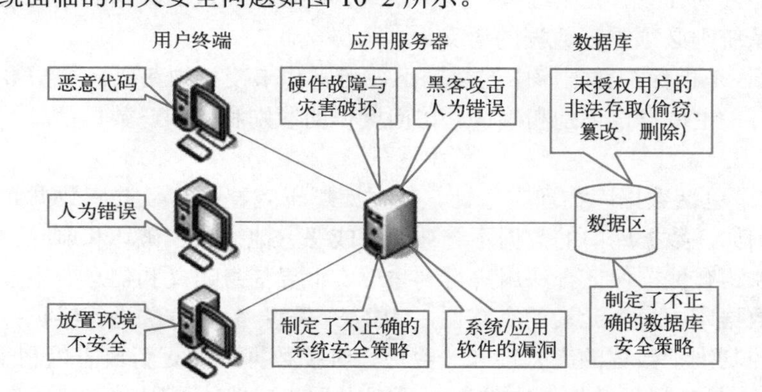

图 10-2　数据库系统面临的相关安全问题

10.1.3　数据库系统的安全性需求

【案例 10-1】 公司员工泄露机密数据。2022 年 4 月，某公司员工泄密事件法院裁决公示，该员工被指在离职后利用公司内部 ERP 系统漏洞多次越权访问机密数据并牟利，2016—2018 年间通过邮件等方式将公司多个供应商共 1183 个物料的采购价格数据发送给相关企业，从而帮助其在公司的招标项目中提高中标率。

1．数据库的安全威胁

> 📖知识拓展
> 数据库系统的特点及其隐患

数据库的安全威胁主要有数据篡改、数据损坏和数据窃取。📖

1）数据篡改。数据篡改是对数据库中的数据未经授权就进行修改，破坏数据的真实性，如修改成绩、伪造发货单等。这类修改是一个潜在的问题，表面上看来是没有任何迹象的，在造成影响之前，数据库管理者一般很难发现。数据篡改一般是基于以下的动机：个人利益驱动、隐匿或毁坏证据、恶作剧或开玩笑、无意识的修改或用户误操作等。

2）数据损坏。数据库中的表、数据甚至整个数据库都有可能被删除、移动或破坏，使得数据库的内容不可用。数据损坏的原因主要是破坏、恶作剧、病毒等。

3）数据窃取。通过对敏感数据的未授权访问来实现数据窃取，可以是将数据复制到其他介质上，或是输出成可直接或间接读取的资料（如打印），也可能是通过网络连接对敏感数据进行未授权的访问或处理。数据窃取的主要原因有：一些数据可能比想象的还重要；不满的员工或辞职的员工；工商业间谍等。数据窃取均来自于对数据库的直接或间接攻击，直接攻击是通过查询以得到几个记录来直接搜索并确定敏感字段的值，间接攻击则是依据一种或多种统计值推断出结果。

2．数据库系统的安全性需求

数据库系统的安全性需求包括数据库的保密性、完整性、可用性、可控性、可审计性、存取控制与用户认证等。数据库系统通常是在操作系统的控制之下运行的，可以利用操作系统已经提供的安全措施来加强数据库系统的安全性。与操作系统相比，不同之处在于操作系统中的对象为文件，而数据库系统中要求有更加精确的数据粒度，如要求精确到数据库的表级、域级，直到行级、元素级等。操作系统并不关心相关的数据对象的语义及其相互关系，而数据库系统则必须重视数据的语义。

1）保密性。是指保护数据库中的数据不被泄露和未授权的获取。维护数据库系统保密性的方法主要有：主体身份识别和确认、访问操作的鉴别和控制、数据信息的加密、审计和跟踪。

2）完整性。包括数据库物理完整性、数据库逻辑完整性和数据库数据元素取值的准确性和正确性。例如，数据库中的数据不会被无意或恶意地插入、破坏和删除；保证数据的正确性、一致性和相容性；保证合法用户得到与现实世界信息语义和信息产生过程相一致的数据。为了保证数据库中每个元素的完整性，DBMS 采用 3 种方法进行维护：字段有效性检查、通过访问控制维护数据的完整性和一致性、维护数据库的更新日志以利于故障恢复。

3）可用性。是指确保数据库中的数据不因人为或自然的原因对授权用户不可用。某些运行关键业务的数据库系统应保证全天候的可用性。

4）可控性。是指可以控制授权范围内的信息流向及行为，对数据的传输及内容具有控制能力。是对数据操作和数据库系统事件的监控属性，也指对违背保密性、完整性、可用性的事件具有监控、记录和事后追查的属性。

5）可审计性。是指对数据库系统的各种安全事件做好检查和跟踪记录，以便对出现的安全问题提供调查的依据和手段。审计的结果通常可以作为追究责任和进一步改进系统的参考。

6）存取控制。只允许授权用户访问被授权访问的数据，不同的用户有不同的访问模式，如读或写。即只对授权的合法用户给予访问权限，令所有未正常授权的人员均无法接近数据，即防止和杜绝非授权的数据访问，无论是窃取还是破坏。

7）用户认证。确保每个用户都能够被正确识别，避免非法用户的入侵，既便于审计追踪，也能限制对特定数据的访问。DBMS 通常要求严格的用户认证，指定应该允许哪些用户访问哪些数据，这些数据可以是字段、记录甚至是元素级的。

3．数据库系统安全标准

1985 年，美国国防部（DoD）正式颁布《DoD 可信计算机系统评估准则》（简称 TCSEC 或 DoD85），从 D（最小保护）到 A1（验证设计）共划分了 7 个安全级别。

1996 年《信息技术安全评估通用准则》即 CC 1.0 发布，1999 年 CC 2.1 版被 ISO 采用为国际标准，2001 年 CC 2.1 被我国采用为国家标准 GB/T 18336 系列。目前，CC 已基本取代了 TCSEC 成为评估信息产品安全性的主要标准。CC 提出了国际公认的表述信息技术安全性的结构，把信息产品的安全要求分为安全功能要求和安全保证要求，从 EAL1 到 EAL7 共划分为 7 个级别，如表 10-1 所示。

表 10-1　信息技术安全评估通用准则 CC 安全级别

评估保障级	定义
EAL1	系统功能测试
EAL2	系统结构测试
EAL3	系统地测试和检查
EAL4	系统地设计、测试和复查
EAL5	半形式化设计和测试
EAL6	半形式化验证的设计和测试
EAL7	形式化验证的设计和测试

2019 年 8 月 30 日，我国的《信息安全技术—数据库管理系统安全技术要求》（GB/T 20273—2019）发布，从评估对象描述、安全问题定义、安全目的、安全要求、基本原理多个方面进行说明，列出了 DBMS 评估保障级（EAL）2、3 和 4 的要求。

10.1.4　数据库系统的安全框架

数据库系统的安全除依赖自身内部的安全机制外，还与外部网络环境、应用环境、从业人员素质等因素息息相关，数据库安全体系与防护对于数据库系统的安全极为重要。

1．数据库系统的安全框架

数据库系统的安全框架可以划分为 3 个层次：网络系统层、宿主操作系统层、数据库管理系统层。这 3 个层次构筑成数据库系统的安全体系，与数据安全的关系是逐步紧密的，防范的重要性也逐层加强，从外到内、由表及里保证数据的安全。

（1）网络系统层

数据库系统安全依赖于网络系统的安全。随着 Internet 的快速发展和广泛应用，越来越多的企业将其核心业务转向互联网，各种基于网络的数据库应用系统也得到了广泛应用，面向网络用户提供各种信息服务。在新的行业背景下，网络系统是数据库应用的重要基础和外部环境，数据库系统要发挥其强大作用离不开网络系统的支持，如数据库系统的异地用户、分布式用户也要通过网络才能访问数据库。

外部入侵事件通常都是从入侵网络系统开始的，网络系统的安全就成为数据库安全的第一道屏障。网络系统的开放式环境使其面临着诸多安全威胁，如欺骗、重放、报文篡改、后门、木马、拒绝服务、病毒等，必须采取有效措施来保障网络系统的安全。网络系统层的安全防范技术有很多种，主要包括防火墙、入侵检测、入侵防御等。

（2）宿主操作系统层

操作系统是数据库系统的运行平台，可为数据库系统提供一定程度的安全保护。目前，主流操作系统平台安全级别较低，通常为 C1 或 C2 级，需要采用相关安全技术进行宿主操作系统的安全防御，主要包括操作系统安全策略、安全管理策略、数据安全等方面。

1）操作系统安全策略。主要用于配置本地计算机的安全设置，包括密码策略、账户锁定策略、审核策略、IP 安全策略、用户权利指派、加密数据的恢复代理以及其他安全选项。具体体现在用户账户、口令、访问权限、审计等方面。

2）安全管理策略。安全管理策略是指网络管理员对系统实施安全管理所采取的方法及措施。针对不同的操作系统和网络环境，需要采取的安全管理策略不尽相同，但是，其核心是保证服务器的安全和分配好各类用户的权限。

3）数据安全。主要包括数据加密技术、数据备份、数据存储及传输安全等。可以采用 Kerberos 认证、IPSec、SSL、VPN 等多种技术。

（3）数据库管理系统层

数据库系统的安全性很大程度上依赖于 DBMS。目前，关系数据库管理系统是市场主流，但其安全性较弱，导致数据库系统的安全性存在一定风险和威胁。

由于数据库系统在操作系统下都是以文件形式进行管理的，因此入侵者可以直接利用操作系统的漏洞窃取数据库文件，或者直接利用 OS 工具来非法伪造、篡改数据库文件内容。这种隐患一般数据库用户难以察觉。在前面两个层次已经被突破的情况下，若希望保障数据库系统的安全，就要求数据库管理系统必须有一套强有力的安全机制。有效方法之一是通过数据库管理系统对数据库文件进行加密处理，使得数据难以被破译和阅读。可以在 3 个不同层次对数据库数据进行加密。

1）操作系统层加密。操作系统作为数据库系统的运行平台管理着数据库的各种文件，并可通过加密系统对数据库文件进行加密操作。由于此层无法辨认数据库文件中的数据关系，使得难以对密钥进行管理和使用，因此，对大型数据库在操作系统层无法实现对数据库文件的加密。

2）DBMS 内核层加密。主要是指数据在物理存取之前完成加/解密工作。其加密方式的优点是加密功能强，且基本不影响 DBMS 的功能，可实现加密功能与 DBMS 之间的无缝耦合。其缺点是加密运算在服务器端进行，加重了其负载，且 DBMS 和加密器之间的接口需要 DBMS 开发商的支持。

3）DBMS 外层加密。在实际应用中，可将数据库加密系统做成 DBMS 的一个外层工具，根据加密要求自动完成对数据库数据的加/解密处理。

2．数据库安全的层次体系结构

数据库安全的层次体系结构包括 5 个方面。

1）物理层。计算机网络系统的最外层最容易受到攻击和破坏，主要侧重保护计算机网络系统、网络链路及其网络节点等物理（实体）安全。

2）网络层。其安全性和物理层安全性一样极为重要，由于所有网络数据库系统都允许通过网络进行远程访问，因此，更需要做好安全保障。

3）操作系统层。操作系统在数据库系统中，与 DBMS 交互并协助控制管理数据库，其安全漏洞和隐患成为对数据库攻击和非授权访问的最大威胁与隐患。

4）数据库系统层。主要包括 DBMS 和各种业务数据库等，数据库存储着重要及敏感程度不同的各种业务数据，并通过网络为不同授权用户所共享，数据库系统必须采取授权限制、访问控制、加密和审计等安全措施。

5）应用层。也称为用户层，主要侧重用户权限管理、身份认证及访问控制等，防范非授权用户以各种方式对数据库及数据的攻击和非法访问，也包括各种越权访问等。

注意：为了确保数据库安全，必须在各层次上采取切实可行的安全性保护措施。若较低层次上安全性存在缺陷，则严格的高层安全性措施也可能被绕过而出现安全问题。

3．可信 DBMS 体系结构

可信 DBMS 体系结构可以分为两大类：TCB 子集 DBMS 体系结构和可信主体 DBMS 体系结构。

1）TCB 子集 DBMS 体系结构。可信计算基（Trusted Computing Base，TCB）是指计算机内保护装置的总体，包括硬件、固件、软件和负责执行安全策略的组合体。利用位于 DBMS 外部的 TCB，如可信操作系统或可信网络，执行安全机制的可信计算基子集 DBMS，以及对数据库客体的强制访问控制。该体系将多级数据库客体按安全属性分解为单级断片（同一断片的数据库客体属性相同），分别进行物理隔离存储入操作系统客体中。各操作系统客体的安全属性就是存储在其中的数据库客体的安全属性，TCB 可对此隔离的单级客体实施强制存取控制。

该体系的最简单方案是将多级数据库分解为单级元素，安全属性相同的元素存在一个单级操作系统客体中。使用时先初始化一个运行于用户安全级的 DBMS 进程，通过操作系统实施的强制访问控制策略，DBMS 仅访问不超过该级别的客体。此后，DBMS 从同一个关系中将元素连接起来，重构成多级元组，返回给用户，如图 10-3 所示。

2）可信主体 DBMS 体系结构。执行强制访问控制。按逻辑结构分解多级数据库，并存储在几个单级操作系统客体中。各种客体可同时存储多种级别的数据库客体（如数据库、关系、视图、元组或元素），并且与其中最高级别数据库客体的敏感性级别相同。该体系结构的一种简单方案如图 10-4 所示，DBMS 软件仍在可信操作系统上运行，所有对数据库的访问都须经由可信 DBMS。

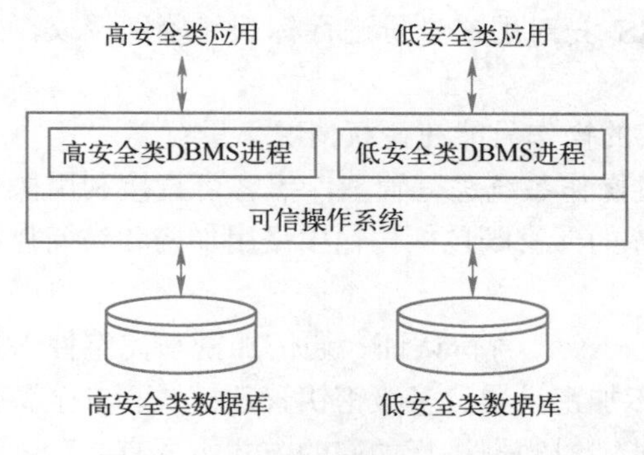

图 10-3　TCB 子集 DBMS 体系结构

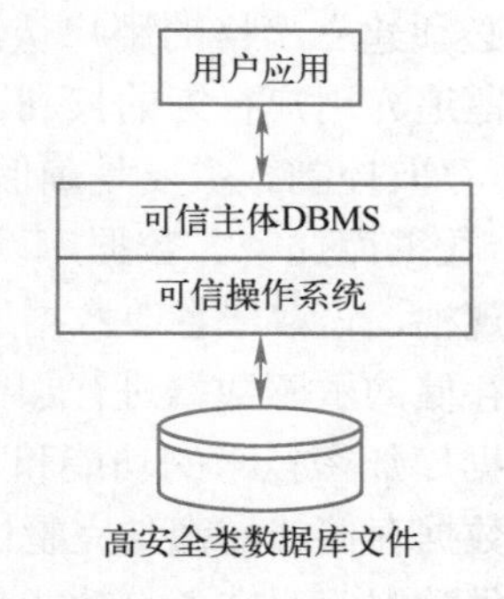

图 10-4　可信主体 DBMS 体系结构

☺ 讨论思考

1）什么是数据安全及数据库安全？

2）数据库主要的安全威胁和隐患有哪些？

3）数据库系统的安全框架可分为哪些层次？

☺ 讨论思考
本部分小结
及答案

10.2　数据库及数据安全

【案例10-2】 数据库暴露数量大，数据泄露损失严重。据Group-IB数据显示，2021年共有30.8万个包含敏感信息的数据库被暴露在互联网上，2022年第一季度新发现的公开数据库更是多达9万个，增速迅猛；2021年超过30%（约93600个）的暴露数据库位于美国，中国暴露量位列第二。据IBM中国调研发现，恶意数据泄露给调研中的受访企业带来平均445万美元的损失，比系统故障和人为错误等意外原因导致的数据泄露高出100多万美元。

数据库的安全特性主要包括：数据库及数据的独立性、安全性、完整性、并发控制、故障恢复等几个方面。其中，数据独立性包括物理独立性和逻辑独立性。物理独立性是指用户的应用程序与存储在数据库中的数据是相互独立的。逻辑独立性是指用户的应用程序与数据库逻辑结构相互独立，两种数据独立性都由DBMS实现。

教学视频
课程视频 10.2

10.2.1　数据库的安全性

1. 数据库的安全性要求

数据库安全的核心和关键是数据安全。网络安全的最终目标是实现数据（信息）安全的属性特征（保密性、完整性、可用性、可靠性和可审查性），其中保密性、完整性、可用性是数据（信息）安全的最基本要求，也是数据库的基本安全目标。

（1）保密性

数据的保密性是指不允许未经授权或越权的用户存取或访问数据。可采取对用户的标识与鉴别、存取控制、数据库加密、审计、备份与恢复、推理控制与隐私保护等措施防范。

1）对用户的标识与鉴别。由于数据库用户的安全等级不同，需要分配不同权限，数据库系统必须建立严格的用户认证机制。DBMS先对用户身份进行标识和鉴别授权，且通过审计保留追究用户行为的权利。

2）存取控制。主要是确保用户对数据库的操作只能在授权情况下进行。

3）数据库加密。数据库以文件形式通过操作系统进行管理，黑客可直接利用操作系统的漏洞窥视、窃取或篡改数据库文件。数据库的保密既包括传输中采用加密和访问控制，也包括对存储的敏感数据进行加密。

数据库加密技术的功能和特性主要包括6个：身份认证、通信加密与完整性保护、数据库中数据存储的加密与完整性保护、数据库加密设置、多级密钥管理模式和安全备份，即系统提供数据库明文备份功能和密钥备份功能。对数据进行加密的方式主要有3种：系统中加密、服务器端加密和客户端加密。

4）审计。审计是监视并通过审计系统记录用户对数据库各种操作的机制。审计系统记录用户对数据库的所有操作，并且存入指定日志，事后可利用这些信息追溯数据库现状及相关事件，是提供分析攻击者线索的重要依据。

DBMS的审计主要分为4种：语句审计、特权审计、模式对象审计和资源审计。语句审计是指监视一个或多个特定用户或所有用户提交的SQL语句；特权审计是指监视一个或多个特定用户或所有用户使用的系统特权；模式对象审计是指监视一个模式中在一个或多个对象上发生的行为；资源审计是指监视分配给每个用户的系统资源。

5）备份与恢复。为了防止意外事故，需要及时进行数据备份，而且当系统发生故障后可利用数据备份快速恢复，并保持数据的完整性和一致性。

6）推理控制与隐私保护。数据库安全中的推理是指用户根据低密级的数据和模式的完整性约束推导出高密级的数据，造成未经授权的信息泄密，其推理路径称为“推理通道”。

（2）完整性

数据的完整性主要包括物理完整性和逻辑完整性。

1）物理完整性。是指保证数据库中的数据不受物理故障（如硬件故障或断电等）的影响，并可设法在灾难性毁坏时重建和恢复数据库。

2）逻辑完整性。是指对数据库逻辑结构的保护，包括数据语义与操作完整性。前者主要指数据存取在逻辑上满足完整性约束，后者主要指在并发事务处理过程中保证数据的逻辑一致性。

（3）可用性

数据的可用性是指在授权用户对数据库中的数据进行正常操作的同时，保证系统的运行效率，并为用户提供便利的人机交互。

🔔注意：实际上，有时数据保密性和可用性之间存在一定冲突。对数据库加密必然会带来数据存储与索引、密钥分配和管理等问题，同时加密也会极大地降低数据访问与运行效率。

2．数据库的安全性措施

数据库常用的 3 种安全性措施为：用户的身份认证、数据库的使用权限管理和数据库中对象的使用权限管理。为保障数据库的安全运行，需要构建一整套数据库安全的访问控制模式，如图 10-5 所示。

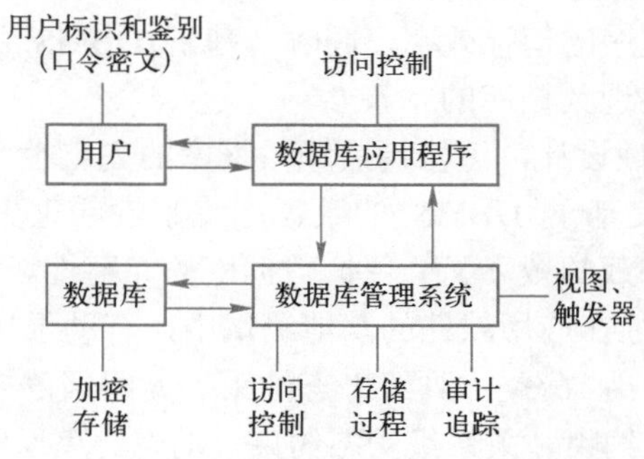

图 10-5　数据库系统安全访问控制模式

（1）身份认证

身份认证是在网络系统中确认操作用户身份的过程。包括用户与主机间的认证和主机与主机之间的认证。主要通过对用户所知道的物件或信息，如口令、密码、证件、智能卡(如信用卡）等；用户所具有的生物特征：指纹、声音、视网膜、签字、笔迹等进行认证。身份认证管理是对此相关方面的管理。

（2）权限管理

📖知识拓展
权限管理常用的操作语句

权限管理主要体现在授权和角色管理。📖

1）授权。DBMS 提供了功能强大的授权机制，可给用户授予各种不同对象（表、视图、存储过程等）的不同使用权限，如查询、增删改等。

2）角色。角色指一组相关权限的集合。是被命名的一组与数据库操作相关的权限，即可为一组相同权限的用户创建一个角色。使用角色管理数据库权限，便于简化授权的过程。

（3）视图

视图提供了一种安全简便访问数据的方法，在授予用户对特定视图的访问权限时，该权限只能用于在该视图中定义的数据项，而不能用于视图对应的完整基本表。

（4）审计管理

审计是记录审查数据库操作和事件的过程。通常，审计记录会记载用户所用的系统权限、频率、登录的用户数、会话平均持续时间、操作命令，以及其他有关操作和事件。通过审计功能可将用户对数据库的所有操作自动进行记录，并存入审计日志中。

10.2.2 数据库及数据的完整性

在计算机网络和企事业机构业务数据处理过程中，对数据库表中的大量数据进行统一组织与管理时，必须要求数据库中的数据满足数据库及数据的完整性。

1．数据库完整性

数据库完整性（Database Integrity）是指其中数据的正确性和相容性。实际上以各种完整性约束做保证，数据库完整性设计是数据库完整性约束的设计。可以通过 DBMS 或应用程序实现数据库完整性约束，基于 DBMS 的完整性约束以模式的一部分存入数据库中。数据库完整性对于数据库应用系统至关重要，其主要作用体现在4个方面：

1）可以防止合法用户向数据库中添加不合语义的数据。

2）利用基于 DBMS 的完整性控制机制实现业务规则，易于定义和理解，并可降低应用程序的复杂性，提高应用程序的运行效率。同时，基于 DBMS 的完整性控制机制在于集中管理，比应用程序更容易实现数据库的完整性。

3）合理的数据库完整性设计，可协调兼顾数据库的完整性和系统效能。如加载大量数据时，只在加载之前临时使基于 DBMS 的数据库完整性约束失效，完成加载后再使其生效，这样做既不影响数据加载的效率又能保证数据库的完整性。

4）完善的数据库完整性在应用软件的功能测试中，有助于尽早发现应用软件的错误。

数据库完整性约束可分为 6 类：列级静态约束、元组级静态约束、关系级静态约束、列级动态约束、元组级动态约束、关系级动态约束。动态约束通常由应用软件进行实现，不同 DBMS 支持的数据库完整性基本相同。

2．数据完整性

数据完整性（Data Integrity）是指数据的正确性、有效性和一致性。其中，正确性是指数据的输入值与数据表对应域的类型相同；有效性是指数据库中的理论数值满足现实应用中对该数值段的约束；一致性是指不同用户使用的同一数据完全相同。数据完整性可防止数据库中存在不符合语义规定的数据，并防止因错误数据的输入/输出造成无效操作或产生错误。数据库中存储的所有数据都需要处于正确状态，若数据库中存有不正确的数据值，则称

该数据库已失去数据完整性。📖

📖知识拓展
SQL 提供的实现数据完整性机制

数据完整性主要为以下 4 种：

1）实体完整性（Entity Integrity）。明确规定数据表的每一行在表中是唯一的实体。如表中定义的 UNIQUE PRIMARYKEY 和 IDENTITY 约束。

2）域完整性（Domain Integrity）。指数据库表中的列必须满足某种特定的数据类型或约束。其中，约束又包括取值范围、精度等规定。如表中的 CHECK、FOREIGN KEY 约束和 DEFAULT、NOT NULL 等要求。

3）参照完整性（Referential Integrity）。指任何两表的主关键字和外关键字的数据要对应一致，确保表之间数据的一致性，以防止数据丢失或造成混乱。主要作用为：禁止向从表中插入包含主表中不存在的关键字的数据行；禁止可导致从表中的相应值孤立的主表中的外关键字值改变；禁止删除在从表中的有对应记录的主表记录。

4）用户定义完整性（User-defined Integrity）。是针对某个特定关系数据库的约束条件，可以反映某一具体应用所涉及的数据必须满足的语义要求。SQL Server 提供了定义和检验这类完整性的机制，以便用统一的系统方法进行处理，而不是用应用程序承担此功能。其他完整性类型都支持用户定义的完整性。

10.2.3　数据库的并发控制

1．并发操作中数据的不一致性

【案例 10-3】　在网上购物时，客户 C1 和 C2 均对商品 G 进行下单。客户 C1 下单时，先读出商品 G 的库存为 n。同一时刻（也可以是不同时刻，只要在客户 C1 更新数据之前即可），客户 C2 也读出了商品 G 的库存为 n。客户 C1 下单后，商品 G 库存-1，写入数据库，此时商品 G 的库存为 n-1；客户 C2 下单后，商品 G 库存-1，写入数据库，此时商品 G 的库存为 n-1（因为之前读出的商品 G 库存为 n）。商品 G 的库存显然是不正确的，实际库存应更新为 n-2。原因是 C2 的修改覆盖了 C1 的修改。

上述这种情况称为数据的不一致性，主要原因是并发操作。是由于处理程序工作区中的数据与数据库中的数据不一致而造成的。若处理程序不对数据库中的数据进行修改，则不会造成不一致。另外，若没有并行操作发生，则这种临时的不一致也不会出现问题。

通常，对于数据不一致性分类，包括 4 种：

1）丢失或覆盖更新。当两个或多个事务选择同一数据，并且基于最初选定的值更新该数据时，会发生丢失更新问题，如上述网上购物库存问题。

2）不可重复读。在一个事务范围内，两个相同查询将返回不同数据，这是由于查询注意到其他提交事务的修改而引起的。

3）读脏数据。指一个事务读取另一个未提交的并行事务所写的数据。当第二个事务选择其他事务正在更新的行时，会发生未确认的相关性问题。第二个事务正在读取的数据还没有确认，并可能由更新此行的事务所更改。

4）破坏性的数据定义语言（DDL）操作。当某一用户修改一个表的数据时，另一用户同时更改或删除该表。

2．并发控制及事务

为了提高效率且有效地利用数据库资源，可以使多个程序或一个程序的多个进程并行运行，即数据库的并行操作。在多用户的数据库环境中，多用户程序可并行地存取数据库，需要进行并发控制，保证数据一致性和完整性。

并发事件（Concurrent Events）是指在多用户同时操作共享数据资源时，出现多个用户同时存取数据的事件。对并发事件的有效控制称为并发控制（Concurrent Control）。并发控制是确保及时纠正由并发操作导致的错误的一种机制，是当多个用户同时更新运行时，用于保护数据库完整性的技术。

事务（Transaction）是并发控制的基本单位，是用户定义的一组操作序列，是数据库的逻辑工作单位，一个事务可以是一条或一组 SQL 语句。事务的开始或结束都可以由用户显式控制，若用户无显式地定义事务，则由数据库系统按默认规定自动划分事务。

事务通常是以 BEGIN TRANSACTION 开始，以提交 COMMIT 或回滚（退回）ROLLBACK 结束。其中，COMMIT 表示提交事务的所做操作，将事务中所有的操作写到物理数据库中后正常结束。ROLLBACK 表示回滚，当事务运行过程中发生故障时，系统会将事务中所有完成的操作全部撤销，退回到原有状态。事务属性（ACID 特性）包括：

1）原子性（Atomicity）。保证事务中的一组操作不可再分，即这些操作是一个整体，“要么都做，要么都不做”。

2）一致性（Consistency）。事务从一个一致状态转变到另一个一致状态。如转账操作中，各账户金额必须平衡，一致性与原子性密切相关。

3）隔离性（Isolation）。指一个事务的执行不能被其他事务干扰。一个事务的操作及使用的数据与并发的其他事务互相独立、互不影响。

4）持久性（Durability）。事务一旦提交，对数据库所做的操作是不变的，即使发生故障也不会对其有任何影响。

3．并发控制的具体措施

数据库管理系统 DBMS 对并发控制的任务是：确保多个事务同时存取同一数据时，保持事务的隔离性与统一性以及数据库的统一性，常用方法是对数据进行封锁。

封锁（Locking）是事务 T 在对某个数据对象（如表、记录等）操作之前，先向系统发出请求，对其加锁。加锁后事务 T 就对该数据对象有了一定的控制，在事务 T 释放该锁之前，其他事务不可更新此数据对象。

常用的封锁有两种：X 锁（排他锁、写锁）和 S 锁（只读锁、共享锁）。X 锁禁止资源共享，若事务以此方式封锁资源，则只有此事务可更改该资源，直至释放。S 锁允许相关资源共享，多个用户可同时读取同一数据，几个事务可在同一共享资源上再加 S 锁。S 锁比 X 锁具有更高的数据并行性。📖

📖知识拓展

数据封锁的其他种类

🔔注意：在多用户系统中使用封锁后可能会出现死锁情况，引起一些事务难以正常进行。当多个用户彼此等待所封锁的数据时可能就会出现死锁现象。

4．故障恢复

由数据库管理系统（DBMS）提供的机制和多种方法，可及时发现故障和修复故障，从而防止数据被破坏。数据库系统可以尽快恢复数据库系统运行时出现的故障，可能是物理上或逻辑上的错误，如对系统的误操作造成的数据错误等。

☺ 讨论思考

1）数据库的安全性措施主要有哪些？

2）简述什么是数据库及数据的完整性。

3）并发控制有何作用？具体措施有哪些？

☺ 讨论思考
本部分小结
及答案

10.3　数据库的安全防护技术

【案例 10-4】　首例数据合规不起诉案件公开听证会举行。2022 年 4 月 28 日，上海市普陀区检察院对某网络科技有限公司、陈某某等人非法获取计算机信息系统数据案开展不起诉公开听证。2019—2020 年，该公司在未经授权许可的情况下，为运营需要，由陈某某指挥多名技术人员，通过数据爬虫技术，非法获取某外卖平台的数据，造成该平台直接经济损失 4 万余元。检察院建议设置专门的数据合规管理部门，消除内部管理盲区，建立数据分级分类管理制度及员工数据安全管理制度，提高数据合规风险识别及应对能力。

数据共享是数据库的一大特点，同时也带来了数据库的安全性问题，数据库系统中的数据共享不能是无条件的共享。数据库安全防护的目的是防止不合法使用所造成的数据泄露、更改或破坏。安全防护措施是否有效是数据库系统主要的性能指标之一。

10.3.1　数据库安全防护及控制

1．数据库安全防护模型

数据库面临诸多不安全因素，如非授权用户的存取和破坏、重要或敏感数据的泄露、安全环境的脆弱性等。数据库的安全防护模型如图 10-6 所示。

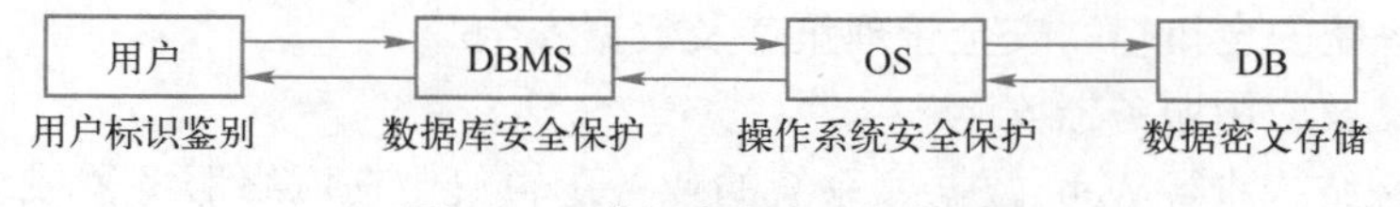

图 10-6　数据库安全防护模型

数据库安全防护模型的原理为：首先，根据用户标识鉴别用户身份，合法用户才准许进行系统；其次，对数据库管理系统进行存取控制，只允许用户执行合法操作；再次，加强操作系统自身的安全保护措施；最后，将数据以密文形式存储在数据库中。

2．数据库安全性控制

数据库安全性控制的常用方法有用户标识鉴别、存取控制、视图、审计、数据加密等。

1）用户标识鉴别。这是系统提供的最外层安全保护措施。用户标识由用户名和用户标识号组成，标识号在整个生命周期内是唯一的。常用方法有静态口令鉴别、动态口令鉴别、生物特征鉴别、智能卡鉴别等。

2）存取控制。这是DBMS的一种安全机制，由用户权限定义和合法权限检查两部分组成。存取控制包括自主存取控制（Discretionary Access Control，DAC）、强制存取控制（Mandatory Access Control，MAC）。

3）视图。把要保密的数据对无权存取这些数据的用户隐藏起来，对数据提供一定程度的安全保护。视图机制间接地实现支持存取谓词的用户权限定义。在不直接支持存取谓词的系统中，可以先建立视图，然后在视图上进一步定义存取权限。

4）审计。将用户对数据库的所有操作自动记录下来放入审计日志（Auditlog）中，审计员利用审计日志可以监控数据库中的各种行为，重现事件，找出非法存取数据的人、时间和内容；通过日志分析，对潜在的威胁提前采取措施加以防范。C2以上安全级别的DBMS必须具有审计功能。

5）数据加密。数据加密是防止数据库中数据在存储和传输中失密的有效手段，基本思想是根据算法将原始数据（明文）变换为不可直接识别的格式（密文）。加密方法有存储加密和传输加密。

10.3.2 数据库的安全防护体系

数据库的安全防护体系不仅关系到数据库之间的安全，而且关系到一个数据库中多级功能的安全性。通常侧重考虑两个层面：一是外围层的安全，即操作系统、传输数据的网络、Web服务器以及应用服务器的安全；二是数据库核心层的安全，即数据库本身的安全。

1. 外围层的安全防护

外围层的安全主要包括系统安全和网络安全。最主要的威胁来自本机或网络的人为攻击。外围层需要对操作系统中数据读写的关键程序进行完整性检查，对内存中的数据进行访问控制，保护Web服务器及应用服务器中的数据，保护与数据库相关的数据传输等。主要包括4个方面：

（1）操作系统

操作系统是数据库系统的运行平台，为数据库系统提供运行支撑性安全保护。主要安全技术有操作系统安全策略、安全管理策略及数据安全等。

（2）服务器及应用服务器安全

在分层体系结构中，Web数据库系统的业务逻辑集中在网络服务器或应用服务器，客户端的访问请求、身份认证，特别是数据首先反馈到服务器，所以需要对其中的数据进行安全防护，防止假冒用户和服务器的数据失窃等。可以采用安全的技术手段（如防火墙技术、防病毒技术等）保证服务器安全，确保服务器免受病毒等非法入侵。

（3）传输安全

传输安全是保护网络数据库系统内传输的数据安全。可采用VPN技术构建网络数据库系统的虚拟专用网，保证网络路由的接入安全及信息的传输安全。同时对传输的数据可以采用加密的方法防止泄露或破坏，根据具体的实际需求可考虑3种加密策略：链路加密，用于保护网络节点之间的链路安全；端点加密，用于对源端用户到目的端用户的数据提供保护；节点加密，用于对源节点到目的节点之间的传输链路提供保护。

（4）数据库管理系统安全

其他章节介绍的一些非网络数据库的安全防护技术或措施同样适用于保护数据库管理系统安全。

2．核心层的安全防护

数据库和数据安全是网络数据库系统的关键。非网络数据库的安全保护措施同样也适用于网络数据库核心层的安全防护。

（1）数据库加密

数据加密是数据库安全的核心问题。为了防止非法用户利用网络协议、操作系统漏洞，绕过数据库的安全机制直接访问数据库文件，必须对其文件进行加密。传统的加密以报文为单位，网络通信发送和接收的都是同一连续集的比特流，传输的信息无论长短，密钥匹配连续且顺序对应，传输信息的长度不受密钥长度的限制。在数据库中，一般记录长度较短，数据存储时间较长，相应的密钥保存时间也由数据生命周期而定。若在库内使用同一密钥，则保密性差；若不同记录使用不同密钥，则密钥多、管理复杂。因此不可简单地采用一般通用的加密技术，而应针对数据库的特点，选取相应的加密及密钥管理方法。对于数据库中的数据，操作时主要是针对数据的传输，这种使用方法决定了不可能以整个数据库文件为单位进行加密。符合检索条件的记录只是数据库文件中随机的一段，通常的加密方法无法从中间开始解密。

（2）数据分级控制

根据数据库安全性要求和存储数据的重要程度，应对不同安全要求的数据实行一定的级别控制。如为每一个数据对象都赋予一定的密级：公开级、秘密级、机密级、绝密级。对于不同权限的用户，系统也会定义相应的级别并加以控制。可通过 DBMS 建立视图，管理员也可根据查询数据的逻辑进行归纳，并将其查询权限授予指定用户。此种数据分类的操作单位为授权矩阵表中的一条记录的某个字段形式。数据分级作为一种简单的控制方法，其优点是数据库系统能执行“信息流控制”，可避免非法的信息流动。

（3）数据库的备份与恢复

数据库一旦遭受破坏，数据库的备份则是最后一道保障。建立严格的数据备份与恢复管理是保障网络数据库系统安全的有效手段。数据备份不仅要保证备份数据的完整性，而且要建立详细的备份数据档案。系统恢复时使用不完整或日期不正确的备份数据都会影响系统数据库的完整性，甚至导致严重后果。

（4）网络数据库的容灾系统设计

容灾就是为恢复数字资源和系统所提供的技术和设备的保证机制，其主要手段是建立异地容灾中心。一是保证受援中心数字资源的完整性，二是在完整数据的基础上恢复系统，数据备份是基础，如完全备份、增量备份或差异备份。对于数据量较小且重要性较低的一些资料文档性质的数据资源，可采取单点容灾的模式，主要是利用冗余硬件设备保护该网络环境内的某个服务器或是网络设备。以避免出现该点数据失效。另外，可选择互联网数据中心（Internet Data Center，IDC）数据托管服务来保障数据安全。如果要求容灾系统具有与主处理中心相当的原始数据采集能力和相应的预处理能力，则需要构建应用级容灾中心，此系统在发生灾难和主中心瘫痪时，能够保证数据安全及系统正常运行。

10.3.3 数据库的安全策略和机制

数据库的安全策略和机制，对于数据库和数据的安全管理和应用极为重要，SQL Server 2022 提供了强大的安全机制，可有效地保障数据库及数据安全。

1. SQL Server 的安全策略

数据库的安全策略是指导信息安全的高级准则，即组织、管理、保护和处理敏感信息的法律、规章及方法的集合，包括安全管理策略和访问控制策略。安全机制是用来实现和执行各种安全策略的功能的集合，这些功能可以由硬件、软件或固件实现。

数据库管理员（DBA）的一项最重要任务是保证其业务数据的安全，可以利用 SQL Server 2022 对大量庞杂的业务数据进行高效的管理和控制。SQL Server 2022 提供了强大的安全机制保证数据库及数据的安全。其安全性包括 3 个方面，即管理规章制度方面的安全性、数据库服务器实体（物理）方面的安全性和数据库服务器逻辑方面的安全性。

SQL 服务器安全配置涉及用户账号及密码、审计系统、优先级模型和控制数据库目录的特别许可、内置式命令、脚本和编程语言、网络协议、补丁和服务包、数据库管理实用程序和开发工具。在设计数据库时，应考虑其安全机制，在安装时更要注意系统安全设置。

注意：在 Web 环境下,除了对 SQL Server 的文件系统、账号、密码等进行规划以外，还应注意数据库端和应用系统的开发安全策略，最大限度保证互联网环境下的数据库安全。

（1）管理 sa 密码

系统密码和数据库账号的密码安全是第一关口。数据库管理员（DBA）可以使用 SQL 语句检查密码符合要求的账号。

```
use master
select name, password from syslogins where password is null
```

设置 sa 密码的操作步骤：①在 SSMS 中，展开服务器；②单击展开安全性，然后展开登录名；③右键单击 sa，然后选择“属性”命令；④在密码框中，输入新的密码。

（2）采用安全账号策略和 Windows 认证模式

由于 SQL Server 不能更改 sa 用户名称，也不能删除超级用户，因此，必须对此账号进行严格的保管，包括使用一个非常健壮的密码，尽量不在数据库应用中使用 sa 账号，只有当无法通过其他方法登录 SQL Server 时（如其他系统管理员不可用或忘记密码）才使用 sa。建议 DBA 新建立一个拥有与 sa 一样权限的超级用户管理数据库。在建立与 SQL Server 的连接时，启用 Windows 认证模式。

（3）防火墙禁用 SQL Server 端口

SQL Server 的默认安装可监视 TCP 端口 1433 以及 UDP 端口 1434，配置的防火墙可过滤掉到达这些端口的数据包。而且，还应在防火墙上阻止与指定实例相关联的其他端口。

（4）审核指向 SQL Server 的连接

SQL Server 可以记录事件信息，用于系统管理员的审查。至少应记录失败的 SQL Server 连接尝试，并定期查看此日志。尽可能不要将这些日志和数据文件保存在同一个硬盘上。

在 SQL Server Management Studio（简称 SSMS）中审核失败连接的步骤：①右键单击服务器，然后选择“属性”命令；②在安全性选项卡的登录审核中，单击失败的登录；③要使这个设置生效，必须停止并重新启动服务器。

（5）管理扩展存储过程

改进存储过程，并慎重处理账号调用扩展存储过程的权限。有些系统的存储过程能很容易被利用来提升权限或进行破坏，所以应删除不必要的存储过程。若不需要扩展存储过程，应去掉 xp_cmdshell。

🔔 注意：检查其他扩展存储过程，在处理时应进行确认，以免造成误操作。

（6）使用视图和存储程序限制用户访问权限

使用视图和存储程序以分配给用户访问数据的权利，而不是让用户编写一些直接访问表格的特别查询语句。通过这种方式，无须在表格中将访问权利分配给用户。视图和存储程序也可限制查看的数据，如对于包含保密信息的员工表格，可建立一个省略工资栏的视图。

（7）使用最安全的文件系统

NTFS 是最适合安装 SQL Server 的文件系统，它比 FAT 文件系统更稳定且更容易恢复，而且还包括一些安全选项，如文件和目录 ACL 以及文件加密（EFS）。通过 EFS，数据库文件将在运行 SQL Server 的账户身份下进行加密，只有这个账户才能解密这些文件。

（8）安装升级包

为了提高服务器安全性，最有效的方法是升级 SQL Server 和及时修复安全漏洞。

（9）利用 MBSA 评估服务器安全性

基线安全性分析器（MBSA）是一个扫描多种 Microsoft 产品的不安全配置的工具，可在 Microsoft 网站免费下载，包括 SQL Server 等。

（10）其他安全策略

在安装 SQL Server 时，有些问题应当注意：

1）在 TCP/IP 中，采用微软推荐使用且经受考验的 SQL Server 的网络库，若服务器与网络连接，使用非标准端口容易被破坏。

2）采用一个低级别的（非管理）账号来运行 SQL Server，当系统崩溃时进行保护。

3）不要允许未获得安全许可的用户访问任何包括安全数据的数据库。

4）很多安全问题发生在内部人员中，因此需将数据库保护在一个“更安全的空间”。

2．SQL Server 的安全机制

SQL Server 具有权限层次安全机制，对数据库系统的安全极为重要，包括用户标识与鉴别、存取控制、审计、数据加密、视图、特殊数据库的安全规则等，如图 10-7 所示。

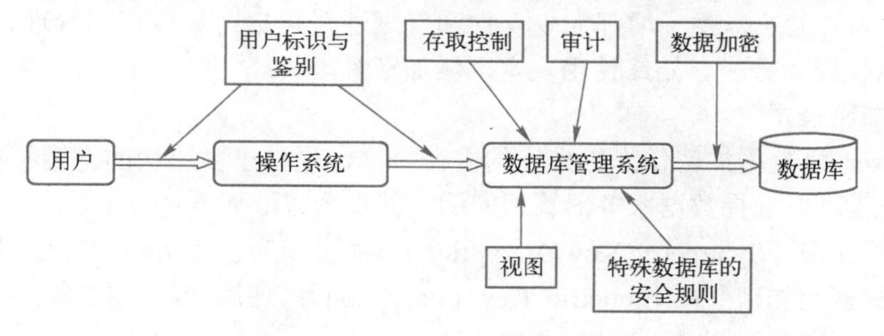

图 10-7　SQL Server 的安全机制

SQL Server 2022 的安全性管理，可以划分为以下 4 个层次：📖

📖知识拓展

SQL Server 的其他功能特点

1）操作系统级的安全性。用户先要获得操作系统的使用权，才能用终端访问 SQL Server 服务器。

2）SQL Server 级的安全性。SQL Server 的服务器级安全性建立在控制服务器登录账号和口令的基础上。系统采用标准 SQL Server 登录和集成 Windows 登录两种方式。

3）数据库级的安全性。在用户通过 SQL Server 服务器的安全性检验以后，将直接面对不同的数据库入口，这是用户将接受的第三次安全性检验。

4）数据库对象级的安全性。在创建数据库对象时，SQL Server 会自动把该数据库对象拥有的权赋予该对象的创建者。

说明：在建立用户的登录账号信息时，系统会提示用户选择默认的数据库。以后用户每次连接上服务器后，都会自动转到默认的数据库上。master 数据库对任何用户总是打开的，设置登录账号时若没有指定默认的数据库，则用户的权限将仅限于此。

在默认情况下，只有数据库的拥有者才可以访问该数据库的对象。数据库的拥有者可分配访问权限给其他用户，以便让其他用户也拥有对该数据库的访问权利，在 SQL Server 中并非所有的权利都可转让分配。

3．SQL Server 安全性及合规管理

SQL Server 系统具有灵活性、审核易用性和安全管理性，使用户可以更便捷地面对合规管理策略的相关问题。

1）合规管理及认证。SQL Server 很早就达到了完整的 EAL4+合规性评估。

2）数据保护。数据库安全解决方案可以帮助保护用户数据。

3）加密性能增强。系统可提供加密层次结构、透明数据加密、可扩展密钥管理、代码模块签名等增强的加密功能。

4）控制访问权限。可有效管理身份验证和授权。

5）用户定义的服务器角色。提高了灵活性、可管理性且有助于使职责划分更加规范。

6）默认的组间架构。数据库架构等同于 Windows 组而非个人用户，并以此提高数据库的合规性，这样可简化数据库架构的管理。

7）内置的数据库身份验证。

8）SharePoint 激活路径。内置的 IT 控制端使终端用户数据分析更加安全。

9）对 SQL Server 所有版本的审核。

SQL Server 2022 提供了增强的安全性和合规性，包括：集成证书管理、SQL 漏洞评估、SQL 数据发现和分类、始终使用安全区域加密等。

4．数据加密技术

SQL Server 将数据加密作为数据库的内在特性，提供了多层次的密钥和丰富的加密算法，而且用户还可以选择数据服务器管理密钥。其加密方法如下：

1）对称式加密（Symmetric Key Encryption）：加密和解密使用相同的密钥。

2）非对称密钥加密（Asymmetric Key Encryption）：使用一组公共/私人密钥系统，加/解密时各使用一种密钥，公钥可以共享和公开。

3）数字证书（Certificate）：是一种非对称密钥加密。SQL Server 采用多级密钥保护内部的密钥和数据，支持“因特网工程工作组”(IETF)X.509 版本 3(X.509v3) 规范。用户可以对其使用外部生成的证书，也可以使用其生成的证书。

5．数据库安全审计

审计功能可有效地保护和维护数据安全，但会耗时、费空间，数据库管理员应当根据实际业务需求和对安全性的要求选用审计功能。可以利用 SQL Server 自身的功能实现数据库审计。

1）启用 SQL 服务。

2）打开 SQL Server 数据库事件探查器，按〈Ctrl+N〉组合键新建一个跟踪。

3）在弹出的对话框中选择“事件选择”选项卡，选择显示的事件，进行筛选跟踪，如图 10-8 所示。其中默认安全审计包含 Audit Login 和 Audit Logout，右侧子项为可以跟踪的事件。

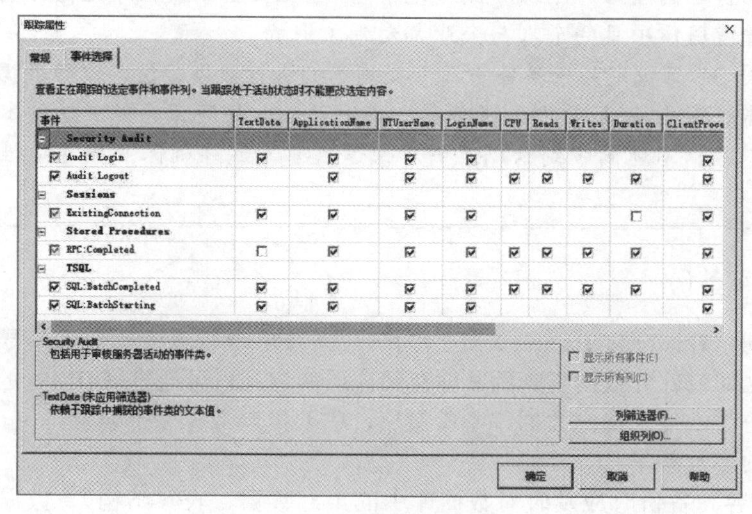

图 10-8　事件选择界面

4）分别用 Windows 身份验证和 SQL Server 身份验证登录，记录登录的事件：用户、时间、操作事项，并查看分析结果，如图 10-9 所示。

test (LAPTOP-AJP72HU9\SQLEXPRESS)

EventClass	TextData	ApplicationName	NTU...	LoginName	CPU	Reads	Writes	Duration	ClientProcessID	SPID	StartTi
SQL:BatchStarting	if not exists (select * from sys.dm_...	SQLServerCEIP	SQL...	NT SER...					13580	59	2021-02-
SQL:BatchCompleted	if not exists (select * from sys.dm_...	SQLServerCEIP	SQL...	NT SER...	0	20	0	1	13580	59	2021-02-
Audit Logout		Microsoft SQ...	Sel...	LAPTOP...	0	0	0	380010	6420	66	2021-02-
Audit Login	-- network protocol: LPC set quoted...	Microsoft SQ...	Sel...	LAPTOP...					6420	52	2021-02-
Audit Logout		SQLServerCEIP	SQL...	NT SER...	0	60	0	279753	13580	59	2021-02-
Audit Login	-- network protocol: LPC set quoted...	SQLServerCEIP	SQL...	NT SER...					13580	57	2021-02-
SQL:BatchStarting	SET DEADLOCK_PRIORITY -10	SQLServerCEIP	SQL...	NT SER...					13580	57	2021-02-
SQL:BatchCompleted	SET DEADLOCK_PRIORITY -10	SQLServerCEIP	SQL...	NT SER...	0	0	0	0	13580	57	2021-02-
SQL:BatchStarting	SELECT target_data FROM sy...	SQLServerCEIP	SQL...	NT SER...					13580	57	2021-02-
SQL:BatchCompleted	SELECT target_data FROM sy...	SQLServerCEIP	SQL...	NT SER...	15	0	0	27	13580	57	2021-02-
Audit Logout		SQLServerCEIP	SQL...	NT SER...	15	0	0	77	13580	57	2021-02-
RPC:Completed	exec sp_reset_connection	SQLServerCEIP	SQL...	NT SER...	0	0	0	0	13580	57	2021-02-

正在跟踪。　第 26 行，第 0 列　行数：40

图 10-9　查看事件跟踪信息

☺ 讨论思考

1）数据库安全性控制的常用方法有哪些？

2）概述什么是数据库的主要安全策略？

3）SQL Server 的主要安全机制有哪些？

☺ 讨论思考
本部分小结
及答案

10.4 数据库备份与恢复

【案例 10-5】 2022 年初，知名开源库 Faker.js 和 colors.js 的作者 Marak Squires 主动恶意破坏了自己的项目，不仅“删库跑路”，还注入了导致程序死循环的恶意代码，使得全球大量使用该项目的个人与企业都受到了影响。

每年 3 月 31 日被定为世界备份日，提醒人们进行数据备份，以防数据丢失和宕机事件发生。建议实施 321 原则：服务器、本地存储、异地云存储三份副本，实现云中数据备份至本地、本地同步到云以及灾后快速恢复，最终确保业务连续性和数据资产安全。

10.4.1 数据库备份

数据库备份（Database Backup）是指为防止系统出现故障或操作失误导致数据丢失，而将数据库的全部或部分数据复制到其他存储介质的过程。可通过 DBMS 的应急机制，实现数据库的备份与恢复。确定数据库备份策略，需要重点考虑 3 个要素：

（1）备份内容及频率

1）备份内容。备份时应及时对数据库中的全部数据、表（结构）、数据库用户（包括用户和用户操作权）及用户定义的数据库对象进行备份，并备份记录数据库的变更日志等。

2）备份频率。主要由数据库中数据内容的重要程度、对数据恢复作用的大小和数据量的大小确定，并考虑数据库的事务类型（读写操作比重）和事故发生的频率等。

（2）备份技术

最常用的数据备份技术是数据备份和撰写日志。

1）数据备份。数据备份是将整个数据库复制到另一个磁盘进行保存的过程。当数据库遭到破坏时，可将复制的备份重新恢复并更新事务。数据备份可分为静态备份和动态备份两种。鉴于数据备份效率、数据存储空间等相关因素，数据备份可以考虑完全备份与增量备份两种方式。

2）撰写日志。日志文件是记录数据库更新操作的文件。用于数据库恢复中事务故障恢复和系统故障恢复，当副本载入时将数据库恢复到备份结束时刻的正确状态，并可对故障系统中已完成的事务进行重做处理。

（3）基本相关工具

DBMS 提供的备份工具(Back-up Facilities)可以对部分或整个数据库进行定期备份。日志工具维护事务和数据库变化的审计跟踪。通过检查点工具，DBMS 可定期挂起所有的操作处理，使其文件和日志保持同步，并建立恢复点。

10.4.2　数据库恢复

数据库恢复（Database Recovery）指当数据库或数据遭到意外破坏时，进行快速、准确恢复的过程。不同的故障对数据库的恢复策略和恢复方法不尽相同。

（1）恢复策略

1）事务故障恢复。事务在正常结束点前就意外终止运行的现象称为事务故障。利用 DBMS 可自动完成其恢复，主要利用日志文件撤销故障事务对数据库所进行的修改。

2）系统故障恢复。系统故障造成数据库状态不一致的要素包括：事务没有结束但对数据库的更新可能已写入数据库；已提交的事务对数据库的更新没完成（写入数据库），可能仍然留在缓冲区中。恢复步骤是撤销故障发生时没完成的事务，重新开始具体执行或实现事务。

3）介质故障恢复。这种故障会造成磁盘等介质上的物理数据库和日志文件被破坏，同前两种故障相比，介质故障是最严重的故障，只能利用备份重新恢复。

（2）恢复方法

利用数据库备份、事务日志备份等可将数据库恢复到正常状态。

1）备份恢复。数据库维护过程中，数据库管理员应定期对数据库进行备份，生成数据库正常状态的备份。一旦发生意外故障，即可及时利用备份进行恢复。

2）事务日志恢复。利用事务日志文件可以恢复没有完成的非完整事务，直到事务开始时的状态为止，通常可由系统自动完成。

3）镜像技术。镜像是指在不同设备上同时存储两个相同的数据库，一个称为主数据库，另一个称为镜像数据库。主数据库与镜像数据库互为镜像关系，两者中任何一个数据库的更新都会及时反映到另一个数据库中。

（3）恢复管理器

恢复管理器是 DBMS 中的一个重要模块。当发生意外故障时，恢复管理器先将数据库恢复到一个正确的状态，再继续进行正常处理工作。可使用前面提到的方法进行数据库恢复。

☺ 讨论思考

1）数据库备份主要考虑的因素有哪些？

2）数据库恢复的主要方法具体有哪些？

☺ 讨论思考
本部分小结
及答案

10.5　本章小结

数据库安全技术对于整个信息系统的安全极为重要，核心和关键在于数据资源的安全。

本章概述了数据安全性、数据库安全性和数据库系统安全性的有关概念，数据库安全的主要威胁和隐患，数据库安全的层次结构。数据库安全的核心和关键是数据安全。在此基础上介绍了数据库安全的特性，包括安全性、完整性、并发控制和备份与恢复技术等，同时，介绍了数据库的安全策略和机制。最后，简要介绍了 SQL Server 2022 安全管理实验目的、要求和操作步骤。

10.6 实验10 SQL Server 2022 安全实验

10.6.1 实验目的

1）理解 SQL Server 2022 身份认证的常用模式。

2）掌握 SQL Server 2022 创建和管理登录用户的方法。

3）了解创建应用程序角色的具体过程和助研过程。

4）掌握管理用户权限的具体操作方法。

5）掌握 SQL Server 2022 数据库备份及还原的方法。

实验视频
实验视频 10

10.6.2 实验要求

1）预备知识：掌握数据库原理的基础知识，具有 SQL Server 实践操作的基本技能。

2）实验设备：安装有 SQL Server 2022 的计算机。

3）实验用时：2 学时（可以增加课外实践活动）。

10.6.3 实验内容及步骤

1. SQL Server 2022 验证模式

SQL Server 2022 提供 Windows 身份和混合身份两种验证模式。在第一次安装 SQL Server 2022 或使用 SQL Server 2022 连接其他服务器时，需要指定验证模式。对于已经指定验证模式的 SQL Server 2022 服务器，仍然可以设置和修改身份验证模式。

1）打开 SSMS 窗口，选择一种身份验证模式，建立与服务器的连接。

2）在“对象资源管理器”窗口中右击服务器名称，在弹出的快捷菜单中选择“属性”命令，弹出“服务器属性”对话框。

3）在左侧“选择页”列表中选择“安全性”选项，打开如图 10-10 所示的安全性属性界面，在其中可以设置身份验证模式。

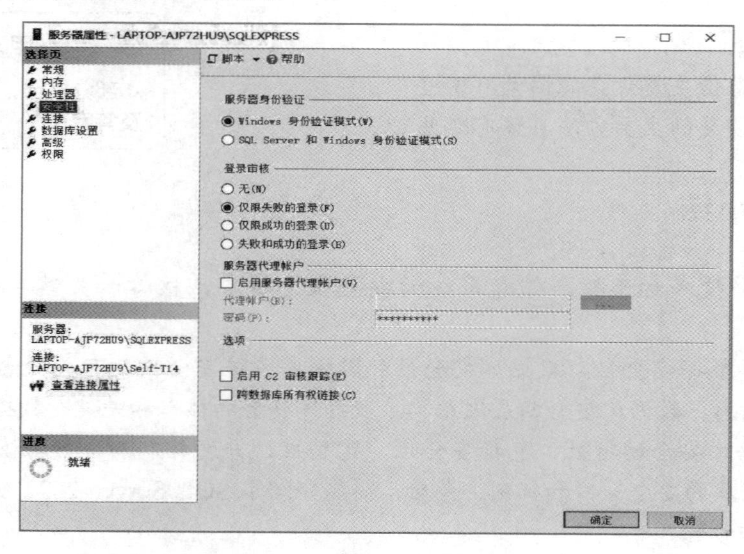

图 10-10 安全性属性

不管使用哪种模式，都可以通过审核来跟踪访问 SQL Server 2022 的用户，默认设置下仅审核失败的登录。启用审核后，用户的登录将会被写入 Windows 应用程序日志、SQL Server 2022 错误日志或两者之中，这取决于对 SQL Server 2022 日志的配置。

可用的登录审核选项有：无（禁止跟踪审核）、仅限失败的登录（默认设置，选择后仅审核失败的登录尝试）、仅限成功的登录（仅审核成功的登录尝试）、失败和成功的登录（审核所有成功和失败的登录尝试）。

2．管理服务器账号

（1）查看服务器登录账号

打开“对象资源管理器”，可以查看当前服务器所有的登录账户。展开服务器，选择“安全性”选项，单击“登录名”节点后可列出所有的登录名，包含安装时默认设置的登录名，如图 10-11 所示。

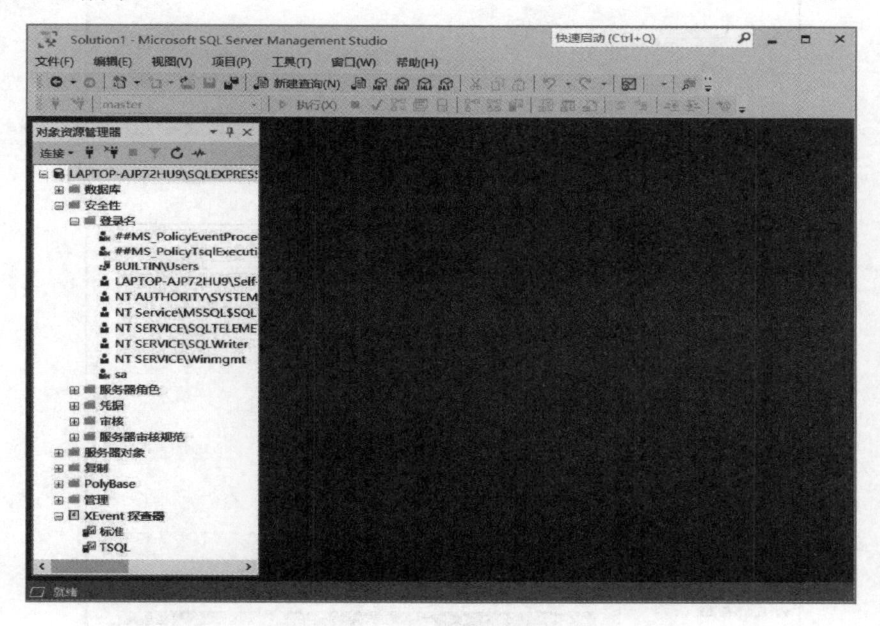

图 10-11　对象资源管理器

（2）创建 SQL Server 2022 登录账户

1）打开 SSMS，展开服务器，然后单击“安全性”节点。

2）右击“登录名”节点，从弹出的快捷菜单中选择“新建登录名”，打开“登录名-新建”对话框。

3）输入登录名“NewLogin”，选择 SQL Server 身份认证并输入符合密码策略的密码，默认数据库设置为“master”，如图 10-12 所示。

4）在“服务器角色”页面给该登录名选择一个固定的服务器角色，在“用户映射”页面选择该登录名映射的数据库并为之分配相应的数据库角色，如图 10-13 所示。

5）在“安全对象”页面为该登录名配置具体的表级权限和列级权限。配置完成后，单击“确定”按钮返回。

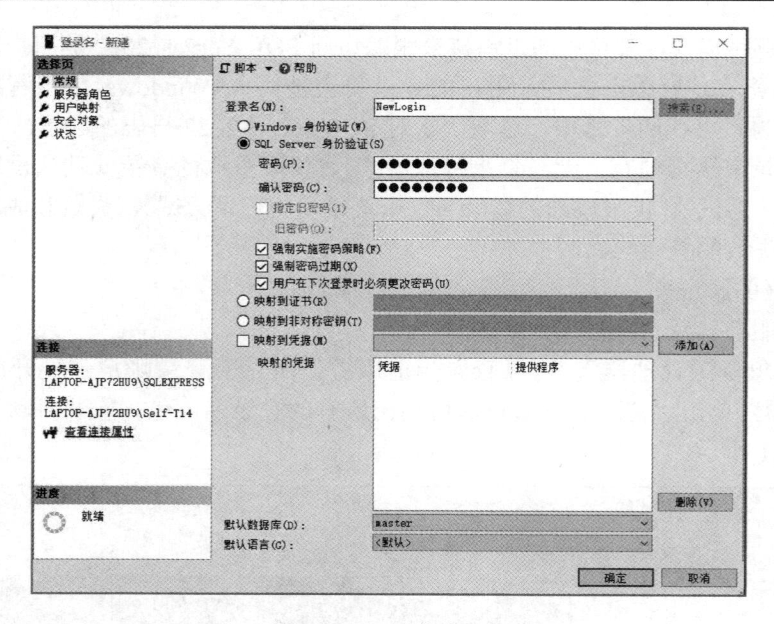

图 10-12　新建登录名

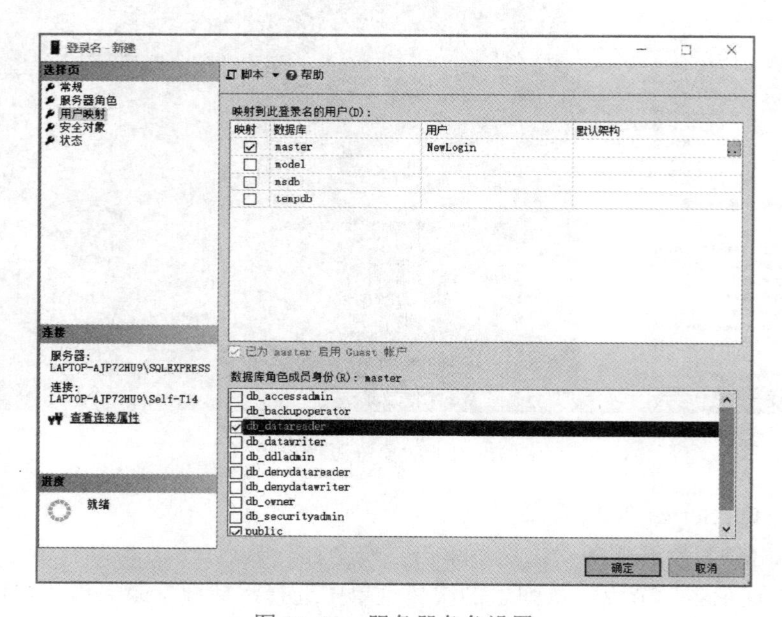

图 10-13　服务器角色设置

（3）修改/删除登录名

1）在 SSMS 中，右键单击登录名，在弹出的快捷菜单中选择“属性”命令，打开“登录属性”对话框。该对话框格式与“新建登录”相同，用户可以修改登录信息，但不能修改身份认证模式。

2）在 SSMS 中，右键单击登录名，在弹出的快捷菜单中选择“删除”命令，打开“删除对象”对话框，单击“确定”按钮可以删除选择的登录名。其中默认登录名 sa 不允许删除。

3. 创建应用程序角色

1）打开 SSMS，展开服务器，依次展开“数据库”→“系统数据库”→“master”→“安全性”→“角色”节点，右击“应用程序角色”，在弹出的快捷菜单中选择“新建应用程序角色”命令。

2）在“角色名称”文本框中输入“Addole”，然后在“默认架构”文本框中输入 dbo，在“密码”和“确认密码”文本框中输入相应的密码，如图 10-14 所示。

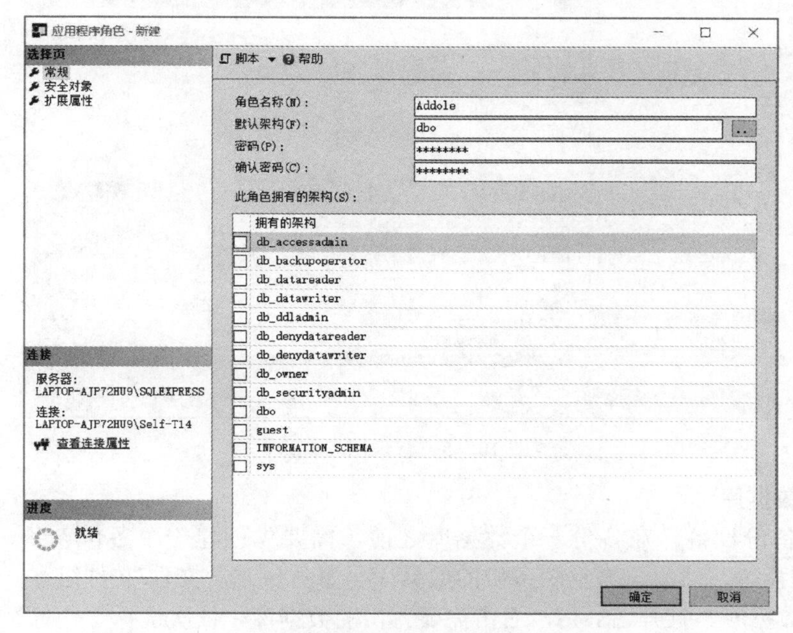

图 10-14　新建应用程序角色

3）在“安全对象”页面上单击“搜索”按钮，选择“特定对象”单选按钮，然后单击“确定”按钮。单击“对象类型”按钮，勾选“表”，单击“确定”按钮，然后单击“浏览”按钮，勾选“spt_fallback_db”表，最后单击“确定”按钮后返回。

4）在 spt_fallback_db 显示权限列表中，启用“选择”，单击“授予”复选框，然后单击“确定”按钮。

4. 管理用户权限

1）打开 SSMS，展开服务器，依次展开“数据库”→“系统数据库”→“master”→“安全性”→“用户”节点。

2）右击“NewLogin”，在弹出的快捷菜单中选择“属性”命令，打开“数据库用户-NewLogin”对话框。

3）选择“选择页”中的“安全对象”，单击“权限”选项页面，单击“搜索”按钮打开“添加对象”对话框，并选择其中的“特定对象”，单击“确定”按钮后打开“选择对象”对话框。

4）单击“对象类型”按钮，打开“选择对象类型”对话框，选中“数据库”，单击“确定”按钮后返回，此时“浏览”按钮被激活。单击“浏览”按钮打开“查找对象”对话框。

5）选中数据库 master，一直单击“确定”按钮后返回“数据库用户属性”对话框，如

图 10-15 所示。此时数据库 master 及其对应的权限出现在对话框中，可以通过勾选复选框的方式设置用户权限。配置完成后，单击“确定”按钮，即可实现用户权限的设置。

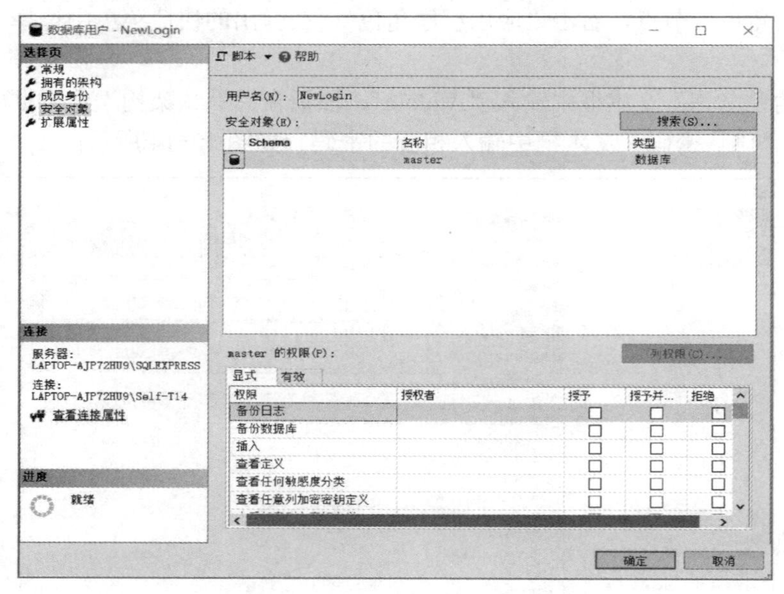

图 10-15　管理用户权限

5. 备份数据库

1）管理备份设备。在备份一个数据库之前，需要先创建一个备份设备，比如网络站点、磁带、硬盘等，然后再去复制备份的数据库、事务日志、文件/文件组。

2）备份数据库。打开 SSMS，右击需要备份的数据库，依次选择“任务”→“备份”，打开“备份数据库”对话框，可以选择要备份的数据库和备份类型，如图 10-16 所示。

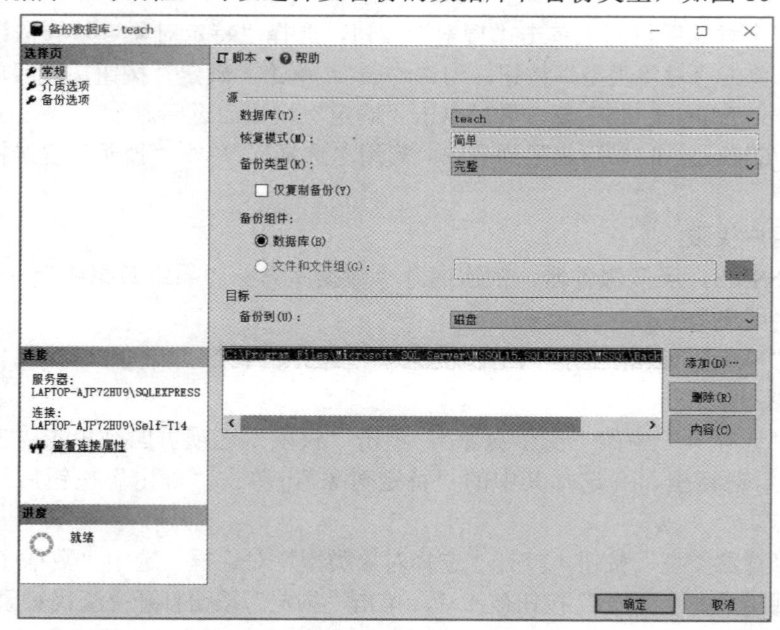

图 10-16　备份数据库

3）备份类型。完整备份将备份整个数据库的所有内容，包括事务和日志。差异备份只备份上次数据库备份后发生更改的数据部分。差异备份比完整备份小而且备份速度快，因此可以经常备份，以减少丢失数据的危险。

4）备份目标。可备份在磁盘或 Azure 云上，默认为 SQL Server 2022 的安装路径，可通过“添加”或“删除”按钮对备份设备及路径进行修改，如图 10-17 所示。

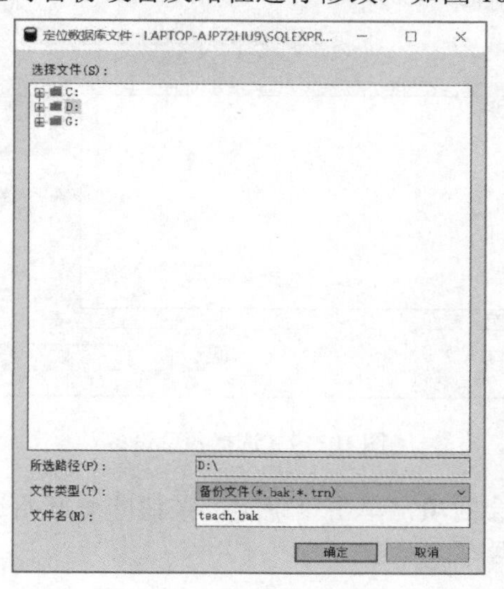

图 10-17　更改备份路径

设置“介质选项”“备份选项”后，单击“确定”按钮进行备份。备份成功后可在设定的备份路径中找到对应的备份文件。

6. 还原数据库

1）还原数据库。打开 SSMS，右击“数据库”，在弹出的快捷菜单中选择“还原数据库”命令，打开“还原数据库”对话框，如图 10-18 所示。

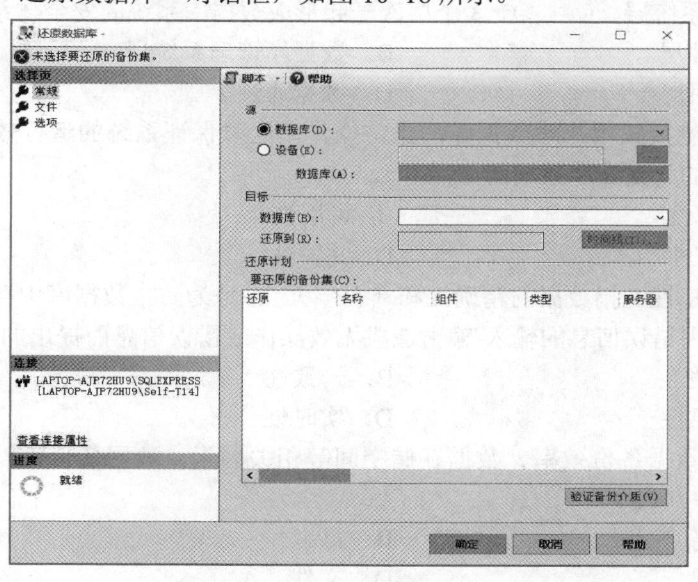

图 10-18　还原数据库

2）选择备份设备。在“源”选项组中选择“设备”选项，打开“选择备份设备”对话框，如图10-19所示。通过“添加”或“删除”按钮选择备份文件，然后单击“确定”按钮返回。

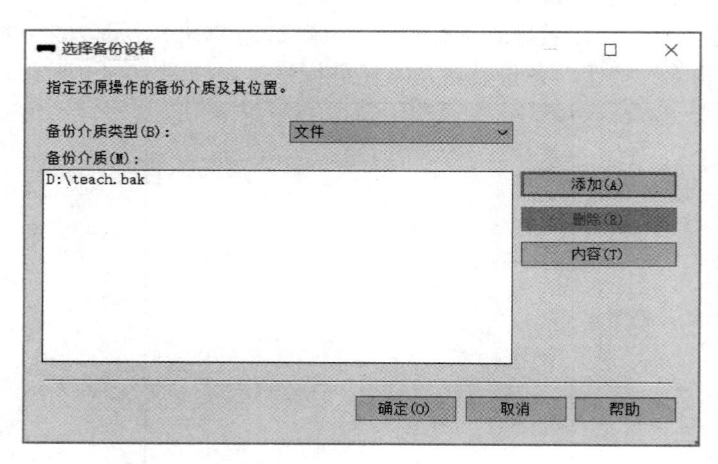

图10-19　选择备份设备

选择的数据库的信息会回填，单击“确定”按钮即可开始还原。还原成功后可在数据库列表中查看到还原的数据库。

10.7　练习与实践10

1．选择题

（1）数据库系统的安全不仅依赖自身内部的安全机制，还与外部网络环境、应用环境、从业人员素质等因素息息相关，因此，数据库系统的安全框架划分为3个层次：网络系统层、宿主操作系统层、（　　），3个层次一起形成数据库系统的安全体系。

A．硬件层　　B．数据库管理系统层

C．应用层　　D．数据库层

（2）不应拒绝授权用户对数据库的正常操作，同时保证系统的运行效率并提供用户友好的人机交互指的是数据库系统的（　　）。

A．保密性　　B．可用性

C．完整性　　D．并发性

（3）数据完整性是指数据的精确性和（　　）。它是为防止数据库中存在不符合语义规定的数据和防止因错误信息的输入/输出造成无效操作或错误信息而提出的。

A．完整性　　B．一致性

C．可靠性　　D．实时性

（4）考虑到数据备份效率、数据存储空间等相关因素，数据备份可以考虑完全备份与（　　）备份两种方式。

A．事务　　B．日志

C．增量　　D．文件

（5）保障数据库系统安全，不仅涉及应用技术，还包括管理等层面上的问题，是各个防范措施综合应用的结果，是物理安全、网络安全、（　　）安全等方面的防范策略的有效结合。

A．管理　　　　B．内容
C．系统　　　　D．环境

（6）由非预期的、不正常的程序结束所造成的故障是（　　）。

A．系统故障　　　　B．网络故障
C．事务故障　　　　D．介质故障

2．填空题

（1）数据库系统安全包含两方面含义，即________和________。

（2）数据库的保密性是在对用户的________、________、________及推理控制等安全机制的控制下得以实现的。

（3）数据库中的事务应该具有 4 种属性：________、________、________和持久性。

（4）数据恢复操作通常有 3 种类型：________、________、________。

（5）SQL Server 2022 提供________和________两种身份验证模式来保护对服务器访问的安全。

（6）在 SQL Server 2022 中可以为登录名配置具体的________权限和________权限。

3．简答题

（1）数据库系统的安全含义是什么？

（2）数据库的安全性和完整性有什么不同？

（3）数据库的安全管理与数据的安全管理有何不同？

（4）什么是数据的备份和恢复？

（5）如何对数据库的用户进行管理？

4．实践题

在 SQL Server 2022 中进行用户密码的设置，要求体现出密码的安全策略。

*第 11 章　电子商务安全

电子商务安全是网上交易的首要条件和保障。伴随着互联网的快速发展，电子商务的应用范围越来越广，日益成为主流商务模式和经济活动。在电子商务交易过程中，如果出现信息安全问题，必然会影响交易安全。中国是全球规模最大、最具活力的电子商务市场，电子商务销售额和网购消费人数均排名全球第一。重视电子商务安全应用的环境和技术方法，已经成为电子商务企业和用户共同关注的热点问题。

教学目标

- 理解电子商务安全的相关概念和内容
- 掌握电子商务常用的 SSL、SET 安全协议
- 了解基于 SSL 协议的 Web 服务器的构建方法
- 学会 Android 应用漏洞的具体检测方法

教学视频
课程视频 11.1

11.1 电子商务安全基础

【引导案例】 商务数据泄露：2021 年 6 月 3 日，商丘市睢阳区人民法院在裁判文书网公开了一份刑事判决书，显示一名住在河南商丘市的本科毕业生逯某，自 2019 年 11 月起，对淘宝实施了长达八个月的数据爬取并盗走大量用户数据。在阿里巴巴注意到这一问题前，已经有超过 11 亿 8 千多万条用户信息被泄露。

11.1.1 电子商务及安全风险

电子商务是政府、企业和个人利用计算机、平板电脑或手机等智能电子设备，依赖网络通信技术完成商业活动的全过程，是一种基于互联网或专用网络，以参与交易的各方为主体，以金融机构电子支付和非现金结算为手段，以客户数据为依托的商务模式。电子商务是集企业管理信息化、金融电子化、商贸信息网络化和物流全球化为一体，旨在实现信息流、现金流和实物流的流动成本最小化，效率和效益最大化的现代贸易方式。

特别理解
电子商务的基本概念

电子商务作为新兴的商业运作模式，帮助全球企业和个人用户突破时间和空间的制约，提供了多样化的资讯，缩短了交易流程，并降低了交易成本。但如果不能保证电子商务的交易安全，就会违背公平、公正和公开的交易原则，损害合法交易人的利益，增加交易成本，甚至给交易各方带来无法估量的经济损失。

电子商务的安全问题是电子商务发展过程中始终被关注的重要课题。电子商务的安全实用技术，就是通过综合的技术手段和管理手段借助安全保密技术和法律法规体系，防范化解交易过程中的各种风险，保证网上交易的顺利实施。

11.1.2 电子商务安全的概念和内容

【案例 11-1】 全球经济复苏，电子商务增长回暖：2021 年，全球经济开始复苏，全球电子商务同比增长 14%，交易额超过 5.3 万亿美元。预计到 2025 年，全球电子商务复合年均增长率将达到 12%，届时总额将超过 8.3 万亿美元。预计亚太地区的电子商务增长将放缓，但拉丁美洲地区以及中东和非洲地区仍将持续大幅增长，到 2025 年，复合年均增长率分别为 19%和 20%。

（1）电子商务安全的概念

电子商务安全是指通过采取各种安全技术措施，建立有效的技术防御体系和管理机制，保障电子商务活动中网络系统传输、交易流程、支付过程和相关数据的安全。保证交易数据的安全是电子商务安全的关键。电子商务安全涉及很多方面，不仅与网络系统结构和监控管理有关，而且与电子商务具体应用的软硬件环境、人员素质、法律法规和管理等因素有关。

（2）电子商务安全的主要内容

电子商务的安全技术主要涵盖的内容包括 5 个方面。

1）连接访问控制。指保证只有授权方才能与网络设备建立关联并访问服务器端的系统资源；访问控制也同时使一个合法用户具有有限访问特定资源的权限。连接访问控制是安全技术的第一道防线，可以阻止非授权用户建立连接，并阻止所有消息从非授权源到达目的地。

2）数据来源认证。是指授权方成功建立安全关联后，入侵者可能通过在有关通信的任意一个源头插入伪造消息的方式来进行渗透和劫持。数据来源认证通过确认接收的消息来源于发送方，从而阻止这种攻击，这种技术可以用于所有关联交易的消息交换过程。

3）数据完整确认。数据来源认证保证了所接收的消息来源于合法的发送方，但是不能保证数据在传送过程中没有遭到篡改。入侵者可能通过物理接入传送线路的方法窃听消息并篡改部分或全部消息。数据完整确认的目的是检测消息是否被篡改，其中包括消息内容的部分或全部、消息内容的前后顺序以及消息发送的时间是否被提前或拖后等。

4）内容机密性认证。有时入侵者不是为了篡改消息，而是为了提前或非法获取机密消息，并且隐藏自己已经提前获知该消息的事实。数据完整认证可以保证数据原封不动传送到目的端，但无法保证在传送过程中没有被第三方窥视或揭封。内容机密性认证需要保证消息发送的时间、长度以及消息的内容均处于机密状态。

5）安全预警和审计稽核。当电子商务的安全潜在或正在遭受威胁时，安全系统模块需要预先或及时发出警报指示。而安全日志记录可跟踪电子商务整个流转过程中的操作痕迹，通过完善的审计稽核制度来检测是否有入侵者获取或篡改交易数据，提供证据、化解纠纷，预警、阻止和判断网络犯罪。

11.1.3 电子商务的安全要素

1. 电子商务的安全问题

通过对电子商务安全问题的分析，可将电子商务的安全要素概括为 6 个方面。

（1）商业信息的机密性

电子商务（Electronic Commerce）作为一种贸易的手段，其交易信息直接涉及用户个人、企事业机构或国家的商业机密。传统的纸面贸易都是通过邮寄封装的信件或通过可靠的通信渠道发送商业报文达到保守机密的目的。电子商务建立在一个开放的网络环境中，维护商业机密是电子商务全面推广应用的重要保障。因此，必须预防非法的信息存取和信息在传输过程中被非法窃取。

（2）交易数据的完整性

主要防范对业务数据信息的随意生成、篡改或删除，同时要防止数据传输过程中信息的丢失和重复。电子商务简化了贸易过程，减少了人为的干预，同时也带来了维护贸易各方商业信息的完整和一致的问题。由于数据输入时的意外差错或欺诈行为，可能导致贸易各方信息的差异。此外，数据传输过程中信息丢失、信息重复或信息传送的次序差异也会导致贸易各方信息的不同。贸易各方信息的完整性将影响到贸易各方的交易和经营策略，保持贸易各方信息的完整性是电子商务应用的基础。因此，要预防对信息的随意生成、修改和删除，同时要防止数据传送过程中重要信息的丢失和重复，并保证信息传输次序的一致。

（3）商务系统的可靠性

商务系统的可靠性主要指交易者身份的确定。电子商务可能直接关系到贸易双方的商业交易，如何确定要进行交易的贸易方正是进行交易所期望的贸易方，这一问题是保证电子商务顺利进行的关键。在传统的纸面贸易中，贸易双方通过在交易合同、契约或贸易单据等书面文件上手写签名或印章来鉴别贸易伙伴，确定合同、契约和单据的可靠性并预防抵赖行为的发生。在无纸化的电子商务方式中，通过手写签名和印章进行贸易方的鉴别已不可能，因此，要在交易信息的传输过程中为参与交易的个人、企业或国家提供可靠的标识。

（4）交易数据的有效性

保证贸易数据在确定的时间、指定的地点是有效的。电子商务以电子形式取代了纸张，如何保证这种电子形式贸易信息的有效性则是进行电子商务的前提条件。电子商务作为贸易的一种形式，其信息的有效性将直接关系到个人、企业或国家的经济利益和声誉。因此，必须对网络故障、操作错误、应用程序错误、硬件故障、系统软件错误及计算机病毒所产生的潜在威胁加以控制和预防，以保证贸易数据在确定的时刻、指定的地点是有效的。

（5）交易的不可否认性

电子交易的不可否认性也称不可抵赖性或可审查性，以确定电子合同、交易和信息的可靠性与可审查性，并预防可能的否认行为的发生，不可抵赖性包括：

1）源点防抵赖，使信息发送者事后无法否认发送了信息。

2）接收防抵赖，使信息接收方无法抵赖接收到了信息。

3）回执防抵赖，使发送责任回执的各环节均无法推卸其应负的责任。

为了满足电子商务的安全要求，电子商务系统必须利用安全技术为其活动参与者提供可靠的安全服务，主要包括：鉴别服务、访问控制服务、机密性服务、不可否认服务等。鉴别服务是对贸易方的身份进行鉴别，为身份的真实性提供保证；访问控制服务通过授权对使用资源的方式进行控制，防止非授权使用资源或控制资源，有助于贸易信息的机密性、完整性和可控性；机密性服务的目标是为电子商务参与者在存储、处理和传输过程中的信息提供机密性保证，防止信息被泄露给非授权信息获取者；不可否认服务针对合法用户的威胁，为交易的双方提供不可否认的证据，为解决因否认而产生的争议提供支持。

（6）隐私性

交易流在电子交易的过程中会产生各种各样的个人信息安全问题，商家和用户的个人信息和隐私应该得到保护。电子商务系统必须在确保交易对象的真实性和安全性的同时，提高交易平台的隐私性，防止交易过程被跟踪、交易对象被锁定，保证交易过程中不把交易各方的个人信息泄露给未知的或不可信的个体，以保护合法用户的隐私不被侵犯。

知识拓展
电子商务的法律基础

2．电子商务应用中的安全协议及规范

电子商务的安全不仅是狭义上的网络安全，如防病毒、防黑客、入侵检测等，从广义上还包括信息的完整性以及交易双方身份认证的不可抵赖性，电子商务在应用过程中主要的安全协议及相关标准规范，包括网络安全交易协议和安全协议标准等，主要有以下 4 种：

1）安全超文本传输协议（S-HTTP）。依靠密钥对加密，可以保障 Web 站点间的交易信息传输的安全性。

2）安全套接字层（Secure Socket Layer，SSL）协议。由 Netscape 公司提出的安全交易协议，提供加密、认证服务和报文的完整性。SSL 曾被用于 Netscape Communicator 和 Microsoft IE 浏览器，以完成安全交易操作。

3）安全交易技术（Secure Transaction Technology，STT）协议。微软公司在 IE 浏览器中采用了该技术，STT 将认证和解密在浏览器中分离，用以提高安全控制能力。

4）安全电子交易（Secure Electronic Transaction，SET）协议、UN/EDIFACT 的安全等。

11.1.4　电子商务的安全体系

电子商务安全体系是一个庞大而复杂的结构，不仅包括安全基础设备、安全和加密技术、交易技术协议、安全支付机制等技术领域的体系基础，而且涉及行业自律、政府监管、意识形态、法律法规等管理领域的上层建筑。

特别理解
电子商务安全体系

一个相对完整的电子商务安全体系由网络基础设施层、PKI 体系结构层、安全协议层、安全应用技术层、行为控制管理层和安全立法层 6 部分组成。通过建立完善的电子商务安全体系，可以有效组织和实施电子商务安全系统的管理规划、设计、监控和决策，同时又是保证电子商务系统在最佳安全状态下正常高效运转的关键一环。公钥基础设施（Public Key Infrastructure，PKI）是一种遵循标准的利用公钥加密技术为电子商务的开展提供一套安全基础平台的技术和规范。其中，下层是上层的基础，为上层提供相应的技术支持。上层是下层的扩展与递进，各层次之间相互依赖、相互关联构成统一整体。通过不同的安全控制技术，实现各层的安全策略，保证电子商务系统的安全。

☺讨论思考

1）举例说明电子商务遭受安全威胁的实例。

2）电子商务的安全主要与哪些因素有关？

3）电子商务的安全体系主要包括哪些方面？

☺ 讨论思考
本部分小结
及答案

11.2 电子商务的安全技术和交易

教学视频
课程视频 11.2

随着电子商务的广泛应用，网络安全技术和交易安全也不断得到发展完善，特别是近几年多次出现的安全事故引起了国内外的高度重视，计算机网络安全技术得到大力加强和提高。安全核心系统、VPN 安全隧道、身份认证、网络底层数据加密和网络入侵监测等技术得到快速发展，可以从不同层面加强计算机网络的整体安全性。

11.2.1 电子商务的安全技术

网络安全核心系统在实现一个完整或较完整的安全体系的同时也能与传统网络协议保持一致，它以密码核心系统为基础，支持不同类型的安全硬件产品，屏蔽安全硬件的变化对上层应用的影响，实现多种网络安全协议，并以此为基础提供各种安全的商务业务和应用。

一个全方位的网络安全体系结构包含网络的物理安全、访问控制安全、用户安全、信息加密、安全传输和管理安全等。充分利用各种先进的主机安全技术、身份认证技术、访问控制技术、密码技术、黑客跟踪技术，在攻击者和受保护的资源间建立多道严密的安全防线，可以极大提高恶意攻击的难度，并通过审核信息量，对入侵者进行跟踪。

常用的网络安全技术包括：电子安全交易技术、硬件隔离技术、数据加密技术、认证技术、安全技术协议、安全检测与审计、数据安全技术、防火墙技术、计算机病毒防范技术以及网络商务安全管理技术等。其中，涉及网络安全技术方面的内容，前面已经进行了具体介绍，下面重点介绍网上交易安全协议和网络安全电子交易（SET）等电子商务安全技术。

11.2.2 网上交易安全协议

电子商务应用的核心和关键问题是交易的安全性。由于互联网的开放性，使得网上交易面临着多种风险，需要提供安全措施。近年来，信息技术行业与金融行业联合制定了一些安全交易标准，主要包括 SSL 标准和 SET 标准等。

（1）安全套接字层协议（SSL）

安全套接字层协议（Secure Socket Layer，SSL）是一种传输层技术，主要用于兼容浏览器和 Web 服务器之间的安全通信。SSL 协议是目前购物网站中经常使用的一种安全协议。使用它可以确保信息在网际网络上流通的安全性，让浏览器和 Web 服务器能够安全地进行沟通。其实 SSL 就是在和对方通信前预先协商好的一套方法，这套方法能够在双方之间建立一个电子商务的安全性秘密信道，以确保电子商务的安全性，凡是不希望被别人看到的机密数据，都可以通过这个秘密信道传送给对方，即使通过公共线路传输，也不必担心别人的偷窥。SSL 为快速架设商业网站提供了比较可靠的安全保障，并且成本低廉，容易架设。

（2）SSL 提供的服务

SSL 标准主要提供 3 种服务：数据加密服务、认证服务与数据完整性服务。首先，SSL 标准要提供数据加密服务。SSL 标准采用的是对称加密技术与公开密钥加密技术。SSL 客户机与服务器进行数据交换之前，首先需要交换 SSL 初始握手信息，在 SSL 握手时采用加密技术进行加密，以保证数据在传输过程中不被截获与篡改。其次，SSL 标准要提供用户身份认证服务。SSL 客户机与服务器都有各自的识别号，这些识别号使用公开密钥进行加密。在客户机与服务器进行数据交换时，SSL 握手需要交换各自的识别号，以保证数据被发送到正确的客户机或服务器上。最后，SSL 标准要提供数据完整性服务。它采用散列函数和机密共享的方法提供信息完整性的服务，在客户机与服务器之间建立安全通道，以保证数据在传输中完整到达目的地。🕮

🕮知识拓展
电子商务的交易过程

（3）SSL 工作流程及原理

SSL 标准的工作流程主要包括：SSL 客户机向 SSL 服务器发出连接建立请求，SSL 服务器响应 SSL 客户机的请求；SSL 客户机与 SSL 服务器交换双方认可的密码，一般采用的加密算法是 RSA 算法；检验 SSL 服务器得到的密码是否正确，并验证 SSL 客户机的可信程度；SSL 客户机与 SSL 服务器交换结束的信息。图 11-1 所示是 SSL 标准的工作流程。

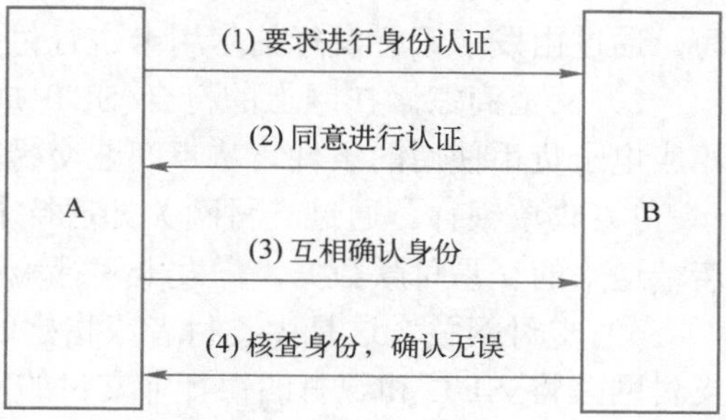

图 11-1　SSL 标准的工作流程

在完成以上交互过程后，SSL 客户机与 SSL 服务器之间传送的信息都是加密的，收信方解密而无法了解信息的内容。在电子商务交易过程中，由于有银行参与交易过程，客户购买的信息会被首先发往商家，商家再将这些信息转发给银行，银行验证客户信息的合法性后，通知商家付款成功，商家再通知客户购买成功，然后将商品送到客户手中。

SSL 安全协议的缺点主要包括：不能自动更新证书；认证机构编码困难；浏览器的口令具有随意性；不能自动检测证书撤销表；用户的密钥信息在服务器上是以明文方式存储的。另外，SSL 虽然提供了信息传递过程中的安全性保障，但是信用卡的相关数据应该是只有银行才能看到，然而这些数据到了商家端都将被解密，客户的数据都会完全暴露在商家的面前。SSL 安全协议虽然存在弱点，但由于它操作容易、成本低，而且又在不断改进，所以在欧美等地的商业网站中应用非常广泛。

11.2.3　网络安全电子交易

网络安全电子交易（Secure Electronic Transaction，SET）是一个通过 Internet 等开放网络进行安全交易的技术标准，1996 年由两大信用卡国际组织 VISA 和 MasterCard 共同发起制定并联合推出。由于得到了 IBM、HP、Microsoft 和 RSA 等大公司的协作与支持，已成为事实上的工业标准并得到了认可。SET 协议围绕客户、商家等交易各方相互之间身份的确认，采用了电子证书等技术，以保障电子交易的安全。SET 向基于信用卡进行电子化交易的应用提供了实现安全措施的规则。SET 主要由 3 个文件组成，分别是 SET 业务描述、SET 程序员指南和 SET 协议描述。SET 规范涉及的范围有：加密算法的应用（如 RSA 和 DES）、证书信息和对象格式、购买信息和对象格式、确认信息和对象格式；划账信息和对象格式、对话实体之间消息的传输协议。

（1）SET 的主要目标

SET 安全协议主要达到的目标有 5 个：

1）信息传输的安全性。信息在网络上安全传输，保证信息传输安全送达。

2）信息的相互隔离。订单信息和个人账号信息的隔离，当包含持卡人账号信息的订单送到商家时，商家只能看到订货信息，而看不到持卡人的账号信息。

3）需要多方认证：①对消费者信用卡认证；②对网上商店认证；③消费者、商店与银行之间的认证。

4）效仿 EDI 贸易形式，要求系统遵循相同协议和报文格式，使不同厂家开发的软件具有兼容和互操作功能，并且可以运行在不同的硬件和操作系统平台上。

5）交易的实时性。所有的支付过程都是在线并实时完成的。

（2）SET 的交易成员

SET 支付系统包括如下交易成员。

1）持卡人。持卡消费者，包括个人消费者和团体消费者，按照网上商店的表单格式填写，通过由发卡银行发行的信用卡进行付费。

2）网上商家。在网上的符合 SET 规格的电子商店，提供商品或服务，它必须是具备相应电子货币使用的条件、从事商业交易的公司或组织。

3）收单银行。通过支付网关处理持卡人和商店之间的交易付款问题事务。接收来自商店端送来的交易付款数据，向发卡银行验证无误后，取得信用卡付款授权，以供商店清算。

4）支付网关。这是由支付者或指定的第三方完成的功能。为了实现授权或支付功能，支付网关将 SET 和现有的银行卡支付的网络系统作为接口。在互联网上，商家与支付网关交换 SET 信息，而支付网关与支付者的财务处理系统具有一定的直接连接或网络连接。

5）发卡银行——电子货币发行公司或兼有电子货币发行的银行：发行信用卡给持卡人的银行机构。在交易过程开始前，发卡银行负责查验持卡人的数据，如果查验有效，整个交易才能成立。在交易过程中负责处理电子货币的审核和支付工作。

6）认证中心 CA——可信赖、公正的组织。接受持卡人、商店、银行以及支付网关的数字认证申请书，并管理数字证书的相关事宜，如制定核发准则，发行和注销数字证书等。负责对交易双方的身份确认，对厂商的信誉和消费者的支付手段和支付能力进行认证。

SET 支付系统中的交易成员如图 11-2 所示。

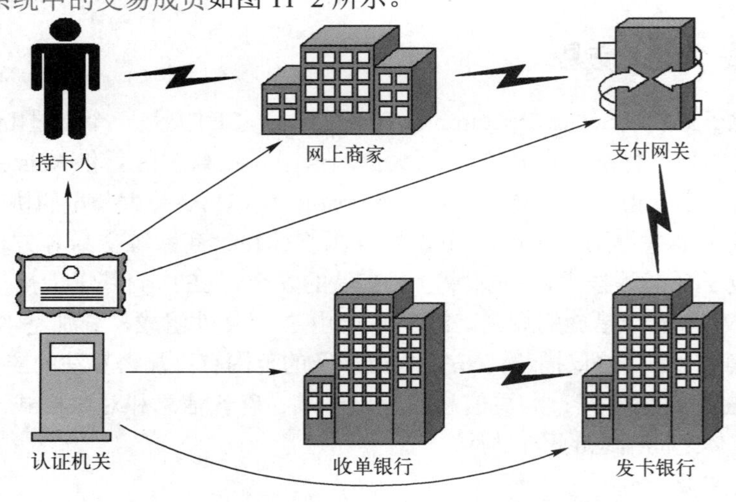

图 11-2　SET 支付系统中的交易成员

（3）SET 的技术范围

SET 的技术范围包括以下几方面：加密算法、证书信息和对象格式、购买信息和对象格式、认可信息和对象格式、划账信息和对象格式、对话实体之间消息的传输协议。

（4）SET 系统的组成

SET 系统的操作通过 4 个软件完成，包括电子钱包、商店服务器、支付网关和认证中心软件，这 4 个软件分别存储在持卡人、网上商店、银行以及认证中心的服务器中，相互运作完成整个 SET 交易服务。

安全电子交易 SET 系统的一般模型如图 11-3 所示。

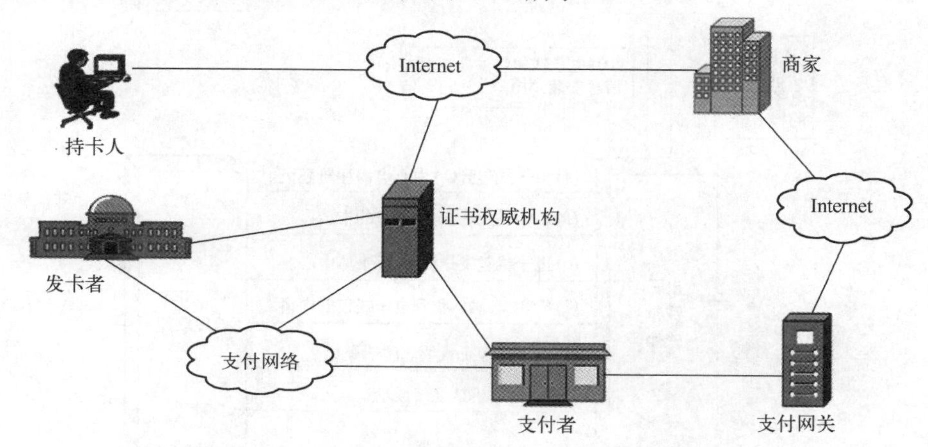

图 11-3　安全电子交易 SET 系统的组成

1）持卡人。持卡人是发行者发行的支付卡（例如 MasterCard 和 VISA）的授权持有者。

2）商家。商家是有货物或服务出售给持卡人的个人或组织。通常，这些货物或服务可以通过 Web 站点或电子邮件提供。

3）支付者。建立商家的账户并实现支付卡授权和支付的金融组织。支付者为商家验证给定的信用卡账户是可用的；支付者也对商家账户提供支付的电子转账。

4）支付网关。支付网关是由支付者或指定的第三方完成的功能。为了实现授权或支付功能，可以将支付网关作为 SET 和现有银行卡支付的网络系统的接口。在 Internet 上，商家与支付网关交换 SET 信息，而支付网关与支付者的财务处理系统具有一定的直接连接或网络连接。

5）证书权威机构。证书权威机构是为持卡人、商家和支付网关发行 X.509v3 公共密码证书的可信实体。

（5）SET 的认证过程

基于 SET 协议的电子商务系统的业务过程可分为 4 个步骤：注册登记、申请数字证书、动态认证和商业机构的处理。具体如下：

1）注册登记。当一个机构希望加入到基于 SET 协议的安全电子商务系统中时，必须先上网申请注册登记，申请数字证书。每个在认证中心进行注册登记的用户都会得到双钥密码体制的一对密钥：一个公钥和一个私钥。公钥用于提供对方解密和加密回馈的信息内容，私钥用于解密对方的信息和加密发出的信息。

密钥在加/解密处理过程中的作用如下。

① 对持卡人购买者的作用：用私钥解密回函；用商家公钥填发订单；用银行公钥填发

付款单和数字签名等。

② 对银行的作用：用私钥解密付款及金融数据；用商家公钥加密购买者付款通知。

③ 对商家供应商的作用：用私钥解密订单和付款通知；用购买者公钥发出付款通知和代理银行公钥。

2）申请数字证书。SET 数字证书申请工作的具体步骤如图 11-4 所示。

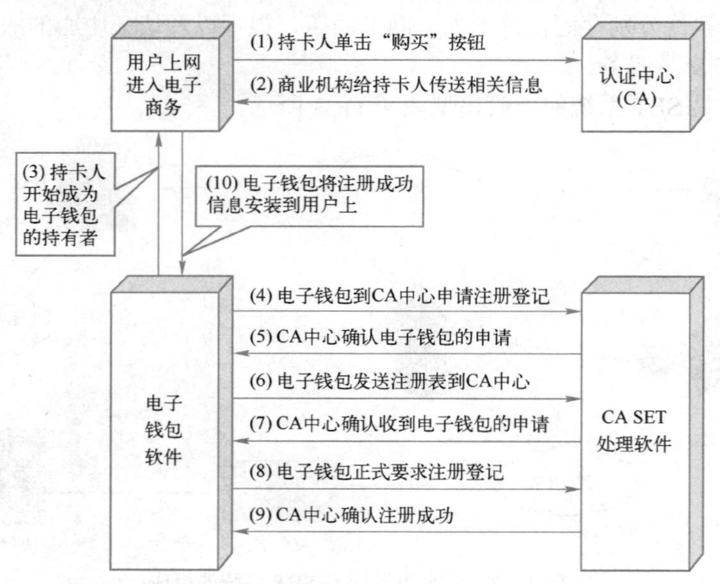

图 11-4 SET 数字证书申请工作具体步骤

3）动态认证。注册成功后，便可以在网络上进行电子商务活动。在从事电子商务交易时，SET 系统的动态认证工作步骤如图 11-5 所示。

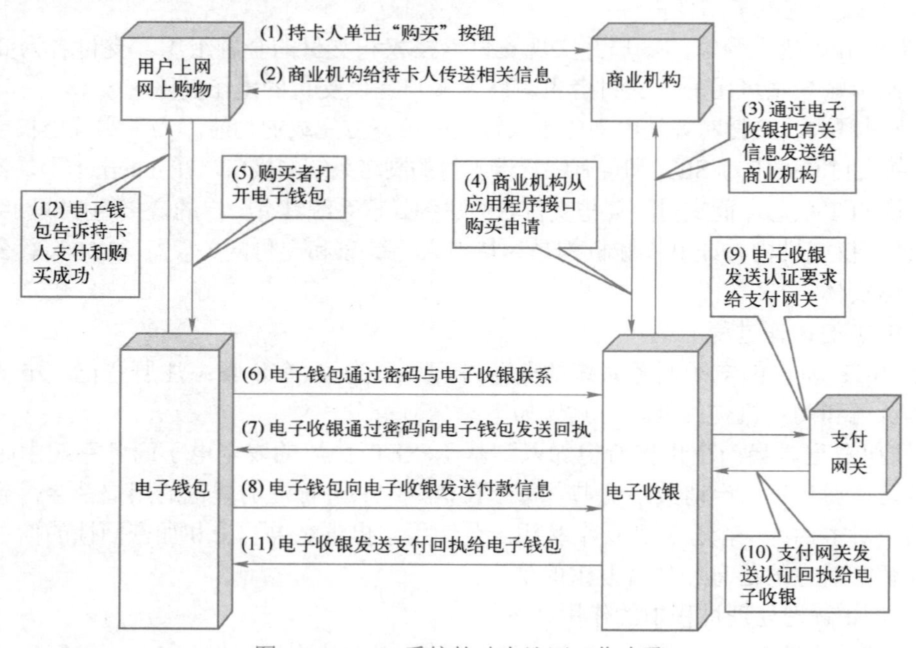

图 11-5 SET 系统的动态认证工作步骤

4）商业机构的处理。商业机构处理流程的工作步骤如图 11-6 所示。

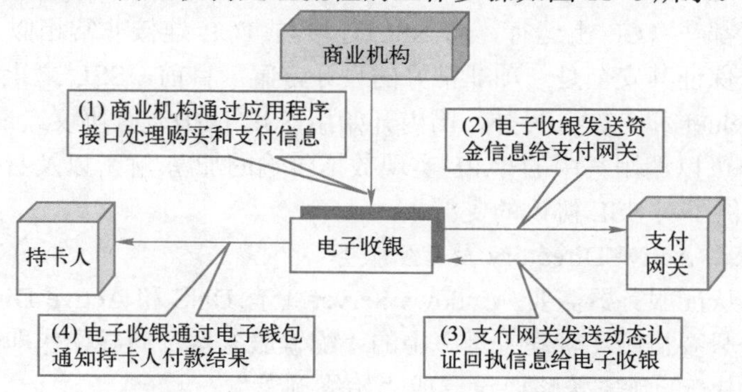

图 11-6　SET 系统的商业机构工作步骤

（6）SET 协议的安全技术

SET 在不断地完善和发展变化。SET 有一个开放工具 SET Toolkit，任何电子商务系统都可以利用它来处理操作过程中的安全和保密问题。其中支付和认证是 SET Toolkit 向系统开发者提供的两大主要功能。📖

📖知识拓展
SET 的规范测试鉴别

目前，主要安全保障有以下 3 个方面：

1）用双钥密码体制加密文件。

2）增加密钥的公钥和私钥的字长。

3）采用联机动态的授权和认证检查，以确保交易过程的安全可靠。

安全保障措施的技术基础有 4 个：

1）利用加密方式确保信息的机密性。

2）以数字化签名确保数据的完整性。

3）使用数字化签名和商家认证确保交易各方身份的真实性。

4）通过特殊的协议和消息形式确保动态交互式系统的可操作性。

☺讨论思考

1）电子商务安全技术具体有哪些？

2）怎样理解网上交易安全协议的重要性？

3）什么是网络安全电子交易？

☺ 讨论思考
本部分小结
及答案

11.3　构建基于 SSL 的 Web 安全站点

构建基于 SSL 的 Web 安全站点包括：基于 Web 信息安全通道的构建过程及方法，以及数字证书服务的安装与管理有关的实际应用操作。

教学视频
课程视频 11.3

11.3.1　基于 Web 安全通道的构建

安全套接字层（SSL）协议是一种在两台计算机之间提供安全通道的协议，具有保护传输数据以及识别通信机器的功能。在协议栈中，SSL 协议位于应用层之下、TCP 层之上，并且整个 SSL 协议 API 和微软提供的套接字层的 API 极为相似。因为很多协议都在 TCP 上运行，而 SSL 连接与 TCP 连接非常相似，所以通过在 SSL 上附加现有协议来保证其安全是一项非常好的设计方案。目前，SSL 之上的协议有 HTTP、NNTP、SMTP、Telnet 和 FTP，另外，国内开始用 SSL 保护专有协议。最常用的是 Openssl 开发工具包，用户可以调用其中的 API 实现数据传输的加密/解密以及身份识别。Microsoft 的 IIS 服务器也提供了对 SSL 协议的支持。

（1）配置 DNS、Active Directory 及 CA 服务

建立一个 CA 认证服务器需要 Windows Server 上有 DNS 和 Active Directory 服务，并需要进行配置。用户只要按照“管理工具”中的“配置服务器”向导操作即可。另外，为了操作方便，CA 认证中心的颁发策略要设置成“始终颁发”。

（2）服务器端证书的获取与安装

1) 获取 Web 站点数字证书。

2) 安装 Web 站点数字证书。

3) 设置“安全通信”属性。

（3）客户端证书的获取与安装

客户端如果想通过信息安全通道访问需要安全认证的网站，必须具有此网站信任的 CA 机构颁发的客户端证书以及 CA 认证机构的证书链。申请客户端证书的步骤：

1) 申请客户端数字证书。

2) 安装证书链或 CRLC。

（4）通过安全通道访问需要认证的 Web 网站

客户端安装证书和证书链后，就可以访问需要客户端认证的网站了。在浏览器中输入以下网址https://Web 服务器地址：SSL 端口 /index. htm，其中 https 表示浏览器要通过安全信息通道（即 SSL，安全套接字层）访问 Web 站点，并且如果服务器的 SSL 端口不是默认的 443 端口，那么在访问时要指明 SSL 端口。在连接刚建立时，浏览器会弹出一个安全警报对话框，这是浏览器在建立 SSL 通道之前对服务器端证书进行分析，用户单击“确定”按钮以后，浏览器会把客户端已有的用户证书全部列出来，供用户选择，选择正确的证书后单击“确定”按钮。

（5）通过安全通道访问 Internet

Internet 上的数据信息基本是明文传送，各种敏感信息遇到如嗅探器等专业软件就很容易泄密，网络用户没有办法保护各自的合法权益，网络无法充分发挥其方便快捷、安全高效的效能，会严重影响我国电子商务和电子政务的建设与发展，阻碍 B/S 系统软件的推广。

通过研究国外的各种网络安全解决方案，认为采用最新的 SSL（安全套接字层）技术来构建安全信息通道是一种从安全性、稳定性、可靠性方面考虑都很优秀的解决方案。

以上是在一种较简单的网络环境中实现的基于 SSL 的安全信息通道的构建，IIS 这种 Web 服务器只能实现 128 位的加密，很难满足更高安全性用户的需求。用户可以根据各自的需要来选择 Web 服务器软件和 CA 认证软件，最实用的是 OPENSSL 自带的安全认证组件，可实现更高位数的加密，以满足用户各种安全级别的需求。

【案例 11-2】 零售和高科技行业是最热门的网络攻击目标：在 2022 年的前 6 个月，针对在线应用程序的恶意交易有所增加，主要是可预测的资源定位和注入攻击。与 2021 年前 6 个月相比，恶意 Web 应用程序交易数量增长了 38%，超过了 2020 年记录的恶意交易总数。可预测的资源定位攻击占所有攻击的 48%，其次是代码注入（17%）和 SQL 注入（10%）。受攻击最多的行业是零售和批发贸易（27%）和高科技（26%）。运营商和 SaaS 提供商分别排名第三和第四，分别遭到了 14%和 7%的攻击。

需要注意的是，上述基于安全通道的通信并不能保证传输过程中所有的信息都加密，例如通信目的地的 IP 地址就是非加密的，其主要原因在于 DNS 是非加密的。

非加密的 DNS 会导致如下问题：

1）网络中间路由等都可以嗅探到通信内容并有可能篡改内容造成钓鱼诈骗和网络攻击。

2）解析服务器不可信，污染 DNS 大量存在，造成用户隐私大面积泄露，各种定向广告轰炸随之而来。

3）通过解析容易被防火墙识别，从而被对方加以限流和屏蔽。

解决这些问题常用的是 DNS over HTTPS(DoH)，其主要特点如下：

1）DNS 的解析请求和解析结果经由中间路由时都不可被解密，实现了用户端和解析服务器之间端到端的加密，隐私不在中途泄露。

2）双向请求和结果数据因为加密算法的存在而保证不可被篡改，阻止了借用 DNS 的钓鱼攻击和拒绝服务攻击。

3）无法通过判定用户访问域名的行为来触发防火墙规则，有效保障上网体验和连通性。

11.3.2 证书服务的安装与管理

构建基于 SSL 的 Web 站点需要下载数字证书并进行数字证书安装与管理，只有使用具有 SSL 及 SET 的网站，才能真正实现网上安全交易。SSL 是对会话的保护，SSL 最为普遍的应用是实现浏览器和 WWW 服务器之间的安全 HTTP 通信。SSL 所提供的安全业务有实体认证、完整性和保密性，还可通过数字签名提供不可否认性。

【案例 11-3】 中华人民共和国电子签名法：为保证电子商务的安全，我国在 2004 年 8 月 28 日颁布了《中华人民共和国电子签名法》，大力推进电子签名、电子认证和数字证书等安全技术手段的广泛应用。目前的版本是 2019 年 4 月 23 日第二次修正后的。

数字证书服务的安装与管理可以通过以下方式进行操作。

1）打开 Windows 控制面板，单击“添加/删除程序”按钮，再单击“添加/删除 Windows 组件”按钮，弹出“Windows 组件向导”对话框，选中“证书服务”复选框，如图 11-7 所示。

在 Windows Server 控制面板中，单击“更改安全设置”选项，弹出“Internet 属性”对话框（或在 IE 浏览器中选择“工具”→“Internet 选项”），如图 11-8 所示。

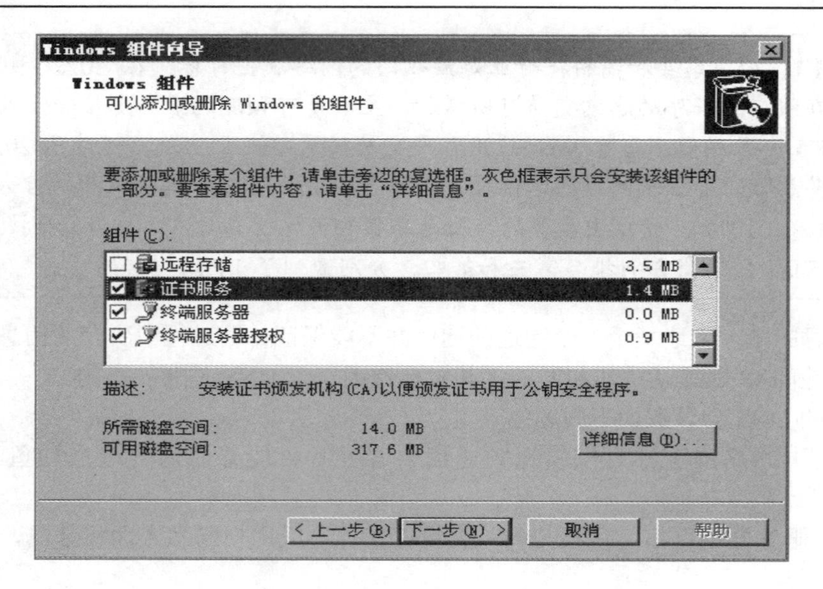

图 11-7 “Windows 组件向导”对话框

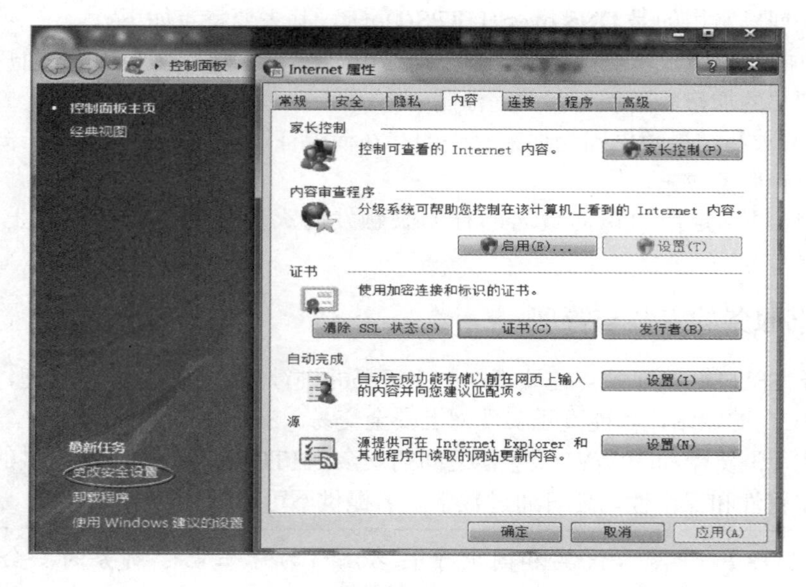

图 11-8 Windows 控制面板及“Internet 属性”对话框

单击“内容”选项卡中的“证书”按钮，出现“证书”对话框。单击“高级选项”按钮，弹出如图 11-9 所示的“高级选项”对话框。

如果单击“证书”对话框中左下角的“证书”链接，会弹出“证书帮助”对话框。可以通过相应的选项查找有关内容的使用帮助。

2）在“Windows 组件向导”对话框中单击“下一步”按钮，弹出提示信息对话框，出现如图 11-10 所示的提示安装证书服务后，计算机名称和域成员身份将不可再改变，单击“是”按钮即可。

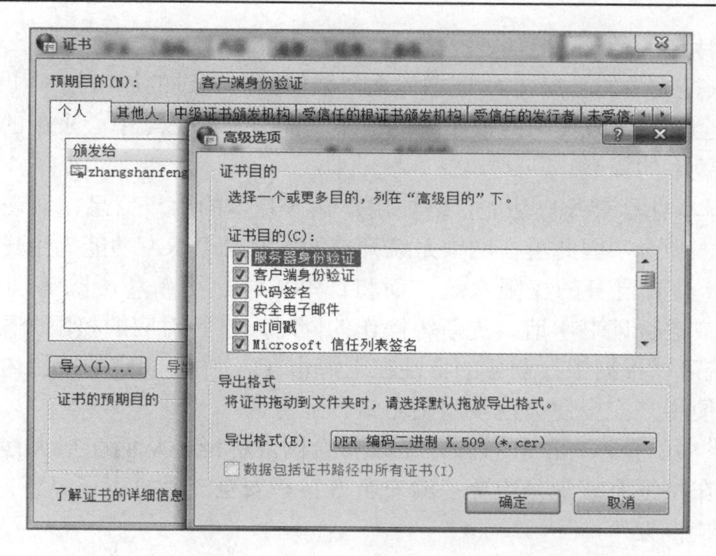

图 11-9　Windows“证书”及“高级选项”对话框

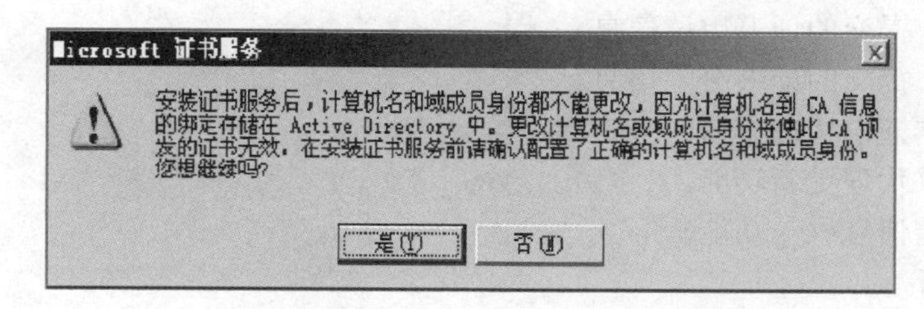

图 11-10　安装证书服务的提示信息对话框

☺讨论思考

1）如何进行基于 Web 信息安全通道的构建?

2）证书服务的安装与管理过程主要有哪些?

☺ 讨论思考
本部分小结
及答案

11.4　电子商务安全解决方案

教学视频
课程视频 11.4

前面各节介绍了与电子商务安全防范相关的各种技术，本节通过实际应用案例，概述数字证书解决方案和 USBKey 技术在安全网络支付中的应用。

11.4.1　数字证书解决方案

1. 网络银行系统数字证书解决方案

【案例 11-4】　鉴于网络银行的需求与实际情况，上海市 CA 中心推荐在网银系统中采用网银系统和证书申请 RA 功能整合的方案，该方案由上海市 CA 中心向网络银行提供 CA 证书的签发业务，并提供相应的 RA 功能接口，网银系统结合自身的具体业务流程通过调用这些接口将 RA 的功能结合到网银系统中去。

（1）方案在技术上的优势

1）本方案依托成熟的上海CA证书体系，采用国内先进的加密技术和CA技术，系统的功能完善，安全可靠；方案中网银系统的RA功能与上海CA中心采用的是层次式结构，方便系统扩充和效率的提高。

2）网络银行本身具有开户功能，需要用户输入基本的用户信息，而证书申请时需要的用户信息与之基本吻合，因此可在网银系统开户的同时结合RA功能为用户申请数字证书。

3）网络银行具有自身的权限系统，而将证书申请、更新和废除等功能与网银系统结合，则可以在用户进行证书申请、更新等操作的同时，进行对应的权限分配和管理。

4）网银系统可以根据银行业务的特性在上海市CA中心规定的范围内简化证书申请的流程和步骤，方便用户安全便捷地使用网络银行业务。

5）该方案采用的技术标准和接口规范都符合国际标准，从而在很大程度上缩短了开发周期，同时也为在网银系统中采用更多的安全方案和安全产品打下了良好的基础。

（2）系统结构框架

银行RA和其他RA的主要职能：

1）审核用户提交的证书申请信息。

2）审核用户提交的证书废除信息。

3）进行数字证书代理申请。

4）完成证书代理更新功能。

5）批量申请信息导入功能。

（3）RA体系

本方案中网银系统下属的柜面终端在接受用户申请输入信息时将数据上传给网银系统，网银整合RA系统直接通过Internet网络连接CA系统，由CA系统签发证书给网银整合RA系统，该系统一方面将证书发放给柜面，使用户获取，另一方面将证书信息存储进证书存储服务器。同时该系统还提供证书的查询、更新、废除等功能。

RA证书申请、更新与废除过程：

1）RA证书申请。由银行的柜面系统录入用户信息，上传至网银系统和RA系统，再由其将信息传送给用户管理系统保存及传送给上海市CA中心，由CA签发证书，证书信息回送网银系统和RA系统，由其将证书信息存储于用户管理系统并将其发送柜面系统，发放给实际用户。网银系统和RA系统证书申请过程如图11-11所示。

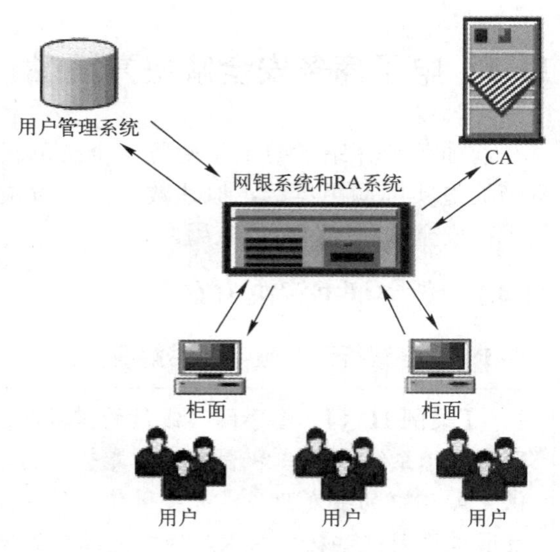

图11-11　网银系统和RA系统证书申请

2）RA证书更新。证书更新时，由用户提交柜面系统，柜面系统将更新请求传送给网银系统和RA系统，由其在用户管理系统中查询到其信息，然后传送给上海CA，由CA重新签发证书，回送网银系统和RA系统，再由其将证书信息保存至用户管理及发放系统。

3）RA 证书废除。证书废除时，由用户向柜面提起请求或在网银系统和 RA 系统处查询到证书过期，将该证书废除，然后由网银系统和 RA 系统将信息保存至用户管理系统。

2．移动电子商务安全解决方案

随着国内外现代移动通信技术的迅速发展，人们可以借助平板电脑和手机等终端设备随时随地接入网络进行交易和数据交换，如股票及证券交易、网上浏览及购物、电子转账等，极大地促进了移动电子商务的广泛发展。移动电子商务作为移动通信应用的一个主要发展方向，与 Internet 上的在线交易相比有着许多优点，因此倍受关注，而移动交易系统的安全是推广移动电子商务必须解决的关键问题。📖

📖知识拓展
动态口令认证和双重认证

11.4.2　USBKey 技术在安全网络支付中的应用

随着网络银行和电子支付技术的发展，USBKey 几乎成为网银系统的标配。虽然在小额支付中手机验证码、指纹识别和面部认证等技术的发展也极为迅猛，但 USBKey 在大额转账安全保障中的权威地位还是无可替代的。USBKey 是一种内置微型智能卡处理器，是一种基于 PKI 技术，采用 1024 位非对称密钥算法对网上数据进行加/解密和数字签名，确保网上交易的保密性、真实性、完整性和不可否认性的安全设备。

1．USBKey 技术概述

数字证书是带有用户信息和密钥的一个数据文件，保护数字证书本身是 PKI 体系中最重要的环节之一。数字证书可以保存在诸如光盘、移动硬盘等各种存储介质上，同时满足容易携带、不易损坏和难以被非法复制这些特性，USBKey 是数字证书的不错的载体。

USBKey 作为移动数字证书，它存放着用户的个人私钥信息，并不可读取。而服务提供者（银行、券商等）端记录着用户的公钥信息。当用户尝试进行网上交易时，服务器会向其发送由时间字串、地址字串、交易信息字串和防重放攻击字串组合在一起进行加密后得到的字串，USBKey 利用用户的私钥对字串进行不可逆运算得到新的字串，并将字串发送给服务器，服务器端也同时进行该不可逆运算，如果双方的运算结果一致便认为用户合法，交易便可以完成。

2．USBKey 的安全保障机制

（1）硬件 PIN 码保护

USBKey 采用了以物理介质为基础的个人客户证书，建立了基于公钥 PKI 技术的个人证书认证体系（PIN 码）。黑客需要同时取得用户的 USBKey 硬件以及用户的 PIN 码，才可以登录系统。即使用户的 PIN 码泄露，只要 USBKey 没有丢失，合法用户的身份就不会被仿冒。如果用户 USBKey 丢失，其他人不知道用户的 PIN 码，也无法假冒合法用户的身份。

（2）安全的密钥存放

USBKey 的密钥存储于内部的智能芯片中，用户无法从外部直接读取，对密钥文件的读写和修改都必须由 USBKey 内部的 CPU 调用相应的程序执行，而在 USBKey 接口以外，没有任何方式能对密钥区的内容进行读取、修改、更新和删除，这样可以保证黑客无法利用非法程序修改密钥。

（3）双密钥密码体制

为了提高交易的安全，USBKey 采用了双密钥密码体制保证安全性，在 USBKey 初始化的时候，先将密码算法程序烧制在 ROM 中，然后通过产生公私密钥对的程序生成一对公私密钥，公钥可以导出到 USBKey 外，而私钥则存储于密钥区，不允许外部访问。进行数字签名时以及非对称解密运算时，凡是有私钥参与的密码运算只在芯片内部即可完成，全程私钥可以不出 USBKey 介质，从而来保证以 USBKey 为存储介质的数字证书认证在安全上无懈可击。

（4）硬件实现加密算法

USBKey 内置 CPU 或智能卡芯片，可以实现数据摘要、数据加/解密和签名的各种算法，加/解密运算在 USBKey 内进行，保证了用户密钥不会出现在计算机内存中。

3．USBKey 身份认证的系统流程

USBKey 身份认证有基于冲击/响应的认证模式和基于 PKI 体系的认证模式两种，这里只介绍基于 PKI 体系的认证模式。

用户在申请 USBKey 时会发行一个公共密钥（公钥，Public Key）和一个私有密钥（私钥，Private Key）。私钥存放在用户的 USBKey 中，公钥保存在银行等发行者端。当发送一份保密文件时，发送方使用接收方的公钥对数据加密，而接收方则使用自己的私钥解密。

服务器端验证用户身份并传输数据的通信流程如下：

1）客户端通过确认按钮，将信息 A（用户名等）发送给服务器。

2）服务器收到信息 A 后，将信息 A、当前系统时间、随机码序列（为了防止重放攻击）形成的数据 B 保存在服务器上，并通过服务器的加密函数将上述信息以用户公钥加密的方式加密成数据 C 发送给客户端。

3）客户端收到该加密数据 C 后，用自己的私钥解密，再用服务器公钥加密后，形成数据 D 发还给服务器。

4）服务器收到数据 D 后，用自己的私钥解密，并与服务器上原来保存的数据 B 进行比对，若完全一致，则服务器认为请求者是合法用户，允许用户的登录操作。

☺ 讨论思考

1）USBKey 如何保证用户认证过程的真实性？

2）简述服务器端验证用户身份并传输数据通信的流程。

☺ 讨论思考
本部分小结
及答案

*11.5 AI 技术在电子商务安全中的应用

人工智能技术正在给电子商务带来颠覆性的变革，诸如视觉搜索与图像识别、产品推荐、美工美图和智能助手等已经在电子商务中得到了广泛的应用。与此同时，用来守护系统安全的 AI 和用来攻击系统安全的 AI 也都相继出现。从利用 AI 强化系统安全为出发点，结合利用 AI 强化系统安全和 AI 可能被恶意攻击的一些特征来综合分析 AI 在电子商务安全中的应用。

11.5.1 AI 在防范网络攻击中的应用

1．检测病毒和恶意软件

AI 利用大数据学习病毒、木马、隐藏广告和后门程序等恶意软件与正常软件的不同行为举止，从而判断执行中的软件行为更接近哪一种，利用这个特征来检测恶意软件和病毒。

和传统的防护软件利用恶意软件程序代码的特征库来判断相比，AI 技术通过进行自我学习和进化，能够对未知病毒或变种进行有效鉴定，且形成云端联动，及时更新共享、人机共智，提高了检测的有效性，更适用于对未知有害软件的防范。由于机器学习、神经网络等人工智能技术所具有的泛化能力，通过使用已知样本进行训练就可以在未知样本集达到很好的效果。

2. 日志的监视和解析

AI 利用大数据的分析技术，通过学习正常访问和恶意访问时的特征，判断受到的访问是否有攻击性。通过分析日志来判断攻击行为的工作，过去通常都是只有少数安全专家凭借经验才能做到，而 AI 则可以拥有和专家相似甚至更高的准确度，却没有安全专家昂贵的人力成本和数量紧缺的限制，可以有效缓解对高层次安全专家的依赖性。

3. 对用户的持续认证

通常购物平台等系统的认证都是在最初用户进入系统时通过密码、指纹和面部识别等方式进行认证，认证通过后就认为是用户本人，可以进行各种操作。而事实上通过 session 劫持，或者直接操作别人忘记退出的系统界面进行非法操作的行为也多有发生，这种情况下就需要持续认证的登场。持续认证不仅在初始进入系统时，而是在整个用户访问过程中，利用用户的 IP 地址、访问时刻、所处位置、常用的操作习惯、浏览内容，甚至是鼠标的运动轨迹和打字速度等信息来判断当前的用户和初始用户是不是同一个人，是否存在异常的举止，从而及时提醒用户采取防范措施，或者直接从系统控制端上采取措施限制非法入侵来保护用户。

11.5.2　防范利用 AI 及面向 AI 的安全攻击

从某种意义上看，AI 是一把双刃剑，既然它可以用来强化系统安全，就也有可能被用来威胁系统安全。只有了解可能被攻击的方式和方法，才能更好地防范和瓦解这些攻击。下面就介绍常见的一些利用 AI 和针对 AI 的攻击方式。📖

> 📖知识拓展
> 主流 AI 和机器学习框架介绍

1. 防范模仿人类行为的 AI 攻击

随着 AI 技术的进步，在不同领域突破图灵测试的 AI 已经不是幻想，Google I/O 2018 大会的最后一日，Alphabet 公司的负责人表示：在预约领域，他们开发的 AI 已经通过了图灵测试。也就是说网络或电话的另一端是人还是 AI 已经难以区分。生活中最常见的一个例子是，成千上万的骚扰电话就是通过 AI 拨打的。另外，通过图像识别、声音识别突破网络认证，实施网络攻击的其他例子也比比皆是。

防范这类危险的有效方法是通过大数据标记出这些有可能包含诈骗行为的电话号码、网络机器人和非法 IP 地址等，运营商、用户和第三方安全厂商三位一体，共同抵御防范这类安全风险。

2. 防范 AIF（AI Fuzzing）攻击

Fuzzing 本来是指专业测试人员通过将无效、意外或半随机的数据注入系统接口或程序，然后监视系统的崩溃、未预期的跳转及潜在的内存泄露等事件来发现系统的普通漏洞和零日漏洞（Zero-day，又称零时差攻击，是指被发现后立即被恶意利用的安全漏洞）。由于这种操作需要大量专业知识及时间和智能成本，网络犯罪分子并不经常使用Fuzzing来发现漏洞，但AI的出现大大降低了这种成本。网络犯罪分子开始利用机器学习增强的自动化Fuzzing程序，这样他们就能够加速发现零日漏洞，导致针对不同程序和平台的零日攻击增加。由于难以预测和防御完全未知的攻击，因此这种发展方向可能带来网络安全的重大安全隐患。攻击者只需要简单的知识就能够开发和训练Fuzzing程序，用以自动化和加速发现零日攻击。然后只需将AIF应用程序指向目标，就可以开始自动挖掘以进行零日攻击。

完全同样的技术可以用来早期发现系统的漏洞，因此比犯罪分子抢先找到漏洞并补救好是防范AIF攻击最好的对策。

3. 防范Deepfake攻击

Deepfake是深度学习（Deep Learning）和赝品（Fake）的合成词，是指利用AI合成高度逼真的画像、音声和影像技术。这其中有一种被称为GAN（生成对抗网络）的新兴技术被广泛应用，通过将两个神经网络的对抗作为训练准则，可以自动生成图像，包括自动篡改图像。早在2015年，GAN就被用于制作某公众人物表演“抽桌布”戏法的假视频，由于过于逼真，很快就火遍网络。利用这种技术合成的声音或图形往往能够以假乱真，诈骗组织或犯罪分子通常用它来行骗或散布谣言、左右舆论，最终得逞的可能性极大。

而在电子商务中，购物网站上的机器人水军已经颇具规模，很多商品评价已经由机器自动生成，不再需要雇人“灌水”。大量虚假评价的涌入，甚至不需要做到以假乱真，就能将真实评价淹没。

针对这种攻击，专家正在探索的基于深度学习的抗编辑视频水印技术是一种有效的防范技术。这种技术要求水印在视频中是隐藏着的，不能够被编辑，人工智能的深度学习技术被用来嵌入这些数字水印。一旦有了这种水印，图像、声音等是否被非法修改就可以通过水印的完整性来简单确认。

除了技术手段外，广泛宣传、强化认知、多渠道确认和不盲目传播等素质教育也是防止这种攻击的有效手段。

4. 防范数据投毒攻击

数据投毒攻击是被广泛认知的一种面向AI的攻击手法。当前机器学习、深度学习等人工智能算法严重依赖于训练数据的质量，如果攻击者改变用于学习的数据样本，向AI系统发起“投毒攻击”，就可能造成AI系统底层模型的错误。而基于这种数据学习出来的AI系统就会忽视真正的恶意攻击。要使这种攻击方法成立，攻击者往往会构筑和防御者一样的AI系统，有针对性地诱导系统做出有利于攻击者的选择。

为了防范这类攻击，除了对于学习数据的严格管理外，对于使用AI模型算法的严格保密也必不可少，因为公开的算法和模型往往更容易招致攻击和入侵。

5. 防范模型提取攻击

模型提取攻击是另一种针对机器学习的攻击手法，出自于Florian Tramèr等人2016年发表的论文“Stealing Machine Learning Models via Prediction APIs”（《利用预测API来窃取机器学习模型》）。在此攻击中，具有黑盒访问但没有ML模型参数或训练数据的先验知识的对手旨在窃取模型的功能。模型提取攻击示意图如图11-12所示。

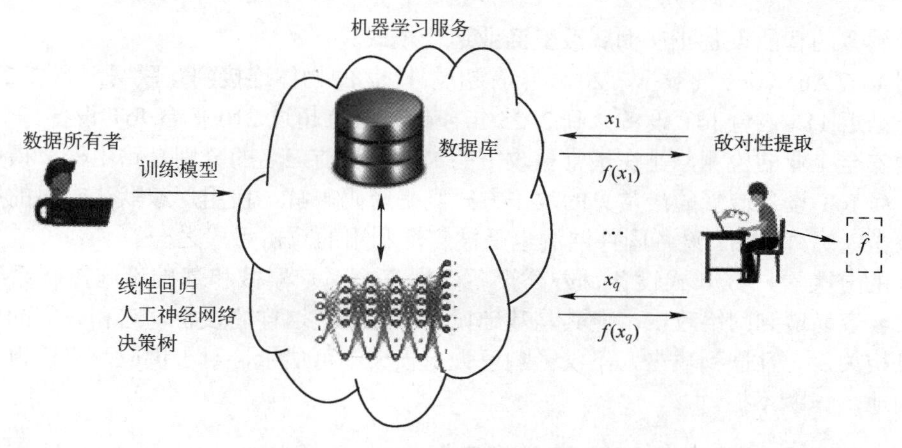

图 11-12　模型提取攻击示意图

针对数据所有者提供的机器学习模型，攻击者通过黑盒访问的方式最终取得 f 函数的详细内容。通过一系列的输入数据 $x_1, \cdots, x_q$，得到各输出数据 $f(x_1), \cdots, f(x_q)$。根据这些输入/输出数据解开模型内部的逻辑结构，从而实现机器学习模型的复制。

根据机器学习模型输出值的不同，作者提出了几种不同的攻击方式，其中在数据模型给出数据分类和可信度（概率）的情况下，解方程攻击法的原理为：根据给出的数据分类数可以知道数据的模型。

☺ 讨论思考

1）AI 在防范网络攻击中的应用方式有哪些？

2）Deepfake 攻击的主要基本原理是什么？

3）人类应如何从认知的层面消除 AI 威胁？

☺ 讨论思考
本部分小结
及答案

*11.6　电子商务中物联网设备的安全问题与防范

【案例 11-5】 物联网的攻击：根据 CNCERT 监测数据，自 2022 年 6 月 1 日至 30 日，共捕获物联网恶意样本 486620 个，发现活跃的僵尸网络服务器地址 4083 个，其地址位置主要分布在美国（38.8%）、中国（8.5%）、俄罗斯（7.5%）等国家。针对物联网的网络攻击主要使用密码爆破、漏洞利用等方式进行感染和控制设备，根据 CNCERT 监测分析，2022 年 6 月发现 607 类活跃的物联网在野漏洞攻击，发现针对物联网设备的在野漏洞攻击行为达 14 亿 307 万次，发现活跃的被感染僵尸节点 IP 有 1703631 个。

11.6.1　物联网安全的发展状况

物联网（Internet of Things，IoT）是互联网、传统电信网等的信息承载体，是让所有能行使独立功能的普通物体实现互联互通的网络。物联网由连接到互联网的所有日常设备组成，这些设备相互通信并共享数据。这类设备给人们的生活带来了极大的便利，也为电子商务的发展带来了巨大的商机。电子商务零售商没有传统零售商那样与顾客面对面沟通的优势，但是，联网设备可以使电子商务零售商有机会直接接入到顾客家庭生活的每一个细微角落。越来越多的智能设备正在彻底改变商业运营模式。

根据 IoT Analytics 的数据，2016 年有超过 47 亿的物体连接到互联网；到 2021 年，市场已增长到近 116 亿台 IoT 设备；到 2025 年，估计将有超过 210 亿台 IoT 设备。

根据安全企业的检测，排在最常被攻击的 IoT 设备前三名的分别是路由器、摄像头和智能电视。而 IoT 设备遭受的最常见的攻击方式则是密码破解，使用厂家默认密码的用户最容易遭到攻击。另外，IoT 设备固件漏洞也是被广泛利用的攻击手段之一。

从大的分类看，嵌入式设备、办公设备、汽车、医疗器械和基础设施控制系统这些智能设备比较容易遭到网络攻击。尤其是基础设施控制系统这样的设备，它和人们的日常社会生活息息相关，一旦遭到攻击，不仅影响巨大、损失不可估量，对于供应商来说也有可能造成信誉扫地、一蹶不振。

11.6.2 IoT 设备面临安全风险的种类和特征

（1）IoT 设备面临安全风险的种类

1）不安全的通信链路。许多低端廉价的 IoT 设备采用非加密或低强度的加密机制来传输各种数据信息，使得 IoT 设备极易遭受各种恶意攻击者的访问或操控。

2）数据泄露。IoT 数据往往存放在云端和其终端设备本身两处。云端服务依赖于运营商的管理机制，而其设备本身则依赖于用户的管理和设置。如果管理不善，一些重要的个人隐私信息如地理位置、家庭住址、姓名、电话号码和购物信息等随时都会面临着被泄露的风险。

3）软件漏洞。IoT 终端设备由于其长时间使用的特点，软件过期或被发现有新漏洞的可能性很大。企业如果有持续的软件更新机制，一定程度上可以避免这种风险，而对于普通的个人用户，定期点检和更新软件从技术上和经济上都很难实现，这就导致了大量的个人用 IoT 终端长期暴露在被攻击的风险之下。

4）恶意软件感染。恶意软件可能会影响 IoT 设备的操作，可通过获取未授权的访问来盗取隐私信息或者实施对用户本人或他人的攻击，例如引发大规模 DDoS 攻击或者被用来挖矿、作为攻击他人的远程跳板等。

5）服务中断或停止。IoT 设备受到攻击导致网络连接不稳定的情况时有发生，对于像楼宇安防系统这样的安全保障系统来说，可能会直接影响系统整体的安全性。而对于医院、电力、交通运输等与人们日常生活息息相关的企业，可能会直接引发生命安全问题。

（2）IoT 设备的安全问题特征

1）威胁范围广，受害面大。因为 IoT 设备永远在线，所以一旦遭到攻击往往危害会迅速蔓延至整个系统。近些年随着汽车和医疗设备的智能化，危害到生命的危险也在逐年增加。

2）IoT 设备使用期限长久。多数 IoT 设备都是长期使用，设备导入时的安全对策随着时间的推移往往会失去作用。犯罪分子往往会针对过保或长期没有实施软件更新的设备发起侵入行为。

3）IoT 设备难以监视。随着一般用户家庭内的 IoT 设备的大量普及，对这些设备进行专门的 24 小时监视变得越来越不可能，当问题发生后才意识到问题的情况越来越多。

4）难以预测的接入设备。万物皆可联网本是 IoT 设备的魅力所在，但网络开发者当初并没有预计到接入设备接入网络后，后果往往难以预料，引发安全问题的可能性也越来越大。

11.6.3　确保 IoT 设备安全的对策

确保 IoT 设备安全应从终端用户、生产厂商、产业管理部门、网络运营部门、应用商户等多方面强化安全对策，下面仅就终端用户和厂商及产业管理部门应采取的对策归纳如下：

（1）终端用户应采取的对策

1）选择有全面系统支持和良好安全记录的产品和供应商。

2）根据说明书进行认真的初期设置并定期对设备进行点检，不使用默认密码。

3）不使用 IoT 设备时随时关闭设备电源。

4）更换设备时彻底删除设备中的用户信息。

（2）厂商及产业管理部门应采取的对策

1）通过制定安全标准及最佳实践引导等方式提高 IoT 产品自身的安全性。

2）为了能够在设备发生安全问题时迅速查明原因和找出对策，设备自身应该保留足够的日志等操作记录，企业应该提供有力的支持和指导。

3）通过检测认证、实时监测、定期评估等手段提高 IoT 应用的安全防护能力，指导用户选择安全性能好的产品。

4）建立强有力的信息共有机制，发生问题后迅速公开问题及对策，避免损失扩大化。

☺ 讨论思考

1）IoT 设备面临哪些常见的主要安全风险？

2）为确保 IoT 设备安全，终端用户需要采取哪些对策？

☺ 讨论思考
本部分小结
及答案

11.7　本章小结

本章主要介绍了电子商务安全的概念、电子商务的安全问题、电子商务的安全要求、电子商务的安全体系、AI 技术在电子商务中的安全应用及 IoT 设备的安全防范等安全问题。着重介绍了保障电子商务的安全技术、网上购物安全协议 SSL、安全电子交易 SET，并介绍了电子商务身份认证证书服务的安装与管理、Web 服务器数字证书的获取、Web 服务器的 SSL 设置、浏览器数字证书的获取与管理、浏览器的 SSL 设置及访问等，最后介绍了电子商务的安全解决方案和 AI 技术在电子商务中的安全应用及 IoT 设备的安全防护。

*11.8　实验 11　使用 Wireshark 抓包分析 SSL 协议

11.8.1　实验目的

实验视频
实验视频 11

本实验将学习 Wireshark 解析工具的使用，并抓包分析 SSL 协议的三次握手，给电子商务应用网站开发和运营者提供一些安全上的指引。

本实验的主要目的有以下 3 个：

1）学习解析工具 Wireshark 的使用过程和使用方法。

2）学习 Wireshark 具体检测结果的解读和分析。

3）加深对网站各种安全威胁的认识和理解。

11.8.2　实验要求及注意事项

1．实验设备

本实验需要一台安装有 Windows 10 操作系统的计算机。

2．注意事项

1）预习准备

由于本实验中使用的软件读者可能不太熟悉，可以提前查找资料对这些软件的功能和使用方法做一些预习，以实现对实验内容的更好理解。

2）注意弄懂实验原理、理解各步骤的含义

对于操作的每一个步骤要着重理解其原理，生成的评估报告要着重理解其含义，并理解为什么会产生这种评估结果。

实验用时：2 学时（90～120min）。

11.8.3　实验内容及步骤

实验内容主要包括下载安装解析工具和分析 SSL 三次握手过程，下面将分步进行说明。

1．下载和安装检测工具

Wireshark 是一款开源软件，可以到下述网站下载该软件，下载后按软件提示安装即可。

https://www.wireshark.org/#download

2．分析 SSL 三次握手过程

选择需要捕获的网卡，单击“捕获”菜单，在弹出的子菜单中选择开始选项，进行数据包的捕获，如图 11-13 所示。

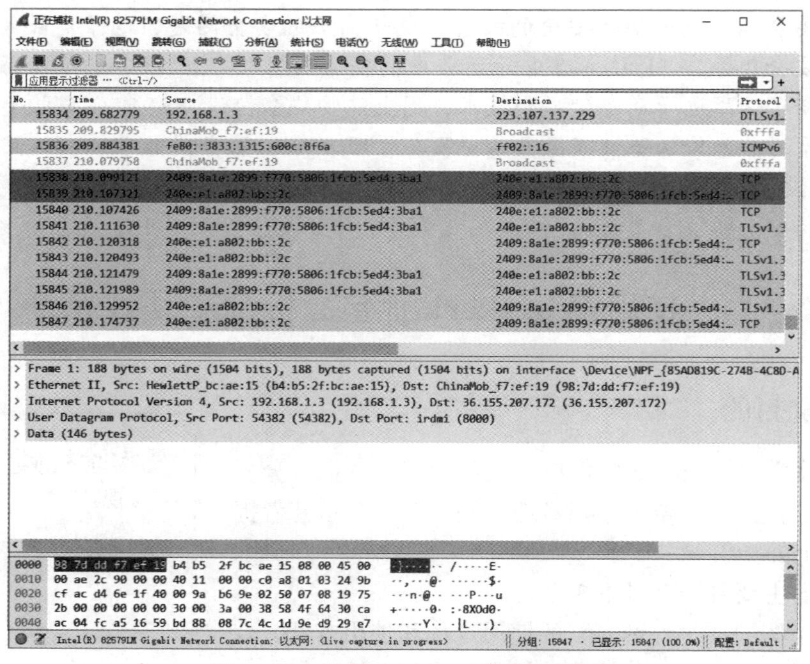

图 11-13　选择 Wireshark 的捕获界面

输入过滤器“tls”后，软件会对数据包的内容进行过滤解析，并显示过滤后的内容。

（1）第一次 SSL 握手

客户端向服务器发送 Client Hello 消息，客户端把自己所支持的 TLS 版本都列在了 Client Hello 里面，如图 11-14 所示。

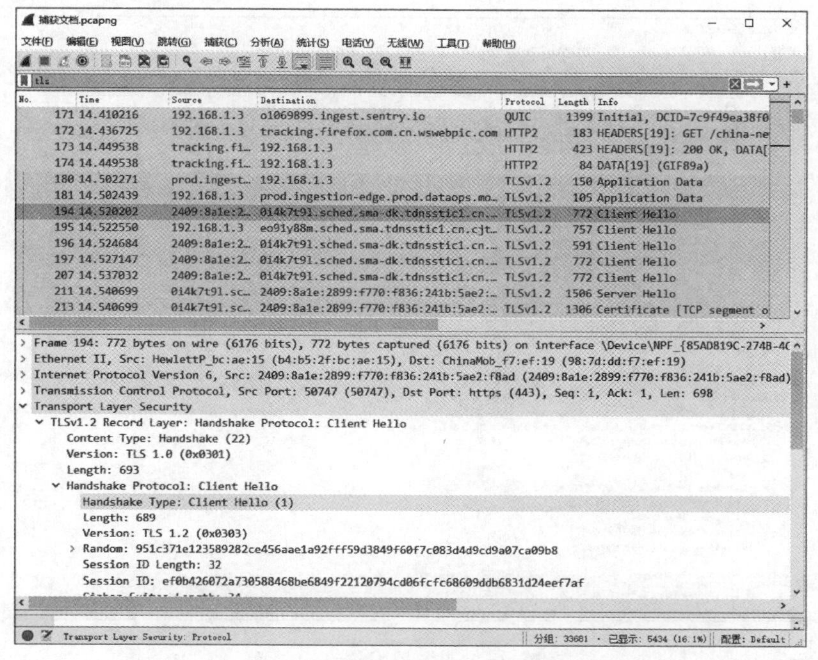

图 11-14　第一次 SSL 握手信息

（2）第二次 SSL 握手

服务器开始回复客户端 Server Hello 消息，如图 11-15 所示。

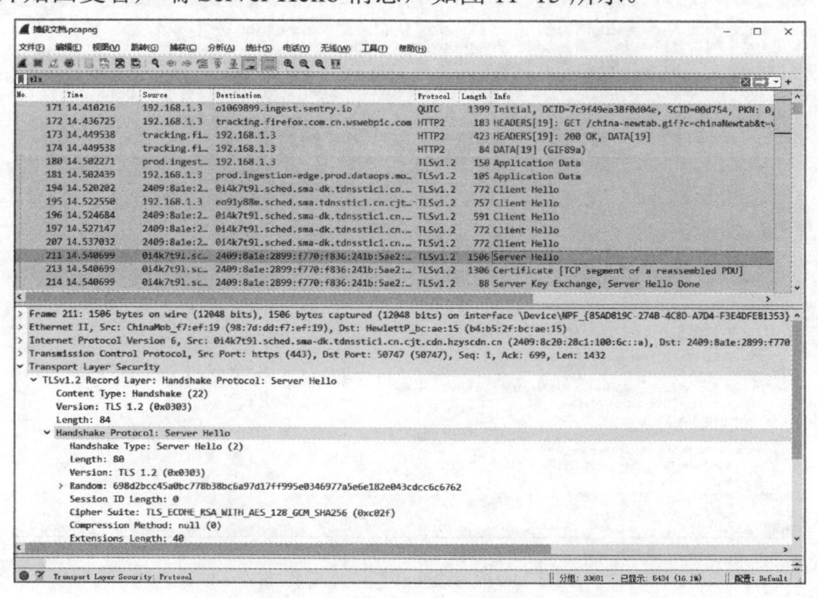

图 11-15　第二次 SSL 握手信息

（3）第三次 SSL 握手

收到 Server Hello 消息之后，服务器发送一个证书，如图 11-16 所示，客户端收到证书去做验证。验证完毕后生成一个本地的随机密码（见图 11-17），并且把密码发给服务器，告诉服务器，后面的报文开始加密了。

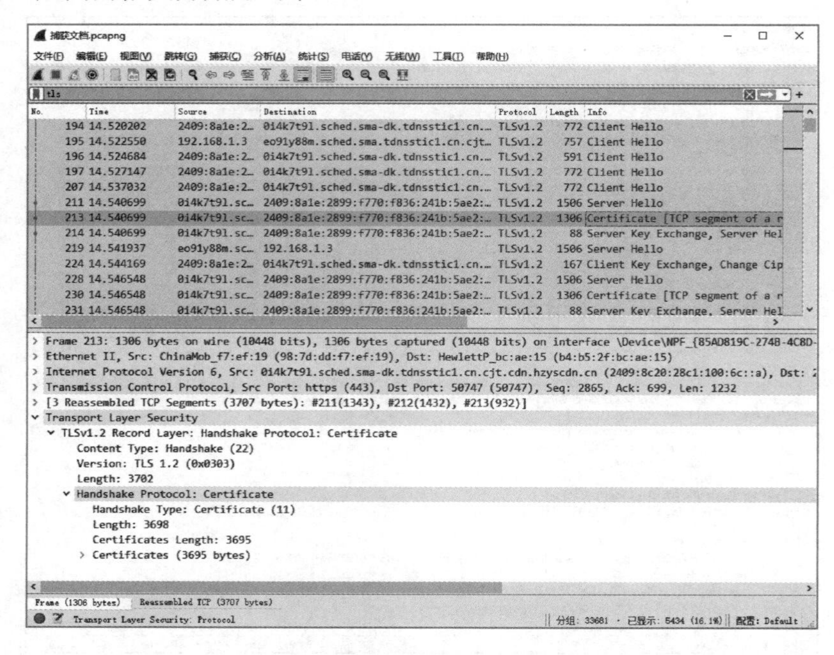

图 11-16 服务器发送证书界面

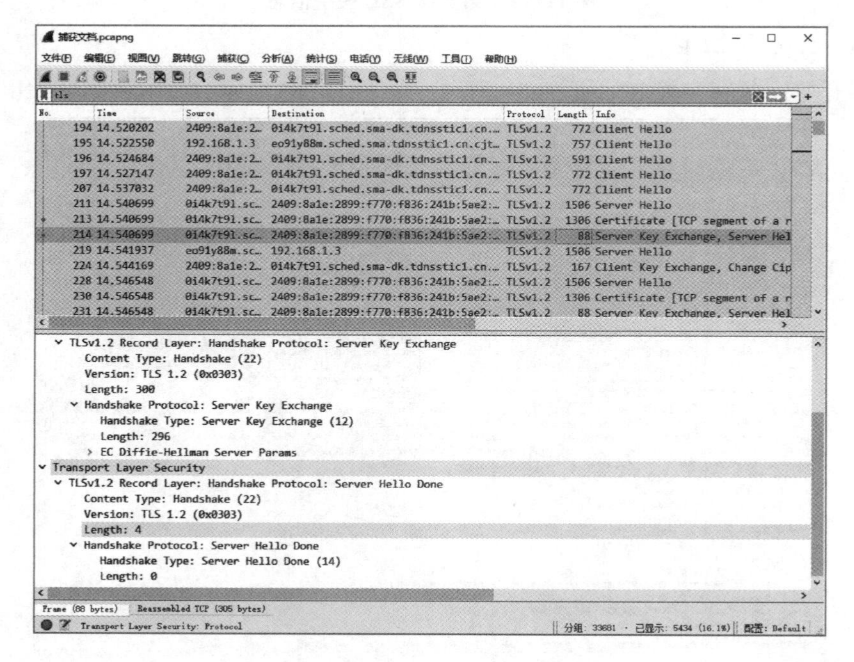

图 11-17 验证随机密码界面

11.9 练习与实践 11

1．选择题

（1）交易的不可抵赖性包括（ ）。

A．源点防抵赖　　B．接收防抵赖

C．回执防抵赖　　D．传输防抵赖

（2）在 Internet 上的电子商务交易过程中，最核心和最关键的问题是（ ）。

A．信息的准确性　　B．交易的不可抵赖性

C．交易的安全性　　D．系统的可靠性

（3）电子商务以电子形式取代了纸张，在它的安全要素中，（ ）是进行电子商务的前提条件。

A．交易数据的完整性

B．交易数据的有效性

C．交易的不可否认性

D．商务系统的可靠性

（4）应用在电子商务过程中的各类安全协议，（ ）提供了加密、认证服务，并可以实现报文的完整性，以完成需要的安全交易操作。

A．安全超文本传输协议（S-HTTP）

B．安全交易技术（STT）协议

C．安全套接字层（SSL）协议

D．安全电子交易（SET）协议

（5）支付安全技术中 USBKey 的实质是（ ）。

A．数字证书　　B．数字信封

C．信息摘要　　D．数字校验

2．填空题

（1）一个相对完整的电子商务安全体系由________、________、________、________、________和________6 部分组成。

（2）电子商务的安全要素主要包括 6 个方面，它们是________、________、________、________、________、________。

（3）常见的针对 AI 的攻击方法有________、________等。

（4）安全套接字层协议是一种________技术，主要用于实现________和________之间的安全通信。________是目前网上购物网站中经常使用的一种安全协议。

（5）IoT 设备面临安全风险的种类有________、________、________、________、________等几种。

3．简答题

（1）什么是电子商务安全？

（2）安全电子交易 SET 的主要目标是什么？交易成员有哪些？

（3）简述 SET 协议的安全保障及技术基础。

（4）IoT 设备的安全问题有哪些特征？

（5）USBKey 的安全保障机制有哪些？

（6）常见的针对 AI 的攻击方式有哪些？

4．实践题

（1）要安全地进行网上购物，如何识别基于 SSL 的安全性商业网站？

（2）浏览一个银行提供的移动证书，查看其与浏览器证书的区别。

（3）使用第一代 USBKey 和第二代 USBKey，理解它们的区别。

（4）查看一个电子商务网站的安全解决方案等情况，并试着提出整改意见。

第12章　网络安全新技术及解决方案

网络安全新技术、新方法和新应用有助于更有效地促进安全防范。网络安全解决方案是综合解决网络安全问题的有效措施，是各种技术和方法的综合应用。网络安全解决方案涉及网络安全技术、策略和管理等多方面，其具体分析、设计和实施将直接关系到企事业机构网络系统和用户的信息安全，以及信息化的建设和安全，可以帮助人们更有效地解决网络安全中的实际问题。

教学目标

- 了解网络安全新技术的概念、特点和应用
- 理解网络安全方案的相关概念、特点和制定
- 掌握网络安全解决方案的需求分析和设计
- 学会网络安全解决方案的应用案例和编写

*12.1　网络安全新技术概述

【引导案例】 我国采用了很多国外信息产品，“核心技术受制于人”的局面应尽快改变。沈昌祥院士指出：作为国家信息安全基础建设的重要组成部分，自主创新的可信计算平台和相关产品实质上也是国家主权的一部分。只有掌握关键技术，才能提升我国网络安全的核心竞争力。构建我国可信计算技术产业链，形成和完善可信计算标准，在国际标准中占有一席之地，并在政府、军队、金融、通信等部门广泛应用，有助于提升网络安全核心技术，构建我国自主产权的可信计算平台。

12.1.1　可信计算及应用

《国家中长期科学技术发展（2006～2020 年）》明确提出“以发展高可信网络为重点，开发网络安全技术及相关产品，建立网络安全技术保障体系”。我国多次规划将可信计算列为有关工程项目的发展重点，使可信计算标准系列逐步完善，核心技术设备形成体系。

教学视频
课程视频 12.1

知识拓展
可信计算的产生与发展

1．可信计算的概念及体系结构

中国工程院院士沈昌祥多次提出推广安全可信网络产品和服务，并强调：当前大部分网络安全系统主要是由防火墙、入侵检测和病毒查杀组成的“老三样”，“封堵查杀”难以应对利用逻辑缺陷的攻击，并存在安全隐患。可信计算采用运算和防护并存的主动免疫新计算模式，以密码为基因实施身份识别、状态度量、保密存储等主动防御措施，为网络信息系统培育免疫能力。通过实施三重防护主动防御框架，实现“进不去、拿不到、看不懂、改不了、瘫不了和赖不掉”的安

全防护效果。📖

📖知识拓展
院士谈“老三样”和可信计算

可信计算（Trusted Computing）也称可信用计算，是一种基于可信机制的计算方式。可信计算将计算与安全防护并进，保持计算全程可测可控且结果与预期一样，不被干扰破坏，以提高系统整体的安全性。可信计算是一种运算和防护并存的主动免疫的新计算模式，具有身份识别、状态度量、保密存储等功能，可以及时识别“自己”和“非己”成分，从而防范与阻断异常行为的攻击。

可信计算的主要内容包括 4 个方面：一是用户身份认证，是对使用者的信任；二是平台软硬件配置的正确性，可体现使用者对平台运行环境的信任；三是应用程序的完整性和合法性，可体现应用程序运行的可信；四是平台之间的可验证性，是指网络环境下平台之间的相互信任。

可信计算技术的核心是可信平台模块（Trusted Platform Module，TPM）的安全芯片，包括密码运算部件和存储部件。以此为基础，可信计算系统主要体现在 3 个方面：

1）可信的度量。先对实体进行可信度量，包括认证和完整性等，才能获得其控制权。

2）度量的存储。将全部度量值形成一个序列保存在 TPM 中，包括度量过程日志存储。

3）度量的报告。平台可信度以“报告”机制确定，采用 TPM 报告度量值和相关日志，需要经过实体和平台之间的双向认证过程。

可信计算在遵守由惠普、IBM、英特尔和微软等公司组成的可信计算组织（Trusted Computing Group，TCG）规范的完整可信系统，主要常用 5 种关键技术：

① 签注密钥。是一个 RSA 公共和私有密钥对，出厂时随机生成存入芯片且不变。公共密钥用于认证及加密传送到芯片的机密数据。

② 安全输入输出。是用户交互的系统间受保护的路径，防止恶意软件以多种方式（如键盘监听和截屏）拦截用户和系统进程间传送的数据。

③ 存储器屏蔽。提供独立的存储区域，拓展存储保护技术，包含密钥位置等。使操作系统也不具备被屏蔽存储的完全访问权限，这样即便黑客控制了操作系统，信息也是安全的。

④ 密封存储。对机密信息采用与软硬件平台配置信息绑定保护的方式，使其信息只能在相同软硬件组合环境下读取，只有有许可证的用户才能读取保护文件。

⑤ 远程认证。保护用户授权认证。通过硬件生成软件证书，利用设备可将此证书传送给远程被授权方，显示该软件尚未被破解。

2. 可信计算体系结构

📖知识拓展
中国高度重视可信计算

我国对可信计算高度重视并给予重点支持和研究。可信计算体系结构如图 12-1 所示。📖

1）可信免疫计算模式。传统企事业机构的网络安全防范，主要采用由防火墙、入侵检测和病毒查杀等组成的“老三样”，这种消极被动的封堵查杀措施防不胜防。网络安全中这种新的可信计算模式，其构建的可信计算的架构可以更好地解决相关安全问题，如图 12-2 所示。

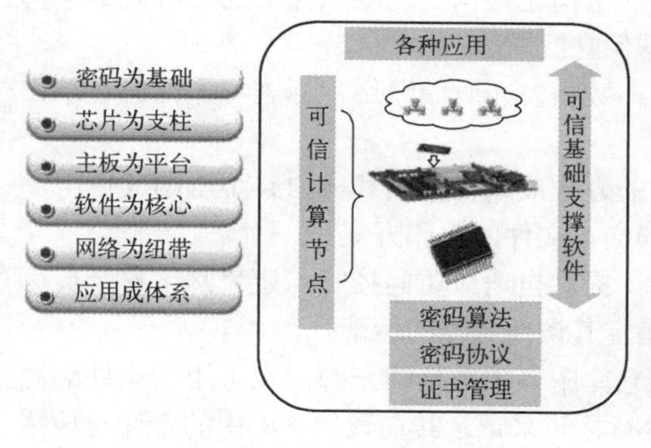

图 12-1　可信计算体系结构

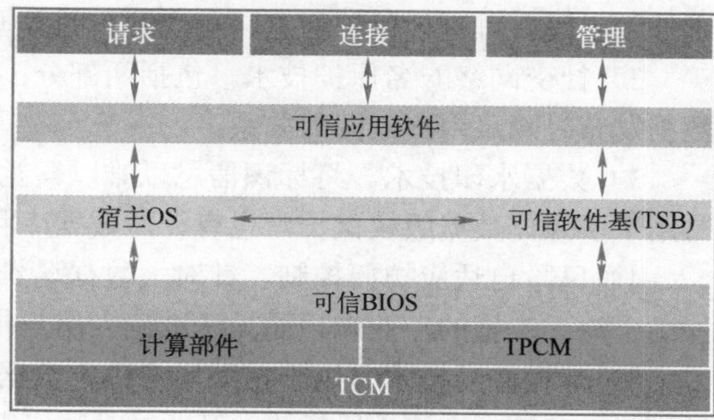

图 12-2　可信计算双体系架构

2）安全可信系统框架。在当下的信息化社会中，云计算、大数据、移动互联网、虚拟动态异构计算环境等新技术都需要可信度量、识别和控制，包括 5 个方面：体系结构可信、操作行为可信、资源配置可信、数据存储可信和策略管理可信。通过构建可信安全管理中心支持下的积极主动三重防护框架，主要围绕安全管理中心实现系统管理、安全管理和审计管理，形成积极防御体系，提高网络安全多重防护。

3. 可信计算的典型应用📖

📖知识拓展
院士谈可信计算的应用

1）防止身份信息被盗用。当用户登录网银或购物网站时，服务器可产生正确的认证证书并只对该页面服务。用户可通过该页面发送用户名、密码和账号远程认证等。

2）防范系统遭受病毒和恶意软件侵害。软件数字签名可识别并提醒用户经过第三方修改插入恶意软件的应用程序。

3）强化生物识别身份验证数据安全。身份认证生物鉴别设备可采用存储器屏蔽及安全 I/O 等可信计算技术，确保无恶意软件窃取机密生物识别信息。

4）核查远程网格计算结果。确保网格计算系统参与者返回结果的真实性。大型模拟运算（如天气系统模拟）无须进行繁重冗余的运算，保证结果不被伪造。

5）数字版权保护。可构建安全数字版权管理系统，如各种文件/资源下载，只能按指定授权或规则/设备和特定阅读/播放器才能使用，否则远程认证可拒绝使用并防止被复制。

6）防止在线模拟训练或比赛作弊。远程认证、安全 I/O 及存储器屏蔽可核对所有接入服务器的用户，确保其正运行未修改的软件副本，保证用户在射击训练、操作考试或游戏等中的结果可靠。

12.1.2　大数据的安全防范

📖知识拓展
大数据安全风险及防范

数据安全技术是保证数据资源安全的关键。在大数据存储、传输过程中对数据进行加密处理，是保障重要数据（信息）安全的最常用有效措施。📖

1）数据发布匿名保护技术。是对大数据中的结构化数据实现隐私保护的核心关键与基本技术手段。可有效保护静态、一次发布的数据保密问题。

2）社交网络匿名保护技术。包括两部分：在数据发布时隐藏用户标志与属性信息；在数据发布时隐藏用户之间的关系。

3）数据水印技术。将标识信息以难以察觉的方式嵌入在数据载体内且不影响其使用，常用于多媒体数据版权保护，也有针对数据库和文本文件的水印方案。

4）风险自适应访问控制。针对大数据场景，提供自适应访问控制，避免网络安全员可能由于缺乏丰富的专业知识而无法准确为用户指定其访问数据的情形。

5）数据溯源技术。用于帮助用户确定数据仓库中各项数据的来源，也可用于文件溯源及恢复，其基本方法是标记法，可通过对数据进行标记来记录其在数据仓库中的查询与传播历史。

12.1.3 云安全技术及应用

1．云安全的概念

云安全（Cloud Security）融合并行处理、网格计算、未知病毒行为判断等新技术，是云计算在网络安全领域的重要应用。通过网络中大量客户云端对病毒特征行为的异常监测，获取互联网中木马、恶意程序的最新信息，传送到服务器端自动分析和处理，再将防范病毒解决方案分发到每个客户端，构成整个网络系统的安全体系。🕮

> 🕮知识拓展
>
> 互联网是查杀病毒系统

云安全主要是为了彻底解决木马黑灰产业链导致的互联网严峻的安全问题而产生的一种全网防御安全体系结构，包括智能化客户端、集群式服务端和开放的平台3个层次。云安全是对现有反病毒技术基础的强化与补充，目的是让互联网时代的用户得到更快、更全面的安全保护。

1）稳定高效的智能客户端，可以是独立的安全产品，也可以是与其他产品集成的安全组件，可为整个云安全体系提供样本收集与威胁处理的基础功能。

2）服务端的支持，包括分布式的海量数据存储中心、专业的安全分析服务和安全趋势的智能分析挖掘技术，同时与客户端协作，为用户提供云安全服务。

3）云安全以一个开放性安全服务平台为基础，为第三方安全合作伙伴提供与病毒对抗的平台支持。云安全既可为第三方安全合作伙伴用户提供安全服务，又依靠与第三方安全合作建立全网防御体系，并可使全部用户都参与到全网防御体系中。

2．云安全关键技术

可信云安全的关键技术主要包括：可信密码学技术、可信模式识别技术、可信融合验证技术、可信“零知识”挑战应答技术、可信云计算安全架构技术等。

> **【案例12-1】** 云安全技术典型应用案例。在我国最近几年的网络安全新技术成果中，可信云（安全）电子证书得到广泛应用，云电子证书发放的主要过程如图12-3所示。另外一种广泛应用的网络可信云端互动的各种终端接入过程如图12-4所示。

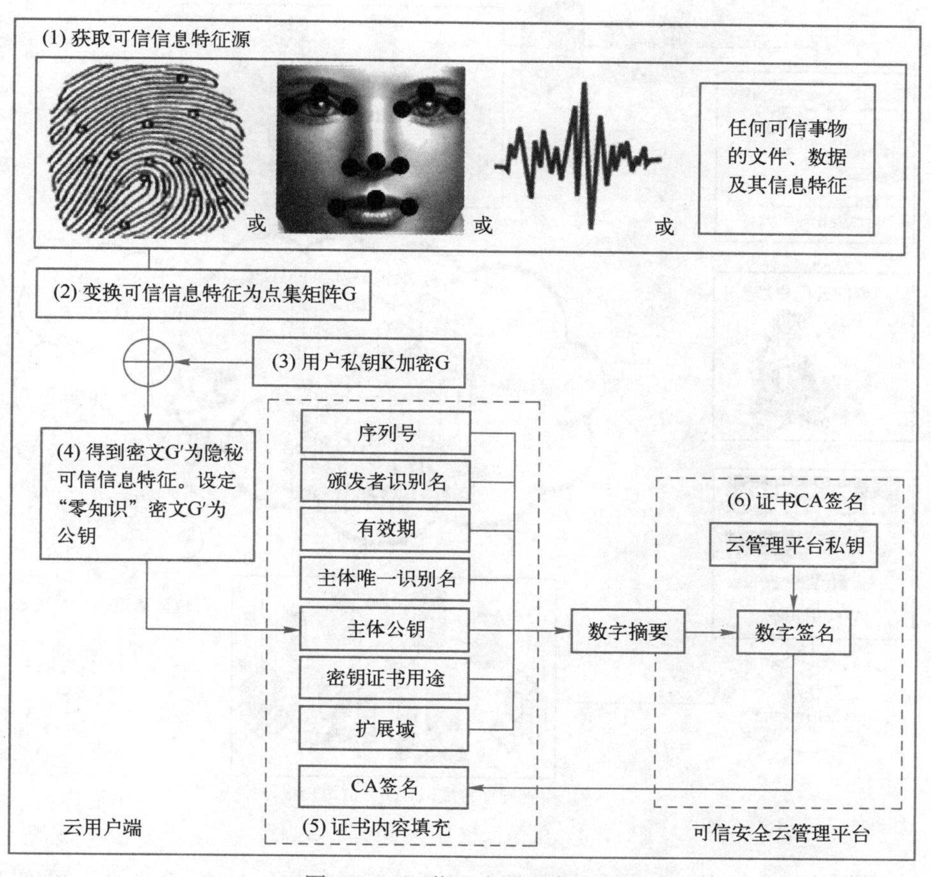

图 12-3　可信云电子证书应用

构建云安全系统，应当解决 4 个关键技术问题：

1）拥有海量客户端。用云安全探针对互联网上的各种病毒、挂马网站以灵敏感知的能力快速反应。如瑞星及合作伙伴拥有数亿客户端，可覆盖国内所有网民。

2）积累反病毒技术和经验。以强大的研发队伍和实力，综合运用大量虚拟机、智能主动防御、大规模并行运算等技术，及时处理天量上报信息，将结果对云安全系统的各成员共享。

3）构建广泛的云安全系统，需要投入大量的资金和技术。

4）开放系统且需要大量合作伙伴加入。

3. 云安全技术应用案例

趋势科技公司利用云安全技术取得很好的效果。云安全有如下 6 大主要应用：

1）Web 信誉服务。借助全球最大域信誉数据库，以恶意软件行为分析发现的网站页面、历史位置变化和可疑活动迹象等因素指定信誉值，追踪网页可信度。为了提高准确性、降低误报率，并为网站特定网页或链接指定信誉值，不用对整个网站分类或拦截。通过比对信誉值，可知网站潜在风险级别。用户可及时获得系统提醒或阻止，并可防范恶意程序源头。

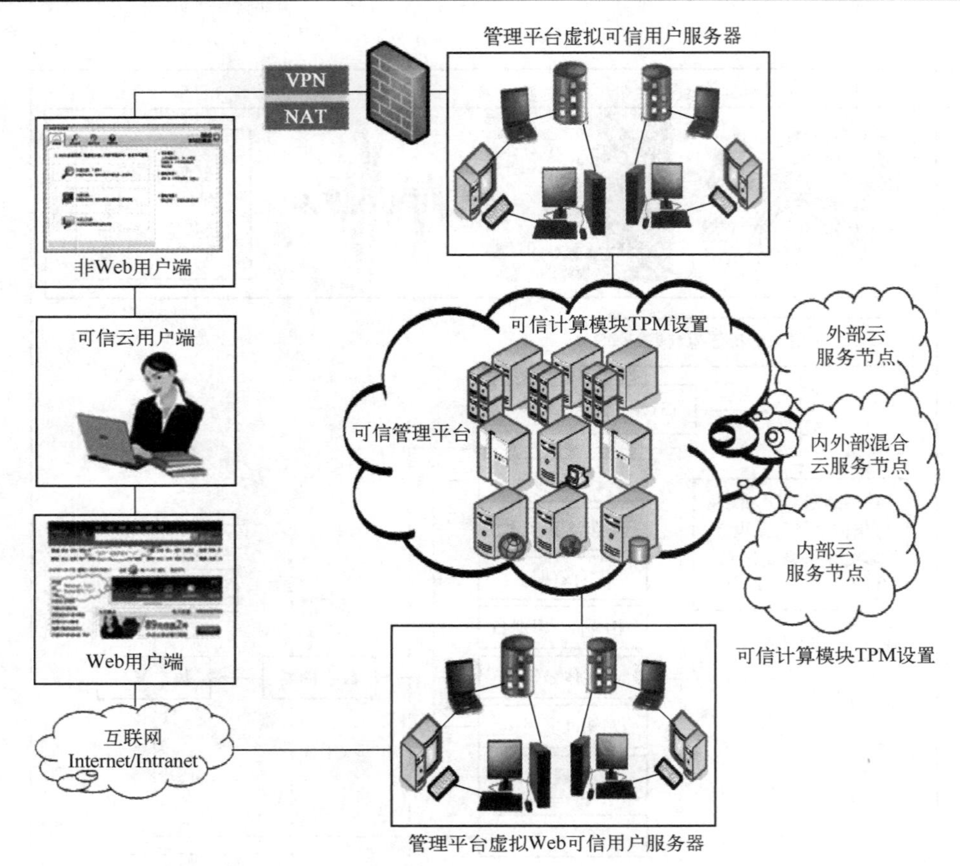

图 12-4　可信云端互动终端接入过程

2）电子邮件信誉服务。由已知垃圾邮件来源的信誉数据库检查 IP 地址，可实时评估发送者信誉的动态服务并验证 IP 地址。信誉评分通过对 IP 地址的行为、活动范围和历史不断分析及细化。按照发送者 IP 地址，在云中拦截恶意邮件，可防止 Web 威胁到达网络或用户。

3）文件信誉服务。主要利用防病毒特征码，检查位于端点、服务器或网关处文件的信誉。高性能的内容分发网络和本地缓冲服务器，可确保检查过程中的延迟时间降到最低。恶意信息保存在云中，可快速送达网络用户，并同占用端点空间的传统防病毒特征码文件对比，降低端点内存和系统消耗。🕮

🕮知识拓展
白名单技术的含义及应用

4）行为关联分析技术。利用行为分析“相关性技术”将威胁活动综合关联，确认恶意行为。需要按照启发式观点判定实际存在的威胁，检查潜在威胁不同组件之间的相互关系。通过将威胁的不同部分关联并不断更新其威胁数据库，及时响应并阻止针对邮件或 Web 的威胁。

5）自动反馈机制。以双向更新流方式在全天候威胁研究中心和技术之间实现不间断通信。通过检查单个客户的路由信誉确定各种新型威胁，利用类似的“邻里监督”方式，实时探测和及时进行“共同智能”保护，有助于确立全面的最新威胁指数。单个客户常规信誉检查发现的各种新威胁将自动更新到分布在全球各地的所有威胁数据库中，防止威胁后续客户。

6）威胁信息汇总。通过汇总补充其反馈和提交的内容。在趋势科技防病毒研发暨技术支持中心，对各员工可提供实时响应、全天候威胁监控和攻击防御，以探测、预防并清除攻击。

12.1.4　网格安全关键技术

1. 网格安全技术的概念

网格（Grid）是一种虚拟计算环境，利用网络将分布在异地的计算、存储、网络、软件、信息、知识等资源连成一个逻辑整体，如同一台超级计算机为用户提供一体化信息应用服务，实现互联网上所有资源的全面连通与共享，消除信息及资源孤岛。网格作为一种先进的技术和基础设施，已经得到了广泛应用。由于其动态性和多样性的环境特点带来了新的问题，需要新的安全解决方案，并考虑兼容各种安全模型、机制、协议、平台和技术，需要通过有效方法实现多种系统之间的互操作安全。

网格安全技术是指保护网格安全的技术、方法、策略、机制、手段和措施。

2. 网格安全技术的特点

网格安全技术可防止非法用户使用或获取网格资源，确保网络资源的安全性。网格环境具有异构性、可扩展性、结构不可预测性和具有多级管理域等特点，其安全问题与传统分布式计算环境不同。网格系统的安全体系的构建，除具有 Internet 的安全特性外，还具有 4 个主要特点：

1）异构资源管理。网格可以包含跨地理分布的多种异构资源、不同体系结构的超大型计算机和不同结构的操作系统及应用软件，要求网格系统能动态地适应多种计算机资源和复杂的系统结构，异构资源的认证和授权，给网络安全管理带来一定挑战。

2）可扩展性。网格的用户、资源和结构可动态变化，为适应网格规模的变化，需要网格系统安全结构具有可扩展性。

3）结构不可预测性。传统高性能计算系统中计算资源独占，系统行为可预测。而在网格计算系统中，资源共享造成系统行为和性能经常变化，使得网格结构难以预测。

4）多级管理域。网格的分布性特点，使同用户和资源有关的各种属性可跨越物理层属于多个组织机构。通常，由于构成网格计算系统的超级计算机资源属于不同机构或组织，且使用不同安全机制，需要各个机构或组织共同参与合作解决多级管理域问题。

3. 网格安全技术的需求

网格环境安全的基本需求包括机密性、完整性、可审查性和审计。机密性确保网格环境中的资源不被非法用户访问。完整性确保网格环境中的信息和资源不被非法用户修改，以确保其资源和信息安全存储与传输。可审查性确保网格环境中的用户行为可审查。审计用于记录网格环境中用户行为和资源的使用情况，可对审计日志分析及报警。网格环境具有特殊的安全需求：

1）认证需求。为实现网络资源对用户的透明性，需要为用户提供单点登录功能，用户在一个管理域被认证后，可以使用多个管理域的资源，而无须对用户进行多次认证。用户的单点登录功能需要通过用户认证、资源认证和信任关系的全生命周期管理。

2）安全通信需求。网格环境中具有多个管理域和异构网络资源，在此环境下的安全通信需支持多种可靠的通信协议。为支持网格环境中安全的组通信，还需要动态的组密钥更新和组成员认证。

3）灵活的安全策略。网格环境中用户具有多样性和资源异构的安全域，要求为用户提供多种可选择的安全策略，以提供灵活的互操作安全性。

4．网格安全关键技术

网格安全主要用于定义一系列的网络安全协议和机制，在逻辑连接的虚拟组织（如VPN）间建立一种安全域，为资源共享提供可靠的安全环境。网格安全技术主要利用密码技术，实现网格系统中信息传递的机密性、收发信息的可审查性和完整性。网格计算中，基于公钥加密、X.509证书和SSL通信协议的GSI（Grid Security Infrastructure）安全机制应用较广。网格安全关键技术包括以下几种：

1）网络安全认证技术。包括公钥基础设施PKI、加密、数字签名和数字证书等。数字证书的安全性依赖于CA私钥的安全性，对其管理可通过数据库服务器提供在线信任证书仓库，为用户存储并短期提供信任证书。用户可从不同入口接入网格使用其服务。利用PKI技术网格系统只对用户进行一次认证，就可访问多个节点资源。通过代理证书和证书委托，可为用户创建代理或在中心节点创建新代理形成安全信任链，实现节点间的信任传递与单点登录。

2）网格中的授权。通过用户在本地组织中的角色加入，解决社区授权服务（CAS）负担过重的问题。网格安全基础设施利用基于公钥加密、X.509证书和安全套接字层（SSL）通信协议的安全机制，用于解决虚拟组织VO中的认证和消息保护问题。📖

📖知识拓展
网格中的授权过程

3）网格访问控制。常由区域授权服务或虚拟组织成员提供。区域授权服务（CAS）允许虚拟组织维护策略，并可用策略与本地站点交互。各资源提供者需要通知CAS服务器关于VO成员对其资源所拥有的权限，用户要访问资源，需申请权限证书，验证后才可访问。网格跨越多个管理域并拥有各自的安全策略，VO需要制定一个标准的策略语言以支持多种安全策略，并同本地安全策略交互。

4）网格安全标准。Web服务安全规范可集成安全模型，并在更高层次构建安全框架。随着网格与Web服务的融合，网格环境安全支持Web服务安全标准，并可为SOAP消息提供安全保护，可兼容多种形式的传输层协议，实施不同级别的安全保护。为实施网格环境中的资源共享，其环境中使用安全声明标记语言（SAML）交换鉴定和授权信息，SAML基于XML消息格式定义了查询响应协议接口，可兼容不同的底层通信和传输协议，并通过时间标签在其用户之间建立动态信任关系。

📖知识拓展
网格安全新技术的发展特点

国内外还涌现出很多网络安全新技术、新成果和新应用。📖

☺讨论思考

1）什么是可信计算？典型应用有哪些？

2）什么是云安全技术？举例说明其应用。

3）什么是网格安全技术？其特点有哪些？

☺ 讨论思考
本部分小结
及答案

12.2　网络安全解决方案概述

【案例 12-2】　网络安全解决方案对解决安全问题至关重要。众多网上商品销售平台，由于企业以前没有很好地构建整体网络安全解决方案，基本采用防火墙、入侵检测和病毒查杀的“老三样”进行网络安全防范，致使平台的商品销售及支付子系统、数据传输和存储等不断出现各种网络安全问题，网络管理人员经常处于“头痛医头，脚痛医脚”的应付状态，这种现象自从构建了整体网络安全解决方案并进行有效实施后得到了明显改善。

12.2.1　网络安全解决方案的概念和特点

1．网络安全解决方案的概念和重要性

网络安全方案是指针对网络系统中存在的各种安全问题，通过系统的安全性分析、设计和具体实施过程构建的综合整体方案，包括所采用的各种网络安全技术、方法、策略、措施、安排和管理文档等。

教学视频
课程视频 12.2

网络安全解决方案是指注重解决各种网络系统安全问题的综合技术、策略、管理及方法的具体方案和实际运用，也是综合解决网络安全问题的具体措施。高质量的网络安全解决方案主要体现在网络安全技术、网络安全策略和网络安全管理 3 方面，网络安全技术是重要基础、网络安全策略是核心、网络安全管理是保证。

网络安全解决方案至关重要。现在，众多机构用户仍然局限于传统网络安全防范意识和观念，认为只要部署防火墙、安装杀毒软件和入侵检测系统（“老三样”）就可高枕无忧，其实这些传统网络安全技术不仅有很大的局限性和各自的缺陷与不足，其本身就有一定的风险和隐患，而且已经被一些黑客研究出应对方法。所以，必须采用网络安全解决方案，才能真正有效地进行整体协同以防范各种网络安全问题，高效利用统一威胁资源管理（UTM）等。

网络安全解决方案的整体防御作用如图 12-5 所示。

网络安全解决方案的发展方向，正在趋向于综合应用云安全、智能化、大数据等新技术和整体协同综合防范策略，通过多用户云客户端检测异常情况，获取各种网络病毒和异常数据，发送到云平台，经过智能深层综合解析和处理，将最终解决方案汇集返到各用户终端。利用大数据可以进行有效整合、深层挖掘分析并可以预测或发现发展态势，更有效地及时处理、反馈和防范。

2．网络安全方案的特点及类型

网络安全方案的特点具有整体性、动态性和相对性，需要按照对网络系统的测评结果，综合多种技术、策略和管理方法等要素，并以整体、发展和求实的方式进行需求分析、方案设计和实施。在制定整个网络安全方案项目的可行性论证、计划、立项、分析、设计和施行与检测的过程中，需要根据实际安全评估，全面和动态地把握项目的要素、要求和变化，切实达到网络安全防范的目标要求。

知识拓展
网络安全方案的特点

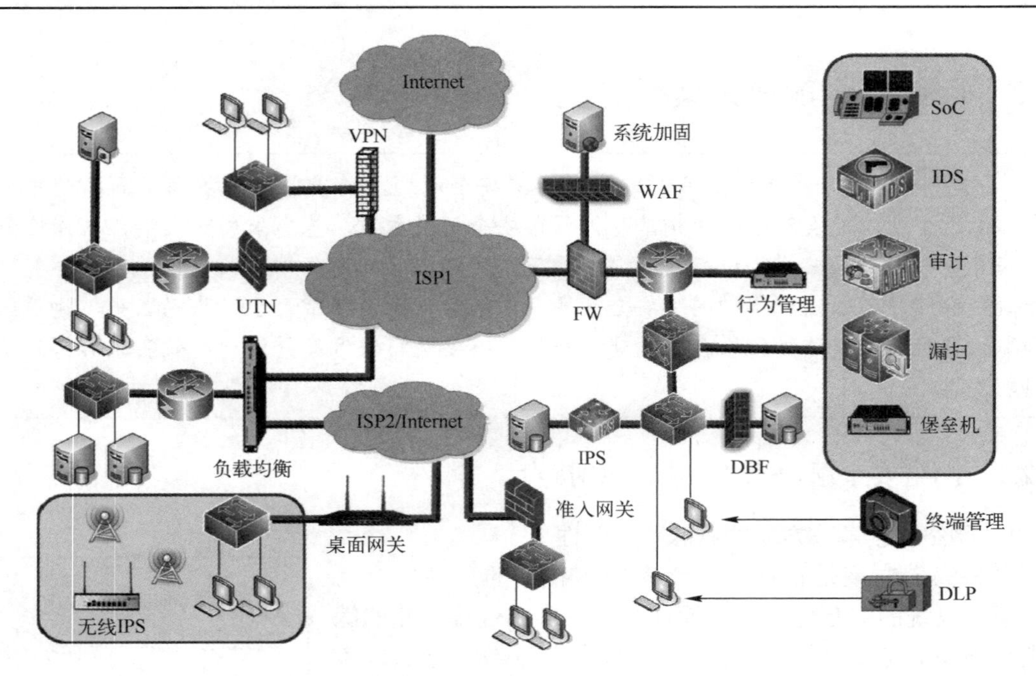

图 12-5 网络安全解决方案的整体防御作用

网络安全方案可以分为多种类型：网络安全建设方案、网络安全设计方案、网络安全解决方案、网络安全实施方案等。也可以按照行业特点或单项需求等方式进行划分，如网络安全工程技术方案、网络安全管理方案、金融行业数据应急备份及恢复方案、大型企业局域网安全解决方案、校园网安全管理方案等。在此只侧重介绍重点的网络安全解决方案。

12.2.2 网络安全解决方案的制定原则及注意事项

1. 网络安全解决方案的制定原则

制定网络安全解决方案的原则如下。

1）综合性及整体性原则。利用系统工程的观点和方法分析网络安全，应当从整体分析和把握网络安全风险和威胁，并综合全面地评估和采取整体性保护措施。其措施主要包括：法律法规、标准规范、各种管理制度（人员审查、工作流程、维护保障制度等）及技术手段、策略、机制和措施等。

2）动态性及拓展性原则。网络安全问题经常出现动态及发展变化，网络、系统和应用也会不断出现新情况、新变化、新风险和威胁，在制定网络安全方案时应当考虑动态可拓展特性。

3）可评价性原则。通过对企事业机构网络安全分析和设计并验证的网络安全解决方案，应当可以根据国家有关网络安全测评认证机构和标准进行评审和评价。

4）易操作性原则。网络安全措施需要人为完成，方案不能过于复杂或要求过高，便于实现且不能降低网络安全性，同时也不能影响系统的正常应用和性能等。

5）分步实施原则。网络系统及其应用扩展范围广泛，随着网络规模的扩大及业务应用的拓展与变化，网络安全问题也在逐渐增多，难以一劳永逸全部解决网络安全问题，而且实施网络安全方案需要较多费用，科学分步实施便于满足网络系统及数据安全的基本需求且节省费用。

6）多重保护原则。网络安全是相对的，再好的方案都不能保证绝对安全，需要建立一个多重保护措施，各层保护相互补充，当某层保护被攻破时，其他层保护仍可保护信息安全。

7）严谨性及专业性原则。在制定方案的过程中，应当坚持实事求是的态度，并从多方面对方案认真论证，从实际出发坚持标准规范。专业性是指对机构的网络系统和实际业务应用，应从专业的角度分析、研判和把握，不能采用大致、基本可行的做法，使用户觉得不太专业、难以信任。

8）一致性及唯一性原则。网络安全问题伴随整个网络的使用周期，制定的网络安全体系结构必须与网络安全实际需求完全一致。网络安全问题的专业性和严谨性决定了安全问题的唯一性，确定每个具体的网络安全的解决方式、方法都不能模棱两可。

2. 制定网络安全解决方案的注意事项

在制定网络安全解决方案之前，需要对企事业机构网络系统及数据安全进行深入调研，对可能出现的安全威胁、隐患和风险进行测评和预测，并进行全面详实的需求分析，然后在此基础上认真研究和设计，才能写出客观的、高质量的安全解决方案。制定网络安全解决方案的注意事项包括：

1）从发展变化角度制定方案。在制定网络安全解决方案时，不仅要考虑企事业机构现有网络系统的安全状况，也要考虑未来业务发展和系统的变化与更新等需求，以一种发展变化和动态的观点进行制定，并在项目实施过程中既能解决现有问题，也能很好地解决以后可能出现的问题以及系统升级和接口预留等。动态安全是制定方案时一个很重要的问题，也是网络安全解决方案与其他项目的最大区别。

2）网络安全的相对性。制定网络安全解决方案时，应当以一种实事求是的态度进行安全分析、设计和编写。由于业务应用与服务、安全问题和时间等因素在不断变化，而且任何事物都没有绝对的安全，只能客观真实地根据测评和调研情况，按照具体需求和标准进行制定。在制定方案的过程中应与用户交流，只能做到尽力避免风险，努力消除风险的根源，降低由于意外等风险带来的隐患和损失，而不能做到完全彻底消除风险。在注重网络安全防范的同时还要兼顾网络功能、性能等，不能顾此失彼。

在网络安全方案制定中，动态性和相对性非常重要，应当按照上述原则从系统、人员和管理 3 个方面考虑。网络系统和网络安全技术是重要基础，在分析、设计、实施和管理过程中，人员是核心，管理是保证。从项目实现角度来看，系统、人员和管理是项目质量的保证。网络系统是一个很庞大复杂的体系，在方案制定时，对其安全因素可能考虑相对较少，容易存在一些人为因素，可能带来安全方面的风险和隐患。🕮

> 🕮**知识拓展**
> 人为因素影响方案制定

12.2.3　网络安全解决方案的制定

一个完整的网络安全解决方案的制定，通常包括网络系统安全需求分析与评估、方案设计、方案编制、方案论证与评价、具体实施、测试检验和效果反馈等基本过程，制定方案总体框架应注重以下 5 个方面。在实际应用中，可以根据企事业机构的实际需求进行适当优化和调整。

1．网络安全风险概要分析

对企事业机构现有网络系统存在的安全风险、威胁和隐患，先要做出一份重点的网络安全评估和安全需求概要分析，并能够突出用户所在的行业，结合业务特点、网络环境和应用系统等要求进行概要分析。同时要有针对性，如政府行业、金融行业、电力行业等，应当体现很强的行业特点，使用户感到真实可靠、具体且有针对性，便于理解接受。

2．网络安全风险具体分析要点

对企事业机构的实际安全风险，可从 4 个方面分析：网络风险和威胁分析、系统风险和威胁分析、应用安全和威胁分析、对网络系统和应用的风险及威胁的具体分析。安全风险具体分析要点包括：

1）网络风险和威胁的分析。对企事业机构现有的网络系统结构进行详细分析，并以图示找出产生安全隐患和问题的关键，指出风险和威胁所带来的危害，对这些风险、威胁和隐患可能产生的后果，需要做出一个详实的分析报告，并提出具体意见、建议和解决方法。

2）系统风险和威胁的分析。对企事业机构所有的网络系统都应进行一次具体安全风险检测与评估，分析所存在的具体风险和威胁，并结合实际业务应用，指出存在的安全隐患和后果。对当前网络系统所面临的安全风险和威胁，结合用户的实际业务，提出具体的整改意见、建议和解决方法。

3）应用安全和威胁的分析。实际业务系统和应用（服务）的安全是企业信息化安全的关键，也是网络安全解决方案中最终确定要防范的具体部位和对象，同时因业务应用（服务）的复杂性和相关性，分析时要根据具体情况认真、综合并全面地分析和研究。

4）对网络系统和应用的安全和威胁的分析。认真帮助企事业机构发现、分析网络系统（含操作系统、数据库系统）在实际应用中存在的安全风险和隐患，并帮助其找出网络系统中需要保护的重点部位和具体对象，提出实际采用的安全技术和产品解决的具体方式、方法。

3．网络安全风险评估

网络安全风险评估主要是指对机构现有网络系统的安全状况，利用网络安全检测工具和技术手段进行的测评和估计，通过综合评估掌握具体网络安全状况和隐患，可以有针对性地采取有效措施，同时也给用户一种可信且很实际的感觉，使用户愿意接受具体的网络安全解决方案。

4．常用的网络安全关键技术

制定网络安全解决方案，结合企事业机构的网络、系统和应用的实际，经过对比分析选取最有效的各种技术、产品和措施，分析要客观、结果应务实，不片面追求“新、高、大、洋、全”。

1）身份认证与访问控制。从现有网络系统安全问题实际具体调研分析，指出网络应用中存在的身份认证与访问控制方面的风险，结合相关的技术和产品，通过部署这些产品和采用相关的安全技术，帮助机构解决系统和应用在这些方面存在的风险和威胁。

2）病毒防范技术。针对网络系统和应用特点，对终端、服务器、网关防范病毒及流行性病毒与趋势进行概括和比较，如实分析网络安全威胁和后果，详细提出安全防范措施及方法。

3）密码加密技术。利用加密技术进行科学分析，指出明文传输的重大风险，通过结合相关的加密技术和产品，明确指出现有网络系统的危害和隐患。

4）防火墙技术。结合企事业机构网络系统的特点，对各类新型防火墙进行概要分析和比较，明确利弊，并从中立的角度帮助用户选择更为有效的产品，或用入侵防御系统代替防火墙。

5）入侵检测与防御技术。通过对入侵检测与防御系统的具体介绍，指出其在安装机构网络系统后，对现有网络安全状况的影响，并结合相关技术及其产品，指明对机构的网络系统带来的益处及其重要性和必要性，以及不安装将会出现的后果、风险和影响等。

6）数据库及数据安全。网络安全的关键及核心是数据（信息）安全，因此更应当特别注重和大力加强数据库管理系统、数据库及数据的重点安全防范。

7）应急备份与恢复技术。经过深入实际调研并结合案例分析，对可能出现的突发事件和隐患，制定出具体应急处理方案（预案），侧重解决重要数据备份、系统还原等应急处理措施等。

5. 网络安全管理与服务的技术支持

网络安全管理与服务的技术支持主要依靠技术和管理长期保障，由于网络安全技术、管理与服务和安全风险及威胁都在不断发展变化，所以技术支持应当与时俱进、不断更新优化和补充完善，具体如下：

1）防范安全风险和威胁。根据企事业机构网络系统存在的安全风险和威胁，详细分析机构的网络拓扑结构，根据其结构的特点、功能和性能等实际情况，指出现在或将来可能存在的安全问题，并采用相关的安全技术和产品，帮助其做好有效防范。

2）加固系统安全。利用网络安全风险检测、评估和分析，查找出机构相关系统已经存在或将来可能出现的风险和威胁，并采用相关技术和措施加固系统安全。

3）应用安全。根据企事业机构的业务应用和相关支持系统，通过相应的风险评估和具体分析，找出企事业用户和相关应用已经存在或将来可能出现的漏洞、风险及隐患，并运用相关的技术和措施，防范现有系统在应用方面的各种安全问题。

4）紧急响应。针对各种可能出现的突发事件，应及时采取紧急处理预案和流程，如突然发生地震、雷击、断电、服务器故障、数据存储异常等，则立即执行预案将损失和风险降到最低。

5）应急备份恢复。通过对企事业机构的网络、系统和应用安全的深入调研和分析，针对可能出现的突发事件和灾难隐患，制定出一份具体、详细的应急备份恢复方案，如系统及日志备份与还原、数据备份恢复等应急措施，以应对突发情况。

6）网络安全管理规范。建立健全网络安全管理规范和制度是制定方案的重要组成部分，如银行部门的安全管理规范需要具体规定 IP 地址、暂时离开设备时应锁定等。常用安全规范包括：系统管理员、网络管理员、高层领导、普通员工安全规范、设备使用规范和安全运行环境及审计规范等。

7）服务体系和培训体系。提供网络安全产品的售前、使用和售后服务，并提供网络安全技术和产品及更新的相关培训与技术咨询等，做到与时俱进。

☺ 讨论思考

1）什么是网络安全方案和网络安全解决方案？

2）制定网络安全解决方案的基本过程是什么？

3）制定网络安全解决方案的具体原则有哪些？

☺ 讨论思考
本部分小结
及答案

12.3 网络安全的需求分析

网络安全的需求分析是制定网络安全解决方案的重要依据和基础，其质量直接关系到后续工作的全面性、准确性和完整性，并决定着整个网络安全解决方案的质量。

12.3.1 网络安全需求分析的内容及要求

1．网络安全需求分析的内容

教学视频
课程视频 12.3

网络安全需求与技术具有广泛性和复杂性等特性，网络安全工程与其他工程学科之间存在复杂关系，致使网络安全产品、系统和服务的开发、评估和改进更为困难和复杂。因此必须采用全面、综合的系统级安全工程体系和方法，对网络安全工程实践进行指导、评估和改进。

（1）网络安全需求分析要点

进行网络安全需求分析时，需要注重6个方面：

1）网络安全体系。从企事业机构网络安全的高度设计网络安全系统，网络各层次都有相应的具体有效的安全措施，还应注意到内部的网络安全管理在安全体系中的重要作用。

2）可靠性。网络安全系统自身具有必备的安全可靠运行能力，必须保证独立正常运行基本功能、性能和自我保护能力，避免网络安全系统局部出现故障导致整个网络瘫痪。

3）安全性。保护网络和应用的安全，同时保证系统自身基本的安全保障。

4）开放性。保证网络安全系统的开放性，便于不同安全产品能够集成到网络安全系统中，并保证网络安全系统和各种应用的安全可靠运行。

5）可扩展性。网络安全技术应有一定的可扩展性与伸缩性，以适应网络规模等更新变化。

6）便于管理。有利于促进提高管理效率，主要包括两方面，一是网络安全系统本身便于管理，二是网络安全系统对其管理对象的管理应当简单便捷。

（2）需求分析案例

对企事业机构现有网络系统进行初步概要分析，有助于对后续工作的判断、决策和交流。初步概要分析包括：机构概况、网络系统概况、主要安全需求、网络系统管理概况等。

【案例 12-3】 很多企业集团的网络系统按地域位置可分为企业总部的本地网和多个基层单位的远程网，称为本地以内和以外两部分。企业网络系统主要为总部机构和基层单位之间的数据交流服务，网上运行着大量重要信息，要求入网站点物理上不与外网直接连接。从保护网络安全考虑，本地网用户地理位置相对集中，又完全处于独立使用和内部管理的封闭环境下，物理上不与外界有联系，具有一定的安全性。而远程网的连接由于是通过公共交换网实现，相对于本地网，其安全性要弱。企业网络系统拓扑结构图如图 12-6 所示。

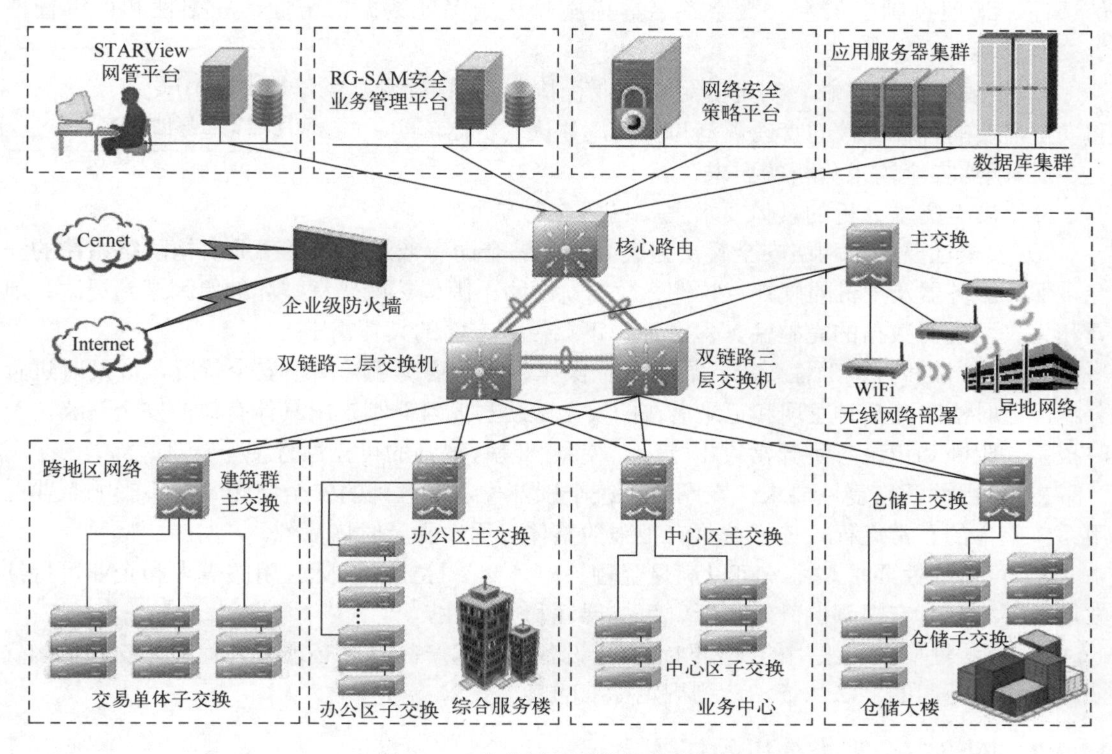

图 12-6　企业网络系统拓扑结构图

（3）网络安全需求分析

网络安全需求分析是在初步概要分析的基础上进行的全面深入分析，主要包括 5 个方面：

1）物理层安全需求。各企事业机构“网络中心”的服务器等都有一定电磁辐射，本地网络中心需要电磁干扰器作防护，防范可能产生的电磁干扰，避免出现泄密。对本地“网络中心”机房安装采用 IC 卡、磁卡或指纹等身份鉴别的门控系统，并安装相关监控系统。

2）网络层安全需求。在本地以外的分支基层单位，通过宽带与本地主网分布联系，外网存在的安全隐患和风险较大。应为各基层单位配备加密设施，同时为了实现远程网与本地网之间数据的过滤和控制，需要在网络之间的路由器上加设防火墙。🕮

🕮知识拓展
网络层安全其他需求

3）系统层安全需求。系统层应使用高安全性的操作系统和数据库管理系统，并及时进行加固及漏洞修补和安全维护。对于操作系统存在的漏洞隐患，主要利用安全管理设置及下载补丁等防范方法。此外，可以使用网络扫描软件帮助管理员检查主机安全隐患和漏洞，并及时给出常用处理提示。在数据及系统突发意外或破坏时及时进行恢复，需要进行数据及系统备份。

4）应用层安全需求。利用 CA 认证管理机制和先进身份认证与访问控制技术，在基于公钥体系的密码系统中建立密钥管理机制，对密钥证书进行统一管理和分发，采取身

份认证、访问控制、加密、数字签名等措施，达到保证数据保密性、完整性和可审查性等安全目标。📖

5）管理层安全需求。制定满足企事业机构实际网络运行和安全需要的各种有效的管理规范和机制，并认真贯彻落实。

📖知识拓展
应用层安全其他需求

2．网络安全需求分析的要求

网络安全需求分析的具体要求主要包括5个方面：

1）安全性要求。网络安全解决方案必须能够全面有效地保护企事业机构网络系统的安全，保护服务器及主机的硬件、软件、数据、网络不因偶然或恶意破坏的原因遭到更改、泄露和丢失，确保数据的完整性、保密性、可靠性等方面的具体需求。

2）可控性和可管理性要求。通过各种操作方式检测和查看网络安全状况，并及时进行分析，适时检测并及时发现和记录潜在的安全威胁与风险。制定出具体有效的安全策略、及时报警并阻断和记录各种异常攻击行为，使系统具有很强的可控性且便于管理。

3）可用性及恢复性要求。在网络系统个别部位出现意外的安全问题时，不影响企业应用系统整体的正常运行，使系统具有很强的整体可用性和及时恢复性。

4）可扩展性要求。系统可以满足金融、电子交易等业务实际应用的需求和企业可持续发展的要求，具有很强的升级更新、可扩展性和柔韧性。

5）合法性要求。采用的所有网络安全设备和技术产品等，必须符合我国公安等机构安全监察管理部门的合法认证，达到规定标准的具体要求。

12.3.2 网络安全需求分析的任务

制定网络安全解决方案的任务主要包括4个方面：

1）测评调研网络系统。深入实际测评调研机构的网络系统，包括各级机构、基层业务单位和移动用户的广域网的运行情况，以及网络系统的结构、性能、信息点数量、采取的安全措施等，对网络系统面临的威胁及可能承担的风险做出定性与定量的具体分析与评估。

2）分析评估网络系统。对网络系统的分析评估，主要包括服务器及客户端操作系统和数据库系统的运行情况，如系统的类型、功能、特点及版本，提供用户权限分配策略等，在对系统及时更新加固的基础上，对系统本身的缺陷及可能带来的风险及隐患进行定性和定量的分析和评估。

3）分析评估应用系统。对应用系统的分析评估，主要包括业务处理系统、办公自动化系统、信息管理系统和 Internet/ Intranet 信息发布系统运行等情况，如应用体系结构、开发工具、数据库软件和用户权限分配等。在满足各级管理人员和业务操作人员业务需求的基础上，对应用系统存在的具体安全问题、面临的威胁及可能出现的风险隐患做出定性与定量的分析和评估。

4）制定网络系统安全策略和解决方案。在上述定性和定量评估与分析的基础上，结合机构的网络系统安全需求和国内外网络安全的最新发展态势，按照国家规定的安全标准和准则进行实际安全方案设计，有针对性地制定出机构网络系统具体的安全策略和解决方案，确保网络系统安全运行。

☺ 讨论思考

1）网络安全解决方案需求分析要点有哪些？

2）网络安全解决方案需求分析有哪些要求？

3）网络安全解决方案的主要任务有哪些？

☺ 讨论思考
本部分小结
及答案

12.4　网络安全解决方案设计和标准

12.4.1　网络安全解决方案设计目标及原则

1. 网络安全解决方案的设计目标

依据网络安全需求分析，网络安全解决方案的设计目标有以下 6 个：

1）使机构各部门、各单位局域网得到有效的安全保护。

2）切实保障与 Internet 相连的网络安全保护。

3）提供关键信息的加密传输与存储安全。

4）可以保障业务应用系统的正常安全运行。

5）提供网络安全的具体监控与审计措施。

6）实现最终目标：机密性、完整性、可用性、可控性与可审查性。

通过对网络系统安全需求分析及需要解决的安全问题的确认，对照设计目标要求可以制定出切实可行的安全策略及安全方案，以确保网络系统的最终目标。

2. 网络安全解决方案的设计要点

网络安全解决方案的设计要点主要包括 3 个方面：

1）访问控制。利用防火墙等技术将内部网络与外部网络隔离，对与外网交换数据的内网及主机、所交换的数据等进行严格的访问控制和操作权限管理。根据内部网络的不同应用业务和不同安全级别，也要使用防火墙等技术将不同的 LAN 或网段进行隔离，并实现相互间的访问控制。

2）数据加密。有效防范数据在传输、存储过程中被泄密、非法窃取或篡改。

3）防御审计。强化识别与防范网络攻击和故障、追查网络泄密等。主要包括两个方面：一是采用网络监控与入侵防御系统，识别网络各种违规操作及攻击行为，及时响应、改进或阻断；二是对信息内容的审计，可以防止内部机密或敏感信息非法泄露。

3. 网络安全解决方案的设计原则

根据网络安全实际测评、需求分析和要求，按照国家规定的安全标准和准则，提出网络安全解决方案的具体措施，兼顾系统与技术特点、措施实施难度及经费等因素，设计时遵循的原则如下。

1）网络系统的安全性和保密性能够有效增强。

2）保持网络原有功能、性能及可靠性等，网络协议和传输具有更好的安全保障。

3）安全技术便于实际操作与维护，便于自动化管理，不增加或少增加附加操作。

4）尽量不影响原网络拓扑结构，同时便于网络系统及其功能等扩展升级。

5）提供的安全保密系统具有较好的性能价格比，能够一次性投资长期使用。

6）使用经过国家有关管理机构认可或认证的安全与密码产品，并具有合法性。

7）注重质量，分步实施分段验收。严格按照评价安全方案的质量标准和具体安全需求，精心设计网络安全综合解决方案，并采取几个阶段进行分步实施、分段验收，确保总体项目质量。

根据以上设计原则，在认真评估与需求分析的基础上，可以精心设计出具体的网络安全综合解决方案，并可对各层次安全措施进行具体落实和分步实施。

12.4.2 网络安全解决方案的评价标准

在实际中，在确定重点关键环节的基础上，明确评价质量标准、具体需求和实施过程，便于设计出高质量的安全方案。网络安全解决方案的评价标准主要包括 8 个方面：

1）具体指标确切唯一。这是评价网络安全解决方案最重要的标准之一。网络系统和安全性要求相对比较特殊且复杂，在实际工作中，对每项具体指标都不能模棱两可，以便根据实际网络安全需要具体实现。

2）综合把握和预见风险。综合考虑和解决现实中的网络安全技术和风险，需要具有一定的预见性，包括现在和将来可能出现的各种网络安全问题和风险等。

3）准确评估结果和建议。对网络系统可能出现的安全风险和威胁，结合现有的网络安全技术和隐患，需要提出一个确切、具体、合适的实际评估结果和建议。

4）提高针对性和安全防范能力。针对企事业机构网络系统的安全问题，利用先进的网络安全技术、产品和管理手段，降低或消除网络中可能出现的风险和威胁，增强整个网络系统安全防范能力。

5）切实支持对用户的服务。将各项网络安全技术、产品和管理手段都体现在具体的网络安全服务中，以优质的安全服务保证解决方案的质量，提高安全水平。

6）以网络安全工程的思想和方式组织实施。在解决方案起草过程和完成后，都应当经常与企事业用户进行沟通，及时征求用户对网络安全的实际需求、期望和所遇到的具体安全问题。

7）网络安全的动态、整体及专业性。在整个方案设计过程中，需要清楚网络系统安全是一个动态、整体及专业性的工程，需要分步实施，不能一步到位彻底解决用户所有的安全问题。

8）具体方案中所采用的网络安全技术及管理、产品和具体措施，都应经得起验证、推敲、论证和实施，应具有具体标准准则、理论依据和坚实基础。

根据侧重点将上述质量标准要求综合运用，经过不断地探索和实践，完全可以制定出高质量的实用网络安全解决方案。一个好的网络安全解决方案不仅要求运用合适的安全技术和措施，还应当综合考虑各方面的技术和特点，切实解决具体的实际问题。

☺ 讨论思考

1）网络安全解决方案的设计目标是什么？

2）网络安全解决方案的设计原则有哪些？

3）评价网络安全解决方案的质量标准有哪些？

☺ 讨论思考
本部分小结
及答案

12.5 网络安全解决方案应用实例

12.5.1 银行网络安全解决方案

【案例 12-4】 上海××网络信息技术有限公司通过竞标方式，以 168 万元人民币获得某银行网络安全解决方案工程项目的建设权。项目中的“网络系统安全解决方案”包括 8 项主要内容：银行信息化现状分析、安全风险分析、网络安全解决方案设计、实施方案计划、技术支持和服务、项目安全产品、检测验收报告和网络安全技术培训。

1. 银行系统信息化现状分析

银行业已向现代国际化方向发展，注重技术和服务创新，依靠信息化建设实现城市间的资金汇划、消费结算、储蓄存取款、信用卡交易电子化、网络银行等多种服务，并以资金清算系统、信用卡异地交易系统等，形成全国性网络化服务。若银行开通了环球同业银行金融电讯协会（Society for Worldwide Interbank Financial Telecommunications，SWIFT）系统，便可同海外银行建立代理行关系，各种国际结算业务往来电文可在境内外快速接发，为企业国际投资、贸易与交往和个人境外汇款提供便捷服务。

银行业务系统经过不断发展建设，信息化程度已经达到很高水平，并在提高管理能力、促进业务创新、提升企业竞争力等方面发挥着重要作用。随着银行信息化的深入发展，对网络技术高度依赖，网络安全问题也日益突出，由于资金汇集数据的特殊性和重要性，使其成为黑客攻击的主要目标，各种案件呈上升趋势，特别是银行全面进入业务系统整合、数据大集中的新发展阶段后，以及银行卡、网上银行、电子支付、网上证券交易等新产品和新业务系统的迅速发展，使网络安全风险不断增加，对银行业务系统的安全性提出了更高的要求。银行信息系统安全对银行业稳定发展、客户权益甚至国家金融安全、社会稳定都具有极其重要的意义。迫切需要建设主动的、深层的、立体的网络安全保障体系，保障业务系统的正常运行和服务。

银行网络总体拓扑结构是一个多级层次化的互联广域网体系结构，如图 12-7 所示。

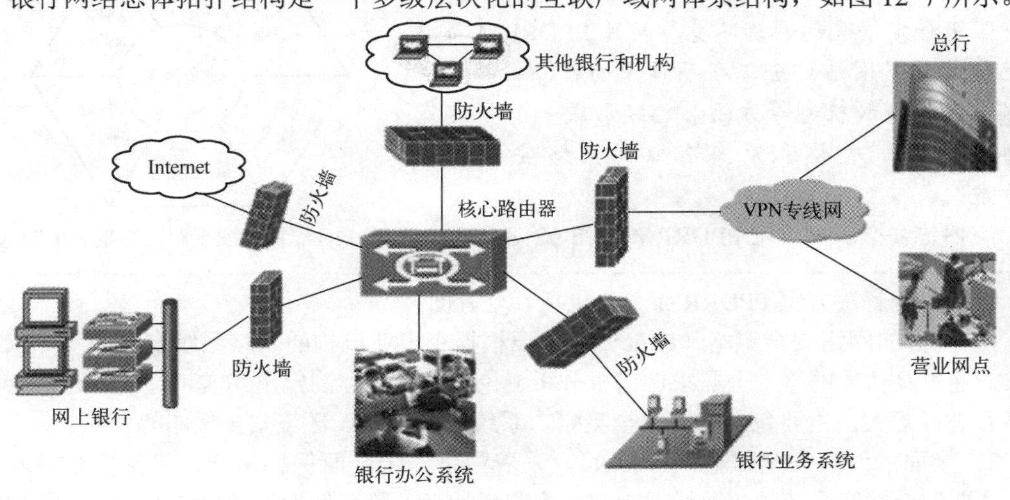

图 12-7 银行网络总体拓扑结构图

2．网络系统安全面临的风险

随着国际竞争和国内金融改革的不断深化，各银行开始将发展的焦点集中到服务上，不断加大数字化建设投入，扩大网络规模和应用范围。然而，电子化在给银行带来一定经济效益和利益的同时，也为银行网络系统带来了新的安全问题，而且显得更为迫切。银行网络系统面临安全风险的主要原因有3个：

1）防范和化解金融风险成为各级政府和金融机构非常关注的问题。随着我国经济体制和金融体制改革的深入，进一步扩大对外开放，金融风险迅速加大。

2）各种网络的快速发展和广泛应用，使系统安全风险不断增加。多年以来，银行迫于竞争的压力，不断扩大数字化网点、推出数字化新品种，由于网络系统不断推出且手机用户快速发展，其网络安全技术与管理制度和措施等却不尽完善，使各种网络系统安全风险日益突出。

3）银行业网络系统正在向国际化方向发展，信息技术日益普及，网络威胁和隐患也在增加，利用网络犯罪的案件呈上升趋势，迫切要求银行系统具有更高的安全防范体系和措施。

银行网络系统面临的内部和外部风险复杂多样，主要有3个方面：

1）组织方面的风险。对于缺乏统一的安全规划与安全职责的组织机构和部门，系统风险更为突出。

2）技术方面的风险。网络安全保护措施如果不完善，将使所采用的网络安全技术和产品，很难充分发挥作用和效果，导致存在一定风险和隐患。

3）管理方面的风险。网络安全管理需要进一步提高和完善，网络安全策略、业务连续性计划和安全意识培训等都需要进一步加强和完善。

【案例12-5】 上海××网络信息技术有限公司，早在1983年成立并通过ISO 9001认证，注册资本8700万元人民币。公司主要提供网络安全产品和网络安全解决方案等业务，其中，公司的网络安全解决方案采用的是PPDRRM方式，PPDRRM不仅可以为用户带来稳定安全的网络环境，而且PPDRRM策略已经覆盖了网络安全工程项目中的产品、技术、服务、管理和机制等方面，已经形成一个非常完善、严密、整体和动态有效的网络安全解决方案。

网络安全解决方案PPDRRM如图12-8所示。

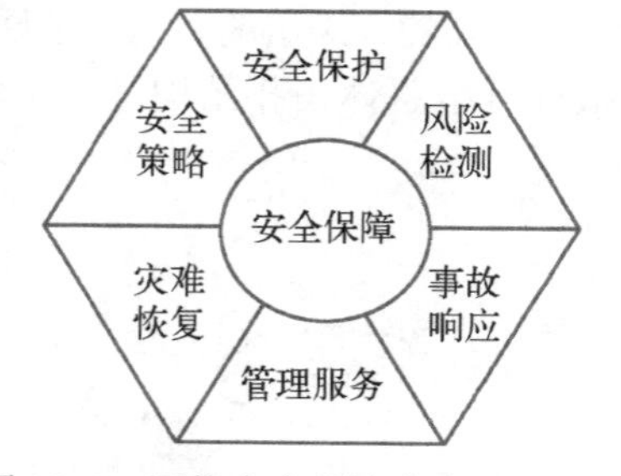

图12-8　网络安全解决方案PPDRRM

网络安全解决方案PPDRRM主要包括6个方面：

1）综合的网络安全策略（Policy）。主要根据企事业机构的网络系统安全的实际状况和需求，通过具体的网络安全需求调研、分析、论证等方式，制定出切实可行的综合网络安全策略并进行落实，主要包括网络安全策略、系统安全策略、环境安全策略等。

2）全面的网络安全保护（Protect）。采取网络安全全面保护措施，包括安全技术和产品，需要结合网络系统的实际情况制定，内容包括身份验证保护、防火墙保护、入侵检测防御、防范病毒等。

3）连续的安全风险检测（Detect）。通过检测评估、漏洞扫描和安全人员检查，对网络系统和应用中可能存在的安全威胁、隐患和风险，连续进行全面的安全风险检测和评估。

4）及时的安全事故响应（Response）。主要指对企事业机构的网络系统和应用与服务，在遇到意外网络安全故障或入侵事件时，需要做出快速响应和及时处理。

5）快速的安全灾难恢复（Recovery）。在网络系统中的网络、系统、网页、文件和数据库等遇到意外破坏时，可以利用应急预案采取快速恢复措施。

6）优质的安全管理服务（Management）。主要是指在网络安全方案制定、实施和运行中，都以优质的网络安全管理与服务作为有效实施的重要保证。

3．网络安全风险分析的内容

网络安全风险分析的内容主要包括：通过对网络物理结构、网络系统和实际应用等方面的测评及调研，具体深入分析各种网络安全风险和隐患。

1）现有网络物理结构安全分析。对企事业机构现有的网络物理结构安全进行深入分析，主要是详细具体地调研分析该银行与各分行网络结构，包括内部网、外部网和远程网的物理结构。

2）网络系统安全分析。通过全面深入调研分析银行与各分行网络的实际连接、操作系统的使用和维护情况、Internet 的浏览访问控制及使用情况、桌面系统的使用情况和主机系统的使用情况，找出可能存在的各种安全风险和隐患。

3）网络应用的安全分析。对企事业机构的网络应用安全情况进行具体分析，主要是详细调研分析该银行与各分行所有服务系统及应用系统，找出可能存在的安全漏洞和风险。

4．网络安全解决方案设计

1）承接机构技术实力。主要概述承揽项目机构的主要发展和简介、技术实力、具体成果和典型案例，突出的先进技术、方法和特色等，突出承接机构的质量及信誉和影响力。

2）人员层次结构。包括承接机构现有技术人员、管理人员、销售及服务人员状况。具有中高级技术职称的工程技术人员情况、高学历人员占比等，突出知识技术型的高科技机构。

3）典型成功案例。侧重机构完成的主要网络安全工程的典型成功案例，特别是与企事业用户项目相近的重大网络安全工程项目，使用户确信机构的工程经验和可信度。

4）产品许可证或服务认证。在国内必须是取得许可证的安全产品才允许销售和使用。现有网络安全工程项目属于提供服务的机构，获得国际认证有利于提高良好信誉。

5）实施网络安全工程的意义。在网络安全解决方案实施意义部分，主要着重结合现有的网络系统安全风险、威胁和隐患进行具体分析，并写出项目实施完成后，企事业用户的网络系统安全所能达到的具体保护标准、防范能力与水平以及解决信息安全的现实意义与重要性。

5．银行网络安全体系结构及方案

以银行网络安全解决方案为例，概述安全方案建立过程，主要包括5个方面：

（1）银行网络安全体系结构

【案例12-6】 某银行制定网络安全解决方案时，网络系统安全性总原则包括：制度防内，技术防外。制度防内是指对内建立健全严格的安全管理规章制度、运行规程，形成分类管理，各职能部门、各应用系统相互制约，杜绝内部作案和操作失误的可能性，并建立良好的事故处理反应机制，保障银行网络系统的安全、正常运行。技术防外主要是指从技术手段上加强安全措施，重点防止外部黑客的入侵。在银行正常业务与应用的基础上建立银行的安全防护体系，从而满足银行网络安全运行的目标要求。

知识拓展
网络安全的目标要求

构建银行网络安全环境很重要，可从以下6个方面综合考虑：

1）网络安全问题。一是利用防火墙，类似“防盗门”的功能，便于阻止外部威胁，通过唯一出入口防止外部入侵，通过网络安全策略进行控制（允许、拒绝、监测）。二是构建VPN系统，具有阻止外部入侵与攻击、加密传输数据等功效，可以构建一个相对稳定独立的安全系统。

2）系统安全问题。利用入侵防御与监测系统，为网络安全提供实时检测并采取相应防护措施，如报警、记录事件及证据、跟踪、恢复、阻断连接等，通过漏洞扫描定期检查安全隐患。

3）访问安全问题。强化身份认证和访问控制措施，保证系统访问过程的安全。

4）应用安全问题。加强监控主机、用户权限和审计，采用服务器群组防护系统并强化防范病毒。

5）内容安全问题。启动网络审计系统，便于审计、追踪和特殊事件的认定、数据恢复、实时扫描及阻断等，有助于对敏感信息的监察与保护。

6）管理安全问题。实行网络运行监管，对整个网络系统和主机运行状况及时监测分析，实现全方位的网络流量统计、蠕虫后门监测定位、报警、自动生成拓扑等。

（2）网络安全技术实施策略

网络安全技术实施策略主要包括8个方面：

1）网络系统结构安全。通过前面需求分析，从网络结构方面查找可能存在的安全问题，采用相关的安全技术和产品，解决网络拓扑结构的安全风险和威胁。

2）实体安全加固。通过安全需求分析，找出网络设备设施及系统存在的安全问题，利用网络安全技术和产品加固及防范，增强实体（物理）安全。

3）网络病毒防范。制定并具体实施各种病毒防范解决方案，并采取措施及时升级更新。

4）访问控制。包括路由器过滤、防火墙和主机自身访问控制，做到合理优化、统筹兼顾。

5）传输加密措施。对于机密数据采用加密技术和产品，确保数据传输和使用安全。

6）身份认证。通过最新身份认证技术和产品，保护重要应用系统的身份认证。

7）入侵检测防御。采用有效的入侵检测与防御技术，对网络系统和重要数据实时监控。

8）风险评估分析。利用风险评估工具、标准准则和技术方法，做好安全评估分析。

（3）网络安全管理与技术结合

主要对网络安全解决方案中采用的安全技术和产品，将网络安全管理与安全技术紧密结合、统筹兼顾，进行集中、统一、安全的高效管理和培训。

（4）紧急响应与灾难恢复

为了防止突发的意外事件发生，应制定并实施紧急响应预案，当网络、系统和应用遇到故障或破坏时，应当及时响应、处理和记录，并消除风险和隐患。

（5）具体网络安全解决方案

具体的网络安全解决方案主要如下。

1）实体安全。是整个系统安全的前提和重要基础，主要保护网络设备、设施和其他媒体免遭自然灾害、环境事故或人为破坏。实体安全应采取的措施包括：产品保障、运行安全、防电磁辐射、保安安全。

2）链路安全。网络链路安全重点解决网络系统中，链路级点对点公用信道上的相关安全问题的各种措施、策略和解决方案等。📖

> 📖知识拓展
> 链路安全的其他措施

3）网络系统安全。网络系统安全解决方案包括8个方面：

① 专用网络安全。保护下属各级部门并提供数据库服务、日常办公与管理服务，以及各种信息处理、传输与存储等业务。

② 外网互联安全。利用和访问国内外各种信息资源，加强交流与合作，加强同上级主管部门及地方政府的相互联系。主要从网络层次考虑，将网络系统设计成支持各级别用户的安全网络，在保证系统内部网络安全的同时，实现外网安全互联。

③ 网络系统内各局域网边界安全。主要使用防火墙和访问控制技术保护局域网边界安全。

④ 网络与其他网络互联的安全。可采用隔离及访问控制，并采用统一地址和域名分配办法。

⑤ 网络系统内部各局域网之间信息传输的安全。侧重省与各地市局域网的通信安全，主要通过防火墙的VPN功能或其专用设备等，重点实现数据保密与完整性安全。

⑥ 网络用户的接入安全。可用防火墙及一次性口令等认证机制，加强用户身份鉴别和认证。

⑦ 网络入侵检测与防范。通过主动检测防御，充分利用网络安全智能防御技术。

⑧ 网络其他安全监测。增强整体安全性包括对网络各软硬件系统进行安全监测、扫描及分析，及时检查并报告系统弱点、漏洞和隐患，采取安全策略和加固措施等。

4）数据安全解决方案。数据安全解决方案主要包括：对网上数据访问的身份鉴别、数据传输安全、数据存储安全，以及对网络传输数据内容及操作的审计等。数据安全主要包括：数据传输安全、数据加密、数据完整性鉴别、防抵赖、数据存储安全、数据库安全、终端安全、数据防泄密、数据内容审计、用户鉴别与授权、数据并发控制、数据备份恢复等，具体见第10章。

*12.5.2 电子政务网络安全解决方案

1．网络安全解决方案的要求

（1）网络安全项目管理

网络安全解决方案的项目管理包括3个方面。

1）项目流程。以方案项目具体实施流程描述，保证项目的顺利实施。

2）项目管理制度。项目管理包括相关人员、产品和技术管理，实施方案需要写出项目的管理制度，以保证项目的质量。

3）项目实施进度。以项目实施进度表作为时间标准，全面考虑完成项目所需要的物质条件，计划出合理的时间进度安排表。

（2）网络安全方案质量保证

网络安全方案质量保证主要包括3个方面。

1）执行人员对质量的职责。规定项目实施过程中相关人员的职责，如项目经理、技术负责人、技术工程师等，保证各司其职、各负其责，使整个项目顺利实施。

2）项目质量的保证措施。严格制定保证项目质量的具体措施，主要涉及项目相关人员、安全技术和产品、机构派出的支持该项目的相关人员的管理等。

3）项目验收。根据项目的具体完成情况，同用户确定项目验收的具体事项，包括安全产品、技术、项目完成情况、安全目的、验收标准和办法等。

2．网络安全解决方案的技术支持

网络安全解决方案的技术支持主要包括两个方面：

（1）常用技术支持事项

1）在安装调试网络安全项目中涉及的全部安全技术和产品。

2）采用的网络安全产品及相关技术的所有文档。

3）提供网络安全技术和产品相关的最新信息。

4）提供服务期内免费产品升级的具体情况。

（2）常用技术支持方式

网络安全项目完成后，提供的技术支持服务包括4个方面的内容：

1）提供客户现场24小时技术支持服务事项及承诺情况。

2）提供客户技术支持中心的常用热线电话。

3）提供客户技术支持中心常用E-mail服务。

4）提供客户技术支持中心具体的Web服务。

3．项目安全产品要求

1）网络安全产品、服务及报价。所有安全产品和指定服务明细的各种报价清单和规格。

2）网络安全产品介绍。涉及的所有安全产品介绍，主要是使用户清楚所选择的具体安全产品的种类、功能、性能和特点等，要求描述准确、清楚，但不必太详细。

4．电子政务安全解决方案的制定

【案例 12-7】 电子政务安全建设项目实施方案案例。某城市政府机构拟构建并实施一个“电子政务安全建设项目”。通常，对于此项目需要制定并实施“网络安全解决方案”和“网络安全实施方案”，后者是在网络安全解决方案的基础上提出的具体实施策略和计划方案等，以下通过应用案例对方案的主要内容和制定过程进行概要介绍。

（1）电子政务建设需求分析

电子政务建设的首要任务包括：进入 21 世纪现代信息化时代，注重以信息化带动现代化，加快国民经济结构的战略性调整，实现社会生产力的跨越式发展。2002 年，国家信息化领导小组决定，将大力推进电子政务建设作为我国未来一个时期信息化工作的一项重要任务。

世界各国信息技术产品的竞争激烈。建设电子政务系统，构筑政府网络平台，形成连接中央到地方的政府业务信息系统，实现政府网上信息交换、发布和服务是我国信息化发展的一个重点。

根据我国电子政务建设指导意见，为了加强政府监管、提高高效服务，提出当前要以“两网一站四库十二系统”（也称“两网一站四库十二金”）为目标的电子政务建设要求，如图 12-9 所示。

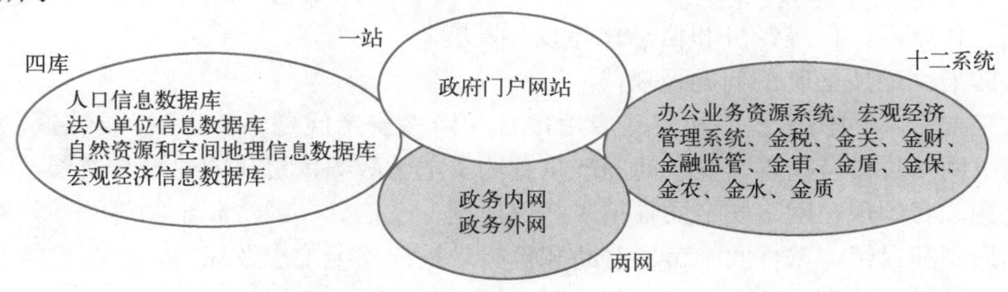

图 12-9 “两网一站四库十二系统”建设要求

电子政务网络系统建设的主要任务是：“两网”指政务内网和政务外网两个基础平台；“一站”指政府门户网站；“四库”指人口信息数据库、法人单位信息数据库、自然资源和空间地理信息数据库，以及宏观经济信息数据库；“十二系统”大致可分为 3 个层次：办公业务资源系统和宏观经济管理系统，将在决策、稳定经济环境方面起主要作用；金税、金关、金财、金融监管（银行、证监和保监）和金审共 5 个系统主要服务于政府收支的监管；金盾、金保（社会保障）、金农、金水（水利）和金质（市场监管）共 5 个系统则重点保障社会稳定及国民经济发展的持续。

电子政务多级网络系统建设的内外网络安全体系如图 12-10 所示。

我国政府机构聚集了大量有价值的社会信息资源和众多数据库资源，需要采取有效措施实现安全共享、充分利用并产生增值。省级有关部门通过 IT 开发利用信息资源做了一定工作，全国还需要对政府信息资源进行有效利用与开发，加强有效组织和实行办法。企事业机构和个人用户有时难以通过正规渠道获取有关信息资源，甚至由于消息不灵通造成经济损失或浪费，影响了建设和发展。

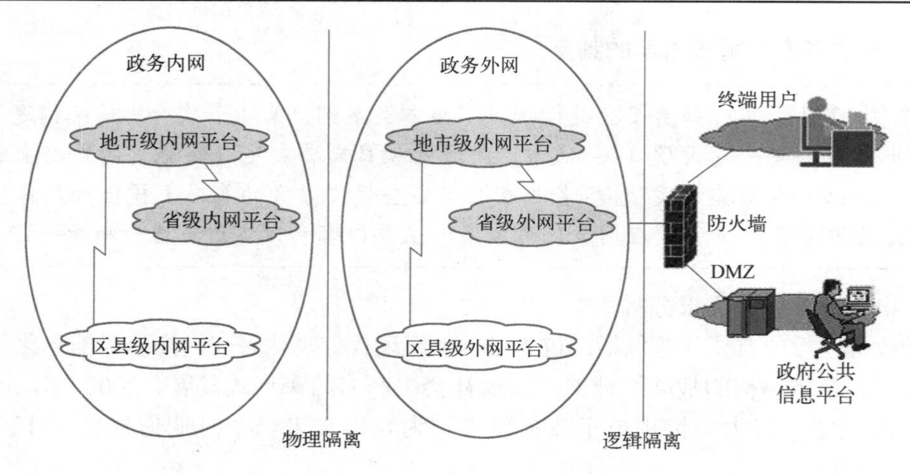

图 12-10　电子政务内外网络安全体系

构建电子政务的主要目的是推进政府机构的办公自动化、网络化、数字化，以及有效利用信息资源与共享等。需要运用信息资源及通信技术打破行政机关的组织界限，构建电子化虚拟机关，实现更为广泛意义上的政府机关间及政府与社会各界之间经由各种信息化渠道的相互交流沟通，并依据用户需求、使用方式、时间及地点，提供各种不同的具有个性特点的服务。电子政务可以加快政府职能转变，扩大对外交往渠道，密切政府与人民群众的联系，提高工作效率，促进经济和信息化建设与发展。

（2）政府网站所面临的问题及风险

随着信息技术的快速发展和广泛应用，各种网络安全问题不断出现。网络系统漏洞、安全隐患、网络攻击及病毒等安全问题严重制约了电子政务信息化的建设与发展，成为亟待解决的问题。我国现在网络安全面临很多严重问题，在信息、经济和金融等领域，网络系统硬件面临遏制和封锁，软件面临市场垄断和价格歧视或安全隐患及风险，一些系统及应用安全防护能力较差，特别是“一站式”门户开放网站的开通，一方面极大地方便了公众的办事效率，贴近了与社会公众的距离，同时也使政府网站面临的安全风险增大。📖

📖知识拓展
政府网站面临的其他威胁

在电子政务建设中，产生网络安全问题的主因包括 7 个方面：网上黑客入侵干扰和破坏、网上病毒泛滥和蔓延、信息间谍的潜入和窃密、网络恐怖集团的攻击和破坏、内部人员的违规和违法操作、网络系统的脆弱和瘫痪、信息产品的失控等。

（3）网络安全解决方案及建议

网络安全技术主要包括：操作系统安全、应用系统安全、病毒防范、防火墙技术、入侵检测防御、网络监控、安全审计、通信加密等。但是，任何一项单独组件或技术根本无法确保网络系统的安全性，网络安全是一项动态的、整体的系统工程，因此，一个高质量的网络安全解决方案，必须是全方位的、立体的整体解决方案，同时还需要兼顾网络安全管理等其他因素。

政府机构建设电子政务网络安全环境极为重要，要通过综合考虑提出具体网络安全解决方案，并突出重点、统筹兼顾，关键在于内网系统的安全建设，其部署拓扑结构如图 12-11 所示。

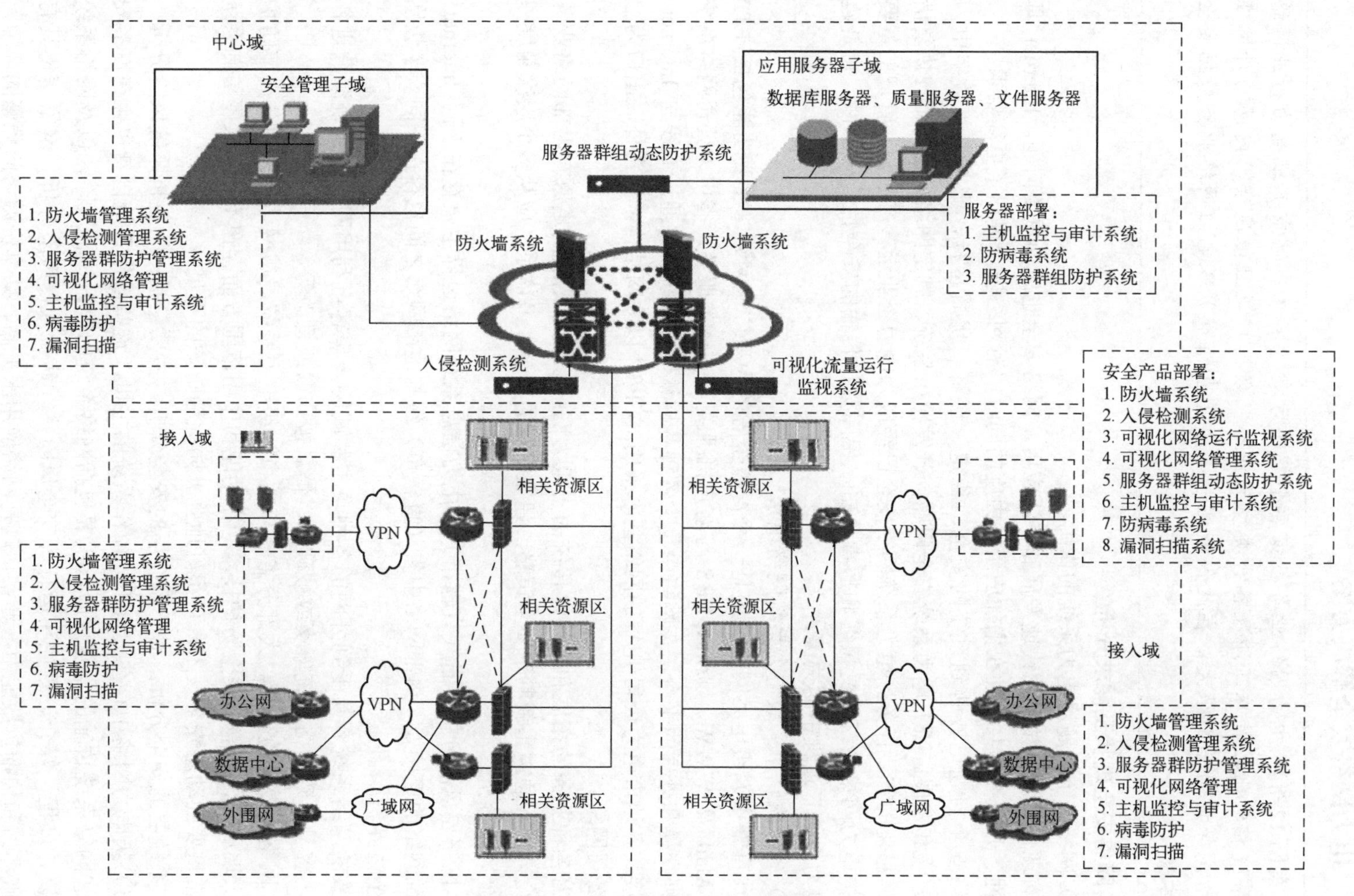

图 12-11　电子政务内网安全部署拓扑结构

*12.5.3 电力网络安全解决方案

【案例 12-8】 电力网络业务数据安全解决方案。省（直辖市）级电力行业网络信息系统相对比较特殊，涉及各种类型的业务，数据广泛且很庞杂，内网与外网在体系结构等方面差别很大，在此仅概述一些省（直辖市）级电力网络业务数据安全解决方案。

1. 网络安全现状及需求分析

（1）网络安全问题对电力系统的作用

随着现代信息化技术的快速发展和广泛应用，网络安全也成为重要问题。Internet 具有的全球性、开放性和共享性在增加应用自由度的同时，对网络安全提出了更高要求。

网络安全问题已威胁到系统的安全、稳定、经济、优质运行，影响着“数字电力系统”的建设和发展。研究电力系统安全问题、开发应用系统、制定网络安全防范与恢复措施等成为信息化的首要任务。电力系统网络安全已经成为电力企业运营、经营和管理的重要任务。保护电力网络系统不受黑客和病毒攻击，保障数据传输的安全性、可靠性，也是建设“数字电力系统”过程中的关键。

（2）省（直辖市）级电力系统网络现状

省（直辖市）级电力网络系统是一个覆盖全省的大型广域网络，主要功能包括 FTP、Telnet、Mail 及 WWW、News、BBS 等客户机/服务器方式的服务。省电力公司网络系统是业务数据交换和处理的平台，在网络中包含各种各样软硬件系统，并通过专线与 Internet 互联网连接。各地市电力公司/电厂的网络基本采用 TCP/IP 以太网结构，通常外联出口为上一级电力公司网络。

随着各种业务的拓展和变化，传统的省电力网络系统已无法满足原有内部网络业务处理的安全需求，急需重新制定安全策略，建立完善的安全保障体系，应从多个层次角度提出网络安全风险分析。

1）网络层风险分析。省（直辖市）级电力信息系统网络边界主要存在于同 Internet 接入等外部网络的连接处，内部网络中省（直辖市）级与地市网络之间也存在不同安全级别子网的安全边界。

开放的网络系统容易受到外网的各种攻击和威胁。黑客可利用网络及系统漏洞进行入侵攻击，容易导致网络系统瘫痪或被破坏、信息被窃取或篡改等。

2）网络入侵风险分析。大部分省（直辖市）级电力系统局域网边界采用防火墙防护，但是防火墙属于传统静态安全防护技术，在功能和作用范围方面存在不足。入侵防御系统是一种非常重要的动态安全技术，可很好地弥补防火墙防护的不足。

3）系统层的安全分析。对于系统层的安全分析，主要包括：①主机系统风险分析。省（直辖市）级电力网络中存在大量不同操作系统的主机，这些操作系统自身也存在许多安全漏洞；②网络系统传输的安全风险，主要包括网络系统的数据传输风险，以及网络系统的传输协议、过程、媒介、管控和运行等安全风险；③病毒入侵风险分析。网络病毒具有非常强的破坏力和传播扩散能力。通常，越是网络应用水平高、共享资源访问频繁的环境，网络病毒的蔓延速度就会越快。

4）管理层安全分析。在网络系统安全中安全策略和管理是关键，必须加强有效的网络安全策略，遵循严格的安全管理制度控制整个网络运行，才能避免整个网络面临的多种威胁状态。

5）应用层安全分析。网络系统应用层安全主要涉及业务安全风险，包括用户在网络应用系统的安全，如 Web、FTP、邮件系统、DNS 等网络基本服务系统、业务系统等。各应用包括对外部和内部的信息共享、各种跨局域网的应用方式，其安全需求是信息共享并保证信息资源合法访问及通信隐秘性。

对省（直辖市）级电力系统网络现状与安全风险的分析很重要，各种风险一旦发生将对系统造成重大危害，必须防患于未然。防范网络安全风险还需要做到：网络系统需要划分安全域，将省（直辖市）级电力划分不同的安全域，各域之间通过部署防火墙等措施实现相互隔离和访问控制。电力网络系统的分区结构及面临的安全威胁如图 12-12 所示。

网络系统需要在省（直辖市）级网与各市局本地局域网边界处部署防火墙和入侵检测系统等，用于实现网络系统的访问控制，并对潜在网络安全攻击进行实时检测。同时部署全方位针对服务器和客户机病毒防范体系，在网络中部署漏洞扫描系统，及时发现安全隐患并提出有效措施。

综上所述，“电力网络系统安全解决方案”需要构建统一的网络安全管理中心，通过管理中心使所有的安全产品和安全策略可以集中部署、集中管理与分发；需要制定省（直辖市）级电力网络安全策略，安全策略是建立安全保障体系的基石。

2．电力网络安全解决方案设计

（1）网络系统安全策略要素

电力网络系统安全策略要素主要包括以下 3 个：

1）网络安全管理策略。主要包括各种网络安全法律法规、策略、技术标准、管理标准、规章制度等，也是网络安全的最核心问题，是建设整个网络安全方案的依据。

2）网络安全组织策略。包括电力机构人员、组织和流程的管理，是实现网络安全的组织保障。

3）网络安全技术策略。包括网络安全相关工具、产品和服务等，是实现网络系统安全的有力保证。

网络安全技术策略突出网络安全“管理中心”的特性和作用，在省（直辖市）级机构提供的网络安全解决方案中建立重要统一的网络安全组织策略体系、安全管理策略体系和安全技术策略体系，还包括各种网络安全技术和产品。

（2）网络系统总体安全策略

省（直辖市）级电力系统网络安全体系通常按照三层结构建立。第一层是先建立网络安全标准框架，包括网络安全组织和人员、安全技术规范、安全管理办法、应急响应制度等。第二层是建立省级电力 IT 基础架构的安全，包括网络系统安全、物理链路安全等。第三层是建立省级电力整个 IT 业务流程的安全，如各机构的业务应用系统及办公自动化系统安全。针对网络应用及用户对安全的不同需求，电力信息网络安全防护层次分为 4 级，如表 12-1 所示。

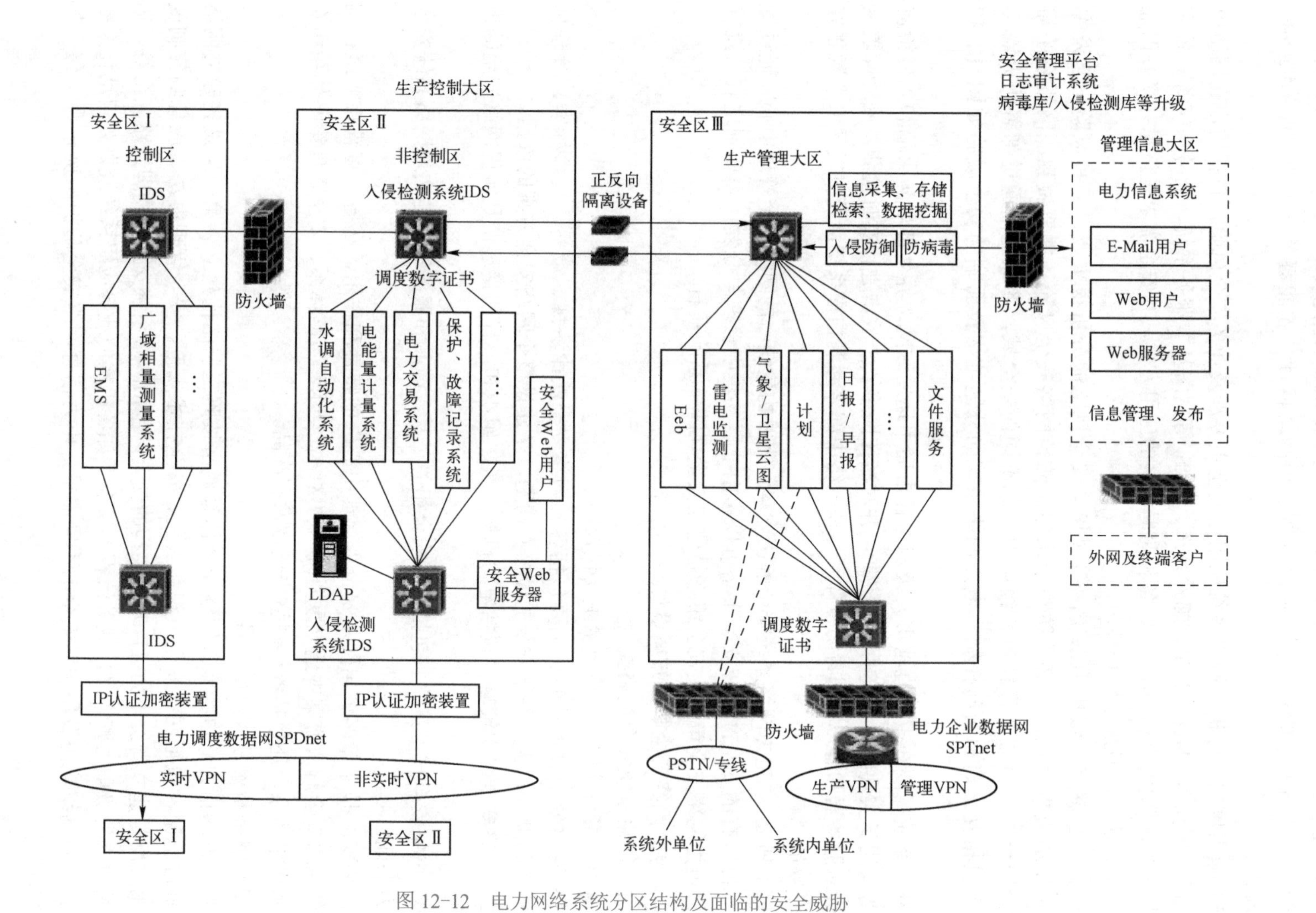

图 12-12　电力网络系统分区结构及面临的安全威胁

表 12-1　电力信息网络安全防护层次

级别	保护对象
最高级	OA、MS、网站、邮件等公司应用系统、业务系统，重要的部门服务器
高级	主干网络设备、其他应用系统、重要用户网段
中级	部门服务器、边缘网络设备
一般	一般用户网段

3．网络安全解决方案的实施

通过对某省级电力系统的安全需求分析，按照上述安全策略及系统体系和措施，从各层次系统安全进行总体设计，并制定具体安全解决方案，建立完善管理制度和安全保障措施。整个网络安全解决方案包括防火墙、入侵检测防御系统、病毒防范、安全评估和安全管理中心子系统等。

（1）总体方案的技术支持

在技术支持方面，主要包括：网络系统安全由安全的操作系统、应用系统、系统物理隔离、防病毒、防火墙、入侵检测、网络监控、安全审计、通信加密、灾难恢复、系统扫描等多个安全组件组成，单独的组件根本无法确保网络及信息的安全。

（2）网络的层次结构

在省级网络的层次结构上，主要体现在：在数据链路层采用链路加密技术，网络层的安全采用的技术包括包过滤、IPSEC 协议、VPN 等，TCP 层使用 SSL 协议，应用层采用安全协议 SHTTP、PGP、SMIME 和开发的专用协议等，还包括网络隔离、防火墙、访问代理、安全网关、入侵检测、日志审计入侵检测、漏洞扫描和追踪等网络安全技术。

（3）电力信息网络安全体系结构

在实际应用中，构建省级电力信息网络安全体系结构，主要特点包括：分区防护、突出重点、区域隔离、网络专用、设备独立、纵向防护。省级电力信息网络安全体系结构如图 12-13 所示。

（4）电力信息网络中的安全机制

> 📖知识拓展
> 网络安全不能一劳永逸

省级电力信息网络中的安全机制包括：认证方式、安全隔离技术、主站安全保护、数据加密、网络安全保护、数据备份、访问控制技术、可靠安全审计、定期的安全风险评估、密钥管理、制定合适的安全管理规范、加强网络安全服务教育培训等。📖

☺讨论思考

> ☺ 讨论思考
> 本部分小结
> 及答案

1）银行网络安全需求分析的主要内容有哪些？

2）电子政务网络安全从技术角度的主要任务有哪些？

3）电力网络安全解决方案设计主要包括哪些内容？

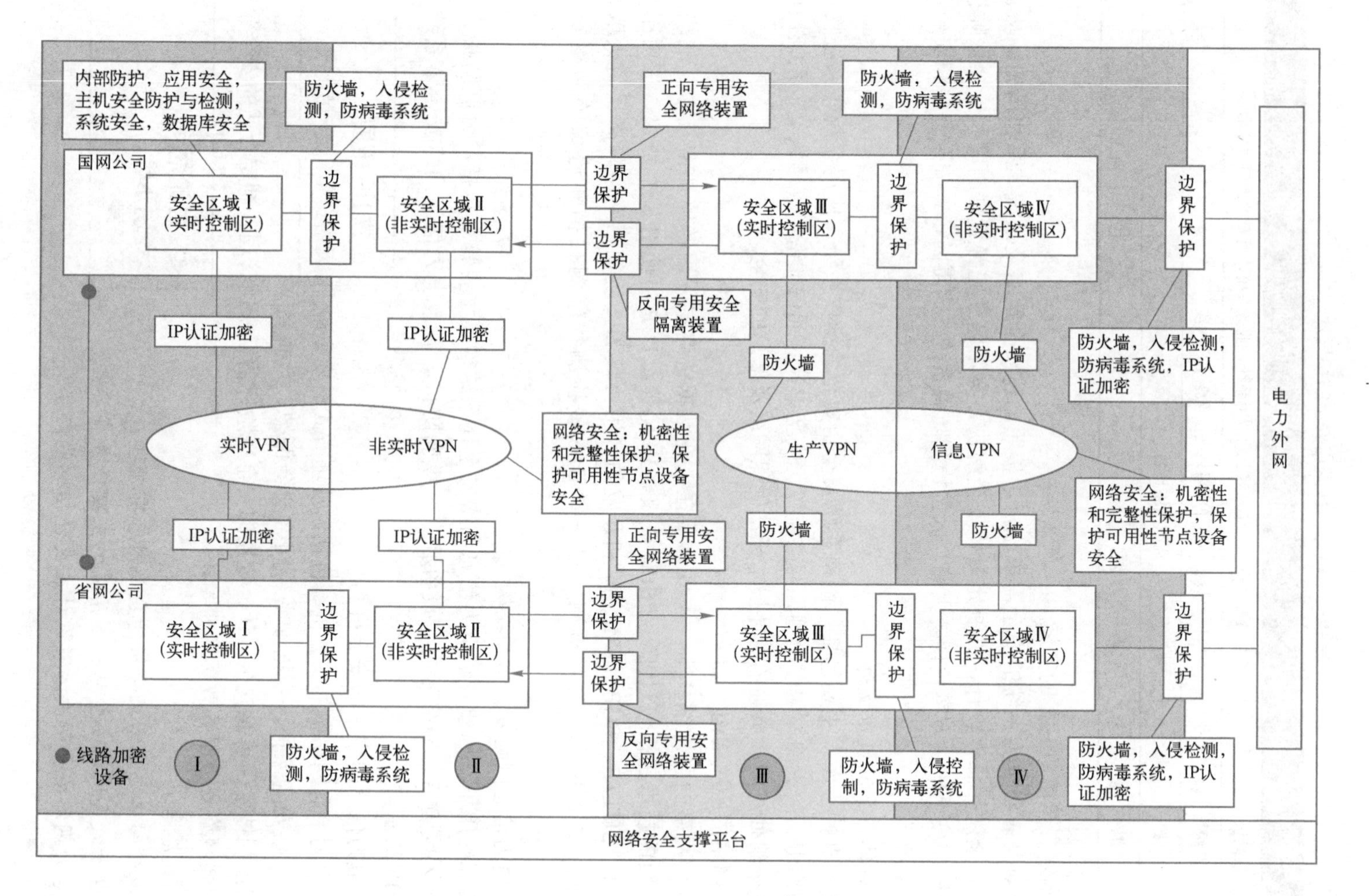

图 12-13　省级电力信息网络安全体系结构

12.6　本章小结

本章概述了网络安全新技术的概念、特点和应用，包括可信计算、云安全技术、大数据安全、网格安全技术，以及网络安全解决方案的分析、设计、制定、实施等过程及要求与实际应用。

网络安全解决方案是网络安全技术、策略和管理的综合运用，其方案质量直接关系到机构网络系统的安危，影响到整个网络系统安全建设的水平和用户的信息安全。本章主要概述了“网络安全解决方案”在需求分析、方案设计、实施和测试检验过程中的相关基本概念、内容要点、安全目标及标准、需求分析、主要任务、制定原则等，并且结合实际的案例具体介绍了网络安全解决方案分析与设计、典型案例、实施方案与技术支持、检测报告与培训等，同时讨论了根据机构实际安全需求进行调研分析和设计、制定完整的网络安全解决方案的方法。

最后，通过“金融、电子政务、电力网络安全解决方案”案例，以金融、电子政务、电力网络安全现状的具体实际情况、内网安全需求分析和网络安全解决方案设计与实施等具体建立过程，较详尽地概述了安全解决方案的制定及编写。

12.7　练习与实践 12

1．选择题

（1）在设计网络安全解决方案中，系统是基础、（　　）是核心、管理是保证。

A．系统管理员　　B．安全策略

C．人　　D．领导

（2）得到授权的实体在需要时可访问数据，即攻击者不能占用所有的资源而阻碍授权者的工作，以上是实现安全方案的（　　）目标。

A．可审查性　　B．可控性

C．机密性　　D．可用性

（3）在设计编写网络方案时，（　　）是网络安全解决方案与其他项目的最大区别。

A．网络方案的动态性　　B．网络方案的相对性

C．网络方案的完整性　　D．网络方案的真实性

（4）在某部分系统出现问题时，不影响企业信息系统的正常运行，是网络方案设计中（　　）需求。

A．可控性和可管理性　　B．可持续发展

C．系统的可用性和及时恢复性　　D．安全性和合法性

（5）在网络安全需求分析中，安全系统必须具有（　　），以适应网络规模的变化。

A．开放性　　B．安全体系

C．易于管理　　D．可伸缩性与可扩展性

2．填空题

（1）高质量的网络安全解决方案主要体现在________、________和________3 方面，

其中________是基础、________是核心、________是保证。

（2）制定网络安全解决方案时，网络系统的安全原则体现在________、________、________、________和________5个方面。

（3）________是识别与防止网络攻击行为、追查网络泄密行为的重要措施之一。

（4）在网络安全设计方案中，只能做到________和________，而不能做到________。

（5）方案中选择网络安全产品时主要考察其________、________、________、________以及________。

（6）一个高质量的网络安全解决方案，应当是________整体解决方案，同时还需要________等其他因素。

3．简答题

（1）网络安全解决方案的主要内容有哪些？

（2）网络安全的目标及设计原则是什么？

（3）评价网络安全解决方案的质量标准有哪些？

（4）简述网络安全解决方案的需求分析。

（5）网络安全解决方案框架包含哪些内容？编写时需要注意什么？

（6）网络安全的具体解决方案包括哪些内容？

（7）金融行业网络安全解决方案具体包括哪些方面？

（8）电力、电子政务、金融内网数据安全解决方案是从哪几方面进行拟定的？

4．实践题（课程设计）

（1）通过进行校园网调查，分析现有的网络安全解决方案，并提出改进办法。

（2）对企事业网站进行社会实践调查，并编写一份完整的网络安全解决方案。

（3）根据教师拟定或自选题目进行调查，并编写一份具体的网络安全解决方案。

附　　录

附录 A　练习与实践部分习题答案

第 1 章　练习与实践 1 部分答案

1. 选择题

（1）A　（2）C　（3）D　（4）C

（5）B　（6）A　（7）B　（8）D

2. 填空题

（1）计算机科学、网络技术、信息安全技术

（2）保密性、完整性、可用性、可控性、不可否认性

（3）实体安全、运行安全、系统安全、应用安全、管理安全

（4）物理上及逻辑上、对抗

（5）身份认证、访问管理、加密、防恶意代码、加固、监控、审核跟踪、备份恢复

（6）系统安全及运行环境安全、设备安全和媒体安全

（7）技术和管理、偶然和恶意

（8）网络安全体系和结构、描述和研究

第 2 章　练习与实践 2 部分答案

1. 选择题

（1）D　（2）A　（3）B　（4）B　（5）D　（6）D

2. 填空题

（1）保密性、可靠性、SSL 协商层、记录层

（2）物理层、数据链路层、传输层、网络层、会话层、表示层、应用层

（3）有效性、保密性、完整性、可靠性、不可否认性

（4）网络层、操作系统、数据库

（5）网络接口层、网络层、传输层、应用层

（6）客户机、隧道、服务器

（7）安全性高、费用低且应用广、管理便利、灵活性强和服务质量好

第 3 章　练习与实践 3 部分答案

1. 选择题

（1）D（2）D　（3）C　（4）A　（5）B　（6）C

2．填空题

（1）信息安全战略、信息安全政策和标准、信息安全运作、信息安全管理、信息安全技术

（2）分层安全管理、安全服务与机制（认证、访问控制、数据完整性、抗抵赖性、可用可控性、审计）、系统安全管理（终端系统安全、网络系统、应用系统）

（3）信息安全管理体系、多层防护、认知宣传教育、组织管理控制、审计监督

（4）一致性、可靠性、可控性、先进性

（5）安全立法、安全管理、安全技术

（6）信息安全策略、信息安全管理、信息安全运作、信息安全技术

（7）安全政策、可说明性、安全保障

（8）网络安全隐患、安全漏洞、网络系统的抗攻击能力

（9）环境安全、设备安全、媒体安全

（10）应用服务器模式、软件老化

第4章　练习与实践4部分答案

1．选择题

（1）A　（2）C　（3）B　（4）C　（5）D

2．填空题

（1）隐藏IP、踩点扫描、获得特权攻击、种植后门、隐身退出

（2）系统“加固”、防止IP地址的扫描、关闭闲置及有潜在危险的端口

（3）盗窃资料、攻击网站、恶作剧

（4）分布式拒绝服务攻击DDoS

（5）基于主机、基于网络、分布式（混合型）

3．简答题

（1）答：对网络流量的跟踪与分析功能；对已知攻击特征的识别功能；对异常行为的分析、统计与响应功能；特征库的在线升级功能；数据文件的完整性检验功能；自定义特征的响应功能；系统漏洞的预报警功能。

（2）答：按端口号分布可分为3段。①公认端口（0～1023），又称常用端口，是为已经公认定义或为将要公认定义的软件保留的，这些端口紧密绑定一些服务且明确表示了某种服务协议，如80端口表示HTTP协议；②注册端口（1024～49151），又称保留端口，这些端口松散绑定一些服务；③动态/私有端口（49152～65535），理论上不应为服务器分配这些端口。

（3）答：是指将防病毒、入侵检测和防火墙等安全产品进行集成统一管理的平台。主要功能包括反病毒、反间谍软件、反垃圾邮件、网络防火墙、入侵检测和防御、内容过滤以防泄密等。

（4）答：异常检测的假设是入侵者活动异常于正常主体的活动。根据这一理念建立主体正常活动的“活动简档”，将当前主体的活动状况与“活动简档”相比较，当违反其统计模型时，认为该活动可能是“入侵”行为。异常检测的难题在于如何建立“活动简档”以及如何设计统计模型，从而不把正常操作作为“入侵”或忽略真正的“入侵”行为。

特征检测是对已知的攻击或入侵的方式进行确定性的描述，形成相应的事件模式。当

被审计的事件与已知的入侵事件模式相匹配时，即报警。在检测方法上与计算机病毒的检测方式类似。目前基于对包特征描述的模式匹配应用较为广泛。该方法的优点是误报少，局限是它只能发现已知的攻击，对未知的攻击无能为力，同时由于新的攻击方法不断产生、新漏洞不断被发现，攻击特征库如果不能及时更新也将造成IDS漏报。

第5章　练习与实践5部分答案

1. 选择题

（1）A　（2）B　（3）D　（4）D　（5）B

2. 填空题

（1）数学、物理学

（2）密码算法设计、密码分析、身份认证、数字签名、密钥管理

（3）明文、明文、密文、密文、明文

（4）代码加密、替换加密、边位加密、一次性加密

第6章　练习与实践6部分答案

1. 选择题

（1）C　（2）C　（3）A　（4）D　（5）C

2. 填空题

（1）保护级别、真实、合法、唯一

（2）私钥、加密、特殊数字串、真实性、完整性、防抵赖性

（3）主体、客体、控制策略、认证、控制策略实现、审计

（4）自主访问控制（DAC）、强制访问控制（MAC）、基本角色的访问控制（RBAC）

（5）安全策略、记录及分析、检查、审查、检验、防火墙技术、入侵检测技术

（6）依赖性、多样性、无形性、易破坏性与相对稳定性

第7章　练习与实践7部分答案

1. 选择题

（1）D　（2）C　（3）B、C　（4）B　（5）D

2. 填空题

（1）无害型病毒、危险型病毒、毁灭型病毒

（2）引导单元、传染单元、触发单元

（3）传染控制模块、传染判断模块、传染操作模块

（4）引导区病毒、文件型病毒、复合型病毒、宏病毒、蠕虫病毒

（5）移动式存储介质、网络传播

（6）无法开机、开机速度变慢、系统运行速度慢、频繁重启、无故死机、自动关机

第8章　练习与实践8部分答案

1. 选择题

（1）C　（2）C　（3）C　（4）D　（5）D

2．填空题

（1）唯一　　（2）被动

（3）软件、芯片级　　（4）网络层、传输层

（5）代理技术　　（6）网络边界

（7）完全信任用户　　（8）堡垒主机

（9）拒绝服务攻击　　（10）SYN 网关、SYN 中继

3．简答题

（1）答：一种用于加强网络之间访问控制、防止外部网络用户以非法手段通过外部网络进入内部网络、访问内部网络资源，保护内部网络操作环境的特殊网络互联设备。

（2）答：根据物理特性，防火墙分为两大类，硬件防火墙和软件防火墙；按过滤机制的演化历史划分为过滤防火墙、应用代理网关防火墙和状态检测防火墙 3 种类型；按处理能力可划分为百兆防火墙、千兆防火墙及万兆防火墙；按部署方式可划分为终端（单机）防火墙和网络防火墙。防火墙的主要技术有包过滤技术、应用代理技术及状态检测技术。

（3）答：不能。由于传统防火墙严格依赖于网络拓扑结构且基于这样一个假设基础：防火墙把在受控实体点内部，即防火墙保护的内部连接认为是可靠和安全的；而把在受控实体点的另外一边，即来自防火墙外部的每一个访问都看作是带有攻击性的，或者说至少是有潜在攻击危险的，因而产生了其自身无法克服的缺陷，例如：无法消灭攻击源、无法防御病毒攻击、无法阻止内部攻击、自身设计漏洞和牺牲有用服务等。

（4）答：目前主要有 4 种常见的防火墙体系结构：屏蔽路由器、双宿主机网关、被屏蔽主机网关和被屏蔽子网。屏蔽路由器上安装有 IP 层的包过滤软件，可以进行简单的数据包过滤；双宿主主机的防火墙可以分别与网络内外用户进行通信，但是这些系统不能直接互相通信；被屏蔽主机网关结构主要通过数据包过滤实现安全；被屏蔽子网体系结构通过添加额外的安全层到被屏蔽主机体系结构，即通过添加周边网络更进一步地把内部网络与 Internet 隔离开。

（5）答：SYN Flood 攻击是一种简单有效的进攻方式，主要利用合理的服务请求占用过多的服务资源，从而使合法用户无法得到服务。通常利用 TCP 存在的漏洞，TCP 连接过程中需要经过三次握手。当客户端发送一个 TCP 连接请求给服务器端后，服务器返回响应，若客户端不发回确认，服务器就进入等待状态，并重发 SYN+ACK 报文，直到客户端确认收到为止，这样服务器端一直处于等待状态。SYN Flood 正是利用这种漏洞，发送大量的 TCP 半连接给服务器，使服务器一直陷入等待过程，从而耗用大量资源，最终使其崩溃。

（6）答：针对 SYN Flood 攻击，防火墙通常有 3 种防护方式：SYN 网关、被动式 SYN 网关和 SYN 中继。

在 SYN 网关中，防火墙收到客户端的 SYN 包时，直接转发给服务器；服务器返还 SYN/ACK 包后，一方面将 SYN/ACK 包转发给客户端，另一方面以客户端的名义给服务器回送一个 ACK 包，完成一个完整的 TCP 三次握手，让服务器端由半连接状态进入连接状态。当客户端真正的 ACK 包到达时，有数据则转发给服务器，否则丢弃该包。

在被动式 SYN 网关中，设置防火墙的 SYN 请求超时参数，让它远小于服务器的超时期限。防火墙负责转发客户端发往服务器的 SYN 包，包括服务器发往客户端的 SYN/ACK 包和客户端发往服务器的 ACK 包。如果客户端在防火墙计时器到期时还没发送 ACK 包，

防火墙将往服务器发送 RST 包，以使服务器从队列中删去该半连接。由于防火墙超时参数远小于服务器的超时期限，因此也能有效防止 SYN Flood 攻击。

在 SYN 中继中，防火墙收到客户端的 SYN 包后，并不向服务器转发而是记录该状态信息，然后主动给客户端回送 SYN/ACK 包。如果收到客户端的 ACK 包，表明是正常访问，由防火墙向服务器发送 SYN 包并完成三次握手。这样由防火墙作为代理实现客户端和服务器端的连接，可以完全过滤发往服务器的不可用连接。

第 9 章　练习与实践 9 部分答案

1．选择题

（1）D　（2）D　（3）C　（4）A　（5）B

2．填空题

（1）Administrators、System

（2）智能卡、单点

（3）读、执行

（4）动态地、身份验证

（5）数据备份、数据恢复、数据分析

第 10 章　练习与实践 10 部分答案

1．选择题

（1）B　（2）C　（3）B　（4）C　（5）A　（6）D

2．填空题

（1）Windows 验证模式、混合模式

（2）认证与鉴别、存取控制、数据库加密

（3）原子性、一致性、隔离性

（4）全部数据恢复、差异恢复、日志恢复

（5）SQL Server、混合式

（6）表级、列级

*第 11 章　练习与实践 11 部分答案

1．选择题

（1）D　（2）C　（3）A　（4）C　（5）A

2．填空题

（1）网络基础设施层、PKI 体系结构层、安全协议层、安全应用技术层、行为控制管理层、安全立法层

（2）商业信息的机密性、交易数据的完整性、商务系统的可靠性、交易数据的有效性、交易的不可否认性、隐私性

（3）模仿人类行为的攻击、AIF 攻击（AI Fuzzing）等

（4）传输层、浏览器、Web 服务器、SSL 协议

（5）不安全的通信链路、数据泄露、软件漏洞、恶意软件感染、服务中断或停止

*第12章　练习与实践12部分答案

1． 选择题

（1）B　（2）D　（3）A　（4）C　（5）D

2． 填空题

（1）网络安全技术、网络安全策略、网络安全管理、网络安全技术、网络安全策略、网络安全管理

（2）动态性原则、严谨性原则、唯一性原则、整体性原则、专业性原则

（3）安全审计

（4）尽力避免风险，努力消除风险的根源、降低由于风险所带来的隐患和损失、完全彻底消灭风险

（5）类型、功能、特点、原理、使用和维护方法等

（6）全方位的立体的、兼顾网络安全管理

附录B　常用网络安全资源网站

1．国家高等教育智慧教育平台“网络安全技术”在线课程（国家项目-上海精品课程）
https://higher.smartedu.cn/course/62d8ab7dce6ac77184c5fefc

2．全国开放在线课程平台-清华学堂在线（国家项目-上海精品课程网站）
https://www.xuetangx.com/course/shdjc08091001895/14769209

3．上海市高校精品课程“网络安全技术”教学/实验视频
http://mooc1.xueyinonline.com/nodedetailcontroller/visitnodedetail?courseId=216440234&knowledgeId=393364187

4．国家精品在线课程“信息安全概论”拓展视频
https://www.icourse163.org/course/CAU-251001

5．中共中央网络安全和信息化委员会办公室、国家互联网信息办公室
http://www.cac.gov.cn/

6．国家互联网应急中心
https://www.cert.org.cn

7．国家计算机病毒应急处理中心
https://www.cverc.org.cn/

8．公安部网络违法犯罪举报网站
http://cyberpolice.mps.gov.cn/wfjb/

9．中国信息安全测评中心
http://www.itsec.gov.cn/

10．中国网络安全审查技术与认证中心CCRC
https://www.isccc.gov.cn/

11．中国互联网络信息中心
http://www.cnnic.net.cn

参考文献

[1] 贾铁军，等. 网络安全技术及应用：微课版[M]. 4 版. 北京：机械工业出版社，2020.
[2] 贾铁军，等. 网络安全技术及应用实践教程：微课版[M]. 4 版. 北京：机械工业出版社，2022.
[3] 贾铁军，等. 网络安全实用技术：微课版[M]. 3 版. 北京：清华大学出版社，2020.
[4] 贾铁军，等. 网络安全管理及实用技术：微课版[M]. 2 版. 北京：机械工业出版社，2019.
[5] 贾铁军，等. 网络安全技术及应用学习与实践指导[M]. 北京：电子工业出版社，2018.
[6] STALLINGS W. 网络安全基础：应用与标准　第 6 版[M]. 白国强，等译. 北京：清华大学出版社，2020.
[7] 张博，高松，乔明秋. 网络安全防御[M]. 北京：机械工业出版社，2022.
[8] 戴万长，杨云，刘莹芳，等. 网络安全实用项目教程[M]. 北京：清华大学出版社，2022.
[9] 刘化君. 网络安全技术[M]. 北京：机械工业出版社，2022.
[10] 李建华，等. 信息内容安全管理及应用[M]. 北京：机械工业出版社，2022.
[11] 李建华，陈秀真. 网络信息系统安全管理[M]. 北京：机械工业出版社，2021.
[12] 李建华，陈秀真. 信息系统安全检测与风险评估[M]. 北京：机械工业出版社，2022.
[13] 姚琳，王雷. 无线网络安全技术[M]. 3 版. 北京：清华大学出版社，2022.
[14] 孙建国，赵国冬，高迪，等. 网络安全实验教程[M]. 4 版. 北京：清华大学出版社，2019.
[15] 左晓栋，等. 中华人民共和国网络安全法百问百答[M]. 北京：电子工业出版社，2017.
[16] 刘建伟，毛剑，杜皓华，等. 网络安全概论[M]. 2 版. 北京：电子工业出版社，2020.
[17] 杨东晓，张锋，等. 网络安全运营[M]. 北京：清华大学出版社，2020.
[18] 吴礼发. 计算机网络安全实验指导[M]. 北京：电子工业出版社，2020.
[19] 李林，李勇. 计算机网络安全与管理经典课堂[M]. 北京：清华大学出版社，2020.
[20] 奇安信安服团队. 网络安全应急响应技术实战指南[M]. 北京：电子工业出版社，2020.
[21] 陶源，李末岩，郭俸明. 超大型互联网平台网络安全等级保护技术原理及应用实践[M]. 北京：电子工业出版社，2020.
[22] 张平. 中华人民共和国数据安全法理解适用与案例解读[M]. 北京：中国法制出版社，2021.
[23] 张平. 中华人民共和国个人信息保护法理解适用与案例解读[M]. 北京：中国法制出版社，2021.
[24] 刘雪营，胡天琦. 《电子商务法》对个人信息保护及经营者风险防范研究[J]. 法制与经济，2019(2): 90-91.
[25] 李葳. Windows Server 2019 操作系统安全配置与系统加固探讨[J]. 数字技术与应用，2019(7)：191-193.
[26] 中国法制出版社. 中华人民共和国网络安全法：实用版[M]. 北京：中国法制出版社，2018.
[27] 何长鹏. SOHO 无线接入路由器的安全漏洞挖掘分析方法研究[J]. 信息安全与技术，2020，11(12): 126-130.
[28] 王伟福，韩力，卢晓雄. 电力智能终端数据采集无线通信安全研究[J]. 网络空间安全，2020 (12)：7-14.
[29] 郑轶，王路路，胡志锋，等，泛在物联背景下智慧电力物联网网络安全技术探索[J]. 网络空间安全，2020 (12): 12.

[30] 李剑，杨军. 网络空间安全导论[M]. 北京：机械工业出版社，2020.
[31] 李剑，杨军. 网络空间安全实验[M]. 北京：机械工业出版社，2020.
[32] 王顺. 网络空间安全实验教程[M]. 北京：机械工业出版社，2019.
[33] 阿里云. Windows 操作系统安全加固[EB/OL]. [2022-05-31]. https://help. aliyun. com/knowledge_detail/49781. html.
[34] 阿里云. Linux 操作系统加固[EB/OL]. [2022-05-31]. https://help. aliyun. com/knowledge_detail/49809. html.
[35] 马丽梅，徐峰. 计算机网络安全与实验教程[M]. 3 版. 北京：清华大学出版社，2021.
[36] 石磊，赵慧然，肖建良. 网络安全与管理实验与实训[M]. 北京：清华大学出版社，2021.
[37] 顾海艳，黄步根，张璇，等. 网络安全执法概论[M]. 北京：清华大学出版社，2021.
[38] 石志国，尹浩，臧鸿雁. 计算机网络安全教程[M]. 北京：清华大学出版社，2019.
[39] 梁亚声. 计算机网络安全教程[M]. 3 版. 北京：机械工业出版社，2018.
[40] 程庆梅，徐雪鹏. 信息安全教学系统实训教程[M]. 北京：机械工业出版社，2019.
[41] 程庆梅，徐雪鹏. 网络安全高级工程师[M]. 北京：机械工业出版社，2018.
[42] 程庆梅，徐雪鹏. 网络安全工程师[M]. 北京：机械工业出版社，2018.
[43] 陈烨，许冬瑾，肖亮. 基于区块链的网络安全技术综述[J]. 电信科学，2018(3)：10-16.
[44] 贾铁军，等. 软件工程与实践：新形态[M]. 4 版. 北京：清华大学出版社，2022.